Fiat Ducato III Transporter

130 Multijet
150 Multijet
180 Multijet Power

6-Gang-Schaltgetriebe
6-Gang-automatisiertes Schaltgetriebe
4x4 Dangel

Ab Modelljahr 2006

bucheli verlag

IMPRESSUM

978-3-7168-2308-8

Auto-Reparaturanleitung
Band 1342

Text und redaktionelle Bearbeitung:
Silke und Christoph Pandikow

Bilder/Zeichnungen:
Christoph Pandikow; Silke Pandikow; PCI-Diagnosetechnik GmbH & Co. KG; Hella KGaA Hueck & Co; Bosch Presseabteilung; FCA-Deutschland Presseabteilung; Autoservice Krämer, Kröv; Automobiles Dangel S.A.S., Sentheim (Frankreich); De Bondt Fahrzeugaufbauten, Hamm

Herstellung:
IPa, D-71665 Vaihingen/Enz

Druck und Bindung:
Graspo, CZ-76302 Zlin

Bucheli Verlags AG
Gewerbestrasse 10
CH-6330 Cham
Postadresse:
Postfach 4161
CH-6304 Zug
Telefon: ++41 (0)41 741 77 55
Telefax: ++41 (0)41 741 71 15
www.bucheli-verlag.ch
1. Auflage 2019

Inhalt

Inhalt

Folgende Symbole verdienen im Laufe der Arbeit besondere Beachtung:

Sichtprüfung
Teil genau ansehen; besonders beachten.

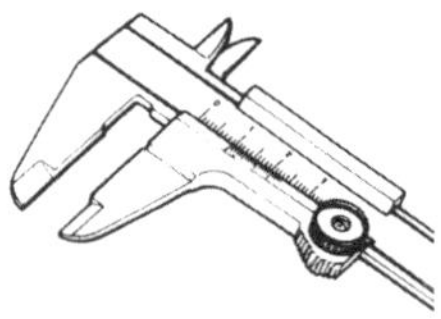

Messen
Schieblehre oder anderes Messwerkzeug nötig.

Achtung
Besondere Vorsicht geboten; Sicherheitshinweise beachten!

Tipp
Wertvoller Hinweis für einfacheres Schrauben; Erläuterung von Bauteilen und Begriffen.

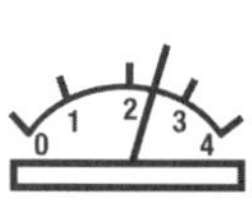

Messen mit elektr. Messgeräten
Multimeter- oder Diagnosegeräte-Einsatz erforderlich.

1 Einleitung

Arbeiten mit diesem Buch

Ein Reparaturhandbuch ist dann ein Reparaturhandbuch, wenn es bei Reparaturen zur Hand gehen kann. Es soll also helfen, Ihren Fiat Ducato wieder »in die Gänge« zu bringen. Ganz klar, als blutiger Laie werden Sie nur mit einiger Hilfe gezielt arbeiten können. Bedenken Sie, dass Ihr Fahrzeug in jedem (oder zumindest in fast jedem) Teil etwas mit Sicherheit im Straßenverkehr zu tun hat. Jede einzelne Sekunde, in der Ihr Fahrzeug in Betrieb ist. Nehmen Sie die Fehler deshalb immer ernst. Gerade Anfänger übersehen oft Kleinigkeiten, die nachher durchaus größere oder zumindest schwer aufzufindende Fehler ergeben. Bei einer Fehlersuche am eigenen Fahrzeug unterhielten sich zwei angehende Kfz-Mechatroniker: »... was hast du denn zuletzt repariert?«, letztendlich fand sich dort dann auch der Fehler. Diese Anekdote zeigt sehr deutlich, dass zum einen die eigene Arbeit, zum anderen der Ablauf der Arbeiten, die Kenntnisse über den Funktionszusammenhang der Systeme und natürlich auch über die Informationsquellen, die zur Verfügung stehen, immer hinterfragt werden müssen. Dieses Buch eignet sich aber auch, um die Details Ihres Fiat Ducato einmal genauer unter die Lupe zu nehmen.

Wir haben den Aufbau so gestaltet, dass die Informationen praxisgerecht auf- und umgearbeitet wurden.

In den einzelnen Kapiteln wird der Umgang mit den Test- und Messgeräten genauer vorgestellt. Es handelt sich um getestete Übungen, die Sie problemlos nachvollziehen können.

»An modernen Autos kann man gar nichts mehr selber machen!«, das ist ein typischer Satz, der weder richtig ist, noch die motivierten Schrauber unter den Lesern von der Reparatur abhalten sollte. Betrachtet man sich die Probleme genauer, die mit der Fehlerdiagnose entstehen, stellt sich ein einfaches Prinzip heraus. Grundsätzlich sind Bauteile, deren Funktionsabläufe nachvollzogen und im wahrsten Sinne des Wortes »begriffen« werden können, leicht zu prüfen.

Elektrisches Messen

Leuchtet eine Glühlampe nicht, wird sie in der Regel demontiert und der Zustand des Glühfadens gegen das Licht kontrolliert. Über die Glühlampe, beziehungsweise ihren Aufbau, ist jedem bekannt, dass sie ohne den Glühfaden nicht funktionieren kann. Könnte man in alle Bauteile hineinsehen und den Funktionsablauf und den Aufbau auf diese Art kontrollieren, würde kaum ein Mechaniker über die immer komplizierter werdende Technik schimpfen. Hier kommt die Messtechnik zum Zuge. Es ist nämlich möglich, die Funktionsabläufe und die Funktion optisch zu überprüfen. Es ist auch möglich, das Bauteil selbst zu prüfen. Auch dafür werden keine teuren Spezialgeräte gebraucht. Sie oder Ihr Mechaniker müssen sich lediglich bereit erklären, die Technik und dazugehörige Prüfmethoden anzunehmen und gelegentlich auch etwas dazuzulernen.

Ganz klar gibt es Einschränkungen für Arbeiten, die aus Sicherheitsgründen nicht durchgeführt werden sollten. Dazu zählen Arbeiten z. B. an der Klimaanlage und am Airbagsystem.

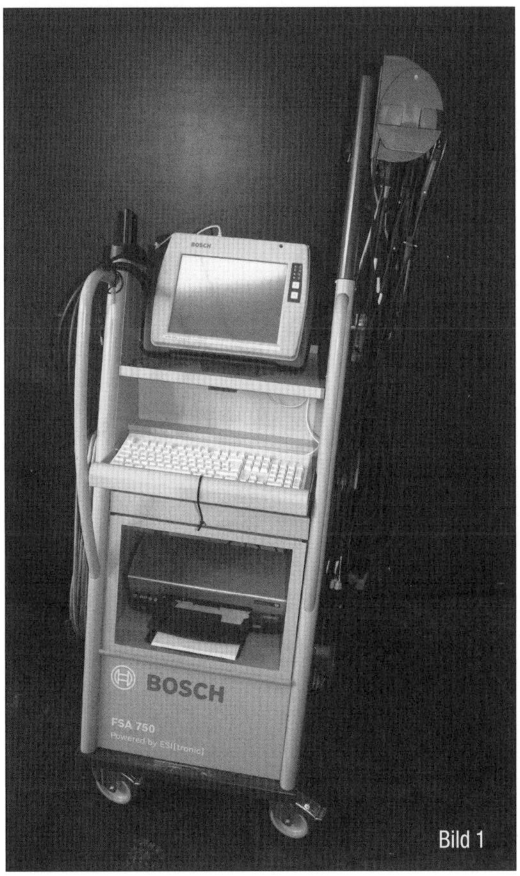

Bild 1

Bild 1
Bosch KTS 650/670 mit FSA 750-Modul und Abgastester.

»Die Tester kann sich keiner leisten!«, ist auch eine These, die wir widerlegen werden. Anhand der Beschreibungen der Spezialwerkzeuge und deren ungefähren Preise lassen sich hier die Kosten leicht überschauen. Die notwendige Ausrüstung ist bei den meisten Schraubern oftmals schon vorhanden. Andere Teile sind gar nicht so teuer und lassen sich sinnvoll als Geburtstagsgeschenkidee an die Lieben weitergeben.
Die Aufgabe dieses Reparaturhandbuches ist es, eine Hilfestellung für Wartungsarbeiten und Reparaturen am Fiat Ducato zu geben.
Das Buch wendet sich an die ambitionierten Schrauber, die mit ihrer Erfahrung Reparaturen, Wartungsarbeiten und Einstellungen an ihrem Fahrzeug vornehmen wollen. Da zu allen diesen Arbeiten ein OBD-Diagnosetester dazugehört und dieser für deutlich unter 100 Euro im günstigsten Fall erhältlich ist, wird die Arbeit anhand eines »Beispiel«-Testers dargestellt. Sie halten ein Buch in der Hand, das Lernstoff, Informationsquelle und Nachschlagewerk ist. Es soll die praktische Arbeit am Fahrzeug erleichtern und Sie ermutigen sich »Know-how« anzueignen, auch als Ungeübter den ersten Schritt zu machen oder als Erfahrener sich recht tiefgehend mit der Diagnose auseinanderzusetzen.

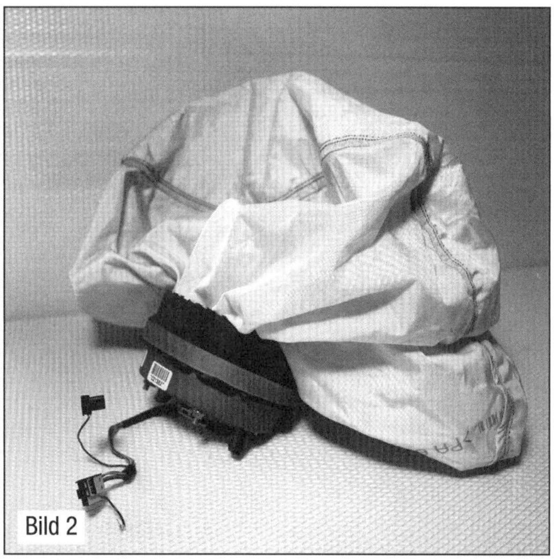

Bild 2

Bild 2
EXPLOSIV: gezündeter Airbag.

Bild 3

Bild 3
»Self-made«-Beulendoktor.

Um einen möglichst schnellen Zugriff auf die Informationen in diesem Buch zu ermöglichen, sind die technischen Daten, die zur Einstellung, Reparatur und Wartung benötigt werden, in einem separaten Kapitel zusammengefasst. Alle technischen Angaben, die speziell bei den Arbeiten benötigt werden, finden Sie natürlich auch an den entsprechenden Stellen. Die Montagearbeiten werden auf gängige Reparaturen beschränkt. Sie sollten aber immer sicherstellen, dass Sie in der Lage sind, die Reparaturen selbst durchzuführen. Ungeeignete Messgeräte oder auch fehlerhafte Handhabung eines Messgerätes können nicht nur finanzielle Folgen haben. Für die Arbeiten an Airbagsystemen ist eine spezielle Ausbildung erforderlich, die mit einem Sachkundenachweis abgeschlossen wird.

⚠ Unterlassen Sie es zu Ihrer eigenen Sicherheit, an Sitzen oder anderen Bauteilen Hand anzulegen, ohne diese spezielle Ausbildung abgeschlossen zu haben. Arbeiten an diesem System ohne Sachkunde sind GROB fahrlässig und gefährden Ihr Leben. Sollten Probleme an diesem System auftauchen, suchen Sie immer eine Werkstatt auf und erkundigen Sie sich auch darüber, inwieweit die »Airbag-Sachkunde« besteht.

⚠ In den einzelnen Airbageinheiten befinden sich zwar »kleine«, aber nicht ungefährliche Mengen an Sprengstoff. Nicht umsonst sind der Transport, der Umgang und die Lagerung gesetzlich im Sprengstoffgesetz geregelt. Die Arbeiten am Airbagsystem werden aus diesem Grunde nicht beschrieben. Es gibt aber auch so noch genügend Arbeiten, die Sie durchaus in Eigenregie angehen können.

Natürlich beschäftigt sich dieses Buch nicht nur mit Elektronik oder der reinen Montagearbeit. Auch einige Arbeiten mit den Diagnosegeräten wurden mit Praxisbezug ausgewählt und im Detail dargestellt.

Sicherheit geht immer vor

Sicherheit hat beim Heimwerken absolute Priorität. Nur Arbeiten anpacken, die man wirklich beherrscht. Handwerkliche Tätigkeiten, mit denen man in der Praxis bislang wenig oder gar keine Erfahrung hatte, sollte man niemals auf die leichte Schulter nehmen. Unsachgemäß ausgeführte Arbeiten können früher oder später fatale Folgen haben (Bilder 4-12).

Umgang mit Pyrotechnik-Bauteilen

Der Sicherheitsaspekt gilt insbesondere für pyrotechnische Bauteile. Diese enthalten einen Treibstoff, bei dessen Abbrand ein Gas erzeugt wird. In manchen Fällen steht für die Gaserzeugung noch zusätzlich in einem Druckbehälter gespeichertes Druckgas zur Verfügung. Die Zündung erfolgt über elektrische/mechanische Anzünder. Bei unsachgemäßer Handhabung von Komponenten dieser Systeme kann es zu schweren Unfällen kommen. Deshalb keine Schraub- oder gar Reparaturversuche an der Sicherheitsausstattung vornehmen, sondern bei notwendigen Instandsetzungen an eine Fachwerkstatt mit Fehler-Auslesegeräten, Diagnose-Einrichtungen und geschultem Personal wenden!

Mechaniker, die an Rückhaltesystemen arbeiten, müssen spezielle Schulungen nachweisen und bei den zuständigen Behörden gemeldet sein. Pyrotechnische Bauteile dürfen auch nur im eingebauten Zustand und mit vom Hersteller freigegebenen Diagnosesystemen geprüft werden, keinesfalls mit Prüflampe, Voltmeter oder Ohmmeter. Nach dem Berühren von gezündeten pyrotechnischen Bauteilen: Hände waschen! Bauteile, die auf eine harte Unterlage herabgefallen sind oder Beschädigungen zeigen, dürfen nicht mehr verbaut werden.

Lagerung, Transport und Entsorgung von Airbag-, Gurtstraffer- und Batterieabtrennungseinheiten (pyrotechnische Bauteile) unterliegen der jeweiligen nationalen Gesetzgebung.

Bild 4

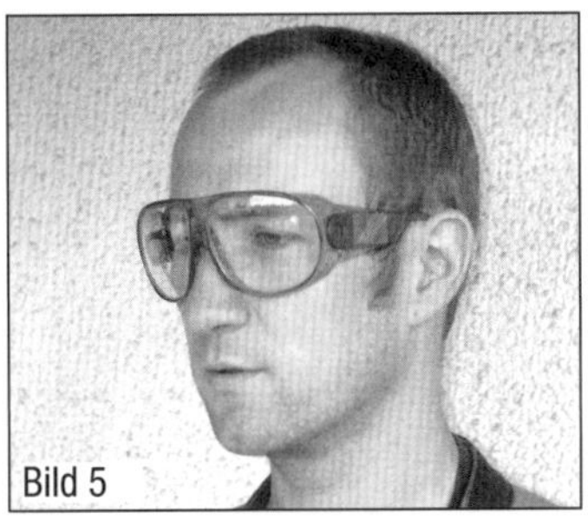

Bild 5

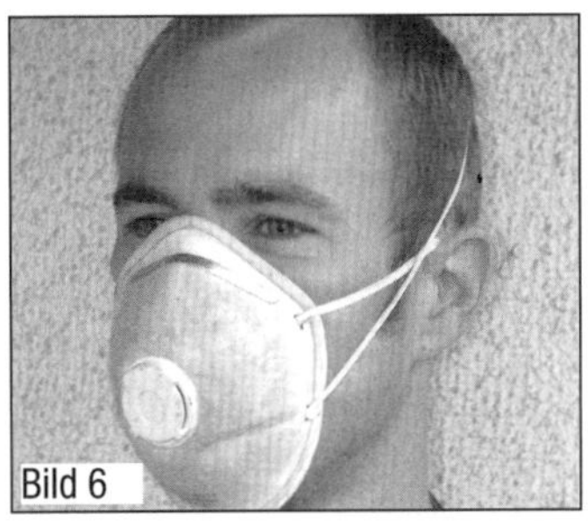

Bild 6

Bild 7

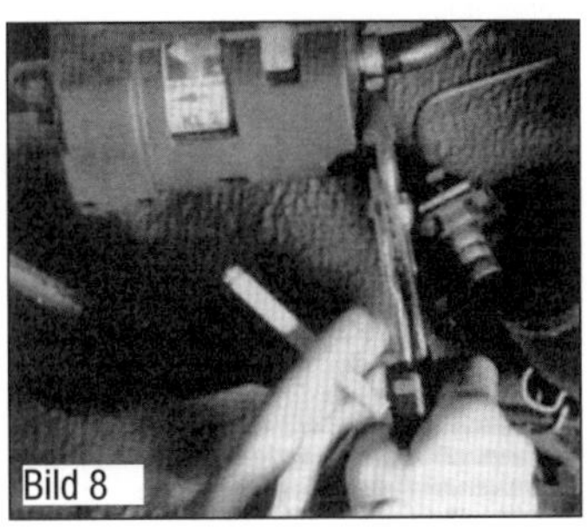

Bild 8

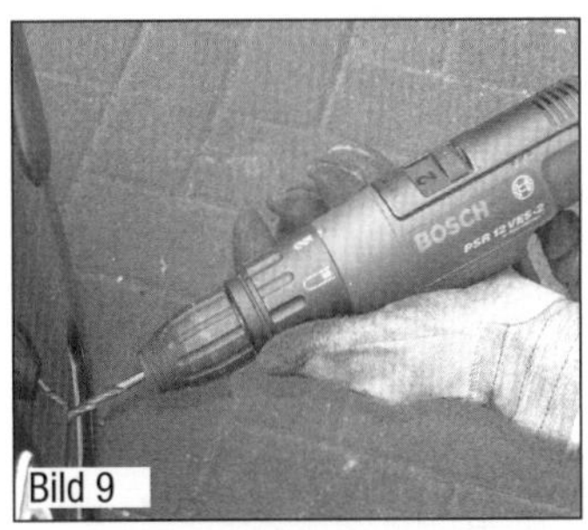

Bild 9

Bild 10

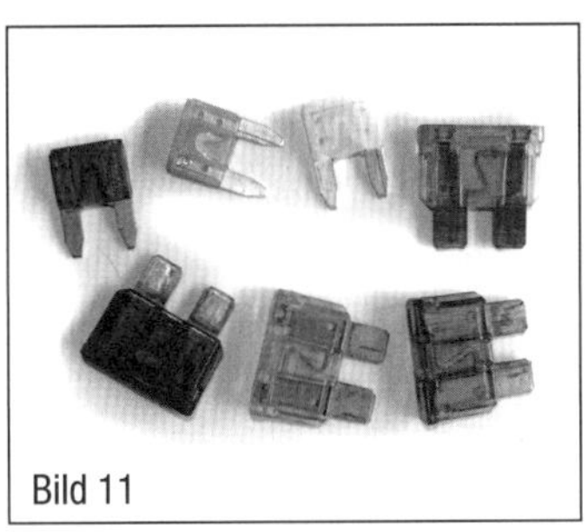

Bild 11

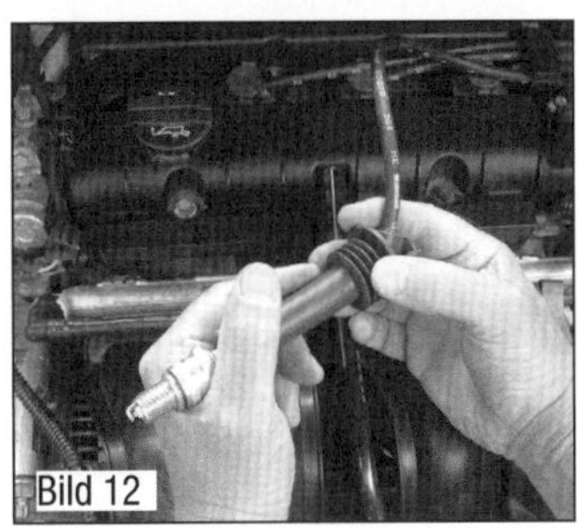

Bild 12

Bild 4
Gehörschutz: bei Blecharbeiten mit Winkelschleifer u. Ä. notwendig.

Bild 5
Schutzbrille: Besonders beim Bohren, Schleifen und Meißeln tragen.

Bild 6
Atemschutzmaske mit auswechselbaren Filterelementen: Bei Arbeiten mit atemgängigen Stäuben unerlässlich.

Bild 7
Bei Arbeiten in der Grube: Unbedingt für Frischluft sorgen.

Bild 8 Nicht rauchen:
Sollte eigentlich bei Reparaturarbeiten gerade an der Kraftstoffanlage die Regel sein.

Bild 9
Arbeitshandschuhe: Bei vielen Arbeiten angebracht, beim Umgang mit Bohrmaschinen jedoch sehr gefährlich.

Bild 10
Leere Sprühdosen, Altöl Bremsflüssigkeit u. a. als Sondermüll entsorgen.

Bild 11
Durchgebrannte Sicherungen: Niemals mit Alufolie, Büroklammern o. Ä. flicken.

Bild 12
Hochspannung: Vorsicht bei laufendem Motor oder eingeschalteter Zündung.

Umgang mit Bauteilen der Klimaanlage
Für das Kfz-Gewerbe sind z. B. auf europäischer Ebene zahlreiche relevante Gesetze erlassen worden. National ist z. B. in der BRD zusätzlich zur Präzisierung der europäischen Gesetzgebung ab dem 1. August 2008 die Chemikalien-Klimaschutzverordnung in Kraft getreten.

-Verordnung (EG) Nr. 1005/2009
-Verordnung (EG) Nr. 842/2006
-Verordnung (EG) Nr. 706/2007
-Verordnung (EG) Nr. 307/2008
-Richtlinie 2006/40/EG
-Chemikalien-Klimaschutzverordnung, Kreislaufwirtschafts- und Abfallgesetz (für die BRD)

Alle Personen, die an Kraftfahrzeug-Klimaanlagen Wartungs- und Reparaturarbeiten durchführen, müssen eine Schulung oder ein Trainingsprogramm besucht haben und die Sachkunde nachweisen (Sachkundenachweis).

⚠ Beim unkontrollierten Druckablassen besteht Gefahr durch Vereisung. Hieraus können schwerwiegende Verletzungen entstehen (Gefrierbrand ist nicht nur bei Grillfleisch unschön!). Bei nicht entleertem Kältemittelkreislauf tritt Kältemittel aus. Das Kältemittel ist vor dem Öffnen des Kältemittelkreislaufs abzusaugen. Wird der Kältemittelkreislauf nach dem Absaugen innerhalb 10 Minuten nicht geöffnet, kann durch Nachverdampfung Druck im Kältemittelkreislauf entstehen. Das Kältemittel muss dann nochmals abgesaugt werden. Alle geöffneten Bauteile des Kältemittelkreislaufs sind gegen Eintritt von Luftfeuchtigkeit mit geeigneten Verschlussstopfen zu verschließen. Es ist verboten, beim Betrieb, bei Instandsetzungsarbeiten und bei Außerbetriebnahme von Kältemittel enthaltenden Erzeugnissen entgegen dem Stand der Technik die in ihnen enthaltenen Stoffe in die Atmosphäre entweichen zu lassen.

Bild 13

Bild 13
Achtung Stromschlag! Restladungen und Induktionsspannungen können gesundheitsgefährdend sein.

Verletzungsgefahr durch automatischen Motorstart bei Fahrzeugen mit Start-Stopp-System
Bei Fahrzeugen mit aktiviertem Start-Stopp-System (erkennbar an einer Meldung im Schalttafeleinsatz) kann der Motor bei Bedarf automatisch starten.

☞ Deshalb sicherstellen, dass bei Arbeiten am Fahrzeug das Start-Stopp-System deaktiviert ist (Zündung ausschalten, bei Bedarf Zündung wieder einschalten).

Verletzungsgefahr bei Arbeiten an der elektrischen Anlage
Nicht nur die schon angesprochene Zündanlage birgt einige Überraschungen, die Sie in ungünstigen Situationen oder bei körperlichen Vorschäden leicht in Lebensgefahr bringen können. Im Gegensatz zur Hauselektrik sind keine »Personenschutzschalter« vorgesehen. Ziehen Sie grundsätzlich nicht leitende Handschuhe an, wenn Sie an Bauteilen arbeiten, deren Ladungszustand Sie nicht kennen.

Für Arbeiten an Hybridfahrzeugen oder Elektrofahrzeugen ist ein besonderer Lehrgang erforderlich. Für die zum Redaktionsschluss in diesem Buch behandelten Modelle ist ein solches Fahrzeug noch nicht lieferbar. Die derzeitige Entwicklung kann ein solches Modell aber schon in wenigen Jahren auf die Räder, die Straße und dann sicherlich auch in Ihre Werkstatt bringen.

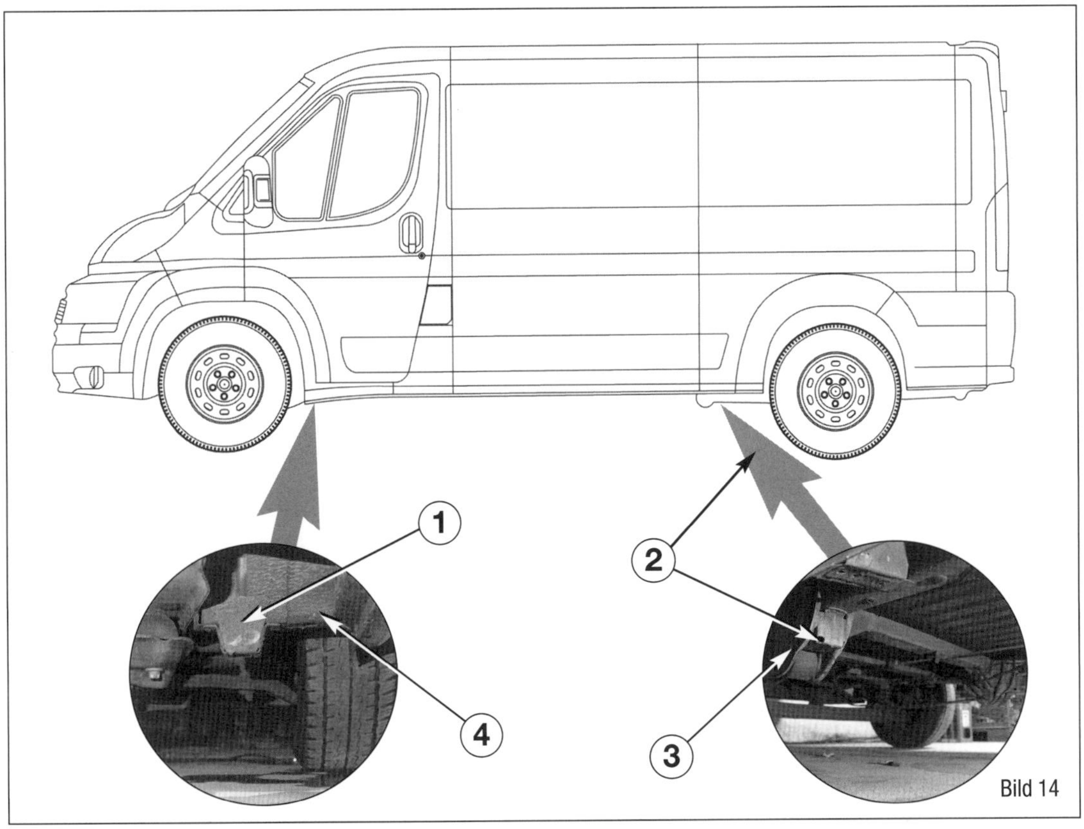

Bild 14

Bild 14
Aufnahmepunkte beim Ducato (Kasten/Kombi).
1 Aufnahmepunkt vorne
2 Aufnahmepunkt hinten
3 Aufsatz auf dem Rahmen hinten
4 Querträger vorne

Richtiges Aufbocken

Im Bordwerkzeug des Fiat Ducato ist, wie schon beim Vorgängermodell, ein hydraulischer Wagenheber vorhanden. Spindelwagenheber sind für das Fahrzeuggewicht weniger geeignet. Ob Sie nun den originalen Wagenheber oder einen Werkstattwagenheber einsetzen, es sollte grundsätzlich eine geeignete Gummi- oder Holzzwischenlage verwendet werden, um Schäden an der Karosserie oder auch am Korrosionsschutz zu vermeiden. Das Fahrzeug darf keinesfalls an der Motorölwanne, am Getriebe, an der Hinterachse, der Vorderachse oder an den Unterholmen angehoben werden, da sonst schwerwiegende Schäden eintreten können. Es darf nur an den auf den Abbildungen gezeigten Aufnahmepunkten angehoben werden. Der Schwellerbereich ist nicht in der Lage das Fahrzeuggewicht auf der Hebebühne sicher aufzunehmen.

Wichtige Grundregeln:

⚠ Aufgrund der Unfallgefahr niemals bei angehobenem Fahrzeug den Motor anlassen.

⚠ Wenn unter dem Fahrzeug gearbeitet werden soll, muss es mit geeigneten Unterstellböcken sicher abgestützt werden.

☞ Fahrzeuge mit schwerem Aufbau und Kasten-Kombifahrzeuge mit langem Radstand müssen zusätzlich abgestützt werden. Stellen Sie hierzu eine handelsübliche Stütze senkrecht unter den Abschlussquerträger.

☞ Bei Arbeiten auf der Hebebühne müssen Sie das Fahrzeug zusätzlich mit Spanngurten gegen Abrutschen sichern. Führen Sie dazu den Spanngurt durch die Öffnung in der Karosserie und um den Tragarm der Hebebühne und spannen dann den Spanngurt.

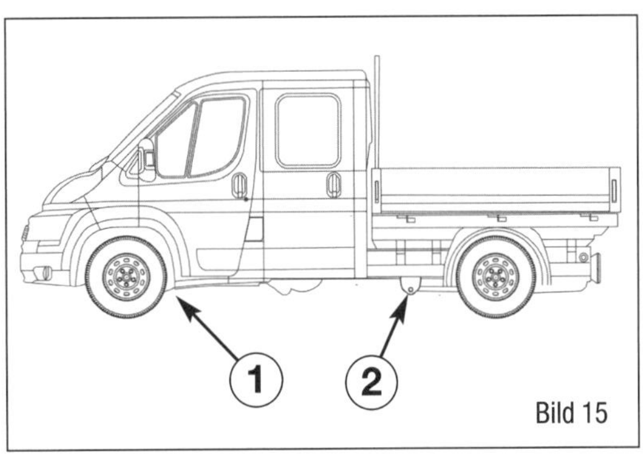

Bild 15

Bild 15
Aufnahmepunkte beim Ducato (Pritsche).
1 Aufnahmepunkt vorne am Querträger
2 Aufnahmepunkt hinten am Rahmenaufsatz

⚠ Bei Fahrzeugen mit Standheizung muss auf die Einbaulage des Standheizungs-Frischluftschlauchs und des Abgasrohres geachtet werden. Der Standheizungs-Frischluftschlauch verhindert ein korrektes Positionieren des Aufnahmetellers. Beachten Sie beim Anheben des Fahrzeugs, dass der Standheizungs-Frischluftschlauch nicht beschädigt wird.

An- und Abschleppen

Bei manchen Pannen muss das Fahrzeug abgeschleppt werden. Anschleppen sollte man nur, wenn keine Möglichkeit besteht, den Motor mit Starthilfekabeln zu starten. Fahrzeuge ohne Schmiermittel im Schaltgetriebe oder Achsantrieb dürfen nur mit angehobenen Antriebsrädern abgeschleppt werden. Zum An- und Abschleppen sollten Kunstfaserseile oder Seile aus ähnlich elastischem Material verwendet werden. Sicherer ist eine Abschleppstange. Beim Abschleppen dürfen keine unzulässigen Zugkräfte und keine stoßartigen Belastungen auftreten. Seil oder Stange dürfen nur an den vorgesehenen Abschleppösen vorn oder hinten angebracht werden. Bei Schleppmanövern abseits regulärer Straßen besteht die Gefahr, dass die Befestigungsteile überlastet werden. Wird ein Abschleppseil verwendet, muss der Fahrer des ziehenden Wagens beim Anfahren und Schalten besonders weich einkuppeln. Der Fahrer des gezogenen Wagens hat darauf zu achten, dass das Seil straff gehalten wird. An beiden Fahrzeugen ist die Warnblinkanlage einzuschalten. Da der Bremskraftverstärker nur bei laufendem Motor arbeitet, muss ggf. das Bremspedal kräftiger getreten werden. Beim Anschleppen von Fahrzeugen mit Schaltgetriebe ist Folgendes zu beachten:

- Vor dem Anschleppen 2. oder 3. Gang einlegen, Kupplung halten.
- Zündung einschalten, damit das Lenkrad nicht blockiert und Blinkleuchten, Hupe sowie Wisch-Waschanlage benutzt werden können.
- Kupplungspedal loslassen, wenn beide Fahrzeuge in Bewegung sind.
- Sobald der Motor angesprungen ist, die Kupplung treten und den Gang herausnehmen, um das Auffahren auf das Zugfahrzeug zu vermeiden.

Einige Kniffe für Schrauber

Eine unlösbare Verschraubung oder eine abgerissene Schraube haben schon manchen Heimwerker von seinem Reparaturvorhaben wieder abgebracht. Unsere Hinweise sollen helfen, ungewohnte Arbeiten durchzuführen.

Verrostete Verschraubungen lösen

- Die freiliegenden Gewindegänge des Gewindebolzens von Rost und Schmutz befreien.
- Gewinde mit einer Drahtbürste säubern und anschließend mit Rostlöser besprühen.
- Bei Schnell-Rostlösern die Mutter sofort losdrehen.
- Bei anderen Rostlösern etwas warten.
- Wenn die Kanten einer Mutter bereits rund gedreht sind oder wenn Rost die Anlageflächen deformiert hat, hilft nur noch Gewalt.
- Gripzange verwenden. Damit lässt sich die Mutter fest greifen und oft losdrehen.
- Hilft das nicht weiter, wird ein scharfer Meißel angesetzt und die Mutter aufgemeißelt.
- Eine gut zugängliche Mutter kann auch entlang des Gewindes mit einer Metallsäge aufgesägt werden. Werkstätten benutzen einen Mutternsprenger.

Innensechskant- und Innenvielzahnschrauben lösen

- Das Schraubenloch muss von jeglichem Schmutz gesäubert sein, bevor das Werkzeug angesetzt wird.
- Am besten eignen sich Steckeinsätze mit langem Sechskant oder Vielzahn (Torx).
- Im Gegensatz zu Winkelschlüsseln, bei denen die Kraft schräg ansetzt, vertragen die Steckeinsätze einen Hammerschlag auf der Adapterseite mit dem Vierkant. Der Schlag lockert den Sitz der Schraube und erleichtert merklich das Lösen.

Schlitz- und Kreuzschlitzschrauben lösen

Schrauben können so fest sitzen, dass sie sich nicht mehr mit dem Schraubendreher herausdrehen lassen. Bei Kreuzschlitzschrauben dreht sich der Schraubendreher auch bei starkem Druck auf den Griff aus dem Kreuzschlitz heraus. Nach einigen erfolglosen Versuchen ist der Schlitz vermurkst, die Schraube ist praktisch unlösbar.

■ Stabilen Schraubendreher ansetzen und mit kräftigem Hammerschlag auf das Griffende versuchen, die Schraubverbindung zu lösen. Meistens bricht die mit dem Kopf fest korrodierte Schraube los. Sie lässt sich dann normal herausdrehen.
■ Hilft der kräftige Hammerschlag nichts, muss ein Schlagschrauber her. Bei jedem Schlag auf dessen Griffoberseite wird der Schraubendrehereinsatz unter Druck ein wenig weitergedreht.

Blechschrauben ausbohren
Lässt sich in einem Schraubenkopf kein Werkzeug mehr ansetzen, hilft nur noch ausbohren.
■ Erst entfernt man mit einem passenden Bohrer den Schraubenkopf. Eventuell mit einem kleineren Bohrer vorbohren.
■ Das Gewindeteil lässt sich jetzt entweder durchstoßen oder mit einer Zange von der Rückseite abnehmen.
■ Andernfalls mit einem dünnen Bohrer das Gewindeteil ausbohren. Den Bohrerdurchmesser nicht zu groß wählen, sonst hält später nur eine dickere Blechschraube.

Stehbolzen lösen und festdrehen
■ Anlagefläche für Schraubenschlüssel schaffen.
■ Auf dem freien Gewindeteil zwei Muttern fest gegeneinander drehen (kontern).
■ An den blockierten Muttern den Schraubenschlüssel ansetzen und den Bolzen lösen.

Abgerissene Schrauben ausbohren
Das Gegengewinde, in dem die abgerissene Schraube steckt, sollte möglichst wenig Schaden nehmen.
■ Körnerschlag auf Schraubenrestmitte.
■ Bis Schraubengröße M8 mit einem Kernlochbohrer arbeiten. Das ist der Durchmesser einer Schraube ohne Gewindeflanken. Faustregel: Gewindedurchmesser multipliziert mit 0,8.
■ Schrauben größer als M8 mit einem dünneren Bohrer vorbohren.

■ Wenn sich die Metallreste nicht mit einer Reißnadel aus den Gewindegängen entfernen lassen, Gewinde nachschneiden.

Gewinde schneiden
Hat das Metall noch genug Substanz, kann ein größeres Gewinde eingeschnitten werden. Andernfalls muss eine Gewindebuchse eingesetzt werden. Das Nach- oder Neuschneiden von Gewinden geht in drei Stufen vor sich. Die entsprechenden Gewindeschneider heißen Vorschneider (mit einem Ring am Schaft gekennzeichnet), Mittelschneider (zwei Ringe am Schaft) und Fertigschneider (drei Ringe oder ohne Kennzeichnung).
■ Gewindeschneider nacheinander unter ständigem Ölen in das vorgebohrte Kernloch hinein- und wieder herausdrehen.
■ Beim Hineindrehen ab und zu absetzen und ein Stück zurückdrehen. Sonst werden die Metallspäne zu lang und klemmen.

Bild 16

Bild 16
Gewindeschneiden mit Vorsicht und Bedacht.

2 Modell

Modellvorstellung

Bereits die dritte Generation Kleintransporter in Zusammenarbeit mit der PSA-Gruppe (Peugeot Société Anonyme) stellt Fiat mit dem Ducato III den Bautyp 250 vor. Zunächst vor allem in Europa erfolgreich, hat sich der Fiat Ducato längst auch in Russland, Lateinamerika, dem Mittleren Osten und Australien zum Bestseller entwickelt. Der Fiat Ducato wird aktuell in mehr als 80 Ländern verkauft, darunter auch in Nordamerika als Teil der Marke »RAM«, die zum Konzern »Fiat Chrysler Automobiles« gehört. Wie schon beim Vorgänger sind die Karosseriestrukturen und viele Konstruktionsdetails baugleich mit dem Peugeot Boxer oder dem Citroën Jumper. Als eine markante Besonderheit sticht der Allrad-Ducato mit DANGEL-Allradantrieb hervor. Bei DANGEL in Frankreich werden die Serien-Ducato mit einem Allrad nachgerüstet. Das Allradsystem wurde speziell für diese Fahrzeugbaureihe entwickelt. Im Gegensatz zum Peugeot und zum Citroën steht hier lediglich ein permanenter Allradantrieb zur Verfügung. Das Antriebskonzept werden wir im Kapitel 10 genauer unter die Lupe nehmen. Unterscheidungsmerkmale finden sich in einigen Details, den Motoren und der Fahrzeugfront. Getriebe, Achsen und Fahrwerk sind für Fahrzeuge der PSA-Gruppe und dem Fiat Ducato weitgehend baugleich.

Bild 1

Bild 1
Besonderheit »4x4«: Die Abmessungen fallen hier je nach Ausstattung und Ausrüstung sehr unterschiedlich aus.

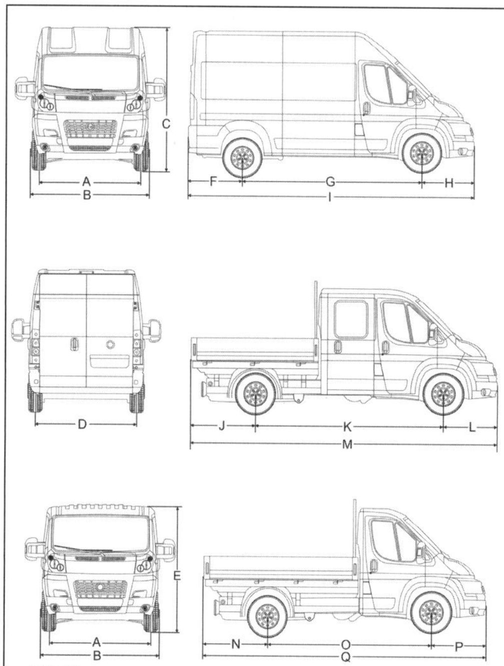

Bild 2

Bild 2
Fahrzeugabmessungen der Karosserievarianten in der Übersicht. Die Abmessungen A-Q werden in den Tabellen angegeben.

Vorsichtige Veränderungen

Der Bautyp 250 hat seit 2006 den Vorgänger Typ 244 abgelöst. Markant für die 250er-Baureihe sind die Karosserielinie und manches technische Detail, was in bis heute sechs Evolutionsstufen bis zum heutigen Fahrzeug geführt hat. 2011 wurde die Baureihe nochmals leicht verändert. Alle Motoren erfüllen nun die Euro-5-Norm. Verbrauch und Leistung wurden optimiert. 2014 erfolgte ein Facelift, was die Front des Fiat Ducato deutlich schnittiger zeichnete. LED-Tagfahrlicht und unterschiedliche Stoßfänger-

Kasten und Kombi

	Abmessung	Maß in mm
A	Spurweite vorne	1810
B	Breite	2050
C	Fahrzeughöhe*	2254 (Flachdach), 2524 (mittlere Höhe), 2764 (Hochdach)
D	Spurweite hinten	1790
E	Fahrzeughöhe	2424
F	Überhang hinten	1015 – 1380
G	Radstand	3000 (Kurz) 3450 (Mittel) 4035 (Lang)
H	Überhang vorne	948
I	Länge	4963 – 6363
Ladekante		535 – 550
Laderaumvolumen		8 m³ –15 m³
Laderaumlänge		2670 – 4070
Laderaumbreite		Max. 1870
Laderaumhöhe		1662 – 2172

* Ohne Beladung, durchgefedert

varianten gehören mit zum Erscheinungsbild. Seit Mai 2014 ist die neue Variante des Fiat Ducato auf dem Markt. Es stehen die drei Innenraum-Varianten »Classic« »Techno« und »Lounge« zur Wahl. Komfortablere Sitze, ein in die Mittelkonsole integrierter Becherhalter und ein spezieller Halter, in dem auch größere Smartphones und Tablet-Computer sicher befestigt werden können, gehören mit zur Ausstattung.

Fahrzeugabmessungen
Die Abmessungen der Fahrzeugvarianten sind gegenüber den Vorgängermodellen etwas gewachsen. Zur Übersicht stellen wir Ihnen die Abmessungen tabellarisch vor.

Doka (Doppelkabine)		
	Abmessung	**Maß in mm**
A	Spurweite vorne*	1810
B	Breite	2100
D	Spurweite hinten*	1790
E	Fahrzeughöhe	2424
J	Überhang hinten	1245 - 1695
K	Radstand	3450 (L2)
		4035 (L4 / L5)
L	Überhang vorne	948
M	Länge	5738 (L2)
		6228 (L4)
		6678 (L5)
Ladekante*		900 – 960
Ladeflächenlänge		2460 – 3338
Ladeflächenbreite		2034

* Ohne Beladung, durchgefedert

Doka (Doppelkabine)		
	Abmessung	**Maß in mm**
A	Spurweite vorne	1810
B	Breite	2100
D	Spurweite hinten*	1790
E	Fahrzeughöhe	2254
N	Überhang hinten	1345 – 1710
0	Radstand	3000 (Kurz)
		3450 (Mittel)
		4035 (Lang)
P	Überhang vorne	948
Q	Länge	5293 (Kurz)
		5743 (Mittel)
		6328 (Lang)
		6693 (Superlang)
Ladekante*		900 – 960
Ladeflächenlänge		2798 – 4198
Ladeflächenbreite		2040

* Ohne Beladung, durchgefedert

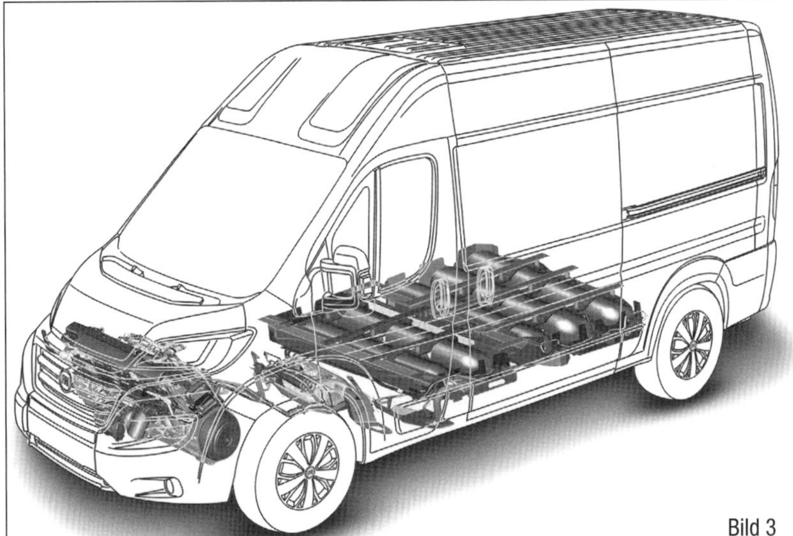

Bild 3

Bild 3
Ducato mit Gasantrieb: Natural Power.

Motor und Antrieb
Neue Diesel-Motoren mit Common-Rail-Einspritzsystem sowie ein 5-Gang- und ein 6-Gang-Getriebe ergänzen das Antriebskonzept. Natürlich gibt es auch ein automatisiertes Schaltgetriebe, welches im Grunde genommen auf dem 6-Gang-Schaltgetriebe basiert. Auch die Allradvarianten »4x4« sind nun mit einem Antriebssystem für echte Offroader von DANGEL (Frankreich) lieferbar.

Otto- und Gasmotoren
Die Natural-Power-Version mit Gasantrieb findet sich nur selten im Straßenverkehr in Deutschland. Aus diesem Grund möchten wir das Motorenkonzept zwar erwähnen, aber auch nicht weiter darauf eingehen. Der Dieselmotor hat hier noch nicht wirklich einen adäquaten Ersatz gefunden. Der 2013er-Ducato von Chrysler Mexiko wurde als RAM ProMaster in Nordamerika angeboten. Die Variante mit einem 206 kW starken Ottomotor ist sicherlich sehr reizvoll, aber für den europäischen Markt offensichtlich unwirtschaftlich.

Dieselmotoren
Die Dieselmotoren wurden neben Fiat/Iveco auch von der BSA-Gruppe und von Ford übernommen. Die Varianten haben sich im Laufe der Zeit nicht nur in der Zusammenstellung verändert. Auch die Leistungen passten sich Markt- und Abgasanforderungen an. In der nachfolgenden Tabelle haben wir die eingesetzten Motoren zusammengestellt.

Sichtprüfung Messen

Hubraum	Kennbuchstaben	Leistung
2198 cm³	4HV (Puma)	74 kW (100 PS)
1956 cm³	250A1000	85 kW (115 PS)
2287 cm³	F1AE0481D	88 kW (120 PS)
2287 cm³	F1AE0481N	96 kW (130 PS)
2287 cm³	F1AE0481E	109 kW (148 PS)
2999 cm³	F1CE3481E	130 kW (177 PS)

Manuelles und Comfort-Matic-Getriebe
Das Comfort-Matic-Getriebe ist ein automatisiertes Schaltgetriebe, das technisch auf dem normalen 6-Ganggetriebe basiert. Es wird wie das Schaltgetriebe über den Joystick-Wählhebel geschaltet. Das Schalten der Gänge mit automatischer Kupplungsbetätigung erfolgt durch elektronische Ansteuerung vom Getriebesteuergerät. Es werden hydraulisch arbeitende Komponenten angesteuert, welche Signale vom Getriebesteuergerät in die jeweilige mechanische Schaltbewegung umsetzen. Zeitgleich wird die Kupplung angesteuert. Das Kupplungspedal wird nicht mehr benötigt und entfällt somit.

Nebenabtriebe
Im Ducato gibt es die Möglichkeit über eine zusätzliche Riemenscheibe auf der Kurbelwelle Nebenaggregate zu betreiben. Die Nachrüstung ist nur mit erheblichem Aufwand zu bewerkstelligen. Wenn Sie also einen Nebenantrieb benötigen, sollten Sie ein entsprechendes Fahrzeug suchen. In den meisten Fällen werden Sie wahrscheinlich bei Fahrzeugen fündig werden, die im kommunalen Einsatz bei Gemeinden und Verbänden waren oder mit einem Kühlaggregat ausgerüstet waren oder noch sind.

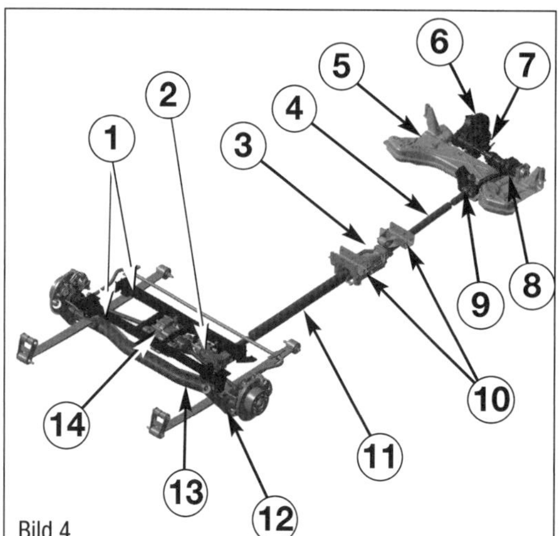

Bild 4

Bild 4
Allradantrieb von DANGEL im Ducato.
1 Achswellen hinten
2 Antriebswelle zum Verteilergetriebe hinten
3 Viscokupplung
4 Kardanwelle vorne
5 Achsträger vorne (Dangel)
6 Verteilergetriebe für die beiden Achsen
7 Antriebswelle zum Verteilergetriebe
8 Verteilergetriebe
9 Kardanwelle vorne
10 Halterung Viscokupplung
11 Kardanwelle hinten
12 Verteilergetriebe hinten
13 Hinterachse
14 Achsgetriebe hinten

Allradantrieb 4x4 DANGEL
Genau genommen ist der Fiat Ducato 4x4 ein Serienfahrzeug, das von DANGEL in Frankreich umgebaut wird. DANGEL ist ein sehr erfahrener Hersteller von Allradsystemen, die neben den Schwestermodellen von Peugeot und Citroën auch einige andere Modelle dieser Hersteller durch Höherlegung und Erweiterung des Antriebs geländetauglich machen. Das Allradsystem verteilt im Bedarfsfall das Motordrehmoment zusätzlich auf die Hinterräder. Die Kraftverteilung erfolgt über eine Viscokupplung, sodass bei griffiger Straße nur die Vorderräder angetrieben werden. Das Antriebssystem basiert auf bewährten mechanischen Komponenten und wird mit dem vorhandenen Getriebe kombiniert und mit Kardan und hinterem Achsantrieb nach hinten erweitert. Die Übersetzungsverhältnisse des Getriebes werden nicht verändert. Das Antriebskonzept schlägt nur mit etwa 150 kg zu Buche.

Komfort und Bedienung
Die Unterscheidungen dieser Modellreihen und die Facelifts sind also mitnichten mit einer Veränderung des äußeren Designs abzutun. Informationen über die Systeme, die in Ihrem Fahrzeug verbaut worden sind, werden spätestens dann wichtig, wenn Sie aufgrund eines Ausfalls im Rahmen der Fehlersuche an den Systemen arbeiten wollen.

Sound und Navigation
Je nach Ausstattungsvariante oder auch dem Kundenwunsch bei der Fahrzeugneubestellung, werden im Ducato unterschiedliche Soundsysteme angeboten. Alle Radios verfügen über Bluetooth-Anschlussmöglichkeiten für Mobiltelefone und sind MP3-fähig. Die Topversion wird über einen Touchscreen mit 12,7 Zentimeter (5,0 Zoll) Durchmesser bedient, auf den beim Rückwärtsfahren das Bild einer Rückfahrkamera übertragen wird. Bei der Vorwärtsfahrt kann hier die Grafik des Navigationssystems anzeigt werden. Dieses U-Connect Infotainment Radio kann bereits digitale Sender (DAB) empfangen. Ein CD-Player sowie eine Lenkradtastenbedienung sind verfügbar.

Multifunktionsdisplay
Über das Multifunktionsdisplay (3 im Bild 6) können unterschiedliche Funktionen auf-

gerufen und Einstellungen vorgenommen werden. Um es vorwegzunehmen: die Servicemeldung für Ölwechsel oder Wartung lassen sich nicht zurücksetzen. Das ist leider nur über einen Servicetester möglich. Die weiteren Menüpunkte sind mit den Pfeiltasten (2 im Bild 7) und der Modetaste (3) anwählbar. Die Vorgehensweise hierzu wird detailliert in der Fahrzeugbedienungsanleitung beschrieben. Im Grunde genommen wird mit den Pfeiltasten angewählt und mit der Modetaste die jeweilige Anwahl bestätigt. Über die Multifunktionsanzeige sind auch kleinere Anpassungen wie die automatische Verriegelung, der Geschwindigkeitswarner sowie die Tachobeleuchtung anpassbar. Programmierte Geschwindigkeitsbegrenzer lassen sich wiederum nur mit einem Diagnosetester anpassen oder zurücksetzen.

Achsen und Federung
Sieben Versionen der Hinterachsfederung geben ausreichend große individuelle Anpassungsmöglichkeiten bei Neubestellung auf den geplanten Einsatzzwecken des Ducatos. Einige Systeme lassen sich aber auch später nachrüsten. Hierfür gibt es Hersteller aus dem Zubehörbereich, die zumeist von Wohnmobil-Händlern oder Wohnmobil-Umbauern angeboten werden. Die einfachste Variante ist die »Einblattfeder«. Diese kann dann mit einem Querstabilisator ergänzt werden. Stabilisatoren verteilen ungleichmäßig auf eine Radseite einwirkende Kräfte auf die andere Seite weiter. Je stärker der Stabilisator ausfällt, umso mehr erfolgt dieser Kräfteausgleich. Umso geringer fällt auch die Seitenneigung des Fahrzeugs aus. Etwas straffer wird die Federung hinten mit der »Zweiblattfeder«. Dies ergibt eine etwas erhöhte Bodenfreiheit, kann dann auch zur Auflastung verbaut werden. Mit Verbundwerkstoffen lassen sich etwa 15 kg einsparen. Auch diese Option kann bei der Neubestellung geordert werden. Serienmäßig kann der Ducato auch mit Luftfederung bestellt werden. Auch diese lässt sich als Nachrüstset aus dem Zubehörmarkt noch nachträglich einbauen.

Diverse Assistenten
Neben den technischen Weiterentwicklungen in Sachen Mechanik zum sehr erfolgreichen Fiat Ducato, ergeben sich viele neue Möglichkeiten durch das Bordnetzsystem. Wie auch beim Pkw kommen bei dem kleinen Nutzfahrzeug neue Fahrerassistenzsysteme, ein neues Infotainment-Programm und letztlich auch neue Klimabedienteile hinzu.

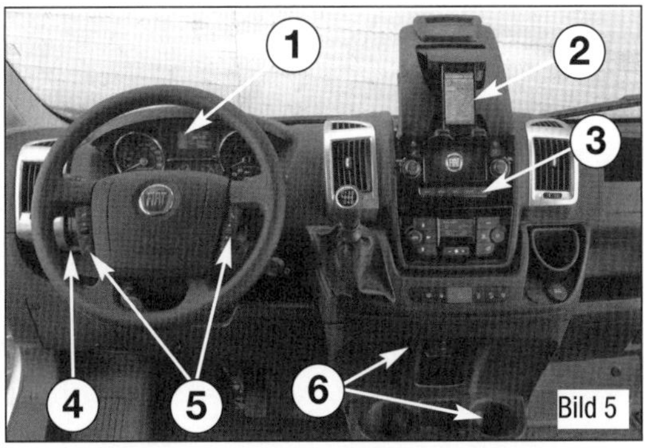

Bild 5

Bild 5
Multimedia und Multifunktion.
1 Multifunktionsanzeige
2 Halter für Tablet, Handy oder iPhone
3 Entertainmentsystem
4 Infotainment-Bedientasten
5 Lenkradbedientasten
6 AUX- und USB-Buchsen

Bild 6

Bild 6
Anzeige im Multifunktionsdisplay.
1 Laufleistung in km
2 Uhrzeit
3 Display
4 Warn- und Anzeigeleuchten zur Information

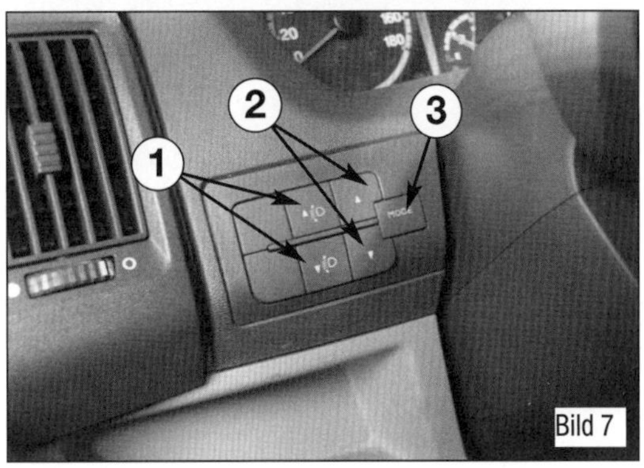

Bild 7

Bild 7
1 Tasten für die Einstellung der Scheinwerferhöhenregulierung
2 Befehlstasten für das Multifunktionsdisplay
3 Modetaste zur Menüanwahl des Multifunktionsdisplays

ABS, ESP und Stabilitätssysteme
Typisch für die software-gestützte Umsetzung sind die umfangreichen Assistenzsysteme der Bremsanlage. Basierend auf einem ABS-System können auch einzelne Bremsgeräte eines Rades angesteuert werden. So wird es mit ESC möglich, das Fahrzeug zu stabilisieren oder wie im Traction+ ein schnell drehendes Rad abzubremsen. Die Systeme arbeiten hier derartig schnell, dass die Reaktion auch von routinierten Fahrern kaum übertroffen werden

kann. Über den Bremseingriff werden das ROM (Überschlagsvermeidung), der Hillholder, Traction+ und der Bergabfahrassistent realisiert.

Das Start-Stopp-System
Ab dem Modelljahr 2011 kam eine weitere Besonderheit der technischen Ausrüstung hinzu. Ein Start-Stopp-System. Die Start-Stoppfunktion ist recht leicht vorstellbar. Über das Bordnetzsystem lässt sich natürlich auch die Nutzung des Fahrzeuges erkennen. Entsprechend wird bei aktiviertem System und einer Haltephase der Motor abgestellt. So wird zum einen Kraftstoff und zum anderen eine CO2-Senkung realisiert.

Bild 8
Fahrgestellnummer im Sichtfenster der Windschutzscheibe links.

Aufschlüsselung der Fahrzeug-Identifizierungsnummer (FIN)	
ZFA	Herstellerzeichen
250	Baureihe
000	Füllzeichen
0	Füllzeichen
2	Modelljahr 2006
C	Produktionsstätte
000 011	Laufende Nummer

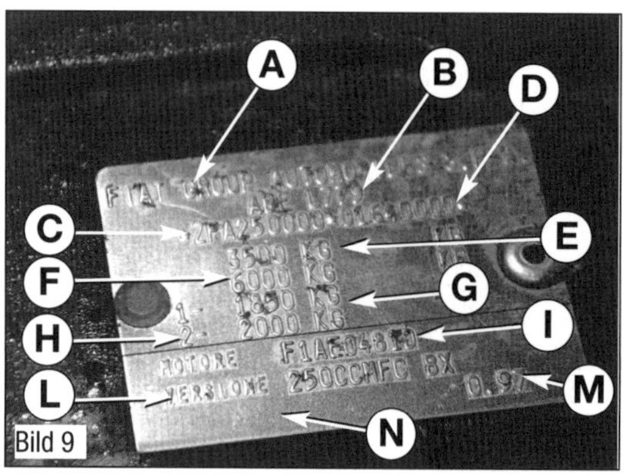

Bild 9
A Name des Herstellers
B Zulassungsnummer
C Typkennzeichnung des Fahrzeugs
D fortlaufende Herstellungsnummer des Fahrgestells
E Zul. Gesamtgewicht des voll beladenen Fahrzeugs
F Zul. Gesamtgewicht mit Hänger
G Zul. Gesamtgewicht auf der Vorderachse
H Zul. Gesamtgewicht auf der Hinterachse
I Art des Motors
L Code Karosserieversion
M Ordnungsnummer für Ersatzteile
N korrigierter Abgastrübungswert (für Dieselmotoren)

Zum Feld »I«	
4HV	100 Multijet
SOFIM F1AE0481D	120 Multijet
SOFIM F1AE0481N	130 Multijet
SOFIM F1CE0481D	160 Multijet

Kamerageführte Systeme
Der Spurhalteassistent (LDWS) erfasst die Fahrspurbegrenzung, auf der sich das Fahrzeug bewegt. Wird die Fahrspur unkontrolliert verlassen (Lenkverhalten wird bewertet), erfolgt ein akustisches Signal. TSR ermöglicht das Erkennen der Geschwindigkeitsbegrenzungen auf den Schildern am Straßenrand und stellt diese dann im Multifunktionsdisplay dar. Das HBR erkennt entgegenkommende Fahrzeuge und schaltet automatisch das Abblendlicht ein.

Ausstattungsergänzungen
Über einen Regensensor kann die automatische Regelung der Wischgeschwindigkeit und der Auslösung umgesetzt werden. Die Reifendrucksensoren sind nur dann Vorschrift, wenn das Fahrzeug als Pkw homologiert wurde. Für die Lkw und Transporter gilt die Vorschrift nicht. Fiat geht den kostenintensiveren Weg über die Reifendrucksensoren. Diese müssen dann bei Sommer- und Winterreifen verbaut sein und beim Wechsel entsprechend neu angelernt werden.

Identifizierung

Fahrgestellnummer
Die Fahrzeug-Identifizierungsnummer befindet sich im Radkasten auf der Beifahrerseite und im unteren Teil der Windschutzscheibe.

Das Typenschild
Das Typenschild finden sich auf dem vorderen Querträger im Motorraum. Die Beschreibungen zum Typenschild finden Sie in der Bildlegende zum Bild 9.

Zum Feld »L«								
2	5	0	A	A	M	F	A	AX
1			2	3	4	5	6	7

(1) Das Modell
Auf den ersten drei Feldern wird der Bautyp Ihres Ducatos dargestellt.
(2) Die Zuladung:
A = 3000 kg, B = 3300 kg, C = 3500 kg LIGHT, D = 3500 kg HEAVY, E = 4005 kg, F

2800 kg, G = 3650 kg
(3) Der Motor:
A = 100 Multijet, C = 120 Multijet, D = 160 Multijet, E = 130 Multijet, M = 130 Multijet, N= 150 Multijet, P = 180 Multijet Power, R = 115 Multijet, V = 110 Multijet
(4) Die Kraftübertragung oder Antriebsachsen:
M = Schaltgetriebe, A = Automatikgetriebe
(5) Die Karosserie:
A = Fahrgestell mit Führerhaus, B = Fahrgestell ohne Führerhaus, C = Kabinenfahrgestell mit Bodenplatte, D = Kastenwagen, E = Schulbus in Grundausführung, L = Schulbus in mittlerer Ausführung, F = Kastenwagen, G = Kastenwagen mit verlängertem Führerhaus H = Fahrgestell mit verlängertem Führerhaus, M = Minibus, P = Panorama, R = gemischte Ausführung, 6/9 Sitzplätze, U = Fahrgestell ohne Führerhaus »Pritsche«
(6) Der Radstand:
A = kurzer Radstand, B = mittlerer Radstand C = langer Radstand, D = mittellanger Radstand, U = alle Radstände (nur bei unvollständigen Fahrzeugen wie einem Triebkopf beispielsweise)
(7) Die Versionskennzeichnung
A = Fahrgestell mit Führerhaus, B = Fahrgestell ohne Führerhaus, C = Fahrgestell mit Pritsche, D = Kastenwagen, E = Schulbus Grundausführung, F = Lieferwagen, G = Kastenwagen mit verlängertem Führerhaus, H = Fahrgestell mit verlängertem Führerhaus, L Schulbus mittlere Ausführung, M Autobus, P = Panorama, R gemischter Transport 6/9 Sitzplätze

Zum Feld »M«
Gerade für die Teilebestellung beim Zubehörhandel sind neben der Fahrgestellnummer und dem Zulassungsdatum auch der Motor- und der Getriebekenncode sehr wichtig. Auch die Ordnungsnummer sollte bekannt sein.

Die Motornummer
Die Kennzeichnung für den Motor ist gut versteckt nach vorne oben in das Kurbelgehäuse getriebeseitig eingestanzt. Sie umfasst den Typ und die laufende Herstellungsnummer.

Die Getriebekennnummer
Die Getriebekennzeichnung befindet sich

Bild 10
Einbaulage des Typenschildes auf dem Frontquerträger.

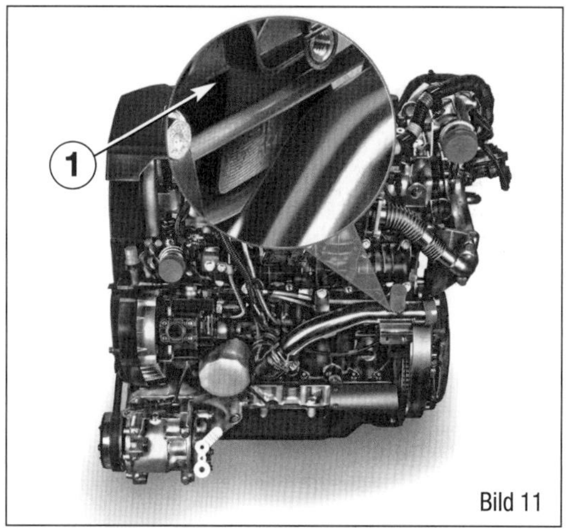

Bild 11
Beim 2,3-l-Motor nicht leicht zu entdecken.
1 Motorkennnummer am Motorblock

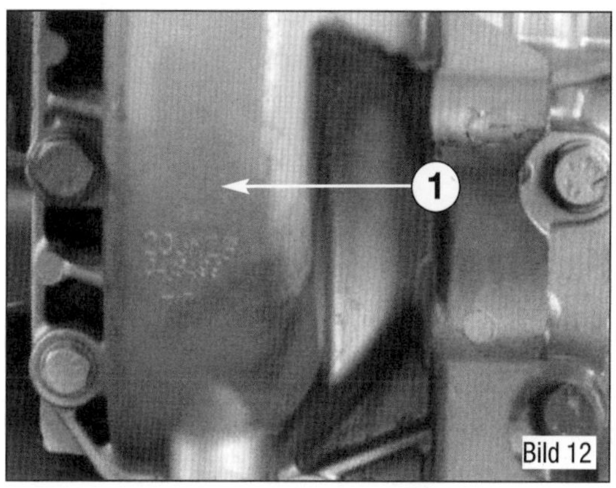

Bild 12
1 Getriebekennnummer am Getriebeblock (Differenzialgehäuse neben dem Halter hinten)

auf dem Differenzialgetriebegehäuse und ist von unten meist erst nach Reinigung des Gehäuses lesbar.

Servicevorgaben

Die Wartung, die Fälligkeit und die Auswirkungen sind beim Ducato schon etwas ganz Besonderes. Wird die Ölwechselfälligkeit erreicht, erscheint schon auf dem Tachodisplay eine entsprechende Meldung, sobald der Zündschlüssel auf die erste Stufe gedreht wird. Wird das Fahrzeug unter diesen Bedingungen weitergefahren, wird die Motorleistung durch das Steuergerät gedrosselt. Ist die Fälligkeit dann erreicht, erscheint auf dem Tachodisplay die Meldung »Service« und zusätzlich wird die Öl-Kontrollleuchte zusammen mit der MIL-Kontrollleuchte eingeschaltet. Das Rücksetzen kann nur mit einem geeigneten Tester erfolgen. Die Bindung zwischen Auto und Servicetester ist somit werkseitig festgeschrieben. Die Anbindung an die Vertragswerkstätten wird aber nicht erreicht. Die Rücksetzung kann mit freien Werkstatttestern sowie den entsprechenden Handauslesegeräten, wie einem Duonix-Gerät unter 100 Euro, erfolgen.

Servicemeldung abfragen

Die Anzeige der Kilometer bis zur Fälligkeit der nächsten Inspektion, wird bei Erreichen wie bereits geschildert im Display dargestellt. Um die Fälligkeit im Auge zu behalten, kann diese über die »Mode«-Taste neben der Lenksäule in der Armaturentafel abgefragt werden.
Die Abfrage sollten Sie grundsätzlich bei stehendem Motor durchführen. Während der Fahrt können Sie nur wenige Funktionen wie den Geschwindigkeitswarner aktivieren.

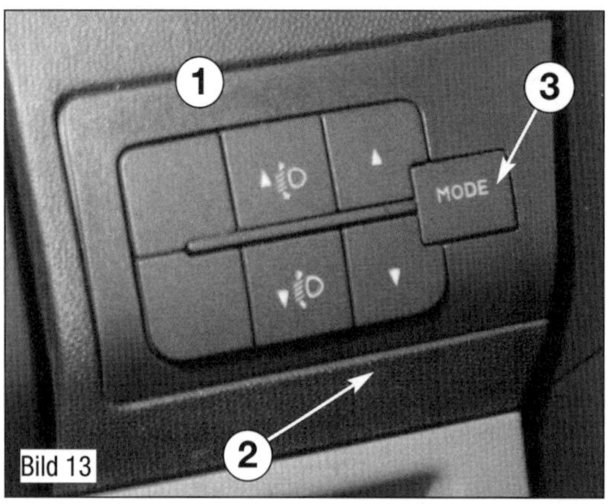

Bild 13
Displayanwahltasten.
1 Taste »auf«
2 Taste »ab«
3 Taste »Mode«

Bild 14
Unterschiedliche Anzeigen je nach Ausführung.
4 Tachodisplay im Service-Modus

Abfragen der Meldung
Bei eingeschalteter Zündung, abgestelltem Motor und stehendem Fahrzeug kann die aktuelle Service-Meldung abgefragt werden, allerdings nicht bei allen Displaytypen.

Fahrtstrecke bis zur Inspektion:
■ Die Taste (3) kurz drücken und mit den Pfeiltasten (1) oder (2) die Anwahl so lange ändern, bis der Schriftzug »Service« im Display lesbar ist.
■ Die Taste (3) wiederum kurz drücken. Das Display zeigt nun die noch fehlende Fahrtstrecke in Kilometer oder Meilen bis zur Fälligkeit der nächsten Inspektion an. Erneutes kurzes Drücken erlaubt den Wechsel zur Restfahrstrecke für den Ölservice.

Fahrtstrecke bis zum Ölservice:
■ Die Taste (3) kurz drücken und mit den Pfeiltasten (1) oder (2) die Anwahl so lange ändern, bis der Schriftzug »Service« im Display lesbar ist.
■ Die Taste (3) zweimal kurz drücken. Das Display zeigt nun die noch fehlende Fahrtstrecke in Kilometer oder Meilen bis zur Fälligkeit des nächsten Ölservices. Erneutes kurzes Drücken erlaubt den Wechsel zur Restfahrstrecke für die Inspektion.

Rückkehr in die Standardansicht des Displays:
Die Rücksetzung ist wie bereits erwähnt nicht über das Display möglich. Für die Rücksetzung ist ein Tester erforderlich. Üblicherweise decken die universellen OBD II-Tester diese Funktion nicht ab. Fragen Sie vor der Anschaffung eines Testers nach, ob die Servicerückstellung möglich ist.
■ Drücken Sie die Taste » Mode« (3) lange, um zur Standardmaske zurückzukehren.

Service-Intervall-Anzeige zurücksetzen

Exemplarisch stellen wir Ihnen den Ablauf mit dem VDO-Tester vor. Der Ablauf für andere Tester ist meist sehr ähnlich.
■ Tester (1) im Fahrzeug (2) anschließen, Zündung einschalten, »Service« anwählen.
■ Wählen Sie den Fahrzeughersteller »Fiat« mit den Pfeiltasten (3) an.
■ Bestätigen Sie Ihre Wahl mit dem Haken (4). Der VDO verbindet sich nun mit dem

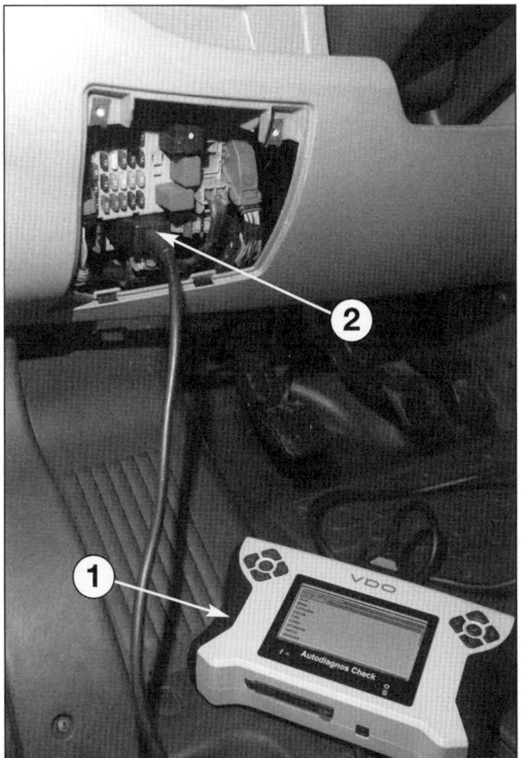

Bild 15
1 Fahrzeugdiagnosetester
2 OBD-Stecker

Steuergerät und führt die Erkennung und Feinauswahl selbstständig durch.

■ Wählen Sie nun über die Pfeiltasten (6) die geführten Funktionen (5) an.

■ Bestätigen Sie Ihre Wahl mit dem Haken (4).

■ Wählen Sie dann über die Pfeiltasten (3) die gewünschte Servicearbeit aus. Wir stellen nun den Vorgang für den Ölservice vor.

■ Bestätigen Sie Ihre Wahl wiederum mit dem Haken (4).

Bei unserem Fahrzeug können Sie den Ölzähler und die Wegstrecke bis zur nächsten Wartung zurücksetzen. Der Ölzähler stellt den Wartungsintervall dar. Er wird auf 48.000 km gesetzt und zählt dann herunter. Die Funktion »Wegstrecke bis zur nächsten Wartung« setzt die Ölwarnleuchte zurück.

■ Je nach Anwahl erfolgt nun die Rücksetzung. Beachten Sie hier die Anweisungen auf dem Bildschirm und die Bestätigung nach Abschluss der Arbeiten.

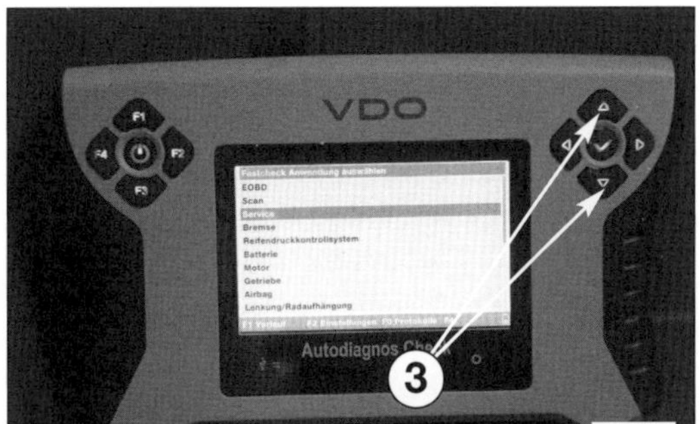

Bild 16
Anwahl der Servicefunktion.
3 Tasten »hoch« und »herunter«

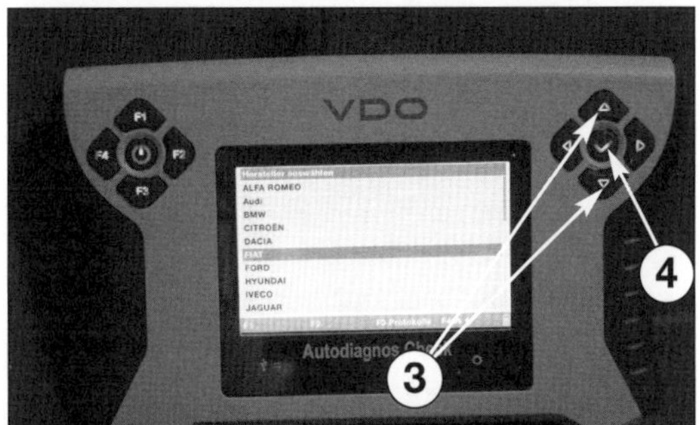

Bild 17
Anwahl des Herstellers.
3 Tasten »hoch« und »herunter«
4 Bestätigung der Anwahl

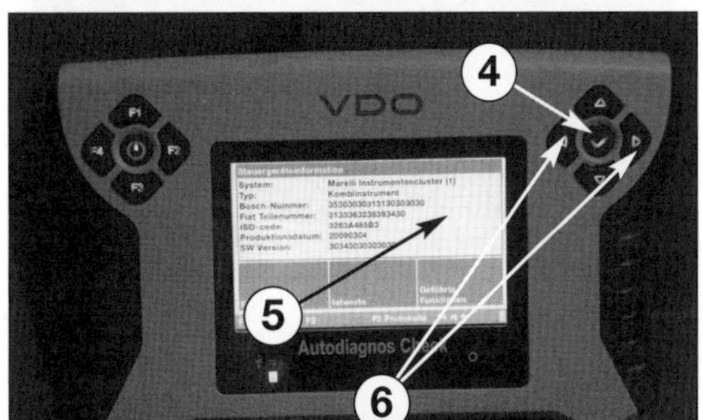

Bild 18
Anwahl der geführten Funktionen.
4 Bestätigung der Anwahl
5 Anwahl im Display
6 Tasten »links« und »rechts«

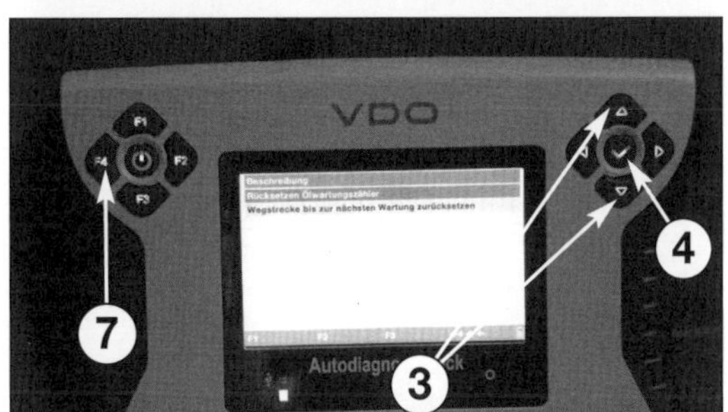

Bild 19
3 Taste »hoch« und »runter«
4 Bestätigung der Auswahl
7 Taste F4 zurück

■ Gehen Sie über die Taste F4 (7) zurück. Schalten Sie die Zündung aus und ziehen Sie den OBD-Stecker heraus.

Sichtprüfung Messen

Wartungsplan

Der Übersicht halber haben wir die originalen Wartungspläne und die gängigen Wartungspläne der freien Testerhersteller unter die Lupe genommen und zusammengefasst. Im Folgenden werden wir Ihnen einen Plan vorstellen, der die Prüfpunkte für die unterschiedlichen Fahrzeugtypen in drei Sparten aufteilt. Im Ölservice steht der Wechsel des Motoröls im Vordergrund. Kleinere regelmäßige Kontrollen haben wir hier auch untergebracht. Der Wechsel des Öls ist wie bei allen Fahrzeugen mit Partikelfilter ohne Ad-Blue-System sehr wichtig. Die Partikelfilterreinigung wird durch die Nacheinspritzung von Kraftstoff in den Auslasstakt erreicht. Entsprechend kann es zu erhöhtem Kraftstoffeintrag im Motoröl kommen. Das ist im Grundsatz normal und bis zu etwa 7% auch unproblematisch. Bei Motoren, die im Kurzstreckenbetrieb unterwegs sind, kann der Kraftstoffeintrag schnell darüber liegen. Bei Motoren, die regelmäßig und zügig auf der Autobahn unterwegs sind, verdampft der größte Teil wieder und der Öleintrag fällt geringer aus. Wenn Sie unsicher sind, wie sich das bei Ihrem Fahrzeug verhält, lassen Sie eine Ölprobe analysieren. Adressen hierzu finden Sie im Internet, die Kosten liegen bei etwa 70 Euro. Die Aussage »kein Ölverbrauch« lässt dann lediglich den Schluss zu, dass das verbrauchte Öl durch Kraftstoffrückstände aufgefüllt wurde. Der Ölwechsel ist entsprechend wichtig für die Lebensdauer des Motors.

Regelmäßige Kontrollen

Die Kontrollen sollten regelmäßig nach eigenem Ermessen durchgeführt werden. Als Daumenwert kann etwa 1000–3000 km angenommen werden.

Motorölkontrolle	Nicht nur per Displayanzeige! Die Markierungen am Peilstab bei stehendem Motor und gerader und ebener Abstellfläche sind relevant.
Kühlmittel	Kontrolle des Kühlmittelstandes. Niemals einfach Wasser oder nur Konzentrat nachfüllen. Kontrollieren Sie den Frostschutzgehalt mit einem Refraktometer oder einer geeigneten Frostschutzspindel. Wird dieser zu hoch, geht Kühlleistung verloren. Bei häufigem Nachfüllen muss dringend die Ursache festgestellt werden.
Servolenkungsöl	Kontrolle des Ölstandes nach Peilstab. Verwenden Sie ein Servolenkungsöl nach ATF DEXRON III.
Scheibenreiniger/ Waschdüsen	Kontrollieren Sie den Füllstand des Waschbehälters und speziell den Frostschutzgehalt in der kalten Jahreszeit. Verwenden Sie Scheibenreiniger und nicht allzu kalkhaltiges Wasser.
Scheibenwischergummis	Achten Sie auf festen Sitz, intakte Wischergummis sowie die korrekte Wischerarmeinstellung und leichtgängige Wischerarmgelenke für den Andruck an die Scheiben.
Reifenluftdruck/Zustand	Kontrollieren Sie den Reifenluftdruck sowie die Profiltiefe und auch die Lauffläche auf gleichmäßige Abnutzung. Bei einseitigem Reifenverschleiß prüfen Sie die Achsbauteile und lassen Sie eine Achsvermessung durchführen.

Ölwechsel/Ölservice

Der Wechsel des Öls ist nach Fiat folgendermaßen durchzuführen:

Normale Beanspruchung (es gilt: was zuerst eintrifft)	Flexibel Zeitrahmen	nach Displayanzeige spätestens nach 24 Monaten
Stadtverkehr (es gilt: was zuerst eintrifft)	Flexibel Zeitrahmen	nach Displayanzeige spätestens nach 12 Monaten

Betrieb unter erschwerten Bedingungen
Wenn das Fahrzeug vorwiegend zum Ziehen von Anhängern oder Wohnwagen, auf staubigen Straßen, auf Kurzstrecken (unter 7-8 km), oft im Leerlauf betrieben wird, lange Fahrten bei niedriger Geschwindigkeit absolviert wurden, werden besondere Kontrollen notwendig.

Scheibenbremsbeläge vorne	Kontrolle Zustand/Verschleiß
Zustand der Schlösser an Motorhaube und Kofferraum	Hebelwerk reinigen und schmieren.
Sichtkontrolle Antrieb	Motor, Getriebe, Kraftübertragung, Rohrleitungen (Auspuff – Kraftstoffversorgung – Bremsen), Gummielemente (Kappen – Muffen – Buchsen usw.);
Batteriecheck	Kontrolle des Ladezustands der Batterie und des Säurestands
Antriebsriemen für die Nebenaggregate	Sichtkontrolle auf Schäden, Verschleiß und Riemenspannung
Ölservice/Ölkontrolle	Die Anweisungen zum Ölwechsel beachten!
Pollenfilter	Ausbau, Kontrolle und soweit erforderlich auswechseln
Luftfilter	Ausbau, Kontrolle und soweit erforderlich auswechseln

Inspektionsservice
Der normale Wartungsintervall liegt bei 30.000 Meilen, also 48.000 km. Außerhalb der Wartungsarbeiten fallen trotzdem je nach Bedarf (immer zwischendrin!) die regelmäßigen Kontrollen an. Die Abstände hierzu müssen Sie selbst als Fahrer festlegen. Die Kontrollpunkte haben wir bereits beschrieben.

Normale Beanspruchung (es gilt: was zuerst eintrifft)	Flexibel Zeitrahmen	nach Displayanzeige spätestens nach 24 Monaten
Betrieb unter erschwerten Bedingungen (es gilt: was zuerst eintrifft)	Flexibel Zeitrahmen	nach Displayanzeige spätestens nach 12 Monaten

Wartungsumfang

Nachdem nun die Fälligkeit geklärt sein dürfte, betrachten wir den Umfang der einzelnen Wartungsstufen im Detail. Wir haben eine Aufteilung gewählt, die einen flüssigen Ablauf der Wartung erlaubt. Die Überschriften kennzeichnen die einzelnen Schwerpunkte für die in der jeweiligen Tabelle darunter aufgeführten Arbeiten.

Elektrische Anlage

Öl-Service Plus	Wartungs-dienst	Zusatz-arbeiten	Arbeitsschritte und Prüfungen
X	X		Frontbeleuchtung: Standlicht, Abblendlicht, Fernlicht, Nebelscheinwerfer, Blinkanlage, Warnblinkanlage auf Funktion prüfen.
X	X		Schlussleuchten: Bremslicht (auch 3. Bremslichter), Schlusslicht, Rückfahrleuchte, Nebelschlussleuchte, Kennzeichenleuchte, Blinkanlage, Warnblinkanlage auf Funktion prüfen.
X	X		Verbaute Zusatzleuchten und deren Anschlüsse auf Funktion und Schäden überprüfen.
	X		Innenraum-, Kofferraum- und Handschuhfachleuchte, Zigarettenanzünder, Steckdosen, Signalhorn und Kontrollleuchten auf Funktion prüfen.
X	X		Schalter und Regler, Funktion Gebläse, Leuchtweitenregulierung oder Einstellung prüfen.
	X		Kontrollleuchten in der Armaturentafel und im Display auf Funktion prüfen.
	X		Batterie (auch Zweitbatterie): Sichtprüfung durchführen und das magische Auge prüfen.

Sichtprüfung Messen

Öl-Service Plus	Wartungsdienst	Zusatzarbeiten	Arbeitsschritte und Prüfungen
	X	X	Zusatzbatterie (soweit verbaut) Flüssigkeitsstand prüfen.
	X		Ladespannung der Batterie prüfen.
	X		Zentralverriegelung Funktion prüfen.
	X		Funktionen der Schlüsselfernbedienung kontrollieren.

Fahrzeug von innen

Öl-Service Plus	Wartungsdienst	Zusatzarbeiten	Arbeitsschritte und Prüfungen
	X		Funktion des Bremskraftverstärkers prüfen, Befestigung der Gummiauflage auf den Pedalen überprüfen.
X	X		Handbremshebel auf Rastenfunktion und Zustand prüfen, Handbremsweg wenn erforderlich einstellen.
	X		Gurtsysteme auf Funktion, Schäden und leichtes Aufrollen prüfen. SBC-Warnung (Gurtwarner) auf Funktion prüfen.
	X		Sonnenblenden auf Funktion prüfen.
	X		Sitze auf Schäden an Polster und Gestell überprüfen.
	X		ISRI Fahrersitz auf Funktion und Beschädigung sowie auf Spiel in den Lagerungen prüfen.
	X		Verkleidungen der Türen und Türgriffe auf Festigkeit und Unversehrtheit prüfen.
	X		Anzeigen im Tachometer auf Funktion und Ablesbarkeit prüfen.
X	X		Kontrolle der Funktion der Scheibenwasch- und Wischanlage und der Einstellung der Waschdüsen.
X	X		Ausrichtung/Abnutzung der Wischerblätter prüfen.
	X		Funktion der Rückspiegelverstellung prüfen.
	X		Funktion der Standheizung prüfen.

Fahrzeug von außen

Öl-Service Plus	Wartungsdienst	Zusatzarbeiten	Arbeitsschritte und Prüfungen
	X		Schlösser an Motorhaube und Kofferraum kontrollieren, reinigen und Hebelwerk schmieren.
	X		Kontrolle und Reinigung der unteren Führungen der Schiebetüren (spätesten alle 6 Monate).
	X		Karosserieaußenseite auf Schäden und Korrosion prüfen.
	X		Rammschutz- und Zierleisten auf richtige Befestigung prüfen.
	X		Lampengläser auf Beschädigung und richtigen Sitz überprüfen.
	X		Tür- und Scheibendichtungen auf Zustand und Beschädigung prüfen.
X	X		Zustand der Rückspiegel prüfen.

Bereifung

Öl-Service Plus	Wartungsdienst	Zusatzarbeiten	Arbeitsschritte und Prüfungen
X	X		Korrigieren des Reifendrucks.
X	X		Kontrolle von Zustand und Verschleiß.
	X	X	Felgen auf Korrosion oder Beschädigung untersuchen.
		X	Felgen und Radschrauben beim Radwechsel auf Verschleiß prüfen.
	X		Saisontypische Reifen verbaut (Winter/Sommer).

Fahrzeug von unten

Öl-Service Plus	Wartungs- dienst	Zusatz- arbeiten	Arbeitsschritte und Prüfungen
	X		Motor und Bauteile im Motorraum (von unten), Getriebe, Achsantrieb, Hinterachse und Gelenkschutzhüllen: Sichtprüfung auf Undichtigkeiten und Beschädigungen durchführen. Bei nicht verbrauchsbedingtem Flüssigkeitsverlust Ursache feststellen und beseitigen.
	X		Sichtprüfung auf Beschädigungen des Unterbodenschutzes und der Unterbodenverkleidungen.
	X		Sichtprüfung auf Undichtigkeiten, Befestigung und Beschädigungen der Abgasanlage durchführen.
	X		Spurstangenköpfe auf Spiel prüfen, Zustand der Befestigung und Dichtungsbälge überprüfen.
	X		Faltenbälge der Lenkung auf Undichtigkeiten und Beschädigungen prüfen.
	X		Sichtprüfung der Achsgelenke, Axiallager, Koppelstangenlager und Stabilisatorgummilager auf Beschädigung durchführen.
	X		Sichtprüfung der Bremsanlage auf Undichtigkeiten und Beschädigungen durchführen.
	X		Feststellbremse nachstellen.
	X		Rahmen und tragende Teile auf Beschädigung und Korrosion prüfen.
	X		Dicke der Bremsbeläge sowie den Zustand der Bremsscheiben vorn und hinten prüfen.
	X	X	NUR BEI DANGEL ALLRADANTRIEB: Ölstand am Hinterachsdifferenzialgetriebe prüfen, gegebenenfalls auffüllen.
	X	X	NUR BEI DANGEL ALLRADANTRIEB: Ölstand am Verteilergetriebe prüfen, gegebenenfalls auffüllen.
	X	X	NUR BEI DANGEL ALLRADANTRIEB: Ölstand am Vorderachsdifferenzialgetriebe prüfen, gegebenenfalls auffüllen.
	X	X	NUR BEI DANGEL ALLRADANTRIEB: Achsgelenke, Axiallager, Koppelstangenlager und Stabilisatorgummilager: Sichtprüfung auf Undichtigkeiten und Beschädigungen durchführen.
	X	X	NUR BEI DANGEL ALLRADANTRIEB: Sichtprüfung der Stoßdämpfer auf Undichtigkeiten und Beschädigungen durchführen.
	X	X	NUR BEI DANGEL ALLRADANTRIEB: Sichtprüfung der Faltenbälge der Lenkung auf Undichtigkeiten und Beschädigungen durchführen.
		X	Verschraubung der Blattfedern nachziehen.
	X		Wasserablaufbohrung im Bodenbereich der Schiebetür prüfen.
	X		Wasserablaufbohrung im Bodenbereich der Seitentüren prüfen.
	X		Abgasführung der Standheizung prüfen.

Sichtprüfung Messen

Motorraum (Motor und Antrieb)

Öl-Service Plus	Wartungs-dienst	Zusatz-arbeiten	Arbeitsschritte und Prüfungen
X	X		Motorölstand prüfen.
	X		Motor und Bauteile im Motorraum (von oben): Sichtprüfung auf Undichtigkeiten und Beschädigungen durchführen.
X	X		Motoröl wechseln und Ölfilter ersetzen sowie nach dem Auffüllen ggf. bis Max.-Markierung ergänzen.
	X		Bremsflüssigkeitsstand (abhängig vom Belagverschleiß) prüfen (Spezifikationen beachten).
X	X		Servolenkung: Ölstand prüfen.
	X	X	Luftfilter mit Sättigungsanzeige prüfen.
		X	Frostschutz und Kühlmittelstand prüfen und ggf. auffüllen.
	X		Antriebsriemen für die Nebenaggregate auf Verschleiß prüfen.
		X	Antriebsriemen für die Nebenaggregate wechseln.
X			Antriebsriemen für die Nebenaggregate-Spannung (nur beim ersten Ölservice kontrollieren).
		X	Kraftstofffiltereinsatz wechseln.
		X	Zahnriemen mit Spann- und Umlenkrollen wechseln, 2,0-l-Diesel alle 144‘000 km oder nach 5 Jahren.
		X	Zahnriemen mit Spann und Umlenkrollen wechseln, 2,3-l-Diesel bis 2011 180‘000 km oder nach 4 Jahren.
		X	Zahnriemen mit Spann- und Umlenkrollen wechseln, 2,3-l-Diesel ab 2011 192‘000 km oder nach 4 Jahren.

Abschließende Arbeiten

Öl-Service Plus	Wartungs-dienst	Zusatz-arbeiten	Arbeitsschritte und Prüfungen
		X	Scheinwerfereinstellung prüfen, gegebenenfalls einstellen.
		X	Fahrzeugsystemtest durchführen.
X	X	X	Service-Intervall-Anzeige zurücksetzen.
X	X	X	Service-Aufkleber »Ihre nächsten Service-Termine« nächste Fälligkeit eintragen und Service-Aufkleber am Türholm Fahrerseite (B-Säule) ankleben.
		X	Pannenset (falls vorhanden): prüfen, Reifenfüllflasche mit Dichtmittel ersetzen, wenn das Mindesthaltbarkeitsdatum erreicht ist).
		X	Probefahrt durchführen.

Bild 20
115 Multijet.
1 Scheibenreiniger
2 Servoöl (Lenkung)
3 Kühlmittel
4 Öleinfüllstutzen
5 Ölpeilstab
6 Bremsflüssigkeit
7 Ölfilter

Bild 21
110/130/150 Multijet.
1 Scheibenreiniger
2 Servoöl (Lenkung)
3 Kühlmittel
4 Öleinfüllstutzen
5 Ölpeilstab
6 Bremsflüssigkeit
7 Ölfilter

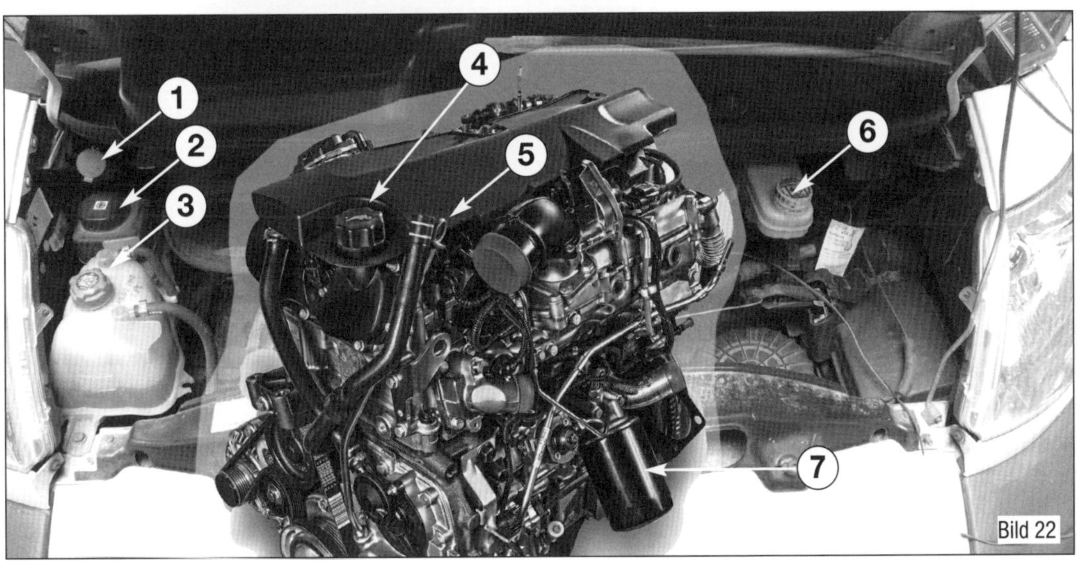

Bild 22
180 Multijet Power.
1 Scheibenreiniger
2 Servoöl (Lenkung)
3 Kühlmittel
4 Öleinfüllstutzen
5 Ölpeilstab
6 Bremsflüssigkeit
7 Ölfilter

3 Werkzeug und Ausrüstung

Ob nun reines Hobby oder beruflich: Das Schrauben birgt gewisse Risiken. Vom kleinen Kratzer bis hin zum tödlichen Unfall ist schon alles vorgekommen. Ärgerlich ist es aber auch schon, wenn durch einen unpassenden Schraubenschlüssel eine Schraube so beschädigt wird, dass sie sich nur mit einem erheblichen Aufwand lösen lässt.
Einige Arbeiten werden durch Spezialwerkzeug deutlich erleichtert. Sollten Sie bestimmte Tätigkeiten öfter durchführen, scheuen Sie sich nicht, die Preise für das Spezialwerkzeug anzufragen. Gelegentlich sind die Preise so günstig, dass es sich nicht mal lohnt, die Werkzeuge nachzubauen.

Standardausrüstung für mechanische Arbeiten

Sicherlich ist es immer besser, auf die Werkzeugsätze der Top-Markenhersteller zurückzugreifen. Als Basis allerdings sind auch schon günstigere Ausführungen recht bekannter Marken erhältlich. Gerade für die Arbeiten an modernen Fahrzeugen müssen neben den üblichen Sechskantnüssen auch Vielzahn- und Torxeinsätze zur Verfügung stehen (Bild 4). Eine günstige Alternative für unsere Zwecke bieten »Snap On«- oder »KS-Tool«-Werkzeugkoffer, die ein sehr komplettes Angebot liefern. Sind die Sätze im Angebot, kann man sein Werkzeugsortiment mit einem solchen Set leicht auch um 100 Euro erweitern.
An Werkzeug lässt sich leider kein Geld einsparen. Zum einen ist die Lebenserwartung dieses Werkzeuges stark an den Anschaffungspreis gekoppelt und zum anderen ist es extrem wichtig, dass die Maßhaltigkeit genau stimmt.
Wenn es um die Demontage von einzelnen Bauteilen geht oder auch nur zur Ablage von ausgebauten Fahrzeugteilen, ist eine Werkbank sehr hilfreich (Bild 2). Ist sie stabil genug, kann sie bei der Demontage der Motorteile gute Dienste leisten. Bei der Demontage fallen regelmäßig einige Schrauben an. Um diese besser wieder zuordnen zu können und sie sicher und sauber zu lagern, empfiehlt es sich, für die einzelnen Baugruppen jeweils eine, am besten verschließbare Kiste zu verwenden (Bild 3).

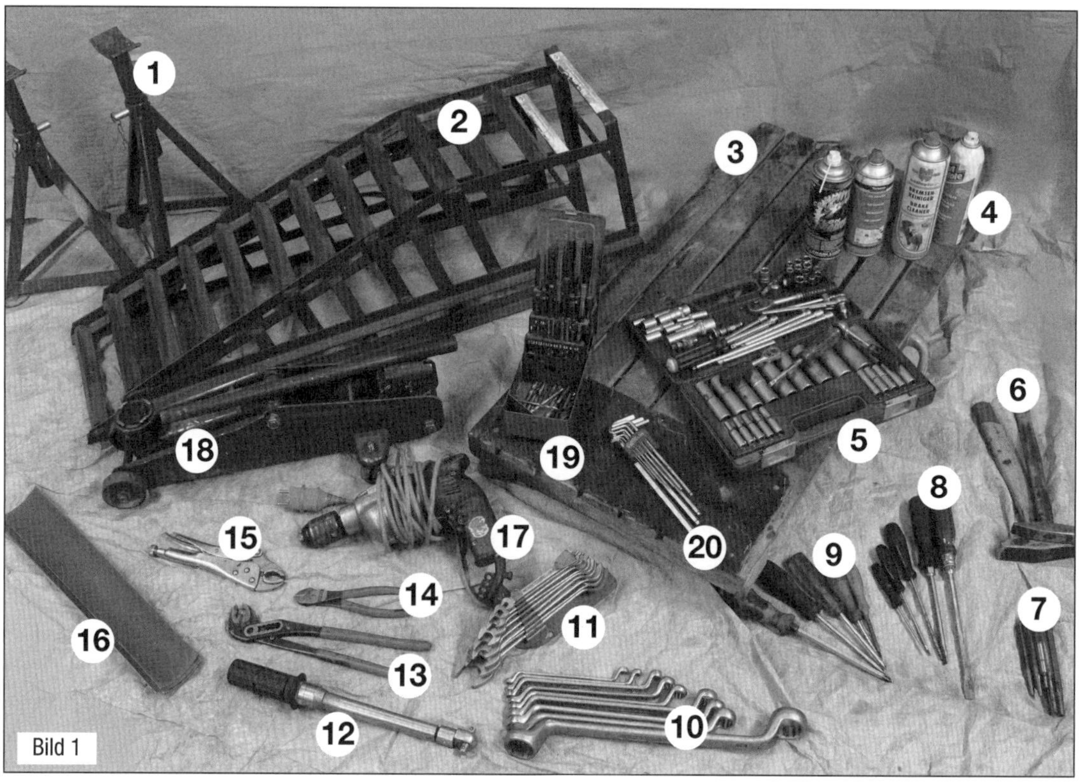

Bild 1

Bild 1
Standardwerkzeug in der Übersicht.
1 Unterstellböcke
2 Auffahrrampen
3 Rollbrett
4 Sprühfett, Rostlöser und Bremsenreiniger
5 Ratschenkasten-Werkzeugset
6 Schlosserhammer 500 g und Schlosserhammer 200 g
7 Durchschlagset und Körner
8 Schlitz-Schraubendreherset
9 Kreuz-Schraubendreherset
10 Ringschlüsselset
11 Gabelschlüsselset
12 Drehmomentschlüssel
13 Wasserpumpenzange
14 Seitenschneider
15 Grip- oder Schnappzange
16 Schleifpapier Korn 120
17 Handbohrmaschine
18 hydraulischer Wagenheber
19 Bohrerset
20 Innensechskant/Torx/-Vielzahnset

Spezialwerkzeuge

Ein hilfreicher Spezialist für enge Stellen ist ein so genannter Greifer oder auch ein »Magnet am Stiel« (Bild 5). Der Motorraum ist gerade bei heutigen Fahrzeugen recht zugebaut. Fällt eine Schraube oder Klammer hinunter, muss diese natürlich wieder herausgesammelt werden. Oft genug wird es für die Finger zu eng. Der Versuch, mit einem Schraubendreher das Entfallene in erreichbare Nähe zu bekommen, endet meist mit einer noch verzwickteren Lage. Der Greifer oder auch ein Magnet kann helfen, die entflohenen Teile ohne fingerbrecherische Aktionen wieder einzufangen.

Zahnriemenvorspannungsprüfer (Bild 6)

Bei allen Motorvarianten ohne automatischen Zahnriemenspanner muss dieser entsprechend den Angaben des Herstellers gespannt werden. Ist er zu lose, können genau wie bei zu fester Spannung Schäden an Riemen oder den Umlenkungen entstehen.

Standardausrüstung für Arbeiten an der elektrischen Anlage

Diagnose-Tools und Auslesegeräte

Unabdingbar ist heutzutage, die in jedem Steuergerät eingebauten Fehlerspeicher auszulesen. Es geht schon lange nicht mehr darum, die großen Fehler abzulegen, sondern eben auch kleine Funktionsstörungen, die vom Steuergerät erkannt werden, für eine Fehlerabfrage bei der Inspektion oder bei der Reparatur zu sichern. Es gibt heute schon Auslesegeräte für die OBD (On-Board-Diagnose) unter 100 Euro, die zumindest das Auslesen nach Codenummer ermöglichen. Wir verwenden in diesem Buch den »FI-COM« (Fiat/Lancia Diagnosetester), um die Auslese, einige Bauteilprüfungen und Einstellungen im Bordnetz durchzuführen. Dieses PC-basierte Diagnosesystem liegt mit seinen 350 Euro ungefähr beim Preis eines Profiratschenkastens. Zusätzlich wird lediglich ein Notebook mit Windows-Betriebssystem oder ein ausgedienter Desktop-PC benötigt. Regelmäßige, kostenlose Softwareupdates halten Sie stets auf dem neuesten Stand (Bilder 7 und 8). Die Auslesegeräte werden

Bild 2

Bild 2
Werkbank und Ablage.

Bild 3

Bild 3
Kistchen und Kästchen – das spart Zeit.

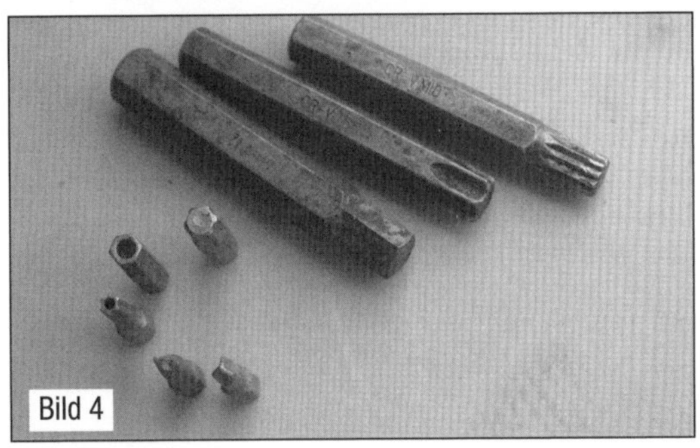
Bild 4

Bild 4
Innensechskant, Torx und Vielzahn ... öfter mal was Neues.

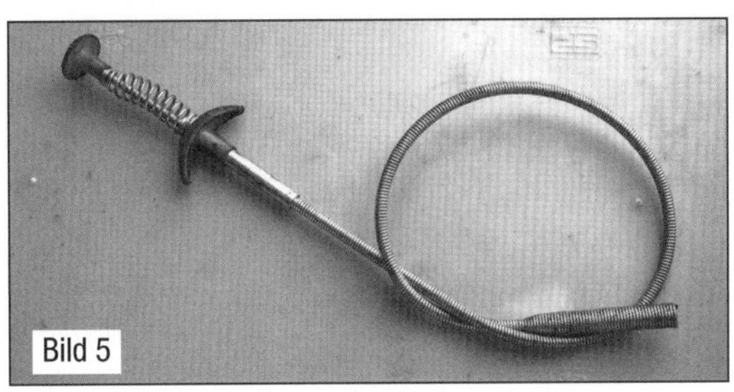
Bild 5

Bild 5
Greifer.

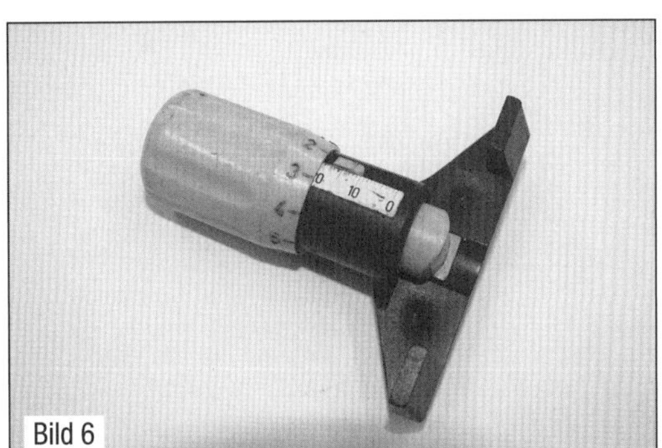
Bild 6

Bild 6
Zahnriemenvorspannungs-Prüfer.

zunehmend vielfältiger, und es ergeben sich neue Möglichkeiten. Der »C-Recorder« ermöglicht eine Langzeitüberwachung der Bordelektronik bis zu 24 Stunden Fahrzeit (Nr. 3 in Bild 7). Das ist eine sehr hilfreiche Variante für die Fehlersuche, gerade bei kaum zu ortenden sporadisch auftretenden Fehlern.

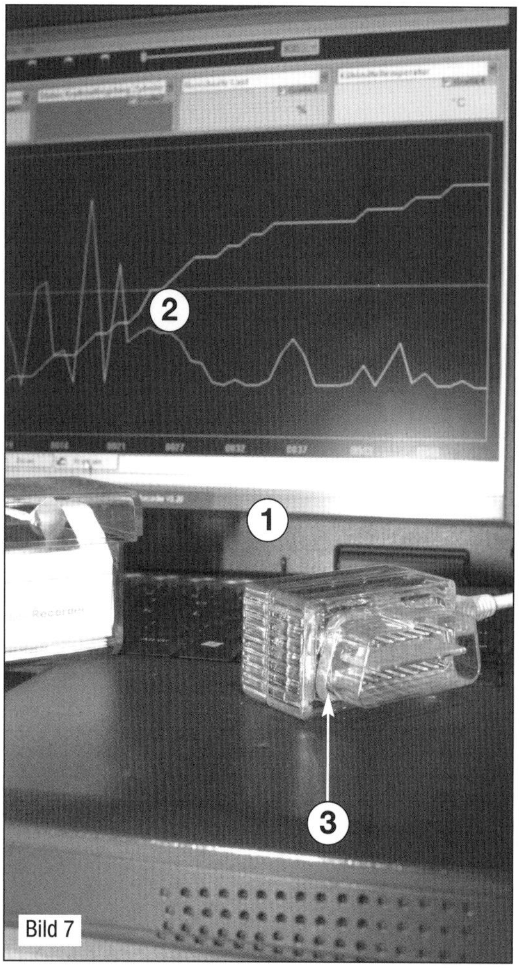

Bild 7
Aufzeichnen während der Fahrt: alle OBD-Daten bis zu 24 Stunden erfassen.
1 Laptop
2 Kennlinien
3 Datenlogger

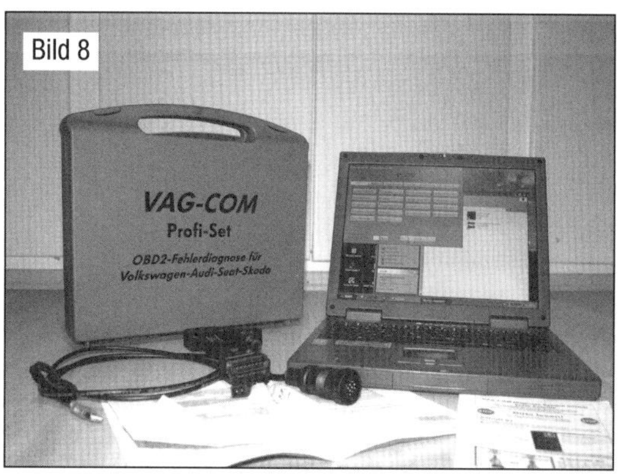

Bild 8
VCDS: Volldiagnose zum günstigen Kurs.

Sinnvolle Anschaffungen für die Messtechnik

Messspitzen

Riesige Probleme bereitet es, eine Messung an einem angeschlossenen Kabel am Bauteil in Funktion zu realisieren. Zumal ja weder die Isolierung noch das Kabel selbst oder der Stecker beschädigt werden sollen. Die Firma Rose Messtechnik in Limburg-Offheim stellt einen Nadelkontaktierer (Bild 10) her, der genau diese Anforderungen erfüllt (www.rose-netztechnik.de). Das Anstichloch im Kabel ist so klein, dass es keine relevanten Löcher in der Isolierung hinterlässt.

Messbechersatz »kraftstofffest«

Für die Messungen an der Benzinpumpe oder auch nur mal zum Auffangen von Kraftstoff werden Behältnisse mit Volumenangaben benötigt. Mit etwas Geduld finden sich in der Haushaltsabteilung des Supermarktes recht günstig verwendbare Messbecher oder Schüsseln.

Zum Selbermachen

Natürlich sind Messwerkzeuge in der Regel teuer. Es sei denn, man zeigt etwas Kreativität und Bastlerspürsinn. Die Profigeräte sind sicherlich deutlich professioneller, der Eigenbau aber ist genauso einsatzfähig und kostet oft nur wenige Euro. Messkabelsätze lassen sich aus passenden Anschlüssen vom Schrottplatz leicht und funktionell selbst herstellen (Bilder 11 bis 13). Die Standardausrüstung für Arbeiten an der Karosserie ist im Bild 14 zusammengestellt.

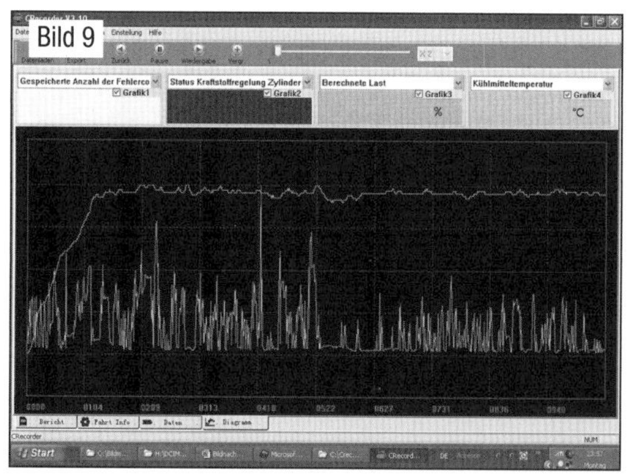

Bild 9
Adapter für den Anschluss von Bauteilen an Batterie-Plus und Masse. Die Kabel und Stecker ermöglichen den Test auch außerhalb des Fahrzeuges.

Bild 10
Nadelkontaktierer im Einsatz.

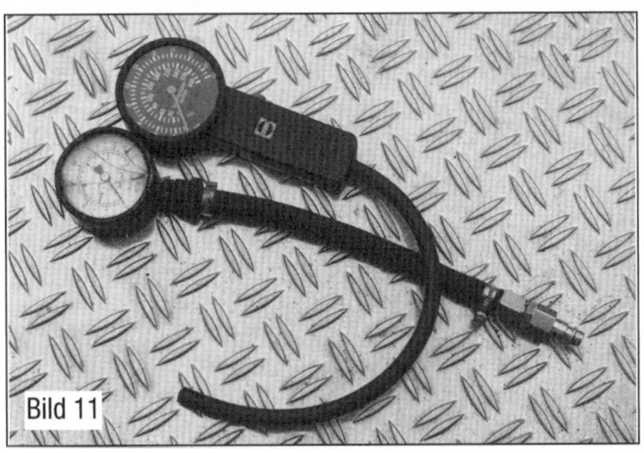

Bild 11
Kraftstoffdruckmanometer. Die Alten sind die besten: Sind die Innereien aus Blech, lassen sich damit nicht nur Luft-, sondern auch der Öl- und der Kraftstoffdruck messen. Anschlüsse und Gewindestücke gibt's oft schon beim örtlichen Hydraulik-Händler oder im Werkzeugladen.

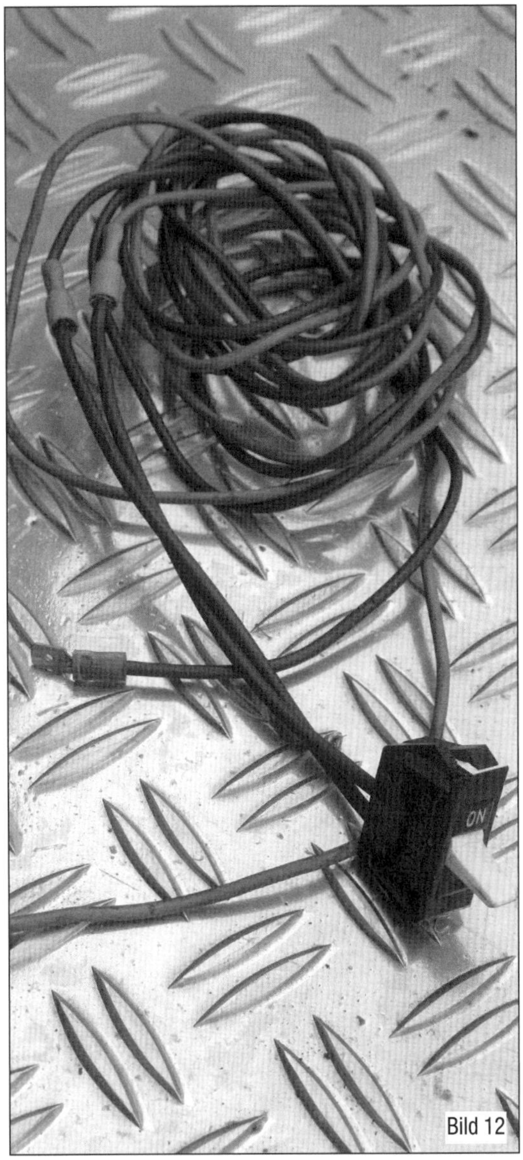

Bild 12
Fernschalter für die Kraftstoffpumpe. Einfach aber genial: ein Taster, 2-m-Kabel und zwei Stecker.

Bild 13
Datenvielfalt zur Überwachung.

Bild 14
Standard-Ausrüstung für Arbeiten an der Karosserie.

1 Schwingschleifer
2 Schleifklotz
3 Spachtelmasse
4 Japanspachtelset
5 Hohlraumpistole
6 Ausbeuleisen
7 Heißluftföhn
8 Schleifpapier
9 Kartuschen-Pistole
10 Heißklebepistole
11 Hammerset
12 Gripzange flach
13 Hohlraumversiegelungssonden
14 Gripzange abgesetzt und breit
15 Scherenset für gerade und kurvige Schnitte
16 Karosseriefeile
17 Absetzzange
18 Unterbodenschutzpistole
19 Nahtabdichtungsspritzpistole
20 Luftschleifer gerade
21 Kunststoffschleifpads
22 Luftschleifer winklig

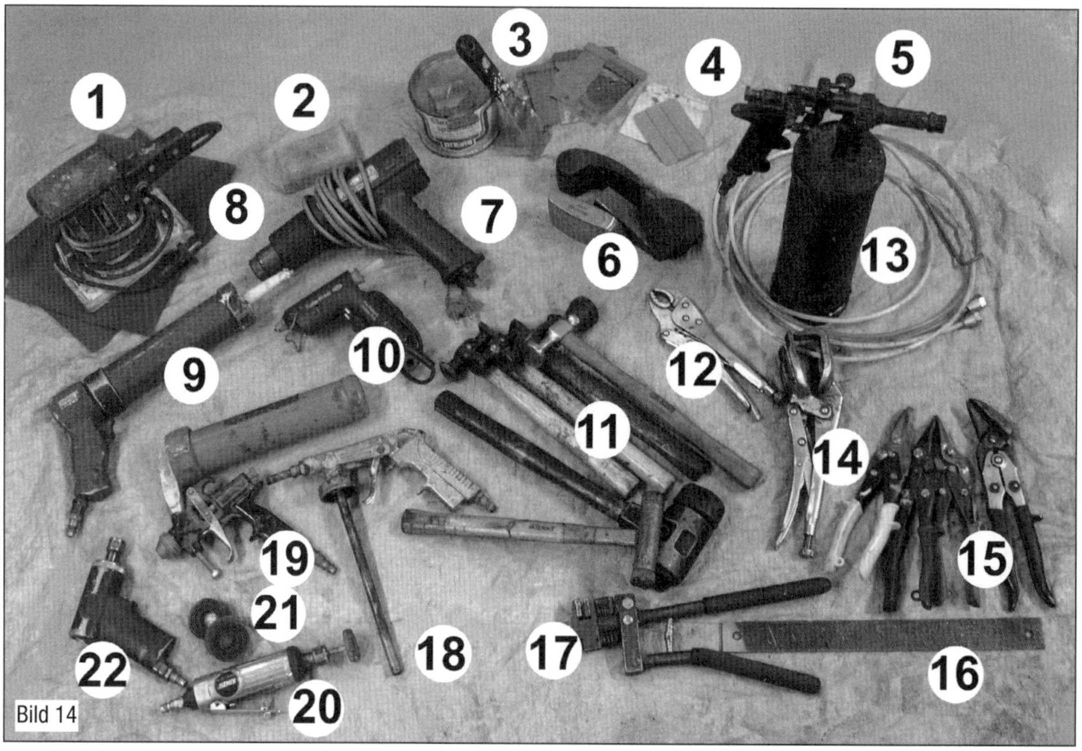

Bild 14

Bild 15

1 Messspitzen, um die Abdichtungen der Steuergerätestecker zu umgehen
2 Flachstecker auf Rundstecker für Laborkabel
3 Krokodilklemme mit Rundstecker
4 Y-Stecker, um Sensoren parallel messen zu können
5 Nadelkontaktierer
6 Anschlusskabel mit Sicherung
7 Laboranschlusskabel (2 m)
8 Anschlusskabel mit Schalter

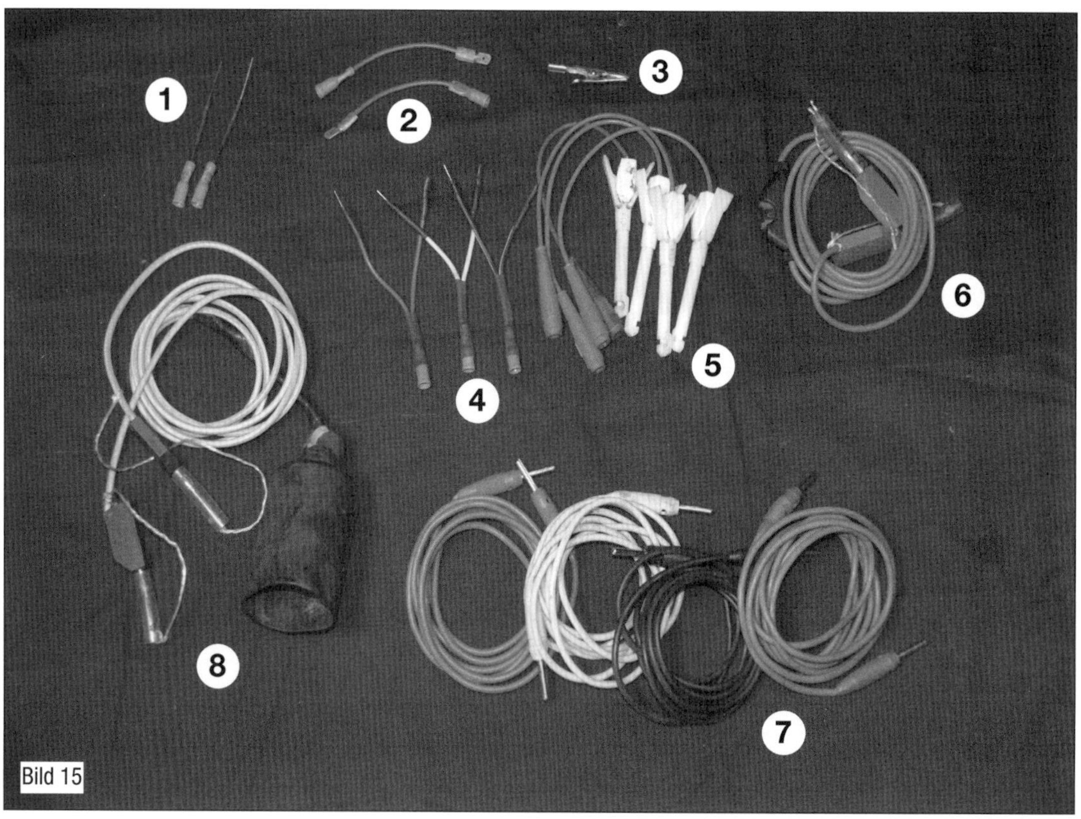

Bild 15

4 Motoren

Den Fiat Ducato gibt es mit vierzehn unterschiedlichen Motoren, die ausschließlich mit Commonrail-Einspritzsystem ausgeliefert worden sind. Die Variantenvielfalt der Motoren und die mit dem Facelift verbunden Änderungen ergeben eine sehr bunt gemischte Motorenpalette. Wir haben Ihnen eine Zusammenstellung zusammengetragen, welche die Motorvarianten bis 2011 und nach 2011 vorstellt.
Geblieben sind zumindest im Aufbau der 2,3-l-Dieselmotor und der große 3,0-l-Dieselmotor. Der 2,2-l-Diesel-Motor, der auch bei PSA und Ford zum Einsatz kam und den kleinsten Antrieb stellte, wurde durch den hubraumschwächeren aber leistungsstärkeren 2,3-l-Motor ersetzt. Auch der 3,0-l-Motor aus dem 150er-Multijet wurde durch einen 2,3-l-Motor ersetzt.

Die Motormerkmale – Technische Daten

Um Ihnen die Suche nach einem Motor zu erleichtern, stellen wir zuerst die Daten der ersten Baureihe bis 2011 vor. Die Reihenfolge der Motoraufzählung wurde nach der Motorleistung aufsteigend gewählt.

Dieselmotoren 2006 bis 2011

Kraftstoff	Diesel	Diesel	Diesel	Diesel	Diesel
(Einspritz-system)	Direktein-spritzung	Direktein spritzung	Direktein spritzung	Direktein-spritzung	Direktein spritzung
Modellbezeichnung	100 Multijet	120 Multijet	130 Multijet	150 Multijet	160 Multijet
Hubraum	2198 cm³	2287 cm³	2287 cm³	2999 cm³	2999 cm³
Motorkennbuchstaben	4HV	F1AE0481D	F1AE0481N	F1CE3481N	F1CE3481D F1CE3481M
Zylinderzahl	4	4	4	4	4
Ventile pro Zylinder	4	4	4	4	4
Leistung kW bei 1/min	74/2900	88/3600	96/3600	107/3500	117/3500
Drehmoment Nm bei 1/min	250/1500	320/2000	320/2000	400/1600	400/1600
Bohrung Ø mm	86,0	83,0	88,0	88,0	88,0
Hub mm	94,6	90,4	94,0	94,0	94,0
Aufladesystem	Turbocharger	Turbocharger	Turbocharger	Turbocharger	Turbocharger
Material Zylinderkopf/ Motorblock	Alu-Legierung/ Grauguss	Alu-Legierung/ Grauguss	Alu-Legierung/ Grauguss	Alu-Legierung/ Grauguss	Alu-Legierung/ Grauguss
Anzahl der Nockenwellen	2	2	2	2	2
Lage der Nockenwellen	Oben	Oben	Oben	Oben	Oben
Antrieb der Nockenwellen	Steuerkette	Zahnriemen	Zahnriemen	Steuerkette	Steuerkette
Anzahl der Kurbelwellenlager	5	5	5	5	5
Gemischaufbereitung	Common Rail	Common Rail	Common Rail	Common Rail	Common Rail
Abgasreinigung	Dieselpartikelfilter, Zweiwege-Oxikat				
Schadstoffklasse	Euro 4				

Dieselmotoren ab 2011

Kraftstoff	Diesel	Diesel	Diesel	Diesel	Diesel
(Einspritz-system)	Direktein-spritzung	Direktein spritzung	Direktein spritzung	Direktein-spritzung	Direktein spritzung
Modellbezeichnung	110 Multijet	115 Multijet	130 Multijet	150 Multijet	180 Multijet Power
Hubraum	2287 cm³	1956 cm³	2287 cm³	2287 cm³	2999 cm³
Motorkennbuchstaben	F1AE3481G	250A1000	F1AE3481D	F1AE3481E	F1CE3481E
Zylinderzahl	4	4	4	4	4
Ventile pro Zylinder	4	4	4	4	4
Leistung kW bei 1/min	82,5/3600	84,6/3750	96/3600	109/3600	130/ 3500
Drehmoment Nm bei 1/min	300/1800	280/1500	320/1800	350/1500	400/1400
Bohrung Ø mm	88,0	83,0	88,0	88,0	95,8
Hub mm	94,0	90,4	94,0	94,0	104
Material Zylinderkopf/ Motorblock	Alu-Legierung/ Grauguss	Alu-Legierung/ Grauguss	Alu-Legierung/ Grauguss	Alu-Legierung/ Grauguss	Alu-Legierung/ Grauguss
Aufladesystem	Turbocharger	Turbocharger	Turbocharger	Turbocharger	Turbocharger
Anzahl der Nockenwellen	2	2	2	2	2
Lage der Nockenwellen	Oben	Oben	Oben	Oben	Oben
Antrieb der Nockenwellen	Zahnriemen	Zahnriemen	Zahnriemen	Zahnriemen	Steuerkette
Anzahl der Kurbelwellenlager	5	5	5	5	5
Gemischaufbereitung	Common Rail	Common Rail	Common Rail	Common Rail	Common Rail
Abgasreinigung	Dieselpartikelfilter, Zweiwege-Oxikat				
Schadstoffklasse	Euro 5				

Arbeiten am Motor

Maßnahmen für Sicherheit, einwandfreie Funktion und Sauberkeit

⚠ Bei Arbeiten am Motor, an der Kraftstoffversorgung (Kapitel 7) und an der Einspritzanlage sind bestimmte Maßnahmen zu treffen und Hinweise zu befolgen, die zur Sicherheit bei der Arbeit dienen, eine einwandfreie Funktion aller Systeme gewährleisten sollen und Fehlfunktion oder Schäden durch Verunreinigung vermeiden helfen. Wir stellen sie hier als grundlegend für alle folgenden Arbeiten voran.

Sicherheit

- Bei allen Montagearbeiten am Kraftstoffsystem Schutzbrille und Schutzhandschuhe tragen. Hautkontakt mit Kraftstoff vermeiden.
- Der Kraftstoff bzw. die Kraftstoffleitungen im Kraftstoffsystem können sehr heiß werden (Verbrühungsgefahr). Außerdem steht das Kraftstoffsystem unter Druck. Vor dem Öffnen des Systems deshalb Putzlappen um die Verbindungsstelle legen und durch vorsichtiges Lösen der Verbindung Druck abbauen.
- Aus Sicherheitsgründen muss vor dem Öffnen des Kraftstoffsystems die Sicherung für die Kraftstoffpumpe aus dem Sicherungshalter entfernt werden, um zu verhindern, dass die Pumpe unkontrolliert eingeschaltet werden kann.
- Kraftstoffleitungen sind mit Schnellverschlüssen gesichert. Kraftstoffschläuche dürfen nur mit Federbandschellen gesichert werden. Die Verwendung von Klemm- oder Schraubschellen ist nicht zulässig.
- Beim Aus- und Einbau des Gebers für Kraftstoffvorratsanzeige oder der Kraftstoffpumpe (Kraftstofffördereinheit) aus gefüllten oder teilweise gefüllten Kraftstoffbehältern, muss bereits vor Beginn der Arbeiten in die Nähe der Montageöffnung des Kraftstoffbehälters der Schlauch einer eingeschalteten Abgas-Absauganlage zum Absaugen der frei werdenden Kraftstoffgase gelegt werden.
- Die Einspritzanlage in einen Hochdruckbereich (Railrohr bis zu den Einspritzventilen) und in einen Niederdruckbereich (ca. 6 bar) aufgeteilt. Vor dem Öffnen des Hochdruckbereichs, z. B. beim Ausbau der Hochdruckpumpe, des Kraftstoffverteilers, der Einspritzventile, der Kraftstoffrohre oder des Kraftstoffdruckgebers, muss der Kraftstoffdruck im Hochdruckbereich definiert auf einen Restdruck von ca. 6 bar abgebaut

werden. Hier ist ein Werkstatt-Diagnosesystem nötig. Dazu wird über die »Geführte Funktion: Kraftstoffhochdruck abbauen« ausgeführt: Zündung ausschalten, sauberen Putzlappen um die Verbindungsstelle legen, vorsichtig öffnen, Druck ablassen, ausfließenden Kraftstoff auffangen. Fehlerspeicher abfragen, alle Einträge löschen, Readinesscode erzeugen.

Funktionssicherheit

■ Bei allen Montagearbeiten, insbesondere aufgrund der engen Bauverhältnisse im Motorraum, Leitungen aller Art z. B. für Kraftstoff, Kühl- und Kältemittel, Unterdruck und elektrische Leitungen so verlegen, dass die ursprüngliche Leitungsführung wiederhergestellt wird.

■ Alle Kabelbinder, die beim Ausbau gelöst oder aufgeschnitten werden, sind beim Einbau an der gleichen Stelle wieder zu befestigen.

■ Um Beschädigungen an den Leitungen zu vermeiden, auf ausreichenden Freigang zu allen beweglichen oder heißen Bauteilen achten.

Sauberkeit (»5 Regeln«)

■ Verbindungsstellen und deren Umgebung vor dem Lösen gründlich reinigen.

■ Ausgebaute Teile auf einer sauberen Unterlage ablegen und abdecken. Keine fasernden Lappen benutzen!

■ Geöffnete Bauteile sorgfältig abdecken bzw. verschließen, wenn die Reparatur nicht umgehend ausgeführt wird.

■ Nur saubere Teile einbauen: Ersatzteile erst unmittelbar vor dem Einbau aus der Verpackung nehmen. Keine Teile verwenden, die unverpackt (z. B. im Regal oder in Werkzeugkästen) aufgehoben wurden.

■ Bei geöffneter Kraftstoff- und Einspritzanlage möglichst nicht mit Druckluft arbeiten und das Fahrzeug nach Möglichkeit nicht bewegen.

Diagnosetester einsetzen

An diesem Kapitel lässt es sich leicht erkennen, dass viele Funktionen über die Elektronik virtuell realisiert worden sind. Die Anschaffung eines Testers für die Diagnose ist zwingend erforderlich. Nicht einmal der Anbau der Anhängerkupplung oder das Einstellen des Lichtes ist mehr möglich, wenn man eine fachgerechte Arbeit abliefern möchte. Es geht nicht mehr darum, einen Fehlerspeicher zu löschen, um dann mal »rumzuraten«, was es denn gewesen sein könnte. Es wäre das Gleiche, wenn Sie die Seiten dieses Buches ungelesen ausreißen und dann raten, was denn dringestanden haben könnte. Die Diagnose über die Fehlerspeicher vereinfacht die Arbeit am Fahrzeug um einiges. Man muss lediglich lernen, mit diesem »Werkzeug« zu arbeiten. Ohne Tester bleibt nur der Weg zum Händler, um den Fehlerstatus zu erfassen oder Einstellungen zu machen.

Werks-Werkstatt-Tester

Ein großer Teil der Reparaturarbeiten schließt die Diagnose von Fehlern ein. Diese wird durch die elektronischen Werkstatthandbücher im Zusammenspiel mit den Diagnosegeräten unterstützt. In der Fachwerkstatt hat der Mechatroniker direkten Zugriff auf aktuelle Werkstattliteratur sowie die Unterstützung vom Hersteller über Telediagnose. Bei der Diagnose werden alle Kunden- und Fahrzeugdaten an die angeschlossenen Geräte weitergeleitet und sind automatisch an jedem Arbeitsplatz abrufbar. Während einer Reparatur können technische Problemlösungen nachgeschlagen oder beim Hersteller tagesaktuelle Zusatzinformationen abgerufen werden. Diese Anbindung an das Netzwerk ermöglicht Software-Updates von Steuergeräten, Geheimnis- und Komponentenschutz, Softwareversionsmanagement, Übertragung von Diagnoseprotokollen, die besagte Telediagnose, die softwaregestützte Durchführung von Aktionen und viele weitere Funktionen.

Möglich werden durch diese Systemkomponenten:

■ Datenaustausch zwischen kaufmännischem Bereich und Werkstatt;

■ Datenaustausch über Werkstattauslastung und Terminvereinbarung;

■ Austausch von Kunden-, Fahrzeug- und Termindaten;

■ Rückfluss von Daten über bereits ausgeführte Reparaturen von der Werkstatt auf den Fortschrittsmonitor, sodass der Serviceberater gegebenenfalls in den laufenden Prozess eingreifen kann;

■ Datenrückfluss von der Werkstatt für

Bild 1
Tester im Einsatz: Netbook mit FI-Com am Diagnoseanschluss des Ducato.

Bild 2
VDO-Handtester mit Anschlusskabel und Zubehör im Koffer.

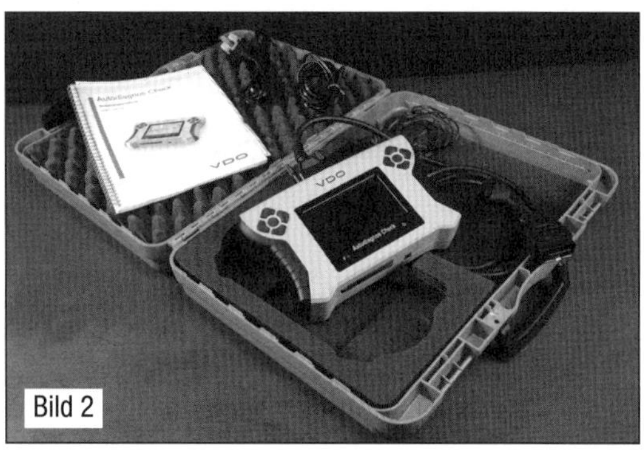

Bild 3
FI-Com-Tester mit Treibersoftware, OBD-Anschlussdongel und USB-Verbindungskabel.

Qualitätskontrolle und Rechnungserstellung;

- Bereitstellung von Daten über benötigte Arbeitszeiten, Arbeitspositionen und Ersatzteile;
- Einbeziehung des Teiledienstes ab Terminvorbereitung in den Serviceprozess.

Handgeräte zum Lesen und Löschen

OBD2 ist das Zauberwort, welches den Zugang zumindest zu den Motorsteuergeräten ermöglicht. Die Normung der Diagnose ermöglicht zumindest in diesem Bereich den Zugang zu allen aktuellen Fahrzeugen. Um den Fehlerspeicher auszulesen oder auch Prüffunktionen der Eigendiagnose ausführen zu können, reicht meist schon ein Diagnosetool aus, welche durchaus schon um 100 Euro in diversen Onlineversteigerungen angeboten werden. Oft noch günstiger sind die kleinen Handgeräte im Baumarkt um die Ecke erhältlich. Wichtig hierbei ist immer, dass die entsprechende Software und zumindest eine Beschreibung auf Deutsch mitgeliefert wird.

Testgerät für Mehrmarkenwerkstätten

Gerade für Mehrmarkenwerkstätten und auch freie Werkstätten ergibt sich durch die Vielzahl der unterschiedlichen Fahrzeugmarken das Problem den Zugang zu den einzelnen Fahrzeugen mit möglichst wenigen Testern zu realisieren. Schließlich müssen die Tester nicht nur angeschafft, sondern auch auf dem neuesten Stand gehalten werden. Neben den Großen der Branche wie Bosch und Gutmann sind auch günstigere Tester wie der VDO Autodiagnose Check auf dem Markt. Gerade bei Herstellern wie Fiat ist es schwierig, die Diagnosetiefe eines VW zu erreichen. Die Vertriebskonzepte und natürlich auch die Marktdurchdringung machen es deutlich leichter, ein Testgerät für einen Massenhersteller auszuarbeiten. Bemerkbar wird das dann, wenn einzelne Komponenten des Systems um-, hinzu- oder ausprogrammiert werden sollen. Der Schwerpunkt für diese Testerkategorie liegt in typischen Servicearbeiten und der Diagnose rund um den Antrieb. Gerade hier ist der handliche VDO nicht schlagbar.

FI-COM

Natürlich wählen wir, wie auch beim Werkzeug, nicht die billigste Variante aus, sondern empfehlen Ihnen die Anschaffung eines Systems, das im Laufe der nächsten Jahre noch einiges an Potenzial in deutscher Sprache liefern wird. Der »FI-COM« kommt aus den USA und wird hier in einer deutschen Ausgabe von wenigen Händlern angeboten.

■ Auf der Internetseite www.diagwiki.com können Sie sich genauer informieren. Die Sprache der Seite ist allerdings Englisch. Gerade diejenigen unter den Lesern, die dem Thema »Diagnose« kritisch gegenüberstehen, werden zumeist nach wenigen Versuchen erkennen, wie einfach der Umgang mit Laptop und Fahrzeug wird.

Eine typische Situation im Umgang mit den Fahrzeugen dieser Generation liegt in der schon recht umfangreichen Steuerung und Regelungstechnik.

■ Abgestimmt und eingestellt wird oft auf der virtuellen Ebene.

■ Messwerte und Ansteuerzustände können aus Sicht des Steuergerätes dargestellt werden.

Fehlerspeicher abfragen

Schwierig? Kann ich nicht? Ach was! Wer es schafft E-Mails abzurufen, ohne den Computer zu zerstören, kann auch diese Arbeiten leicht erlernen. Wir zeigen Ihnen an einigen Beispielen, wie Aufgaben dieser Art angegangen werden können und möchten Sie animieren, sich zusammen mit Fachforen auch mit der Thematik Tester und Diagnose genauer auseinanderzusetzen.

■ Wir gehen davon aus, dass Sie den FI-COM ordnungsgemäß nach Handbuch installiert haben.

■ Schließen Sie den FI-COM auf Ihrem Laptop an die OBD-Dose im Fahrerfußraum an. Die Diagnosedose finden Sie im Fahrerfußraum von unten frei zugänglich (Bild 1). Der Anschluss ist sofort erkennbar. Stecken Sie den OBD-Stecker in die Diagnosedose und den USB-Anschluss in Ihren Laptop.

■ Starten Sie den FI-COM auf Ihrem Laptop.

■ Schalten Sie die Zündung ein.

■ Klicken Sie auf die Taste »Auto-Scan« auf der Startmaske. Über die Taste »ECU auswählen« haben Sie auch die Möglichkeit, das gewünschte Steuergerät direkt anzusprechen. Wir wollen aber im Rahmen der Wartung die verbauten Steuergeräte des Fahrzeuges in der Übersicht betrachten.

■ Wählen Sie das Fahrzeug an, bei welchem Sie nun den Fehlerspeichen abfragen wollen. Der Tester fragt nun die vorhandenen Steuergeräte ab und zeigt in der Übersicht (Bild 6) vorliegende Fehler in einer Liste an.

■ Markieren Sie mit der Maus die Zeile »Einspritzsteuergerät« (Bild 6).

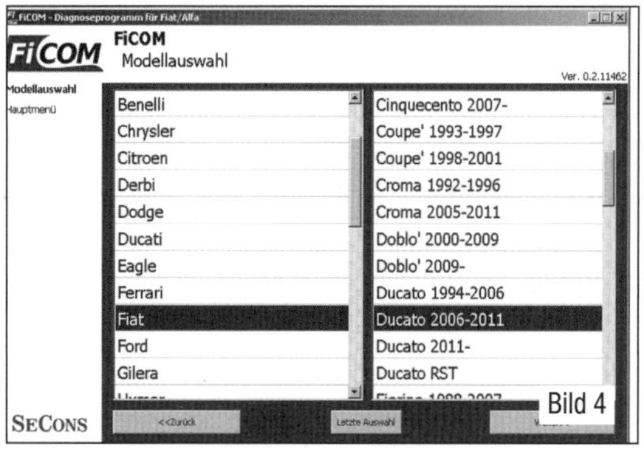

Bild 4
Anwahl von Fahrzeughersteller und Fahrzeugtyp.

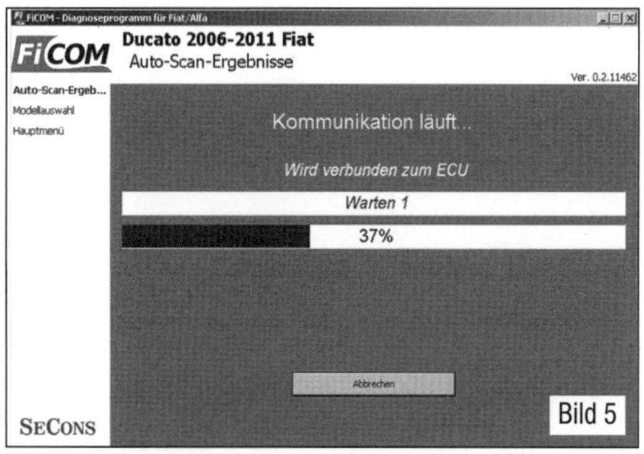

Bild 5
Tester und Fahrzeug stellen eine Verbindung her.

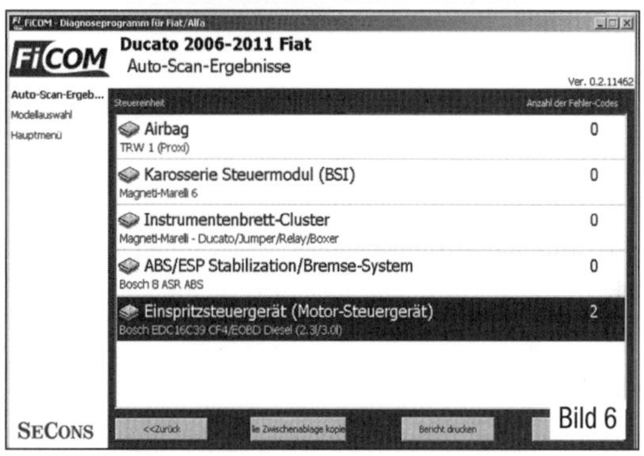

Bild 6
Auflistung der Steuergeräte mit der Anzahl der hinterlegten Fehler.

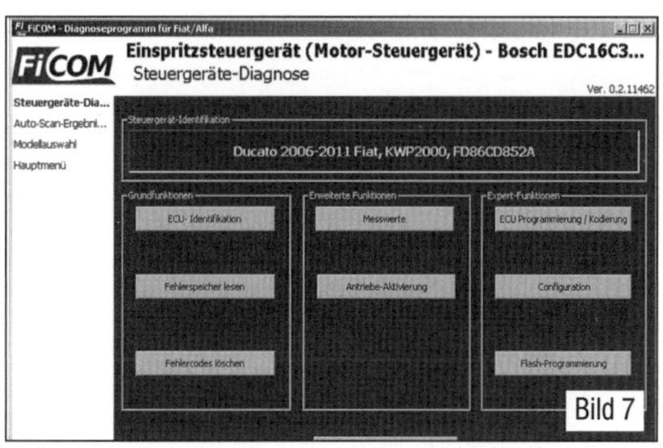

Bild 7
Anwahl der Funktionen, die für das Steuergerät zur Verfügung stehen.

Sichtprüfung Messen

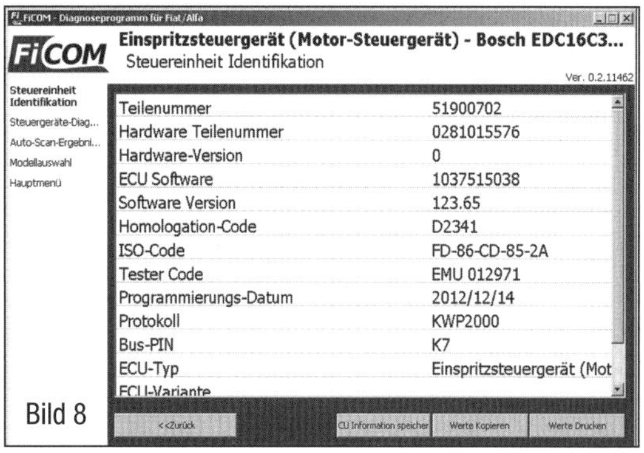

Bild 8
Taste »ECU-Identifikation«: Datensatz des Motorsteuergerätes in der Übersicht.

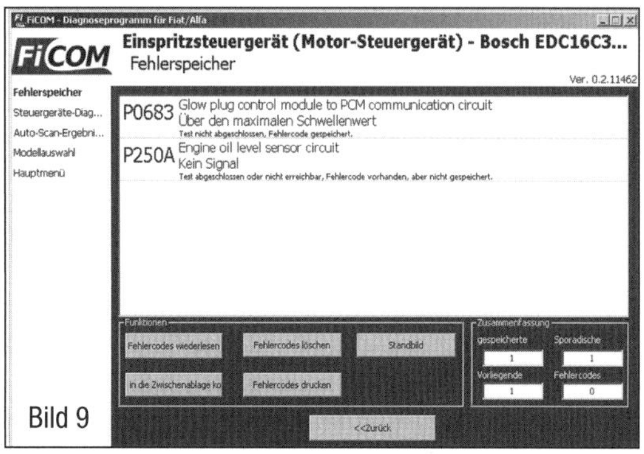

Bild 9
Taste »Fehlerspeicher lesen«: Die abgelegten Fehlercodes werden sowohl unter dem Kürzel als auch mit Beschreibung dargestellt.

Bild 10
Taste »Messwerte«: Messdaten können frei gewählt, gleichzeitig auch grafisch dargestellt werden.

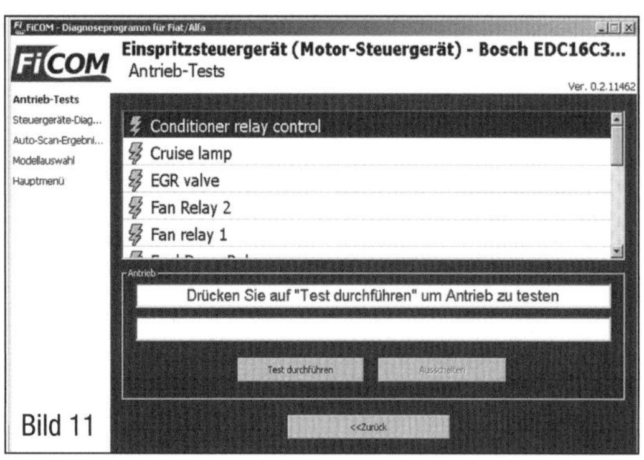

Bild 11
Taste »Antriebe-Aktivierung«: Hier können die verfügbaren Stellglieder am Steuergerät angesteuert werden. Das kann als Funktionstest oder aber auch bei der Fehlersuche am Bauteil sehr hilfreich sein.

■ Klicken Sie auf die Taste »Schließen«. Nun wird die Startmaske (Bild 7) des Motorsteuergerätes (Einspritzsteuergerätes) aufgerufen.

Fehlerspeicher lesen und löschen:

■ Klicken Sie auf die Taste »Fehlerspeicher lesen« im Bild 7 an. Nun werden Ihnen die Fehler, soweit vorhanden, als Text und mit der genormten Abkürzung angezeigt.

■ Sie können die Fehleranzeige speichern, drucken oder kopieren. Sie sollten in jedem Fall den Fehler vermerken, um diesem vielleicht einmal nachgehen zu können. Die Erfahrung zeigt, dass man sich den Fehler auf Dauer nicht im Kopf merken kann. Anschließend können Sie den einzelnen oder alle Fehler mit einem Klick löschen.

■ Klicken Sie auf die Taste »Fehlercodes löschen«.

■ Klicken Sie auf die Taste »Zurück«, um die Bildmaske wieder zu verlassen.

■ Schalten Sie die Zündung aus.

■ Ziehen Sie den Tester aus der Diagnosedose.

Softwarestand und Informationen:

■ Klicken Sie auf die Taste »ECU Identifikation« im Bild 7.

■ Der Tester wechselt zur Identifikationsmaske (Bild 8). Sie können nun alle Informationen bis zur Teilenummer und den Softwarestand des Motorsteuergerätes einsehen.

■ Klicken Sie auf die Taste »Zurück«.

Weitere Möglichkeiten:

Ab der Startmaske des Motorsteuergerätes (Bild 7) gibt es die Möglichkeit, über die Taste » Antriebe Aktivierung« angeschlossene Bauteile und Stellglieder bei abgeschaltetem Motor anzusteuern und ihre Funktion zu beobachten, abzuhören oder messtechnisch zu überwachen.

Motorabdeckungen oben und unten aus- und einbauen

Die Motorabdeckung (Geräuschdämmung) ist nicht bei allen Modellen verbaut. Auch nicht immer in allen Teilen. Sollte in Ihrem Modell nur ein Teil oder keine Abdeckung über dem Motor verbaut sein, muss das nicht an der Vergesslichkeit eines Mechanikers liegen. Es kann sein, dass die Ausrüstung bereits ab Werk so vorgesehen war. Die obere Geräuschdämmung ist an der Motorhaube verbaut. Über dem Motor gibt es nur eine kleine Kunststoffabdeckung. Für die Dangel-Allradler kann eine Triebwerksschutzplatte verbaut sein.

Geräuschdämmung demontieren
Die Geräuschdämmung besteht (soweit verbaut) aus drei Teilen. Bei Automatikfahrzeugen und Sonderausführungen wie den Allradlers kann sie anders ausfallen.

Unterteil Mitte demontieren:
■ Die Schrauben (7) im Bild 12 links und rechts abschrauben.
■ Die Muttern (5) herausdrehen.
■ Die Geräuschdämmung Mitte (3) abnehmen.

Unterteil links oder rechts:
■ Die Geräuschdämmung unten links im Bereich der Radkasten und des Stoßfängers vorne lösen und abnehmen.

Die Montage erfolgt sinngemäß in der umgekehrten Reihenfolge.
■ Drehen Sie die Schrauben und Muttern zuerst nur handfest an und richten Sie die Geräuschdämmung spannungsfrei aus.
■ Drehen Sie die Schrauben mit jeweils 5 Nm Anzugsdrehmoment fest. Die Muttern werden lediglich mit 3 Nm angezogen.

Haubendämmung aus- und einbauen:
Gelegentlich sind die Verkleidungen zusätzlich geschraubt.
■ Öffnen Sie die Motorhaube.
■ Entfernen Sie die Halteklammern mit dem geeigneten Werkzeug.
■ Nehmen Sie die Schalldämmung von der Motorhaube ab.

Die Montage erfolgt sinngemäß in der umgekehrten Reihenfolge.
■ Prüfen Sie, ob die Schalldämmung nicht beschädigt ist.
■ Schalldämmung anhalten und mit den Halteklammern in der Haube befestigen.

Prüfung auf Undichtigkeiten und Beschädigungen

Die Sichtprüfung ist von oben und von unten vorzunehmen, weshalb die Geräuschdämmung (unten) abzubauen sind.

Sichtprüfung wie nachfolend beschrieben durchführen:

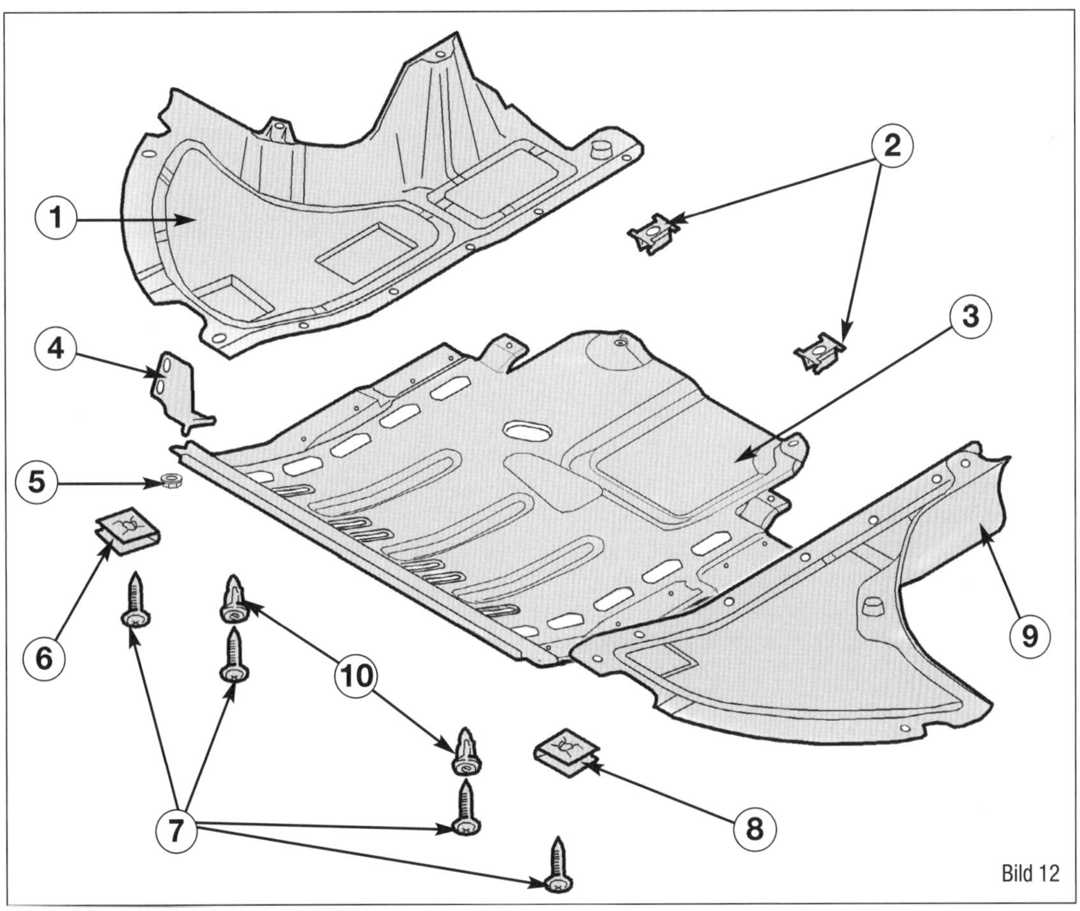

Bild 12
Motorraumabdeckung von unten.
1 Verkleidung unten rechts
2 Klammern
3 Verkleidung unten Mitte
4 Halter
5 Muttern
6 Blechmutter
7 Schrauben
8 Blechmutter
9 Verkleidung unten rechts
10 Kunststoffmuttern

Sichtprüfung Messen

Bild 13
Riementrieb beim 2,2-l-Diesel-Motor.
1 Umlenkrollen
2 Generatorantrieb
3 hinterer Flachriemen
4 Servopumpe (auch Niveauregulierung) und Wasserpumpe
5 vorderer Flachriemen
6 Doppelriemenscheibe auf der Kurbelwelle
7 Spannrolle
8 Vierkantloch zum Einsetzen einer Ratsche
9 Klimakompressor

Bild 13

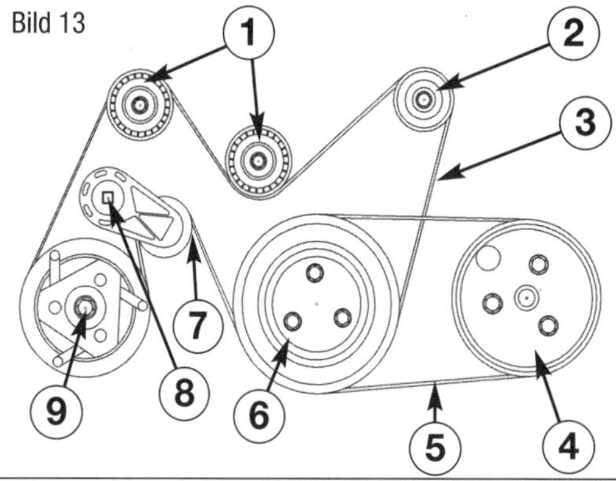

■ Motor und Bauteile im Motorraum auf Undichtigkeiten und Beschädigungen prüfen.
■ Leitungen, Schläuche und Anschlüsse des Kraftstoffsystems, des Kühl- und Heizsystems, des Ölkreislaufs, der Klimaanlage, der Ansauganlage und der Bremsanlage auf Undichtigkeiten, Scheuerstellen, Porosität und Brüchigkeit prüfen.
■ Alle festgestellten Mängel durch Reparatur beseitigen.
■ Bei nicht verbrauchsbedingtem Flüssigkeitsverlust muss die Ursache ermittelt und beseitigt werden.

Prüfen des Keilrippenriemen-Zustands
Fahrzeug anheben, Geräuschdämpfung (Spritzschutz, untere Motorverkleidung) ausbauen, Motor am Schwingungsdämpfer/Riemenscheibe mit einem Steckschlüssel durchdrehen.
Keilrippenriemen auf Unterbaurisse (Anrisse, Kernbrüche, Querschnittbrüche), Lagentrennung (Deckschicht, Zugstränge), Ausbruch am Unterbau, Ausfransen der Zugstränge, Flankenverschleiß (Materialabtrag, ausgefranste Flanken, Flankenverhärtung, glasige Flanken, Oberflächenrisse), Öl- und Fettspuren prüfen.
Werden Mängel festgestellt, muss der Keilrippenriemen unbedingt ersetzt werden.
■ Zum Verlauf des Keilrippenriemens siehe Reparaturanweisung »Keilrippenriemen aus- und einbauen«.

Keilrippenriemen Aus- und Einbau

Der Keilrippenriemen treibt als wichtiger Teil des Kurbeltriebs die Nebenaggregate Drehstromgenerator und Klimakompressor. Der Aufbau sieht für die unterschiedlichen Dieselmotoren ähnlich aus, unterscheidet sich aber im Detail und in der Ausführung der Riemen.

De- und Montage am 2,2-l-Diesel (Bild 13)
Es sind in der Regel zwei Flachriemen verbaut. Der hintere Flachriemen übernimmt den Antrieb von Klimakompressor (9) und Generator (2). Der vordere Flachriemen treibt die Servopumpe (4) an. Die Wasserpumpe ist auf die Servopumpe (4) aufgeflanscht.

Antriebsriemen für Klimakompressor und Generator abnehmen:
Sollen einzelne Komponenten wie eine Umlenkrolle, der Klimakompressor oder der Generator demontiert werden, ist es ausreichend den Flachriemen abzunehmen. Der Ausbau ist erst durch den Ersatz des vorderen Flachriemens möglich.
■ Das vordere rechte Rad ausbauen.
■ Falls vorhanden die Geräuschdämmung unten Mitte und rechts ausbauen.
■ Wenn der Flachriemen wiederverwendet werden soll, zuerst die Laufrichtung des Keilrippenriemens kennzeichnen.
■ Stecken Sie den Vierkant einer Ratsche oder eines Knebels in den Vierkant der Spannrolle (8) ein und entspannen Sie den Flachriemen.
■ Nehmen Sie den Flachriemen am Klimakompressor (9) ab.
■ Nehmen Sie den Flachriemen am Generator (2) ab.
Die Montage erfolgt sinngemäß in umgekehrter Reihenfolge.
■ Vor dem Einbau des Keilrippenriemens

Schraubertipp

■ Achten Sie vor dem Einbau des Keilrippenriemens darauf, dass alle Aggregate (Generator, Klimakompressor) fest montiert sind.
■ Beim Einbauen des Keilrippenriemens achten Sie bitte auf die Laufrichtung und auf einen korrekten Sitz des Riemens in den Riemenscheiben.
■ Nach fertiggestellter Arbeit grundsätzlich Motor starten und Riemenlauf kontrollieren.

ist die Spannvorrichtung auf Beschädigungen zu prüfen und ggf. zu erneuern.

■ Prüfen Sie den Zustand der Riemenscheiben auf der Kurbelwelle.

■ Vor dem Einbau des Keilrippenriemens darauf achten, dass alle Aggregate (Generator, Klimakompressor) fest angebaut sind.

■ Achten Sie auf den korrekten Sitz des Flachriemens auf den Riemenscheiben.

■ Starten Sie den Motor und kontrollieren Sie den Riemenlauf.

Antriebsriemen für die Servopumpe ausbauen (Kurbelwelle/Servopumpe):

Der Antriebsriemen für die Servopumpe benötigt keine Spannvorrichtung. Es handelt sich um einen Stretchriemen. Er wird nach der Demontage grundsätzlich erneuert. Für die Montage sind Montagehilfen erforderlich, die den Riemen auf die Riemenscheibe auflegen helfen. Diese gibt es als Spezialwerkzeug und werden meist vom Riemenhersteller empfohlen. Wenn Sie den Riemen mit einem flachen Montagehebel auflegen, achten Sie darauf, den Riemen nicht zu überdehnen oder zu beschädigen.

■ Das vordere rechte Rad ausbauen.

■ Falls vorhanden, die Geräuschdämmung unten Mitte und rechts ausbauen.

■ Schneiden Sie den vorderen Antriebsriemen durch und nehmen Sie ihn ab.

■ Vor dem Einbau des Keilrippenriemens darauf achten, dass alle Aggregate (Generator, Klimakompressor) fest angebaut sind.

■ Legen Sie den neuen Antriebsriemen auf die Riemenscheibe der Kurbelwelle auf.

■ Legen Sie den Antriebsriemen (4) wie im Bild 14 gezeigt auf die Riemenscheibe der Servopumpe (1) auf.

■ Drehen Sie die Kurbelwelle in Pfeilrichtung (2) und fädeln Sie den Riemen mithilfe einer Montagehilfe (3) auf die Riemenscheibe der Servopumpe (1) auf.

■ Achten Sie auf den korrekten Sitz des Flachriemens auf den Riemenscheiben.

■ Starten Sie den Motor und kontrollieren Sie den Riemenlauf.

Spannvorrichtung des Antriebsriemens demontieren:

■ Das vordere rechte Rad ausbauen.

■ Falls vorhanden, die Geräuschdämmung unten Mitte und rechts ausbauen.

■ Bauen Sie den Keilrippenriemen wie bereits beschrieben von der Spannvorrichtung ab. Er muss nicht ausgebaut werden. Der vordere Antriebsriemen zur Servopumpe muss nicht demontiert werden.

■ Schrauben Sie die Befestigungsschrauben (3 im Bild 15) heraus.

■ Nehmen Sie die Spannvorrichtung ab.

■ Prüfen Sie die Umlenkrollen (1 im Bild 13 und ersetzen Sie diese, wenn erforderlich. Die Montage erfolgt sinngemäß in umgekehrter Reihenfolge.

■ Keilrippenriemen einbauen und den Riemenverlauf beachten.

■ Starten Sie den Motor und kontrollieren Sie den Riemenlauf.

De- und Montage am 2,3-l-Dieselmotor
(Bilder 16 bis 18)

Es sind in der Regel zwei Flachriemen verbaut. Der hintere übernimmt den Antrieb

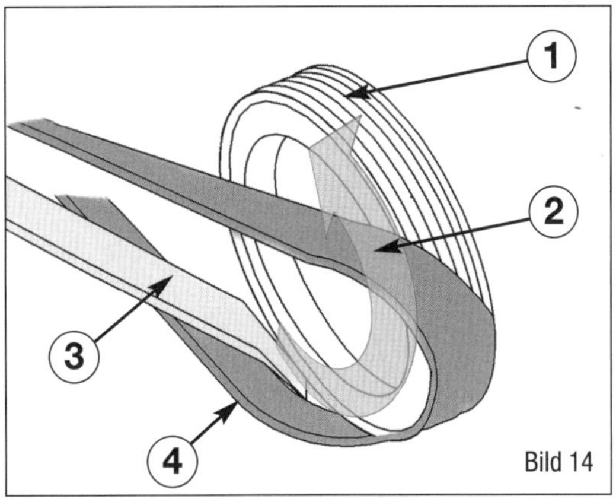

Bild 14

Aufziehen des Stretchriemens beim 2,2-l-Motor.
1 Riemenscheibe Servopumpe
2 Drehrichtung zur Montage
3 Montagehilfe
4 Flachriemen

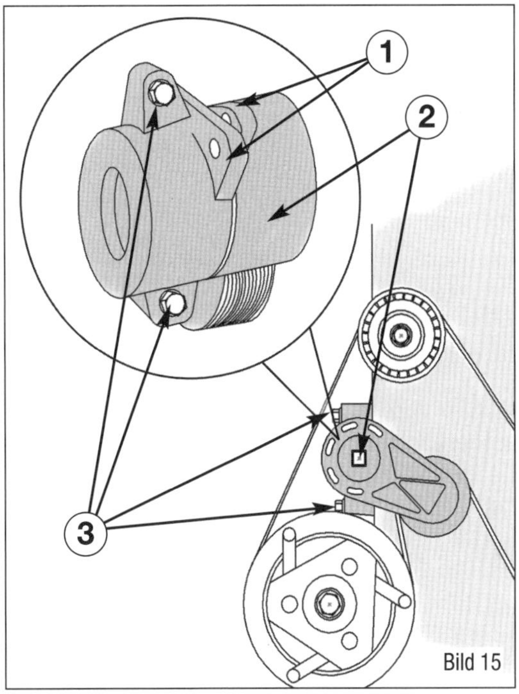

Bild 15

Spannvorrichtung beim 2,2-l-Motor.
1 Bohrungen zum Festsetzen mit einem Stift oder Bohrer
2 Spannvorrichtung
3 Halteschrauben am Motorblock

Bild 16
Riementrieb beim 2,3-l-Diesel Motor.
1 Servopumpe (auch Niveauregulierung)
2 Umlenkrolle
3 Generatorantrieb
4 Doppelriemenscheibe auf der Kurbelwelle
5 Klimakompressor
6 vorderer Flachriemen
7 hinterer Flachriemen
8 Spannrolle
9 Spannvorrichtung

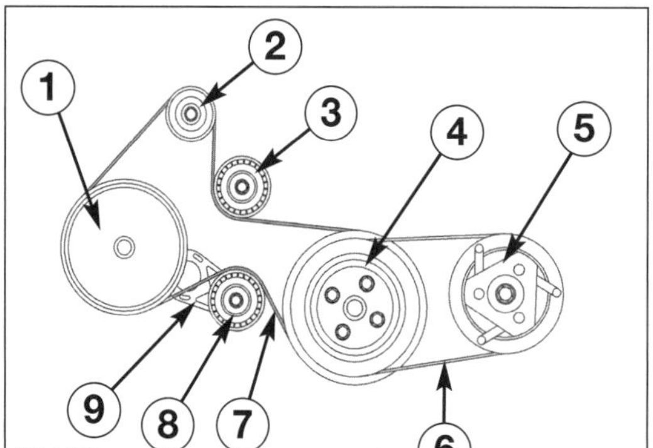

Bild 16

Bild 17
Riementrieb beim 2,3-l-Diesel-Motor (Variante 2).
1 Servopumpe (auch Niveauregulierung)
2 Umlenkrolle
3 Generatorantrieb
4 Doppelriemenscheibe auf der Kurbelwelle
5 Spannelement Klima
6 Klimakompressor
7 vorderer Flachriemen
8 hinterer Flachriemen
9 Spannrolle
10 Spannvorrichtung

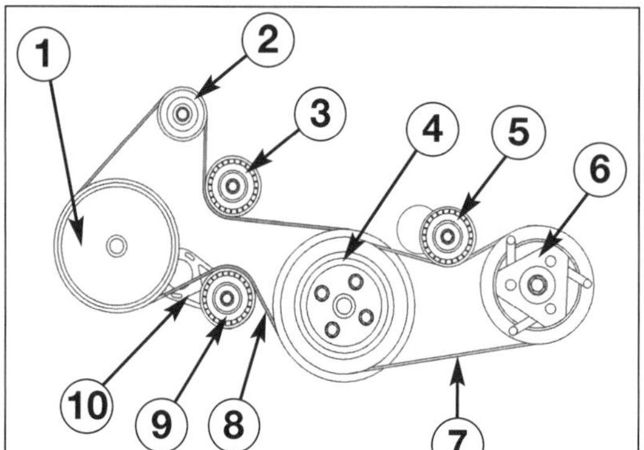

Bild 17

von Servopumpe (1) und Generator (2). Der vordere treibt den Klimakompressor (5) an. Bei den meisten Modellen handelt es sich beim vorderen Antriebsriemen um einen Stretchriemen, der keine Spannvorrichtung benötigt. Er wird für die Demontage durchgeschnitten und muss erneuert werden. In einigen Unterlagen wird auch eine Variante (Bild 17) mit einem Riemenspanner für den vorderen Antriebsriemen beschrieben. Die Vorgehensweise verläuft hier ähnlich wie die für den hinteren Antriebsriemen und wird deshalb nicht gesondert beschrieben.

Antriebsriemen für Klimakompressor abnehmen (Bild 17):
Sollen einzelne Komponenten wie eine Umlenkrolle, der Klimakompressor oder der Generator demontiert werden, ist es ausreichend den Flachriemen abzunehmen. Der Ausbau ist erst durch den Ersatz des vorderen Flachriemens möglich.

- Das vordere rechte Rad ausbauen.
- Falls vorhanden die Geräuschdämmung unten Mitte und rechts ausbauen.
- Wenn der Flachriemen wiederverwendet werden soll, zuerst die Laufrichtung des Keilrippenriemens kennzeichnen.
- Setzen Sie einen passenden Ringschlüssel auf den Sechskant der Verschraubung der Spannrolle (8) auf und entspannen Sie den Flachriemen, indem Sie die Spannrolle nach unten schwenken.
- Nehmen Sie den Flachriemen an der Servopumpe ab.
- Nehmen Sie den Flachriemen von der Umlenkrolle (2) und am Generator (3) ab.

Die Montage erfolgt sinngemäß in umgekehrter Reihenfolge.

- Vor dem Einbau des Keilrippenriemens ist die Spannvorrichtung auf Beschädigungen zu prüfen und ggf. zu erneuern.
- Prüfen Sie den Zustand der Riemenscheiben auf der Kurbelwelle.
- Vor dem Einbau des Keilrippenriemens darauf achten, dass alle Aggregate (Generator, Klimakompressor) fest angebaut sind.
- Achten Sie auf den korrekten Sitz des Flachriemens auf den Riemenscheiben.
- Starten Sie den Motor und kontrollieren Sie den Riemenlauf.

Stretch-Antriebsriemen für die Servopumpe ausbauen (Kurbelwelle/Klimakupplung):
Der Flachriemen wird nach der Demontage grundsätzlich erneuert. Für die Montage sind Montagehilfen erforderlich, die den Riemen auf die Riemenscheibe auflegen helfen. Diese gibt es als Spezialwerkzeug und werden meist vom Riemenhersteller empfohlen. Wenn Sie den Riemen mit einem flachen Montagehebel auflegen, achten Sie darauf, den Riemen nicht zu überdehnen oder zu beschädigen.

- Das vordere rechte Rad ausbauen.
- Falls vorhanden die Geräuschdämmung unten Mitte und rechts ausbauen.
- Schneiden Sie den vorderen Antriebsriemen durch und nehmen Sie ihn ab.
- Vor dem Einbau des Keilrippenriemens darauf achten, dass alle Aggregate (Generator, Klimakompressor) fest angebaut sind.
- Legen Sie den neuen Antriebsriemen auf die Riemenscheibe der Kurbelwelle auf.
- Legen Sie den Antriebsriemen (4) wie im Bild 18 gezeigt auf die Riemenscheibe der Kurbelwelle (1) auf.
- Drehen Sie die Kurbelwelle in Pfeilrichtung (2) und fädeln Sie den Riemen mit-

hilfe einer Montagehilfe (3) auf die Riemenscheibe der Kurbelwelle (1) auf.

■ Achten Sie auf den korrekten Sitz des Flachriemens auf den Riemenscheiben.

■ Starten Sie den Motor und kontrollieren Sie den Riemenlauf.

De- und Montage am 3,0-l-Dieselmotor (Bild 19)
Auch beim 3-l-Diesel sind zwei Flachriemen verbaut. Der hintere übernimmt den Antrieb von Wasserpumpe (1) und Generator (2). Der vordere treibt den Klimakompressor (5) an. Es handelt sich beim vorderen Antriebsriemen um einen Stretchriemen, der keine Spannvorrichtung benötigt. Er wird für die Demontage durchschnitten und muss erneuert werden.

Antriebsriemen für Klimakompressor und Generator abnehmen (Bild 19):
Sollen einzelne Komponenten wie eine Umlenkrolle, die Wasserpumpe oder der Generator demontiert werden, ist es ausreichend den Flachriemen abzunehmen. Der Ausbau ist erst durch den Ersatz des vorderen Flachriemens möglich.

■ Das vordere rechte Rad ausbauen.

■ Falls vorhanden die Geräuschdämmung unten Mitte und rechts ausbauen.

■ Wenn der Flachriemen wiederverwendet werden soll, zuerst die Laufrichtung des Keilrippenriemens kennzeichnen.

■ Setzen Sie einen passenden Ringschlüssel auf den Sechskant der Verschraubung der Spannrolle (7) auf und entspannen Sie den Flachriemen, indem Sie die Spannrolle nach unten schwenken.

■ Nehmen Sie den Flachriemen an der Wasserpumpe oder am Generator ab.

Die Montage erfolgt sinngemäß in umgekehrter Reihenfolge.

■ Vor dem Einbau des Keilrippenriemens ist die Spannvorrichtung auf Beschädigungen zu prüfen und ggf. zu erneuern.

■ Prüfen Sie den Zustand der Riemenscheiben auf der Kurbelwelle.

■ Vor dem Einbau des Keilrippenriemens darauf achten, dass alle Aggregate (Generator, Klimakompressor) fest angebaut sind.

■ Achten Sie auf den korrekten Sitz des Flachriemens auf den Riemenscheiben.

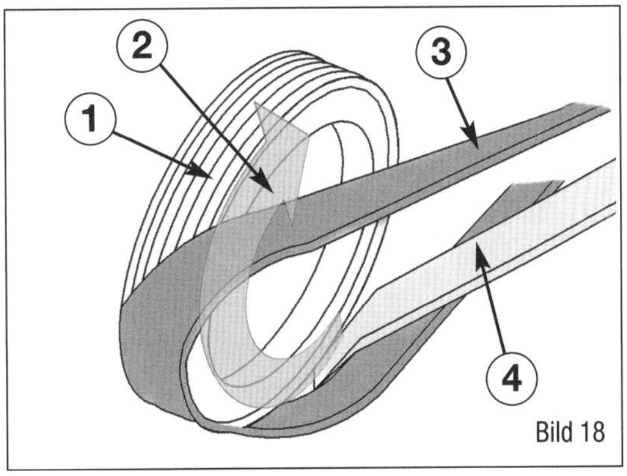

Bild 18
Aufziehen des Stretchriemens beim 2,3-l-Motor.
1 Riemenscheibe Kurbelwelle
2 Drehrichtung zur Montage
3 Flachriemen
4 Montagehilfe

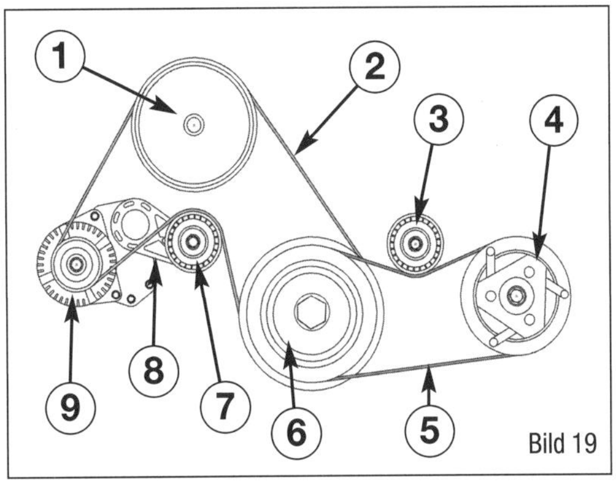

Bild 19
Riementrieb beim 3,0-l-Diesel-Motor.
1 Wasserpumpe
2 hinterer Flachriemen
3 Umlenkrolle
4 Klimakompressor
5 vorderer Flachriemen
6 Doppelriemenscheibe auf der Kurbelwelle
7 Spannrolle
8 Spannvorrichtung
9 Generator

■ Starten Sie den Motor und kontrollieren Sie den Riemenlauf.

Stretch-Antriebsriemen für den Klimakompressor ausbauen (Kurbelwelle/Klimakupplung) (siehe Bild 18):
Die Vorgehensweise ist mit der Vorgehensweise beim 2,3-l-Motor für den Stretchriemen fast identisch. Der Flachriemen wird nach der Demontage grundsätzlich erneuert. Für die Montage sind Montagehilfen erforderlich, die den Riemen auf die Riemenscheibe auflegen helfen. Diese gibt es als Spezialwerkzeug und werden meist vom Riemenhersteller empfohlen. Wenn Sie den Riemen mit einem flachen Montagehebel auflegen, achten Sie darauf den Riemen nicht zu überdehnen oder zu beschädigen.

■ Das vordere rechte Rad ausbauen.

■ Falls vorhanden, die Geräuschdämpfung unten Mitte und rechts ausbauen.

■ Schneiden Sie den vorderen Antriebsriemen durch und nehmen Sie ihn ab.

■ Vor dem Einbau des Keilrippenriemens darauf achten, dass der Klimakompressor fest angebaut ist. Kontrollieren Sie den Zustand der Umlenkrolle (3). Sie kann jetzt problemlos ersetzt werden.

■ Legen Sie den neuen Antriebsriemen auf

Sichtprüfung Messen

die Riemenscheibe des Kompressors auf.

- Legen Sie den Antriebsriemen (4) wie im Bild 18 gezeigt auf die Riemenscheibe der Kurbelwelle (1) auf.
- Drehen Sie die Kurbelwelle in Pfeilrichtung (2) und fädeln Sie den Riemen mithilfe einer Montagehilfe (3) auf die Riemenscheibe der Kurbelwelle (1) auf.
- Achten Sie auf den korrekten Sitz des Flachriemens auf den Riemenscheiben.
- Starten Sie den Motor und kontrollieren Sie den Riemenlauf.

Steuerkette und Zahnriemen

Im Laufe der Produktionsjahre sind im Ducato eine Vielzahl unterschiedlicher Motoren verbaut worden. Auch Downsizing mit einem kleinen 2,0-l-Motor ist nicht an ihm vorübergegangen. Betrachten wir zunächst, welche Motoren mit welchem Steuerungssystem ausgerüstet sind und wann das Wechselintervall vorgesehen ist. Diese Tabelle soll nur zur Übersicht dienen. Die genauen Wechselintervalle können durch unterschiedliche Faktoren beeinflusst werden, die dann auch zu technischen Änderungen führen können. Hierzu befragen Sie immer Ihren Fiat-Händler.
Üblicherweise sind die Steuerketten durchaus für Laufleistungen auch über 300.000 km gut. Vorausgesetzt es liegen keine Materialfehler vor und keine ungünstigen Betriebszustände haben Führungsschienen oder Spanner in Mitleidenschaft gezogen. Rasselnde oder schlagende Geräusche aus dem Bereich des Kettenkastens sind ein Grund den Steuerkettenspanner zu überprüfen und eventuell einen Steuerkettensatz mit Spanner und Spannschienen zu verbauen. Je nach Satz und Hersteller können die Preise für die Ersatzteile schon mal bei 400 Euro liegen. Für den Wechsel sollten Sie dann den Motor ausbauen.

Hubraum	Motor	System	Intervall
2,0 l	250 A	Zahnriemen	144'000 km (5 Jahre)
2,2 l	4HV (P22TE)	Steuerkette	KA*
2,3 l	F1AE	Zahnriemen	180'000 km (4 Jahre) 192'000 km (5 Jahre)
	F1AG	Zahnriemen	
3,0 l	F1CE	Steuerkette	KA*

* KA: Es liegen keine Angaben zu einem Wechselintervall vor.

Zahnriemen Aus- und Einbau

Im Folgenden werden wir Ihnen zuerst die Arbeiten am Zahnriemen der Ducato-Motoren vorstellen.

Grundregeln bei Arbeiten am Zahnriemen

- Fehlerspeicher auslesen.
- Batterie abklemmen.
- Den Motor abkühlen lassen.
- Wenn möglich Glühkerzen ausbauen, damit sich der Motor leichter drehen lässt.
- Den Motor nur in Drehrichtung und nur am Kurbelwellenrad verdrehen.
- Grundsätzlich immer alle Führungs- und Spannrollen ersetzen.
- Wenn im Riementrieb mit eingebaut, sollte auch die Wasserpumpe ersetzt werden.

Zahnriemenwechsel beim 2,3-l-Dieselmotor

Die Wasserpumpe wird über den Zahnriemen angetrieben. Sie dient auch hier

Schraubertipp: Schäden am Zahnriemen erkennen

Erkennbar	Mögliche Ursache
Geräusche	■ Falsche Spannung. ■ Spann- oder Führungsrolle defekt. ■ Zahn- und Führungsräder fluchten nicht.
Polierter Zahnriemen	■ Riemenrückseite: Zahn- und Führungsräder fluchten nicht. ■ Zahnspitze oder/und Fuß: Riemenspannung zu hoch. ■ Seitlich: Zahn- und Führungsräder fluchten nicht oder Abdeckung falsch montiert.
Rissbildung	■ Riemenrückseite: Temperaturproblem oder Alterung. ■ Zahnspitze oder/und Fuß: Riemenspannung zu hoch oder Alterung.
Seitenschlag	■ Lager der Spann- oder Führungsrolle defekt. ■ Zahnriemen defekt.

als Umlenkrolle. Grundsätzlich ist der Austausch im Set mit dem Zahnriemen sinnvoll.

Vorbereitung
Hier finden sich leichte Unterschiede im Wechsel der Modelljahre. Wir werden die wesentlichen Unterschiede gesondert hervorheben.

- Das Fahrzeug anheben oder vorne aufbocken.
- Demontieren Sie einen Kühlschlauch und lassen Sie das Kühlmittel ablaufen.
- Das rechte Vorderrad ausbauen.
- Falls vorhanden, die Geräuschdämpfung unten Mitte und rechts ausbauen.
- Den rechten Innenkotflügel (Kunststoffradlauf) ausbauen.
- Die Flachriemen wie bereits beschrieben demontieren.
- Die vier Schrauben der Riemenscheibe auf der Kurbelwelle herausdrehen und die Riemenscheibe abnehmen.

Bis Modelljahr 2006:
- Fangen Sie den Motor ab (Unterstellbock, Motorkran, Haltekonsole) um den Ausbau des rechten Motorträgers vorzubereiten.

Weiter für alle:
- Demontieren Sie den Servoflüssigkeitsbehälter mit Haltern.
- Lösen Sie die Schläuche des Servoflüssigkeitsbehälters. Oft reicht es aus, den Behälter zu lösen und zur Seite zu legen.
- Ziehen Sie den Mehrfachstecker des rechten Scheinwerfers ab.

Bis Modelljahr 2006:
- Bauen Sie den Luftansaugschlauch vom Ladeluftkühler zum Ansaugkrümmer aus.
- Stopfen Sie offene Kanäle mit einem fusselfreien Lappen zu, um zu vermeiden, dass etwas hineinfällt.

Ab Modelljahr 2006:
- Demontieren Sie den rechten Scheinwerfer.
- Bauen Sie den Einfüllstutzen der Scheibenwaschanlage aus.
- Bauen Sie den Behälter der Scheibenwaschanlage aus.

Weiter für alle:
- Ziehen Sie den Stecker des Sensors am Ausgleichsbehälter ab.

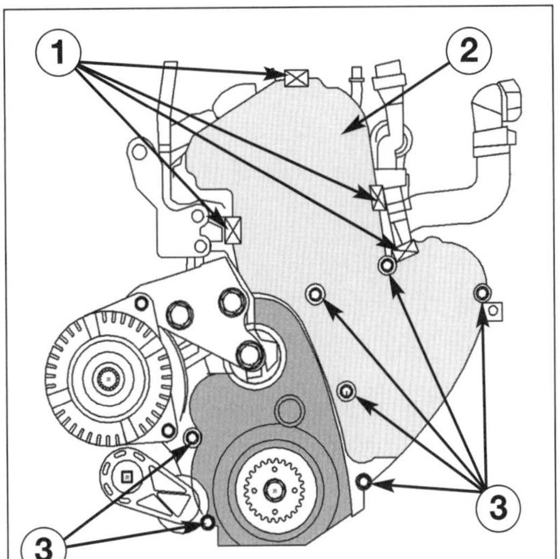

Bild 20

Bild 20
Zahnriemenabdeckung beim 2,3-l-Diesel Motor.
1 Halteclips oben
2 Zahnriemenabdeckung
3 Schrauben

- Demontieren Sie die Anschlussschläuche am Kühlmittelausgleichsbehälter.

Ab Modelljahr 2006:
- Vorratsbehälter für die Servolenkung mit den Haltern ausbauen.

Weiter für alle:
- Bauen Sie den Kühlmittelausgleichsbehälter aus.

Bis Modelljahr 2006:
- Bauen Sie das rechte Motorlager aus.

Weiter für alle:
- Öffnen Sie die Clips (1 im Bild 20).
- Drehen Sie die Schrauben (3) heraus.
- Demontieren Sie die Zahnriemenabdeckung (2).

Bis Modelljahr 2006:
- Bauen Sie die Abdeckung des Glühkerzensteuergerätes ab.
- Ziehen Sie den Mehrfachstecker am Glühkerzensteuergerät ab.
- Bauen Sie das Glühkerzensteuergerät mit seinen Haltern aus.

Demontage des Zahnriemens
- Demontieren Sie die Verschlussschraube (9 im Bild 21) und setzen Sie einen passenden Fixierdorn ein. Mit dem Modelljahr 2006 wurde auch der Fixierdorn geändert.
- Demontieren Sie die beiden Stehbolzen des Ventildeckels über dem 4. Zylinder. Setzen Sie hier die passenden Fixierstifte ein, um beide Nockenwellen zu blockieren.

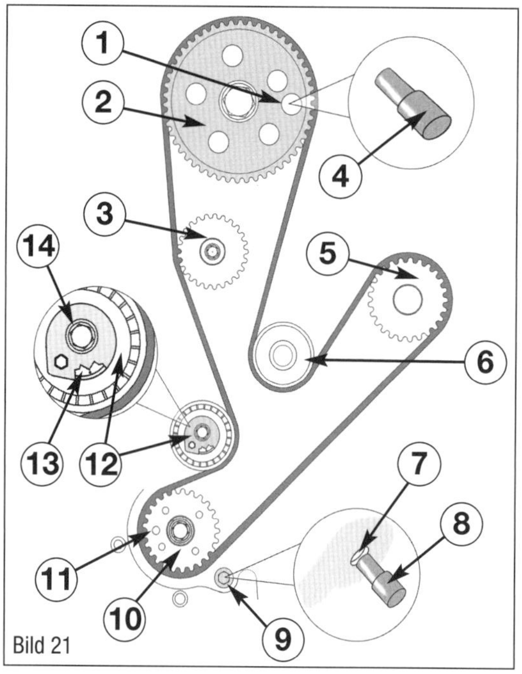

Bild 21

Riementrieb beim 2,3-l-Diesel-Motor.
1 Bohrung Fixierstift
2 Nockenwellenrad
3 Führungsrolle
4 Fixierstift Nockenwellenrad
5 Antriebsrad Hochdruckpumpe
6 Antriebsrad Wasserpumpe
7 Bohrung im Gehäusedeckel zur Kurbelwelle
8 Fixierstift Kurbelwelle
9 Abdeckschraube und Einbauposition für den Fixierstift der Kurbelwelle
10 Kurbelwellenrad
11 Fixierbolzen für die Riemenscheibe
12 Spannrolle
13 Markierungspfeil und Kontrollpunkt
14 Innensechskant zum Verdrehen

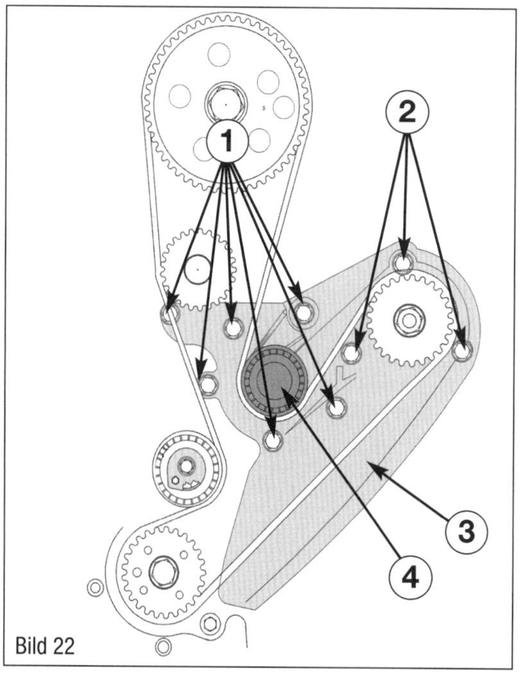

Bild 22

Wasserpumpe beim 2,3-l-Diesel-Motor.
1 Schrauben Wasserpumpengehäuse
2 Schrauben Hochdruckpumpe
3 Wasserpumpengehäuse
4 Wasserpumpenantriebsrad

■ Markieren Sie die Laufrichtung, wenn der Zahnriemen weiterverwendet werden soll.
■ Bauen Sie die Spannrolle aus und nehmen Sie den Zahnriemen ab.

De- und Montage der Wasserpumpe

Diese Arbeit sollten Sie nicht aussparen. Die Wasserpumpe ist gleichzeitig eine Umlenkrolle für den Zahnriemen. Ein Schaden an ihr bedeutet auch immer den Ersatz des Zahnriemens. Die bis hierhin beschriebenes Arbeiten mit der Demontage des Zahnriemens müssen durchgeführt werden.

Das Wasserpumpengehäuse ist gleichzeitig der Halter der Hochdruckpumpe der Einspritzanlage. Beachten Sie Sicherheits- und Sauberkeitshinweise für die Arbeiten am Kraftstoffsystem, die wir Ihnen im Kapitel 7 zu Beginn vorstellen. Reinigen Sie den Bereich um die Hochdruckpumpe gründlich und blasen Sie ihn mit Luft trocken.

Um ein sofortiges Starten des Motors nach dem Kraftstofffilterwechsel zu gewährleisten und einen Trockenlauf der Pumpen zu verhindern, muss das Kraftstoffsystem mit dem Fahrzeugdiagnosesystem, Mess- und Informationssystem entlüftet werden.

■ Bauen Sie die Hochdruckleitung zwischen Hochdruckpumpe und Kraftstoffverteilerrohr (Rail) aus.
■ Klemmen Sie die Vor- und die Rücklaufleitung an der Hochdruckpumpe ab.
■ Legen Sie die Anschlüsse seitlich ab und befestigen Sie diese mit Kabelbindern, um die weitere Montage zu erleichtern.
■ Ziehen Sie den Steckkontakt zum Kraftstoffregelventil an der Hochdruckpumpe ab.

Fangen Sie den austretenden Kraftstoff mit einem Lappen auf. Verschließen Sie die Anschlussstücke und die Leitung mit passenden Stopfen, um das Eindringen von Schmutz zu verhindern.

■ Blockieren Sie das Antriebsrad (2 im Bild 23) der Hochdruckpumpe und drehen Sie die Zentralmutter (4) ab.
■ Ziehen Sie das Antriebsrad (2) mit einem Abzieher über die Gewindebohrungen (1) des Antriebsrades (2) ab.
■ Nehmen Sie das Antriebsrad (2) ab.
■ Drehen Sie die drei Schrauben (2) heraus und schieben Sie die Hochdruckpumpe aus dem Wasserpumpengehäuse (3) heraus.
■ Lösen Sie die Schrauben (1) und nehmen Sie das Wasserpumpengehäuse ab.
■ Reinigen Sie die Anlage und Dichtstellen gründlich.
■ Setzen Sie das neue Wasserpumpengehäuse mit einer neuen Dichtung auf.
■ Verschrauben Sie das Wasserpumpengehäuse mit den Schrauben (1).

■ Ziehen Sie die Schrauben (1) mit 25 Nm an.
Kontrollieren Sie den Zustand des Dichtrings auf der Hochdruckpumpe zum Wasserpumpengehäuse (3) und erneuern Sie ihn, wenn erforderlich.
■ Montieren Sie die Hochdruckpumpe wieder und ziehen Sie die Befestigungsschrauben mit 25 Nm an.

Vorbereitungen zur Montage des Zahnriemens
■ Ersetzen Sie die Führungsrolle (3 im Bild 21).
■ Ersetzen Sie die Spannrolle (12).
■ Kontrollieren Sie, ob der Fixierdorn für die Kurbelwelle (9) richtig sitzt.
■ Kontrollieren Sie, ob die Fixierbolzen für die Nockenwellen im Ventildeckel (Einbau anstatt der beiden Stehbolzen über dem 4. Zylinder) richtig einsitzen.
■ Lösen Sie mithilfe eines Gegenhalters die Schraube des Nockenwellenrades (2).
■ Lösen Sie das Nockenwellenrad von seinem Konus gerade so weit, dass es sich verdrehen lässt, aber nicht kippelt.
■ Fixieren Sie das Nockenwellenrad mit einem passenden Fixierstift (4) in der einsprechenden Bohrung (1) auf der »3 Uhr«-Stellung.
■ Verdrehen Sie die Spannrolle (12) mit dem Innensechskantschlüssel (14) so, dass der Innensechskant etwa auf der »10 Uhr«-Stellung steht und drehen Sie die Halteschraube leicht an.
■ Legen Sie den Zahnriemen auf. Achten Sie darauf, dass der Zahnriemen auf der Zugseite (Kurbelwellenrad zur Hochdruckpumpe und zur Umlenkrolle sowie zur Nockenwelle) straff anliegt.

Die Einbauposition der Hochdruckpumpe ist gleichgültig. Sie fördert lediglich den Druck und wird nicht von den Steuerzeiten beeinflusst.

■ Lösen Sie die Zentralschraube der Spannrolle (12) leicht und drehen Sie mit dem Innensechskantschlüssel (14) die Spannrolle so weit gegen den Uhrzeigersinn, bis der Punkt und die Spitze sich gegenüberstehen (13).
■ Drehen Sie die Zentralschraube der Spannschraube handfest (20 Nm) an.
■ Ziehen Sie die Nockenwellenradarretierung (7) heraus.

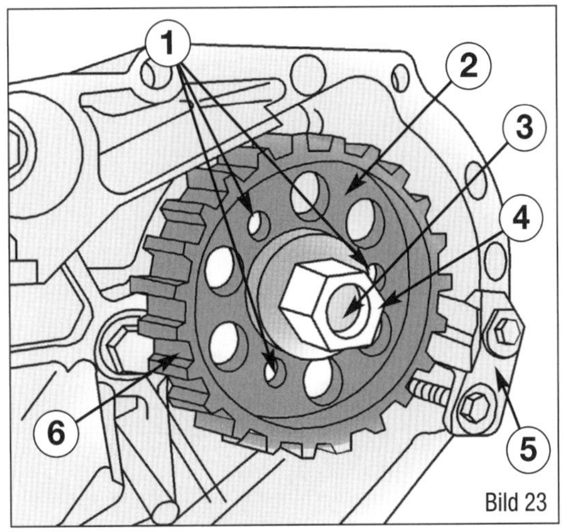

Bild 23

Bild 23
Hochdruckpumpenrad beim 2,3-l-Diesel-Motor.
1 Gewindebohrungen für einen Abzieher
2 Hochdruckpumpenrad
3 Welle Hochdruckpumpe
4 Mutter
5 Blockierwerkzeug
6 Zahnflächen Pumpenrad

■ Ziehen Sie die Zentralschraube der Nockenwelle (2) mithilfe eines Gegenhalters auf 90 Nm fest.
■ Nehmen Sie die beiden Nockenwellenarretierungen aus dem Ventildeckel heraus.
■ Ziehen Sie die Kurbelwellenarretierung (9) heraus.

Zahnriemen in Antriebsräder setzen
■ Drehen Sie den Motor acht Umdrehungen (4 Arbeitsspiele) im Uhrzeigersinn mit einer Ratsche an der Zentralschraube der Kurbelwelle durch.

Zahnriemenspannung kontrollieren
■ Kontrollieren Sie die Riemenspannung im Anzeigefeld der Spannrolle (13). Die Markierung muss auf dem Zeiger in der Mitte stehen.
■ Ist das nicht der Fall, lösen Sie die Zentralschraube erneut so weit, dass Sie die Spannrolle gerade so mit dem Innensechskantschlüssel verdrehen können.
■ Spannen Sie die Spannrolle durch Verdrehen mit dem Innensechskantschlüssel so weit, dass sich Zeiger und Markierungspunkt (13) gegenüberstehen.
■ Drehen Sie den Motor zwei Umdrehungen (1 Arbeitsspiel) im Uhrzeigersinn mit einer Ratsche an der Zentralschraube der Kurbelwelle durch.
■ Kontrollieren Sie die Riemenspannung erneut.
■ Ziehen Sie abschließend die Zentralschraube der Spannrolle (12) mit 35 Nm fest.

Steuerzeiten kontrollieren
■ Kontrollieren Sie die Zahnriemenspannung.

Sichtprüfung Messen

Bild 24
Steuerkettendeckel beim 2,2-l-Diesel-Motor.
1 Steuerkastendeckel
2 Schrauben
3 Montageposition des Motorträgers rechts
4 Kurbelwellendichtring
5 Kurbelwelle

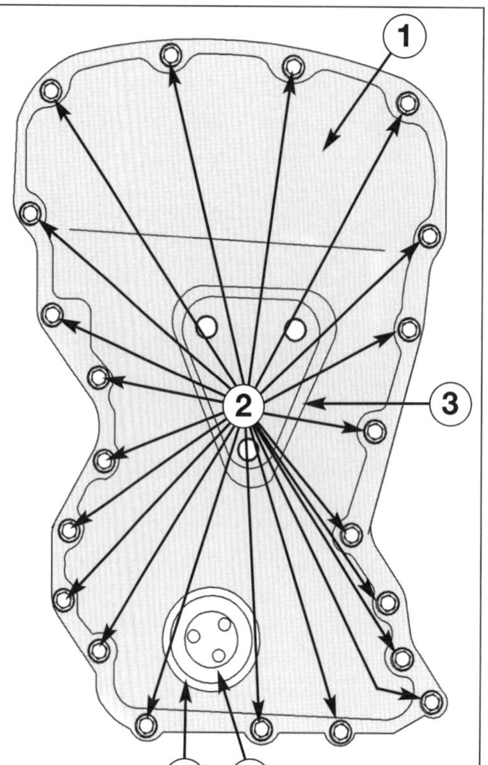

Bild 24

■ Die Kurbelwelle bis kurz vor die OT-Stellung drehen. Das Nockenwellenrad (2) erreicht mit der Bohrung zum Abstecken etwa die »3 Uhr«-Position.
■ Den Absteckstift (8) der Kurbelwelle bei vorsichtiger Drehung der Kurbelwelle einrasten lassen.
■ Der Absteckstift für das Nockenwellenrad (4) muss sich nun leicht einschieben lassen.

⚠ Minimale Abweichungen sind hinnehmbar. Abweichungen, die ein Verdrehen des Nockenwellenrades erforderlich machen, müssen korrigiert werden.

Die weitere Montage erfolgt sinngemäß in umgekehrter Reihenfolge.
■ Vor dem Einbau des Keilrippenriemens ist die Spannvorrichtung auf Beschädigungen zu prüfen und ggf. zu erneuern.
■ Prüfen Sie den Zustand der Riemenscheiben auf der Kurbelwelle.
■ Füllen Sie das Kühlmittel auf und entlüften Sie das Kühlsystem.
■ Entlüften Sie das Kraftstoffsystem, um einen Trockenlauf der Hochdruckpumpe zu vermeiden.

Steuerkettenwechsel beim 2,2-l-Diesel-Motor

Wie schon eingangs erwähnt, liegen keine Informationen zu den Wechselintervallen vor. Im Laufe der Zeit können aber Lauf- und Spannschienen verschleißen oder der Kettenspanner schwächeln. Zudem werden diese Arbeiten zur Demontage des Zylinderkopfes erforderlich.

Vorbereitungsarbeiten

☞ Für die Montagearbeiten rund um die Steuerkette sollte der Motor ausgebaut werden. Für die anstehenden Arbeiten ist zu wenig Platz vorhanden. Zudem besteht die Gefahr der Verschmutzung durch die anliegenden Karosserieteile und Verkleidungen.

■ Bauen Sie den Motor aus. Die Arbeitsbeschreibung hierzu finden Sie am Ende dieses Kapitels.
■ Bauen Sie die Konsole für den rechten Motorhalter am Steuergehäusedeckel ab.
■ Drehen Sie die Schrauben (2 im Bild 24) heraus und demontieren Sie vorsichtig den Steuerkastendeckel.

☞ Er kann sich durch die verwendete Dichtmasse durchaus schwerer lösen lassen.

■ Entfernen Sie die Dichtmasse von Deckel und Motorblock. Achten Sie darauf, dass keine Rückstände in den Motor fallen und die Dichtflächen nicht beschädigt werden.

Steuerkette ausbauen

■ Lösen Sie die Nockenwellenschrauben (1 und 7 im Bild 25). Die Schrauben sollten gerade noch handfest sein.
■ Drehen Sie die Kurbelwelle am Kurbelwellenrad im Uhrzeigersinn so weit, bis Sie die Nockenwellen mit passenden Stiften in der Position (9) und (21) abstecken können.
■ Montieren Sie das Kurbelwellenblockierwerkzeug (Fiat 2.000.001.000) in die Gewinde (12).

i Hier gibt es in diversen Internetportalen Absteckstätze um 50 Euro. Ein Eigenbau lohnt da nicht.

■ Drücken Sie den hydraulischen Kettenspanner zusammen und sichern Sie ihn mit einer Drahtklammer (Büroklammer) (2 im Bild 26).
■ Drehen Sie die Schrauben (2) heraus und nehmen Sie den Steuerkettenspanner heraus.
■ Drehen Sie die Schraube (20 im Bild 25) heraus.
■ Nehmen Sie die Spannschiene (19) heraus.
■ Drehen Sie die Schrauben (11) heraus und nehmen Sie die Führungsschiene (10) heraus.
■ Drehen Sie die Schraube (4 im Bild 25) heraus.
■ Nehmen Sie die Führungsschiene (5) heraus.
■ Nehmen Sie die Stifte in der Position (9) und (21) heraus.
■ Drehen Sie die Nockenwellenschrauben (1 und 7 im Bild 25) heraus und nehmen Sie die Nockenwellenräder (8 und 22) ab.
■ Nehmen Sie die Steuerkette (3) ab.
■ Reinigen Sie alle Bauteile gründlich.

Steuerkette einbauen

Prüfen Sie vor der Montage sehr genau den Zustand der Spannschiene, der Führungsschienen (5 und 10) und des Kettenspanners. Im Zweifel erneuern Sie die Teile. Die Steuerkette ist als Reparatursatz erhältlich.

■ Kontrollieren Sie, ob das Kurbelwellenblockierwerkzeug richtig einsitzt.
■ Legen Sie die Steuerkette auf die Nockenwellenräder auf.

Das farbige Kettenglied (1 im Bild 27) muss jeweils auf die Punktmarkierung (2) der Nockenwellenräder treffen.
■ Stecken Sie die Nockenwellenräder auf die Nockenwellen auf.
■ Drehen Sie die Schrauben (1 und 7 im Bild 25) leicht an. Die Nockenwellenräder müssen sich gerade noch verdrehen lassen.
■ Stecken Sie die Fixierstifte für die Nockenwellen in der Position (9) und (21) hinein.
■ Der Fixierstift sollte etwa mittig im Verstellbereich der Nockenwellenräder (4) passen.
■ Bauen Sie den Steuerkettenspanner ein. Drehen Sie die Schrauben (18 im Bild 25) mit 15 Nm an.

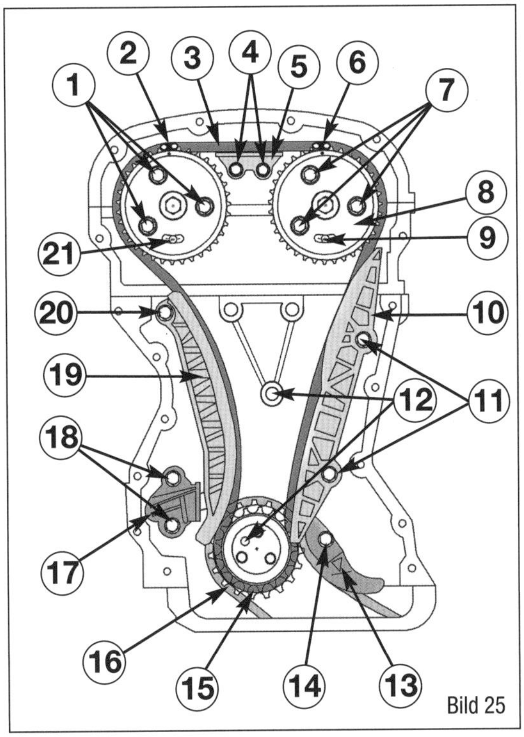

Bild 25

Bild 25
Steuerkette beim 2,2-l-Diesel-Motor.
1 Schrauben Auslassnockenwellenrad
2 markiertes Kettenglied
3 Steuerkette
4 Schrauben
5 Kettenführung oben
6 Markiertes Kettenglied
7 Schrauben Einlassnockenwellenrad
8 Einlasskettenrad
9 Absteckbohrung in Nockenwelle und Kopf für die Einlassnockenwelle
10 Führungsschiene
11 Schrauben Führungsschiene
12 Befestigungsgewinde für die Kurbelwellenarretierung
13 Kettenspanner Ölpumpe
14 Schraube
15 Kurbelwellenrad
16 Ölpumpenkette
17 Steuerkettenspanner
18 Schrauben
19 Spannschiene
20 Stufenschraube
21 Absteckbohrung in Nockenwelle und Kopf für die Auslassnockenwelle

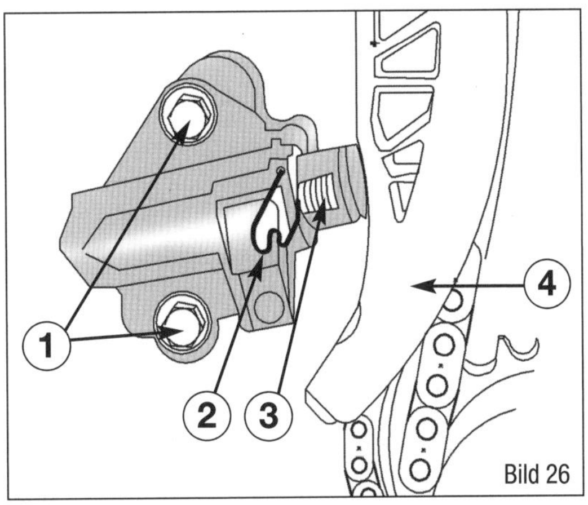

Bild 26

Bild 26
Hydraulischer Steuerkettenspanner beim 2,2-l-Diesel-Motor.
1 Befestigungsschrauben
2 Sicherungsklammer
3 Arbeitskolben
4 Spannschiene

■ Montieren Sie die Spannschiene. Ziehen Sie die Schraube (20) mit 36 Nm an.
■ Montieren Sie die Führungsschiene seitlich. Ziehen Sie die Schraube (11) mit 15 Nm an.
■ Montieren Sie die Führungsschiene oben. Ziehen Sie die Schraube (4) mit 15 Nm an.
■ Drücken Sie die Spannschiene etwas an und ziehen Sie die Sicherungsklammer (2 im Bild 26) heraus.
■ Kontrollieren Sie die Position der Fixierstifte im Langloch der Nockenwellenräder (3 im Bild 27). Sie dürfen nicht an den Enden anliegen.
■ Nehmen Sie die Fixierstifte in der Position (9 und (21 im Bild 25) heraus.

Bild 27
Markierungen an den Nockenwellenrädern beim 2,2-l-Diesel-Motor.
1 farbiges Kettenglied
2 Markierungspunkt auf dem Nockenwellenrad
3 Verstellbereich im Nockenwellenrad
4 Bohrung in Nockenwelle und Kopf zum Fixieren

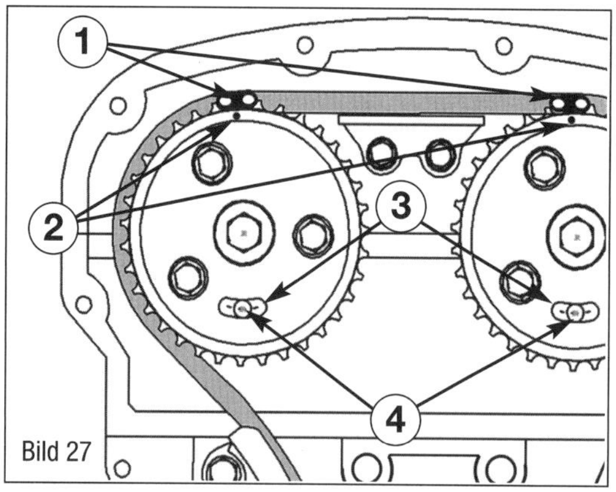

Bild 27

Bild 28
Dichtung Steuerkettendeckel beim 2,2-l-Diesel-Motor.
1 Steuerkastendeckel von innen
2 Dichtmassennaht (2 bis 3 mm Breite)

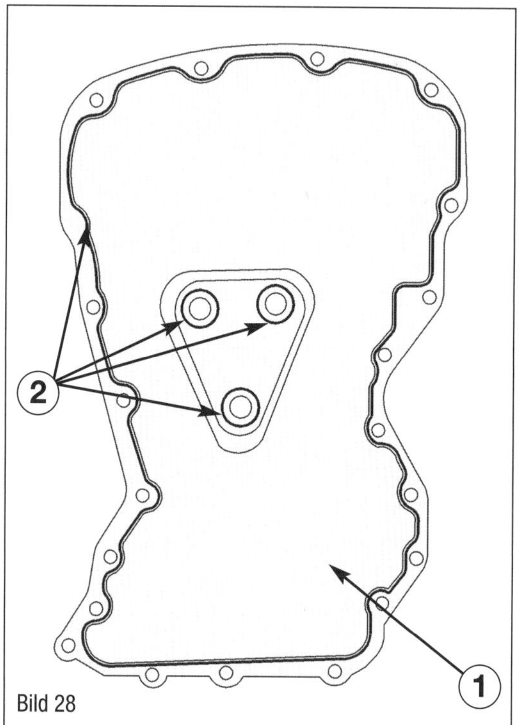

Bild 28

■ Ziehen Sie die Schrauben (1 und 7) der Nockenwellenräder auf 33 Nm an.
■ Wenn Sie den Kurbelwellensensor nicht ausrichten möchten, können Sie nun die Riemenscheibe wieder montieren. Ziehen Sie die Schrauben mit 45 Nm in der ersten Stufe an und drehen Sie sie um 120° in der zweiten Stufe weiter.

⚠ Zwar hat die Position des Kurbelwellensensors nicht unbedingt etwas mit den Steuerzeiten zu tun, aber wahrscheinlich möchte der Hersteller bei dieser Gelegenheit gleichmal die richtige Einbauposition überprüfen. Das sollten Sie dann grundsätzlich machen, wenn die Schwungscheibe demontiert wurde oder sogar eine andere verbaut worden ist.

Kurbelwinkelsensor ausrichten (Bild 29)
■ Drehen Sie die Schraube des OT-Gebers aus dem Haltebock heraus.
■ Ziehen Sie den OT-Geber nach oben heraus.
■ Setzen Sie das Kurbelwinkeleinstellwerkzeug anstatt des Sensors ein.
Kontrollieren Sie, ob sich das Einstellwerkzeug (2.000.017.100) einschieben lässt. Ist das nicht der Fall, müssen die Schrauben (5) am Halter (2) gelöst und der Halter des Kurbelwinkelsensors neu eingerichtet und wieder festgeschraubt werden (22 Nm).

■ Reinigen Sie den Sensor (4) von Ablagerungen und Verschmutzungen. Kontrollieren Sie seinen Zustand und den Zustand des Anschlusskabels.
■ Bauen Sie den Sensor (4) wieder ein. Ziehen Sie die Schraube (3) mit 10 Nm an.
■ Montieren Sie die Riemenscheibe wieder. Ziehen Sie die Schrauben mit 45 Nm in der ersten Stufe an und drehen Sie sie um 120° in der zweiten Stufe weiter.

Die weitere Montage erfolgt sinngemäß in umgekehrter Reihenfolge.
■ Vor dem Einbau des Keilrippenriemens ist die Spannvorrichtung auf Beschädigungen zu prüfen und ggf. zu erneuern.
■ Prüfen Sie den Zustand der Riemenscheiben auf der Kurbelwelle.
■ Füllen Sie das Kühlmittel auf und entlüften Sie das Kühlsystem.
■ Entlüften Sie das Kraftstoffsystem, um einen Trockenlauf der Hochdruckpumpe zu vermeiden.

Steuerkettenwechsel beim 3,0-l-Diesel-Motor

Der große Diesel ist nicht nur mit einer Steuerkette ausgerüstet. Es gibt einen »Lasttriebteil« und einen Steuertriebteil. Die Auslegung der Kette erfolgt für den lastseitigen Abtrieb über eine Doppelkette und für die Steuerung der Nockenwellen über eine normale Einzelkette.

Vorbereitungsarbeiten
Für die Montagearbeiten rund um die Steuerkette sollte der Motor ausgebaut werden. Für die anstehenden Arbeiten

ist zu wenig Platz vorhanden. Zudem besteht die Gefahr der Verschmutzung durch die anliegenden Karosserieteile und Verkleidungen.

■ Bauen Sie den Motor aus. Die Arbeitsbeschreibung hierzu finden Sie am Ende dieses Kapitels.
■ Soll nur am Zylinderkopf oder an der Steuerkette gearbeitet werden, ist es nicht zwingend erforderlich, das Getriebe zu demontieren.

Demontage des oben Steuerkastendeckels
■ Demontieren Sie den Motorentlüftungsschlauch vom Öldampfabscheider zum Ansaugrohr.
■ Ziehen Sie den Stecker des Nockenwellensensors ab.
■ Bauen Sie den Nockenwellensensor aus.
■ Lösen Sie die Befestigungsschraube des Ölstabrohres, ziehen Sie ihn aus der Gummidichtung im Steuerkastendeckel unten und nehmen Sie ihn mit dem Ölpeilstab nach oben ab.
■ Drehen Sie die Schrauben und Muttern (2 im Bild 30) ab.
■ Lösen Sie den Steuergehäusedeckel oben (1) und nehmen ihn ab.
■ Reinigen Sie die Dichtfläche gründlich.

⚠ Achten Sie darauf, dass keine Rückstände in den Motor hineinfallen.

Die Montage erfolgt sinngemäß in umgekehrter Reihenfolge.
■ Verwenden Sie grundsätzlich eine neue Dichtung.
■ Ziehen Sie die Schrauben und Muttern (M6) des Deckels mit 10 Nm an.
■ Bauen Sie den Nockenwellensensor (3) wieder ein und stecken Sie den Steckkontakt auf.
■ Ziehen Sie die Schraube des Nockenwellensensors (M6) mit 10 Nm an.

Demontage des unteren Steuerkastendeckels
■ Demontieren Sie wie schon beschrieben die Antriebsriemen (Flachriemen).
■ Bauen Sie die Wasserpumpe aus.
■ Lösen Sie die Zentralschraube und bauen Sie die Riemenscheibe ab.
■ Bauen Sie soweit noch nicht erfolgt, das Ölrohr am Zylinderkopf ab und ziehen es aus dem unteren Steuerkastendeckel heraus.
■ Drehen Sie die drei Schrauben (3 im Bild 31) heraus und demontieren Sie den Öldampfabscheider.
■ Nehmen Sie den Sicherungsring (2) ab.
■ Ziehen Sie den Zentrifugalfilter (1) ab.
■ Drehen Sie die Schrauben (3) aus dem unteren Steuerkastendeckel heraus und nehmen ihn ab.
■ Reinigen Sie die Dichtfläche gründlich.
■ Ersetzen Sie den Dichtring zur Riemenscheibe

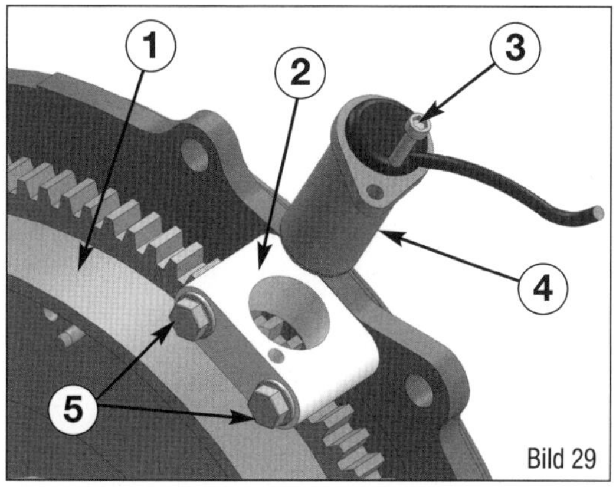

Bild 29
Kurbelwinkelsensor beim 2,2-l-Diesel-Motor.
1 Schwungscheibe
2 Halter Sensor (verschiebbar)
3 Schraube Sensor
4 Sensor
5 Schrauben Halter Sensor

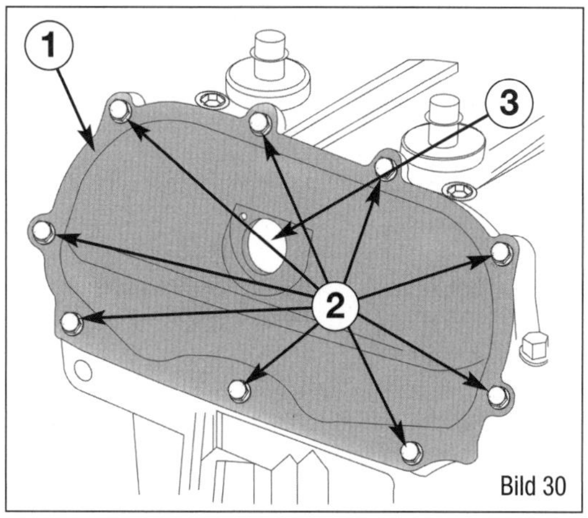

Bild 30
Oberer Steuerkastendeckel beim 3,0-l-Diesel-Motor.
1 Steuerkastendeckel oben
2 Schrauben
3 Einbauposition des Nockenwellensensors

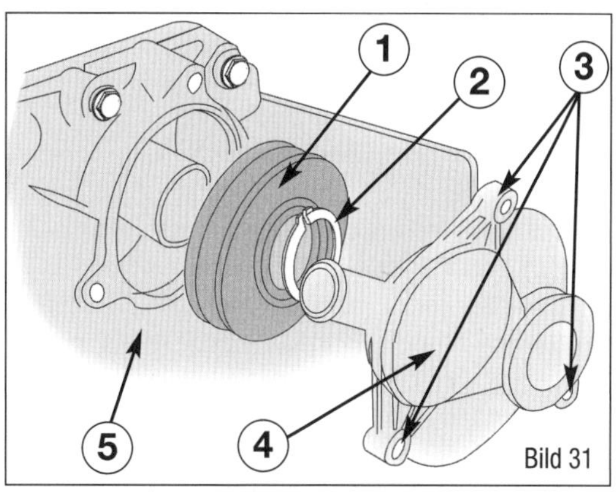

Bild 31
Öldampfabscheider beim 3,0-l Diesel Motor
1 Zentrifugalfilter
2 Sicherungsring
3 Verschraubungen am Öldampfabscheider
4 Öldampfabscheider
5 Steuerkastendeckel unten

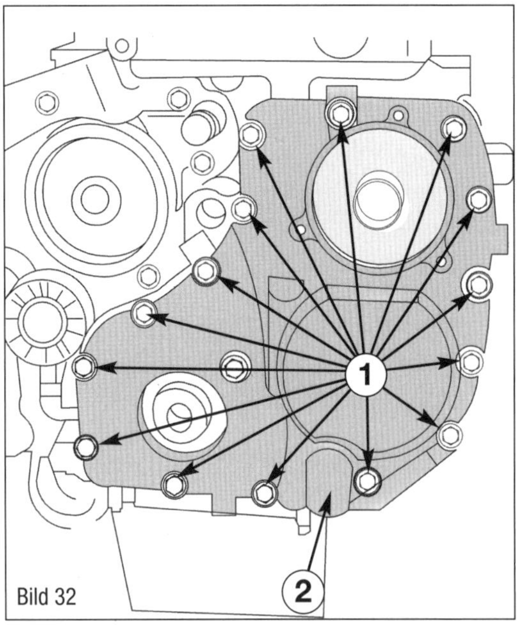

Bild 32
Steuerkastendeckel unten beim 3,0-l-Diesel-Motor.
1 Schrauben
2 Steuerkastendeckel unten

⚠ Achten Sie darauf, dass keine Rückstände in den Motor hineinfallen.

Die Montage erfolgt sinngemäß in umgekehrter Reihenfolge.

■ Verwenden Sie grundsätzlich eine neue Dichtung.

■ Ziehen Sie die Schrauben und Muttern (M8) des Deckels mit 25 Nm an.

Steuerkette ausbauen

■ Demontieren Sie, wie bereits beschrieben, den Steuerkastendeckel oben ab.

■ Bauen Sie, wie bereits beschrieben, den Steuerkastendeckel unten ab.

■ Demontieren Sie die Verschlussschrauben im Ventildeckel für die Nockenwellenarretierungen (1 im Bild 33).

■ Drehen Sie die Kurbelwelle (am Zahnkranz des Anlassers) so weit, bis Sie die beiden Absteckwerkzeuge (1 im Bild 34) durch den Ventildeckel in die Nockenwelle einstecken können.

■ Drehen Sie die Verschlussschraube links neben dem Kurbelwellenrad (2 in Bild 35) heraus.

■ Stecken Sie das Absteckwerkzeug (3) in die Bohrung (4) ein. Achten Sie darauf, dass der Stift in der Kurbelwelle einsitzt.

■ Bauen Sie die Ölpumpe aus.

Steuerkette oben (Nockenwellenantrieb):

■ Bauen Sie den oberen Steuerkettenspanner aus.

⚠ Der Kettenspanner muss anschließend erneuert werden.

■ Drehen Sie die beiden Zentralschrauben (2 im Bild 34) der Nockenwellenräder los und nehmen Sie sie zusammen mit den Nockenwellenrädern heraus.

■ Nehmen Sie die Steuerkette (1 im Bild 36) vom Zwischenrad der Hochdruckpumpe (6) ab.

■ Nehmen Sie die Steuerkette (1) nach oben heraus.

Führungsschiene oben (Nockenwellenantrieb):

■ Bauen Sie die Steuerkette oben (1) aus.

■ Drehen Sie die Schrauben (3) heraus und nehmen Sie die obere Führungsschiene (2) heraus.

■ Öffnen Sie Verschlussschraube im Zylinderkopf um den Zugang zu der unteren Verschraubung (4) zu ermöglichen.

■ Drehen Sie die beiden Schrauben (4) heraus und nehmen Sie die rechte Führungsschiene (5) nach oben heraus.

Steuerkette oben (Nockenwellenantrieb):

■ Bauen Sie den unteren Steuerkettenspanner aus.

■ Blockieren Sie das Zwischenrad auf der

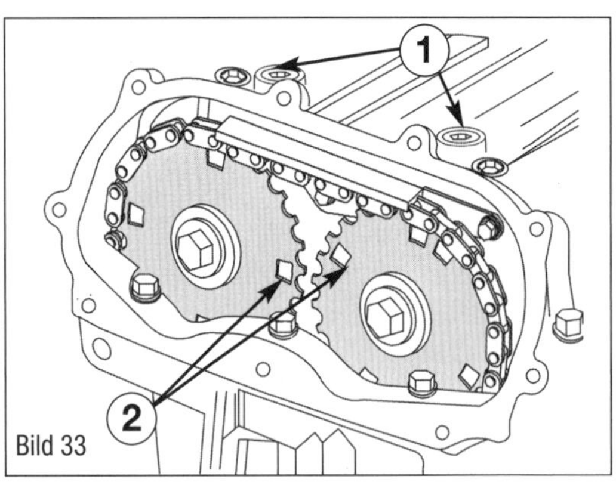

Bild 33
Oberer Steuerkastendeckel beim 3,0-l-Diesel-Motor.
1 Verschlussschrauben
2 Nockenwellenräder

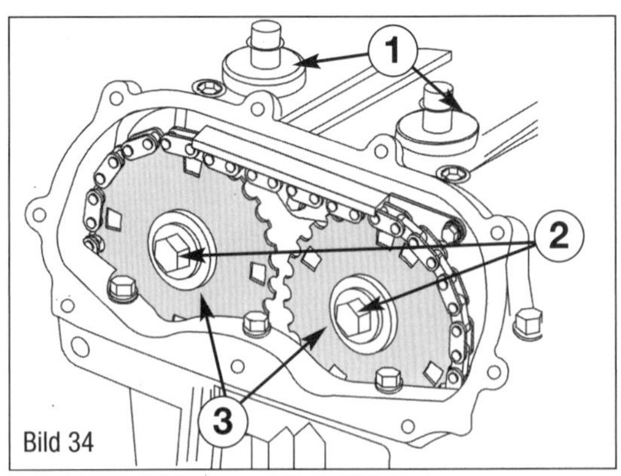

Bild 34
Nockenwellenabsteckwerkzeug beim 3,0-l-Diesel-Motor.
1 Nockenwellenabsteckwerkzeug
2 Zentralschrauben Nockenwelle
3 Nockenwellenräder

Hochdruckpumpe und drehen Sie die Schraube (16) heraus.

■ Nehmen Sie das Zwischenrad der Hochdruckpumpe zusammen mit der Steuerkette ab.

Führungsschiene oben (Nockenwellenantrieb):

■ Bauen Sie die Steuerkette unten (12) aus.

■ Drehen Sie die Schrauben (7) heraus und nehmen Sie die seitliche untere Führungsschiene (8) heraus.

■ Drehen Sie die Schrauben (10) heraus und nehmen Sie die seitliche untere Führungsschiene (11) heraus.

Spannschiene oben und unten:

■ Bauen Sie die Steuerkette oben (1) aus.

■ Bauen Sie die Steuerkette unten (12) aus.

■ Drehen Sie die Schrauben (17) heraus und nehmen Sie die obere (18) und die untere Spannschiene (15) nach unten heraus.

Steuerkette unten einbauen

Prüfen Sie vor der Montage sehr genau den Zustand der Spannschiene, der Führungsschienen (5 und 10) und des Kettenspanners. Im Zweifel erneuern Sie die Teile.

Die Steuerkette ist als Reparatursatz erhältlich.

Kontrollieren Sie den Sitz des Nockenwellenabsteckwerkzeugs (1 im Bild 34) und des Kurbelwellenabsteckwerkzeugs (3 im Bild 35).

■ Bauen Sie die unteren Führungsschienen (8 und 11 im Bild 36) ein. Ziehen Sie die Schrauben mit 25 Nm an.

■ Schieben Sie die obere 18) und dann die untere Spannschiene (15) ein und befestigen Sie sie mit der Schraube (17).

■ Ziehen die Schraube mit 40 Nm an.

■ Bauen Sie die untere Steuerkette (12) zusammen mit dem Zwischenrad auf der Hochdruckpumpe (6) wieder ein. Ziehen Sie die Schraube mit 110 Nm an.

■ Montieren Sie den unteren Steuerkettenspanner. Ziehen Sie ihn mit 50 Nm an.

■ Drücken Sie die Spannschiene in Spannrichtung, um die Kette vorzuspannen.

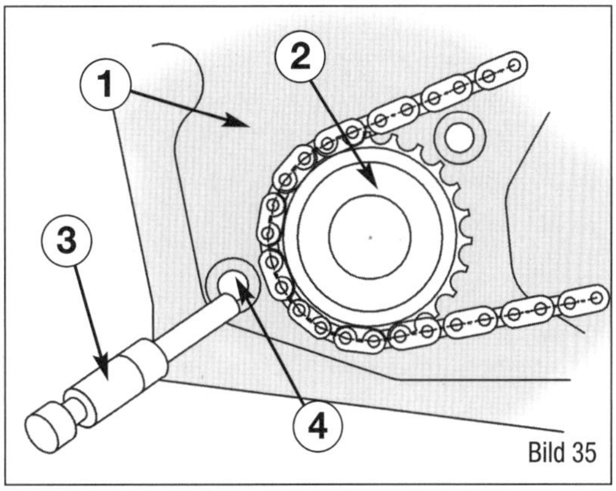

Bild 35

Bild 35
Kurbelwellenabsteckwerkzeug beim 3,0-l-Diesel-Motor.
1 Steuerkettenkasten
2 Antriebsrad auf der Kurbelwelle
3 Absteckdorn
4 Bohrung durch Block und Kurbelwelle

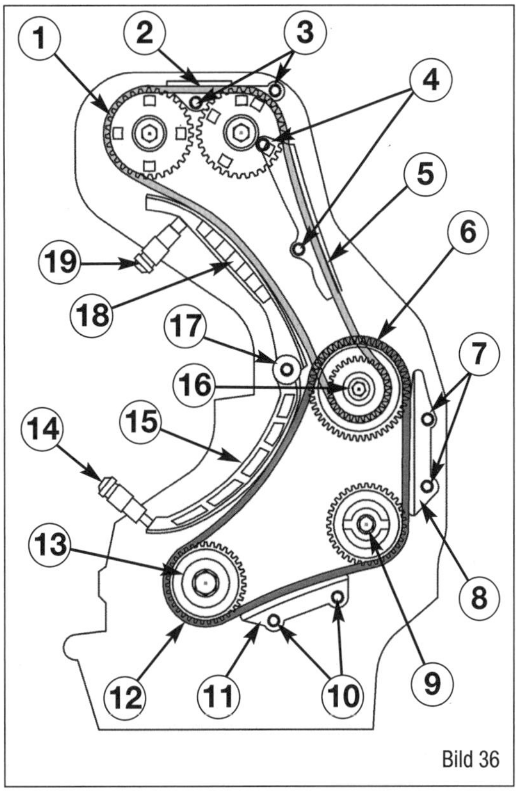

Bild 36

Bild 36
Steuerketten beim 3,0-l-Diesel-Motor.
1 Steuerkette oben
2 Führungsschiene oben
3 Schrauben Führungsschiene oben
4 Schrauben Führungsschiene seitlich
5 Führungsschiene seitlich
6 Zwischenrad auf der Hochdruckpumpe
7 Schrauben Führungsschiene seitlich unten
8 Führungsschiene seitlich unten
9 Antriebsrad Wasserpumpe und Servopumpe
10 Schrauben Führungsschiene unten
11 Führungsschiene unten
12 Steuerkette unten
13 Antriebsrad auf der Kurbelwelle
14 Steuerkettenspanner unten
15 Spannschiene unten
16 Schraube Antriebswelle Hochdruckpumpe
17 Schraube Spannschienen oben und unten
18 Spannschiene oben
19 Steuerkettenspanner oben (muss erneuert werden)

Steuerkette oben einbauen

Prüfen Sie vor der Montage sehr genau den Zustand der Spannschiene, der Führungsschienen (5 und 10) und des Kettenspanners. Im Zweifel erneuern Sie die Teile.

Die Steuerkette ist als Reparatursatz erhältlich.

Kontrollieren Sie den Sitz des Nockenwellenabsteckwerkzeugs (1 im Bild 34) und des Kurbelwellenabsteckwerkzeugs (3 im Bild 35)

■ Bauen Sie die untere Steuerkette ein.

■ Soweit noch nicht erfolgt, montieren Sie die Führungsschienen oben.

Sichtprüfung Messen

■ Legen Sie die Steuerkette von oben auf das Zwischenrad der Hochdruckpumpe auf.
■ Legen Sie die Steuerkette auf das Einlassnockenwellenrad auf und montieren Sie die Schraube handfest.

⚠ Die Kette muss straff zum Zwischenrad anliegen.

■ Legen Sie die Steuerkette auf das Auslassnockenwellenrad auf und montieren Sie die Schraube handfest.
■ Montieren Sie den neuen oberen Steuerkettenspanner. Ziehen Sie ihn mit 50 Nm an.
■ Drücken Sie die Spannschiene in Spannrichtung, um die Kette vorzuspannen.

⚠ Die Kette muss straff zum Einlassnockenwellenrad anliegen

■ Ziehen Sie die Schrauben der Nockenwellenräder mithilfe eines Gegenhalters mit 110 Nm an.
■ Demontieren Sie das Absteckwerkzeug für die Nockenwellen und das für die Kurbelwelle.
■ Drehen Sie den Motor mindesten zwei Umdrehungen im Uhrzeigersinn von Hand an der Kurbelwelle durch.
■ Kontrollieren Sie, ob sich die Absteckwerkzeuge problemlos montieren lassen.

Die weitere Montage erfolgt sinngemäß in der umgekehrten Reihenfolge.
■ Verwenden Sie grundsätzlich neue Dichtungen und erneuern die den Kurbelwellendichtring.
■ Ziehen Sie die Riemenscheibe mit 350 Nm fest.
■ Prüfen Sie den Zustand der Riemenscheiben auf der Kurbelwelle.
■ Vor dem Einbau des Keilrippenriemens ist die Spannvorrichtung auf Beschädigungen zu prüfen und ggf. zu erneuern.
■ Füllen Sie das Kühlmittel auf und entlüften Sie das Kühlsystem.
■ Entlüften Sie das Kraftstoffsystem, um einen Trockenlauf der Hochdruckpumpe zu vermeiden.

Arbeiten am Zylinderkopf beim 2,2-l-Dieselmotor

Der Zylinderkopf des 2,2-l-Motors besteht aus dem Ventildeckel, dem Kipphebelbock (Rahmen), dem oberen Deckel des Zylinderkopfes und dem eigentlichen Zylinderkopf. Zwischen den beiden Teilen des Zylinderkopfes sind die Nockenwellen gelagert.

Vorbereitungen
■ Die Tankklappe öffnen und den Tankdeckel abschrauben, um im Innern des Tanks für Druckausgleich zu sorgen.
■ Die beiden Befestigungsschrauben des Kühlmittelrohres für den Kühlmittelzulauf zum Kühler herausdrehen.
■ Den Kühlmittelzulauf zum Kühler abnehmen und zur Seite schieben.
■ Den Luftführungskanal zur Klimaanlage ausbauen.
■ Demontieren Sie die Kraftstoffrücklaufleitungen von den Einspritzdüsen.
■ Demontieren Sie alle Kraftstoffleitungen vom Kraftstoffverteilerrohr (Rail) zu den Einspritzdüsen.
■ Demontieren Sie die Hochdruckleitung von der Hochdruckpumpe zum Kraftstoffverteilerrohr (Rail).
■ Bauen Sie das Kraftstoffverteilerrohr (Rail) aus.

⚠ Fangen Sie den austretenden Kraftstoff mit einem Lappen ab. Verschließen Sie die Öffnungen zu den Kraftstoffleitungen und den Bauteilen der Gemischaufbereitung mit den entsprechenden Stopfen, um das Eindringen von Verschmutzungen zu verhindern.

■ Bauen Sie die Einspritzdüsen aus und verschließen Sie die Einbaulöcher mit entsprechenden Stopfen.
■ Öffnen Sie die Schelle am Schlauch der Motorentlüftung am Ventildeckel und ziehen Sie den Schlauch ab.
■ Demontieren Sie die Halteschelle der Leitungen zum Klimakompressor am Zylinderkopf.
■ Ziehen Sie den Steckkontakt des Ölsensors in der Ölwanne ab.
■ Ziehen Sie den elektrischen Anschluss des Klimakompressors ab.
■ Ziehen Sie den elektrischen Anschluss des Saugrohrdruckfühlers ab.
■ Ziehen Sie den Sammelstecker der Anschlüsse zu den Glühkerzen ab.
■ Legen Sie die Verkabelung zu den Steckern frei und befestigen Sie den Kabelbaum außerhalb des Arbeitsbereiches für die weiteren Arbeiten am Ventildeckel.

Ventildeckel demontieren

- Führen Sie die Vorbereitungsarbeiten wie beschrieben durch.
- Drehen Sie die Schrauben (1–12 im Bild 37) heraus und nehmen Sie den Ventildeckel vorsichtig ab.
- Reinigen Sie den Ventildeckel und die Dichtfläche gründlich.

Die Montage erfolgt sinngemäß in umgekehrter Reihenfolge.

- Prüfen Sie den Zustand der Ventildeckeldichtung. Im Zweifel oder bei Beschädigungen erneuern Sie diese.
- Ziehen Sie die Schrauben in der angegebenen Reihenfolge im ersten Durchgang leicht an.
- Ziehen die Schrauben anschließend im zweiten Durchgang mit 12 Nm fest.

Kipphebelbock (Rahmen) demontieren

- Demontieren Sie den Ventildeckel wie beschrieben.
- Drehen Sie die Schrauben (1–10 im Bild 38) in umgekehrter Reihenfolge heraus und nehmen den Kipphebelbock vorsichtig ab.

Die Montage erfolgt sinngemäß in umgekehrter Reihenfolge.

Kipphebelbock und Hydrostößel demontieren

- Demontieren Sie den Kipphebelbock (Rahmen) wie beschrieben.
- Clipsen Sie die Kipphebel vom Kipphebelbock ab.
- Ziehen Sie die Hydrostößel heraus.

Die Montage erfolgt sinngemäß in umgekehrter Reihenfolge.

- Tragen Sie vor der Montage etwas Öl auf die Anlagestellen auf.
- Achten Sie darauf, dass die Bohrung für den Hydrostößel frei von Verschmutzungen und Ablagerungen ist.

Zylinderdeck (Lagerrahmen) und Nockenwellen demontieren

Bis hierhin sind die Arbeiten durchaus ohne den Ausbau des Motors möglich. Sobald es nun an die Bauteile der Motorsteuerung geht, ist es aus Platz- und Sauberkeitsgründen sinnvoller, den Motor mit Getriebe auszubauen. Auch diesen Arbeitsschritt werden wir am Ende dieses Kapitels näher betrachten.

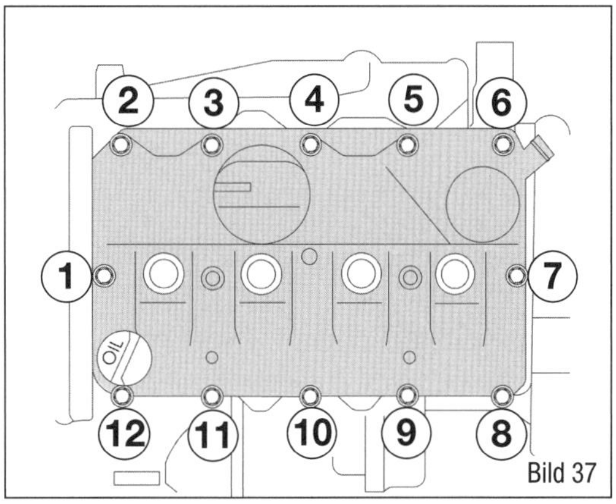

Bild 37

Bild 37
Verschraubungen des Ventildeckels beim 2,2-l-Diesel-Motor: 1–12 Anzugsfolge der Verschraubungen am Ventildeckel-

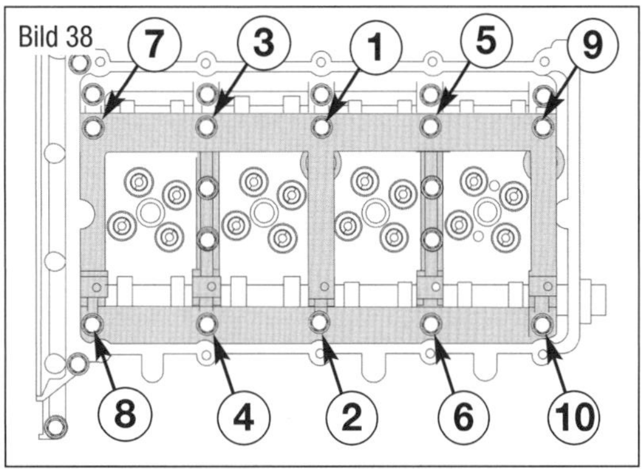

Bild 38

Bild 38
Verschraubungen des Kipphebelbocks (Rahmen) beim 2,2-l-Diesel-Motor: 1–10 Anzugsfolge der Verschraubungen am Kipphebelbock (Rahmen).

- Demontieren Sie den Ventildeckel wie beschrieben.
- Bauen Sie den Kipphebelbock wie beschrieben ab.
- Bauen Sie den Motor aus.
- Demontieren Sie die Steuerkette und die Steuerkettenräder.
- Demontieren Sie die Hochdruckpumpe und den Halterahmen am Zylinderkopf.
- Drehen Sie die Schrauben (1-24 im Bild 39) in umgekehrter Reihenfolge heraus.
- Nehmen Sie das Zylinderdeck nach oben heraus.

Zylinderkopf demontieren

- Bauen Sie den Motor aus.
- Führen Sie die beschrieben Vorarbeiten aus.
- Demontieren Sie den Ventildeckel, den Kipphebelbock und das Zylinderdeck (Rahmen).
- Nehmen Sie die Nockenwellen heraus.
- Demontieren Sie auf der linken Zylinderkopfseite (zum Getriebe) den Schlauch zum Kühlmittelausgang am Zylinderkopf ab.
- Bauen Sie den Schlauchanschlussstutzen ab.
- Demontieren Sie die Unterdruckpumpe und nehmen Sie die Dichtung ab.

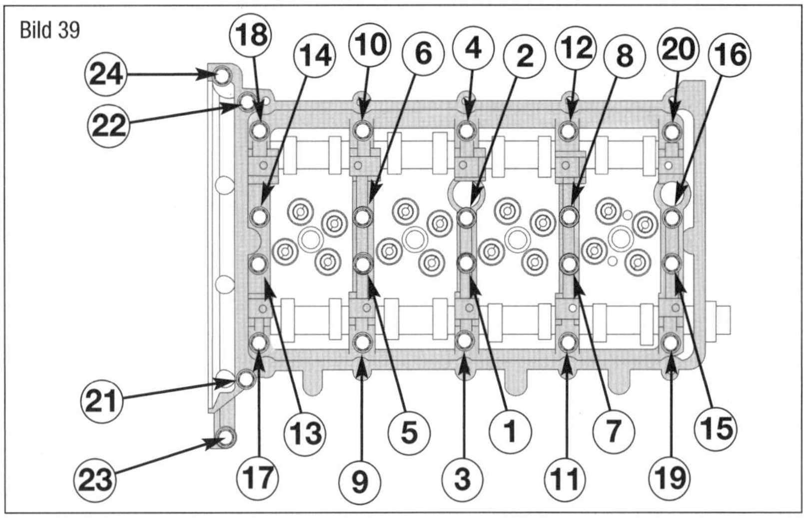

Bild 39
Verschraubungen des Kipphebelbocks (Rahmen) beim 2,2-l-Diesel-Motor: 1-24 Anzugsfolge der Verschraubungen am Nockenwellenbock.

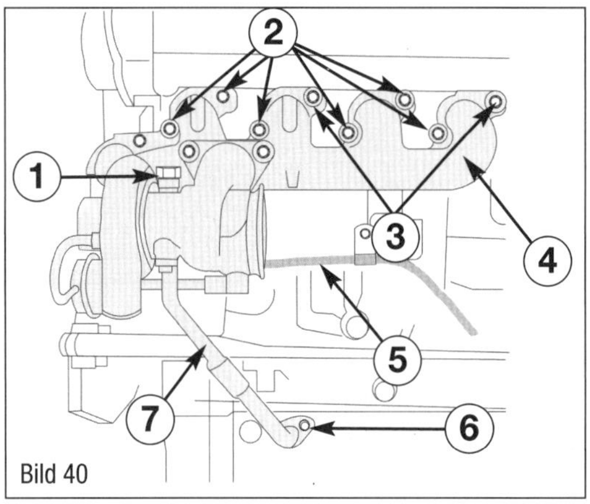

Bild 40
Verschraubungen des Abgaskrümmers mit Turbolader beim 2,2-l-Diesel-Motor.
1 Hohlschraube Ölzufuhr
2 Schrauben Abgaskrümmer
3 Muttern Abgaskrümmer
4 Abgaskrümmer
5 Druckleitung Ölzufuhr Turbolader
6 Verschraubungen Flansch an der Ölwanne (Ölrücklauf vom Turbolader)
7 Ölrücklaufleitung vom Turbolader

- Drehen Sie die Befestigungsschrauben des AGR-Kühlers heraus und nehmen Sie die Dichtung zwischen AGR-Ventil und AGR-Kühler heraus.
- Demontieren Sie das Hitzeschild für den Abgasturbolader.
- Soweit noch nicht geschehen bauen Sie den Katalysator und den Partikelfilter ab.
- Drehen Sie die Schraube(n) (6 im Bild 40) an der Ölwanne für den Ölrücklauf des Turboladers ab.
- Lösen Sie die Leitung (7) von der Ölwanne.
- Drehen Sie die Schrauben (2) und die Muttern (3) ab und bauen Sie den Abgaskrümmer (4) mit dem Turbolader ab.
- Nehmen Sie die Krümmerdichtung ab.
- Demontieren das AGR-System vom Ansaugkrümmer ab und nehmen Sie es komplett ab.
- Drehen Sie die Befestigungsschrauben des Ansaugkrümmers ab und nehmen Sie ihn ab.

Zylinderkopf montieren

- Reinigen Sie die Dichtflächen von Motorblock und Zylinderkopf gründlich.
- Achten Sie darauf, dass keine Rückstände in den Motor hineinfallen.
- Kontrollieren Sie den Zustand und das Vorhandensein der Passhülsen zwischen Motorblock und Zylinderkopf.
- Reinigen Sie die Gewinde für die Zylinderkopfschrauben im Motorblock. Es dürfen auch keine Flüssigkeitsrückstände verbleiben.
- Kontrollieren Sie den Widerstand der Glühkerzen. Ersetzen Sie die Glühkerzen, wenn erforderlich.
- Legen Sie die Kopfdichtung auf den Zylinderblock auf.
- Setzen Sie den Zylinderkopf auf den Zylinderblock auf.
- Stecken Sie die Kopfschrauben ein und drehen Sie sie leicht von Hand an.
- Ziehen Sie die Zylinderkopfschrauben (1–10 im Bild 41) mit 20 Nm an.
- Ziehen Sie die Zylinderkopfschrauben (11–18) mit 10 Nm an.
- Ziehen Sie die Zylinderkopfschrauben (1–10) mit 40 Nm nach.
- Ziehen Sie die Zylinderkopfschrauben (11–18) mit 20 Nm nach.
- Ziehen Sie die Zylinderkopfschrauben (1–10) mit 160° nach.
- Ziehen Sie die Zylinderkopfschrauben (11–18) mit 180° nach.
- Tragen Sie etwas Öl auf die Lagerstelle der Nockenwellenlager auf.
- Legen Sie die Nockenwellen in den Zylinderkopf ein.
- Tragen Sie etwas Öl auf die Nockenwelle an den Lagerstellen auf.
- Tragen Sie jeweils außen eine Dichtmassenraupe (2 im Bild 42) am Rand des Zylinderkopfes (1) auf.
- Setzen Sie das Zylinderdeck (Lagerrahmen der Nockenwellen) auf.

Drehen Sie allen Schrauben von Hand ein.

- Ziehen Sie allen Schrauben nach der Reihenfolge im Bild 39 in der ersten Stufe auf 3,5 Nm an.
- Für die zweite Stufe gelten folgende Drehmomente: M8x45 und M6x161 15 Nm. Die M6x40 und M6x85 Schrauben werden mit 7,5 Nm angezogen.
- In der dritten Stufe sollen folgende Drehmomente erreicht werden: M8x45 und M6x161 22 Nm. Die M6x40 und M6x85

Schrauben werden mit 10 Nm angezogen.
- Wischen Sie an den Dichtflächen, an denen weitere Bauteile montiert werden müssen, die Dichtmasse ab.
- Montieren Sie den Ventildeckel wieder. Ziehen Sie die Schrauben in der gezeigten Reihenfolge mit 12 Nm an.
- Bauen Sie den Abgaskrümmer mit Turbolader mit seiner Ölversorgung wieder an.
- Montieren Sie den Ansaugkrümmer und die Anbauteile des AGR wieder.
- Montieren Sie die Unterdruckpumpe und den Kühlmittelanschluss mit neuen Dichtringen.

Die weitere Montage erfolgt sinngemäß in umgekehrter Reihenfolge.
- Ersetzen Sie die Dichtringe für die Einspritzdüsen.
- Montieren Sie die Einspritzdüsen wieder und ziehen Sie sie mit dem vorgeschriebenen Anzugsdrehmoment fest.
- Stellen Sie die Steuerzeiten ein und stecken den Motor wie beschrieben ab.
- Montieren Sie die Steuergehäusedeckel.

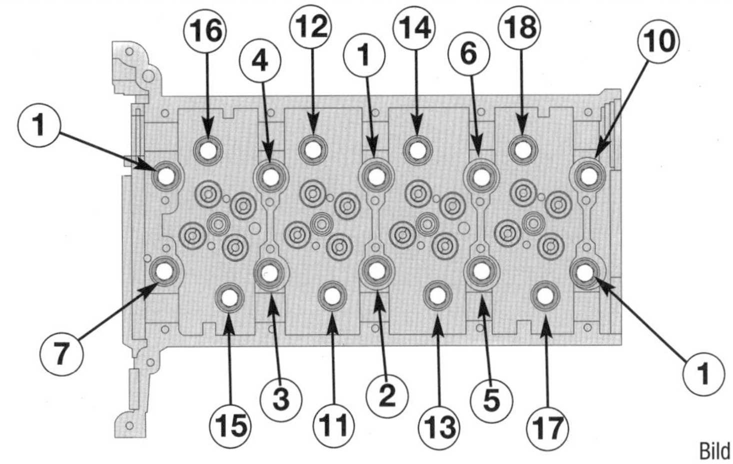

Bild 41

Bild 41
Verschraubungen des Zylinderkopfes beim 2,2-l-Diesel-Motor.
1–18 Anzugsfolge der Verschraubungen am Zylinderkopf (Lösen in umgekehrter Reihenfolge)
1–10 Schrauben M10
11–18 Schrauben M8

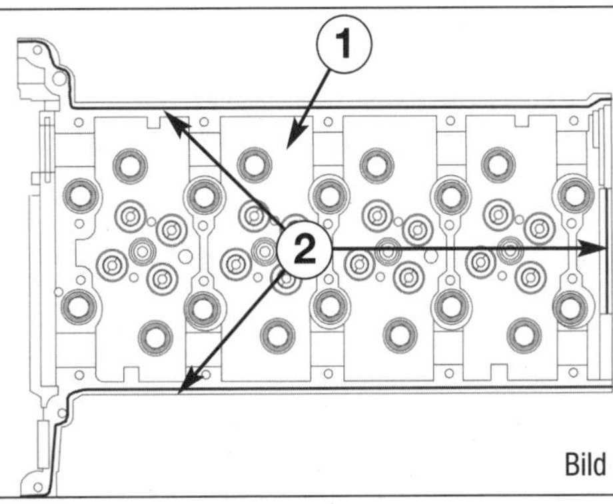

Bild 42

Bild 42
Verschraubungen des Zylinderkopfes beim 2,2-l-Diesel-Motor.
1 Zylinderkopf
2 Dichtmasseraupe in etwa 3 mm Breite

Arbeiten am Zylinderkopf beim 2,3-l-Diesel-Motor

Der Zylinderkopf des 2,3-l-Motors besteht aus dem Zylinderkopfoberteil, in dem die beiden Nockenwellen und der Ventiltrieb eingebaut sind und dem eigentlichen Zylinderkopf. Es ist kein Ventildeckel im herkömmlichen Sinn verbaut. Der Antrieb der Nockenwellen erfolgt über die Einlassnockenwelle mit einem Zahnriemen. Getriebeseitig unter einem Stirndeckel erfolgt die Umsetzung zur Auslassnockenwelle über eine Steuerkette.

Vorbereitungen
Da bei dieser Motorvariante der Motor im Fahrzeug verbleiben kann, fallen die Vorbereitungsarbeiten etwas aufwendiger aus.
- Fragen Sie die Fehlerspeicher des Motorsteuergerätes ab.
- Klemmen Sie die Batterie ab.
- Die Tankklappe öffnen und den Tankdeckel abschrauben, um im Innern des Tanks für Druckausgleich zu sorgen.
- Heben Sie das Fahrzeug an oder bocken Sie es vorne auf.
- Demontieren Sie einen Kühlschlauch und lassen Sie das Kühlmittel ablaufen.
- Das rechte Vorderrad ausbauen.
- Falls vorhanden, die Geräuschdämpfung unten Mitte und rechts ausbauen.
- Den rechten Innenkotflügel (Kunststoffradlauf) ausbauen.
- Bauen Sie den vorderen Stoßfänger ab.
- Demontieren Sie den Kühlergrill in der Mitte.
- Bauen Sie den Luftfilter komplett aus.
- Demontieren Sie den rechten Scheinwerfer mit der Zierleiste darunter und dem Deckel darüber.
- Bauen Sie den Scheibenwaschbehälter mit dem Einfüllrohr und der Scheibenwaschpumpe aus.
- Bauen Sie den Vorratsbehälter für Servoflüssigkeit und Kühlmittel ab und befestigen Sie ihn mit Kabelbindern außerhalb des Arbeitsbereiches.
- Demontieren Sie den Ölmessstab und sein Führungsrohr.
- Bauen Sie das Ansaugrohr zwischen Fahrzeugfront und Luftfilter aus.
- Bauen Sie die Hochdruckleitung zwischen Hochdruckpumpe und Kraftstoffverteilerrohr aus. Verschließen Sie die An-

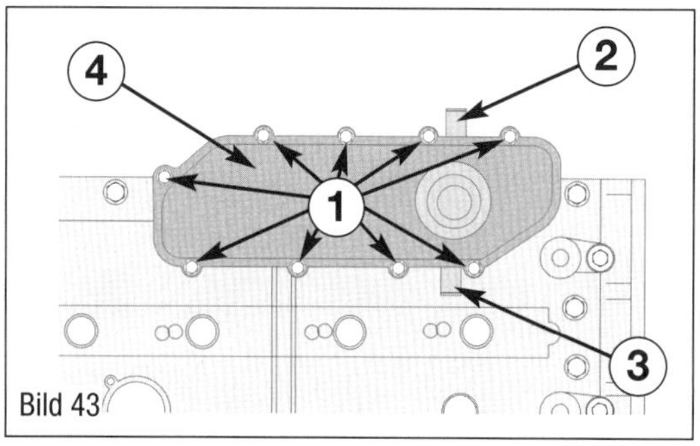

Bild 43
Öldampfgehäuse (Motorentlüftung) beim 2,3-l-Diesel-Motor.
1 Schrauben
2 Anschluss zum Ansaugtrakt
3 Anschluss zum Motorgehäuse
4 Deckel Motorentlüftung

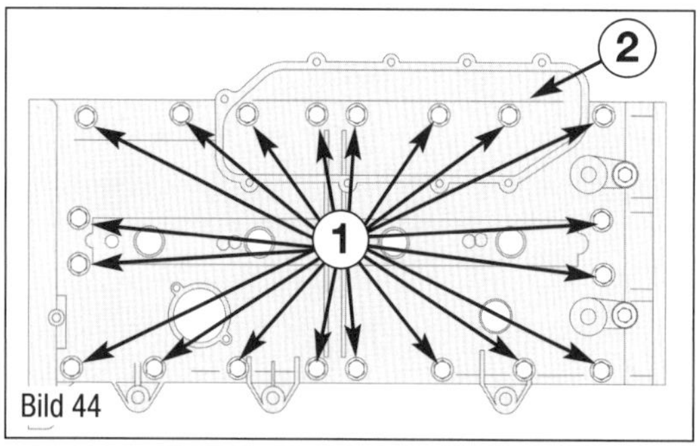

Bild 44
Zylinderkopfoberteil beim 2,3-l-Diesel-Motor.
1 Schrauben
2 Zylinderkopfoberteil

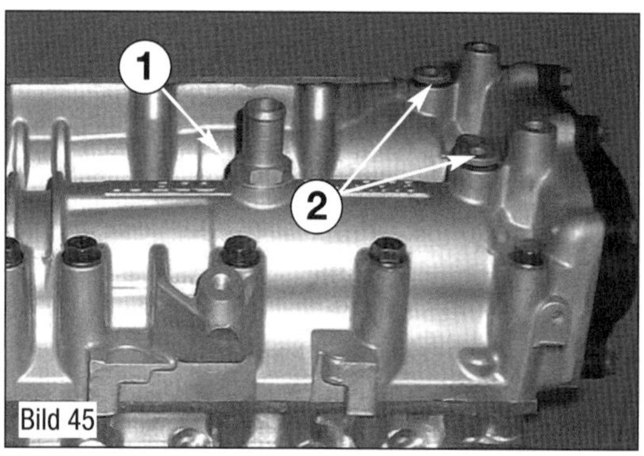

Bild 45
Verschlussschrauben im Zylinderkopfoberteil beim 2,3-l-Diesel-Motor.
1 Ventildeckel
2 Verschlussstopfen mit Dichtung

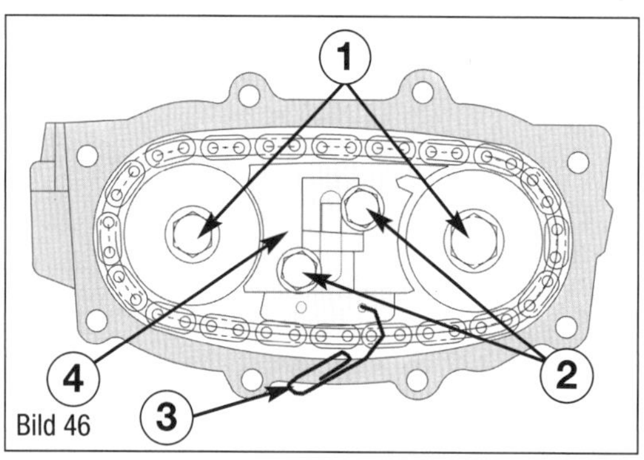

Bild 46
Steuerkette zwischen den Nockenwellen beim 2,3-l-Diesel-Motor.
1 Schrauben Nockenwellenräder
2 Schrauben Kettenspanner
3 Sicherungsdraht
4 Kettenspanner

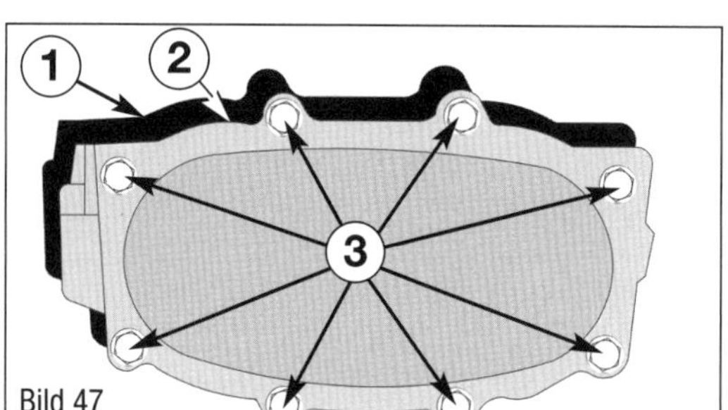

Bild 47
Kettenkastendeckel beim 2,3-l-Diesel-Motor.
1 Dichtung
2 Kettenkastendeckel
3 Schrauben

schlüsse, um das Eindringen von Verschmutzungen zu verhindern.
- Bauen Sie das Drosselklappengehäuse aus.
- Demontieren Sie die Luftführung zum Lüftungskasten/Klimaanlage.
- Klemmen Sie die Vor- und Rücklaufleitung zum Wärmetauscher der Heizung ab und legen Sie sie zur Seite.
- Bauen Sie den Vorkatalysator sowie das Abgasrohr mit Flexleitung aus.
- Bauen Sie die Ölrücklaufleitung vom Turbolader ab.
- Demontieren Sie die Luftführungsleitung zwischen Turbolader und Ladeluftkühler.
- Demontieren Sie den Turbolader.
- Bauen Sie den Ansaugkrümmer ab.
- Demontieren Sie den Antriebsriemen wie bereits beschrieben.
- Bauen Sie die Spannvorrichtung für den Antriebsriemen aus.
- Demontieren Sie den Zahnriemen wie bereits beschrieben.

Motorgehäuseentlüftung demontieren
Die Motorgehäuseentlüftung ist unter dem Deckel auf dem Zylinderkopfoberteil verbaut.
- Öffnen Sie die Schlauchschellen (2 und 3 im Bild 43) der Schläuche zum Motorgehäuse und zum Ansaugtrakt.
- Ziehen Sie die beiden Schläuche ab.
- Drehen Sie die Schrauben (1) heraus.
- Nehmen Sie den Deckel (4) mit Dichtung nach oben ab.

Die Montage erfolgt sinngemäß in umgekehrter Reihenfolge.
- Erneuern Sie die Dichtung, wenn erforderlich.
- Ziehen Sie die Schrauben der Reihe nach von Hand gleichmäßig an.
- Ziehen Sie die Schrauben mit 10 Nm fest.

Zylinderkopfoberteil demontieren
⚠ Beachten Sie die Sicherheits- und Sauberkeitsregeln, die wir Ihnen in Kapitel 8 zusammengestellt haben.

- Demontieren Sie Hochdruckleitungen zwischen Kraftstoffverteilerrohr (Rail) und den Einspritzdüsen.
- Bauen Sie die Leckölleitungen (Rücklaufleitungen) an den Einspritzdüsen ab.

■ Drehen Sie die beiden Befestigungsschrauben heraus und demontieren Sie das Kraftstoffverteilerrohr (Rail).
■ Demontieren Sie die Einspritzdüsen.
■ Demontieren Sie die Motorgehäuseentlüftung wie beschrieben.
■ Drehen Sie die Befestigungsschrauben des Zylinderkopfoberteils heraus.
■ Nehmen Sie das Zylinderkopfoberteil mit seiner Dichtung ab.

Die Montage erfolgt sinngemäß in umgekehrter Reihenfolge.
■ Reinigen Sie die Dichtfläche gründlich und vermeiden Sie tiefere Kratzer auf der Oberfläche der Dichtflächen.
■ Erneuern Sie die Dichtung grundsätzlich.
■ Ziehen Sie die Schrauben der Reihe nach von Hand gleichmäßig an.
■ Schrauben mit 25 Nm festziehen.

Umsetzerkette der Nockenwellen demontieren
Diese Arbeit kann auch am montierten Zylinderkopf erfolgen. Erforderlich würde diese Arbeit dann aber nur bei Schäden am Steuerkettenspanner oder an der Kette selbst. Beides kommt aber fast nie vor.
■ Drehen Sie den Motor auf die OT-Stellung.
■ Demontieren Sie die beiden Verschlussstopfen (2 im Bild 45) im Ventildeckel (1).
■ Montieren Sie passendes Absteckwerkzeug, um die Nockenwellen festzusetzen.
■ Drehen Sie die Schrauben (3 im Bild 47) des Steuerkastendeckels (2) heraus.
■ Nehmen Sie den Steuerkastendeckel ab.
■ Drücken Sie den Steuerkettenspanner (4) etwas zusammen und sichern Sie ihn mit einem Draht (3) (Büroklammer).
■ Lösen Sie die Befestigungsschrauben (2) des Kettenspanners (3) und die Schrauben der Nockenwellen (1) mithilfe eines Gegenhalters.
■ Nehmen Sie die Kettenräder und den Kettenspanner zusammen heraus.

Die Montage erfolgt sinngemäß in umgekehrter Reihenfolge.
■ Reinigen Sie die Dichtfläche gründlich und erneuern Sie die Dichtung (1 im Bild 47).

Nockenwellen demontieren
■ Führen Sie wie beschrieben die Vorbereitungsarbeiten durch.

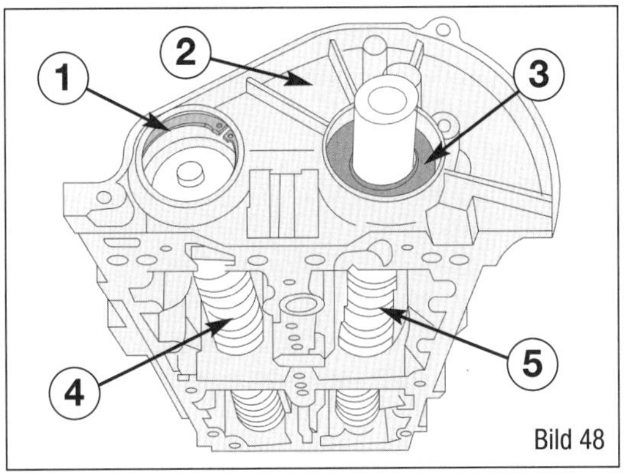

Bild 48

Bild 48
Nockenwellen im Zylinderkopf beim 2,3-l-Diesel-Motor.
1 Auslassnockenwelle
2 Zylinderkopfoberteil
3 Wellendichtring auf der Einlassnockenwelle
4 Auslassnockenwelle
5 Einlassnockenwelle

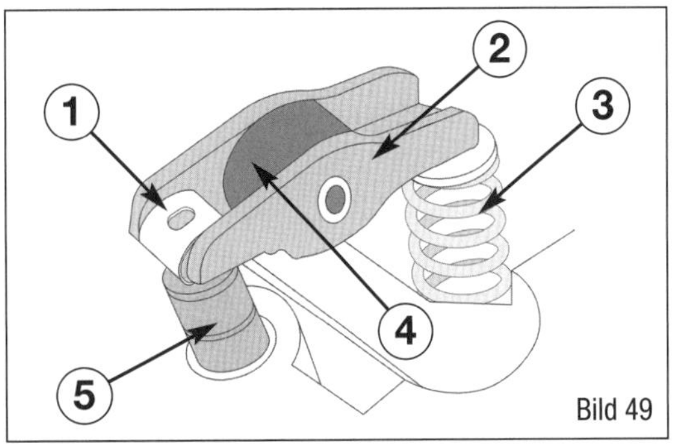

Bild 49

Bild 49
Ventiltrieb beim 2,3-l-Diesel-Motor.
1 Halteclip
2 (Rollen) Schlepphebel
3 Ventilfeder
4 Rolle
5 Hydrostößel

■ Demontieren Sie das Zylinderkopfoberteil.
■ Bauen Sie die Umsetzerkette der Nockenwelle mit den Nockenwellenrädern aus.
■ Nehmen Sie das Absteckwerkzeug heraus.
■ Demontieren den Federring (1 im Bild 48).
■ Ziehen Sie den Wellendichtring (3) heraus.
■ Ziehen Sie die Nockenwellen (4 und 5) heraus.

Die Montage erfolgt sinngemäß in umgekehrter Reihenfolge.
■ Erneuern Sie den Wellendichtring (3) grundsätzlich.
■ Achten Sie auf den richtigen Sitz des Federrings (1).
■ Tragen Sie bei der Montage etwas Öl auf die Lagerstellen der Nockenwelle auf.

Schlepphebel und Hydrostößel demontieren
■ Führen Sie wie beschrieben die Vorbereitungsarbeiten durch.
■ Demontieren Sie das Zylinderkopfoberteil.
■ Ziehen Sie den Clip (1 im Bild 49) vom Schlepphebel (2) ab.
■ Nehmen Sie den Schlepphebel ab.
■ Ziehen Sie den Hydrostößel (5) aus dem

Zylinderkopf heraus. Markieren Sie die Einbauposition des Hydrostößels, wenn er wiederverwendet soll.

Die Montage erfolgt sinngemäß in umgekehrter Reihenfolge.
■ Tragen Sie vor der Montage etwas Öl auf die Anlagestellen auf.
■ Achten Sie darauf, dass die Bohrung für den Hydrostößel frei von Verschmutzungen und Ablagerungen ist.

Zylinderkopfoberteil montieren
■ Prüfen Sie die Einbaulage der Schlepphebel und Hydrostößel.
■ Setzen Sie die Absteckstifte in die Nockenwellen ein (Bild 45).
■ Legen Sie die neue Dichtung auf den Zylinderkopf auf.
■ Reinigen Sie die Dichtfläche gründlich und vermeiden Sie tiefere Kratzer auf der Oberfläche der Dichtflächen.
■ Erneuern Sie die Dichtung grundsätzlich.
■ Ziehen Sie die Schrauben der Reihe nach von Hand gleichmäßig an.
■ Ziehen Sie die Schrauben mit 25 Nm fest.

Zylinderkopf demontieren
■ Führen Sie die beschriebenen Vorbereitungsarbeiten durch.
■ Demontieren Sie das Zylinderkopfoberteil wie bereits beschrieben.
■ Drehen Sie die beiden Schrauben der Halterung für die Vor- und Rücklaufleitungen zum Tank heraus und befestigen Sie die Leitungen mit Kabelbindern außerhalb des Arbeitsbereiches.
■ Drehen Sie die Zylinderkopfschrauben (1-10 im Bild 51) in umgekehrter Reihenfolge heraus.
■ Nehmen Sie den Zylinderkopf ab.

Bild 50
Kolbenüberstand beim 2,3-l-Diesel-Motor.
1 Messuhrhalter
2 Messuhr
3 Taststift

⚠ Achten Sie darauf, dass die Glühkerzen, soweit noch verbaut, nicht beschädigt werden, wenn Sie den Zylinderkopf ablegen.

Die Montage erfolgt sinngemäß in umgekehrter Reihenfolge.
■ Reinigen Sie die Dichtfläche gründlich und vermeiden Sie tiefere Kratzer auf der Oberfläche der Dichtflächen.
■ Erneuern Sie die Dichtung grundsätzlich.

Auswahl der Dicke der Zylinderkopfdichtung
☆ Die Kolben stehen über die Zylinderplanfläche hinaus. Das Maß für den Überstand muss mit einer Messuhr erfasst werden. Es beträgt zwischen 0,3 mm und 0,6 mm. Entsprechend dem Überstandsmaß muss eine Kopfdichtung gewählt werden. Die Zuordnung kann über die nachfolgende Tabelle erfolgen.
■ Positionieren Sie den Messuhrhalter (1 im Bild 50), sodass Sie ohne ihn abzuheben sowohl die Planfläche des Zylinders als auch den Kolbenboden mit einer leichten Drehung erreichen können.
■ Stellen Sie die Messuhr (2) auf der Planfläche des Zylinders auf »0« ein.
■ Schwenken Sie den Messuhrhalter (1) bei angehobenem Taststift der Messuhr über den Kolbenboden.
■ Lesen Sie das Maß ab und wählen Sie eine entsprechende Zylinderkopfdichtung aus.

Überstandsmaß	Kopfdichtungsstärke
0,3 mm – 0,4 mm	1,1 mm
0,4 mm – 0,5 mm	1,2 mm
0,5 mm – 0,6 mm	1,3 mm

Zylinderkopf montieren
■ Entfetten Sie die Dichtflächen von Motorblock und Zylinderkopf gründlich.
■ Achten Sie darauf, dass keine Rückstände in den Motor hineinfallen.
■ Kontrollieren Sie den Zustand und das Vorhandensein der Passhülsen zwischen Motorblock und Zylinderkopf.
■ Reinigen Sie die Gewinde für die Zylinderkopfschrauben im Motorblock. Es dürfen auch keine Flüssigkeitsrückstände verbleiben.
■ Kontrollieren Sie den Widerstand der Glühkerzen. Ersetzen Sie die Glühkerzen, wenn erforderlich.

■ Legen Sie die Kopfdichtung auf den Zylinderblock auf.

Achten Sie auf die richtige Stärke der Kopfdichtung. Diese muss wie bereits beschrieben über das Überstandsmaß ermittelt werden.

■ Setzen Sie den Zylinderkopf auf den Zylinderblock auf.
■ Stecken Sie die Kopfschrauben ein und drehen Sie sie leicht von Hand an.
■ Ziehen Sie die Zylinderkopfschrauben (1-6 im Bild 51) im ersten Durchgang mit 100 Nm an.
■ Ziehen Sie die Zylinderkopfschrauben (7-10 im Bild 51) im ersten Durchgang mit 50 Nm an.
■ Ziehen Sie die Zylinderkopfschrauben (1-6) im zweiten Durchgang mit 90° nach.
■ Ziehen Sie die Zylinderkopfschrauben (7-10) im zweiten Durchgang mit 60° nach.
■ Ziehen Sie die Zylinderkopfschrauben (1-6) im dritten Durchgang mit 90° nach.
■ Ziehen Sie die Zylinderkopfschrauben (7-10) im dritten Durchgang mit 60° nach.

Arbeiten am Zylinderkopf beim 3,0-l-Diesel-Motor

Aufgrund der beschränkten Platzverhältnisse und der Gefahr, dass Schmutz in den Motor eindringt, sollte der Motor ausgebaut werden.

Vorbereitungsarbeiten
■ Bauen Sie den Motor aus. Die Arbeitsbeschreibung hierzu finden Sie am Ende dieses Kapitels.
■ Soll nur am Zylinderkopf oder an der Steuerkette gearbeitet werden, ist es nicht zwingend erforderlich, das Getriebe zu demontieren.
■ Klemmen Sie die elektrischen Anschlüsse des Drehzahlsensors der Kurbelwelle, des Motorölstandsensors und des Generators ab.
■ Klemmen Sie die elektrischen Anschlüsse der Einspritzdüsen und des OT-Gebers ab.
■ Demontieren Sie die elektrischen Anschlüsse des Motoröldrucksensors, des Kraftstoffdruckreglers, des Luftdruck- bzw. Lufttemperatursensors sowie des

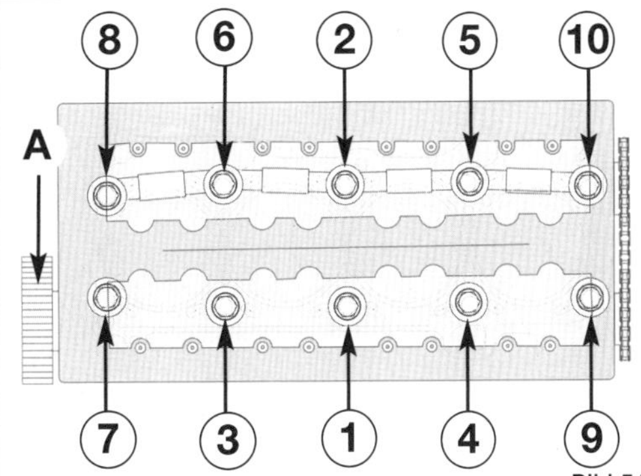

Bild 51

Bild 51
Verschraubungen des Zylinderkopfes beim 2,3-l-Diesel-Motor: 1–10 Anzugsfolge der Verschraubungen am Zylinderkopf (Lösen in umgekehrter Reihenfolge).

Motorkühlmitteltemperatursensors und der Glühkerzen.
■ Ziehen Sie auf der Motorrückseite die elektrischen Anschlüsse des Drosselklappenstellers und Kraftstoffdrucksensors ab.
■ Lösen Sie die Kabel von den Halterungen und nehmen Sie sie ab.
■ Lösen Sie die Befestigungsschrauben auf der rechten Motorseite, bauen Sie die Schelle der Motorentlüftung ab und entfernen Sie sie.
■ Drehen Sie die Befestigungsschraube heraus und ziehen Sie Motorölpeilstab heraus.
■ Demontieren Sie die Kraftstoffrücklaufleitungen der Einspritzdüsen.
■ Bauen Sie den Kraftstoffrücklauf im Bereich des Zylinderkopfes ab.
■ Demontieren Sie die Kraftstoffzulaufleitung und die Rücklaufleitung zur Hochdruckpumpe.
■ Demontieren Sie die Hochdruckleitungen zur Hochdruckpumpe und zu den Einspritzdüsen.
■ Bauen Sie das Kraftstoffverteilerrohr (Rail) aus.
■ Demontieren Sie die Einspritzdüsen.

Beachten Sie die Sicherheits- und Sauberkeitsregeln, die wir Ihnen am Anfang des Kapitels 8 zusammengestellt haben.

■ Bauen Sie die Unterdruckleitung ab.
■ Demontieren Sie das Schirmblech am AGR-Kühler zum Ansauggehäuse.
■ Lösen Sie die Schellen und demontieren Sie die Kühlmittelleitung zum AGR-Ventil.
■ Bauen Sie den ARG-Kühler mit Dichtung ab.
■ Demontieren Sie die Ölzulauf- und Rücklaufleitung des Turboladers.

Sichtprüfung Messen

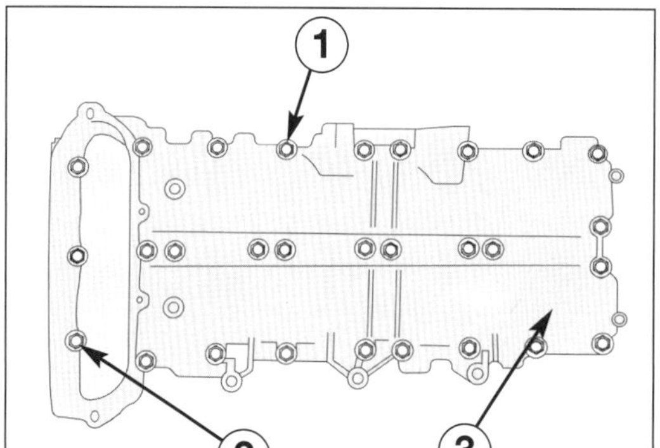

Bild 52
Verschraubungen des Zylinderkopfoberteils beim 3,0-l-Diesel-Motor.
1 Schrauben (es ist keine Anzugsfolge vorgegeben!)
2 Schrauben im Kettenkasten oben
3 Zylinderkopfoberteil

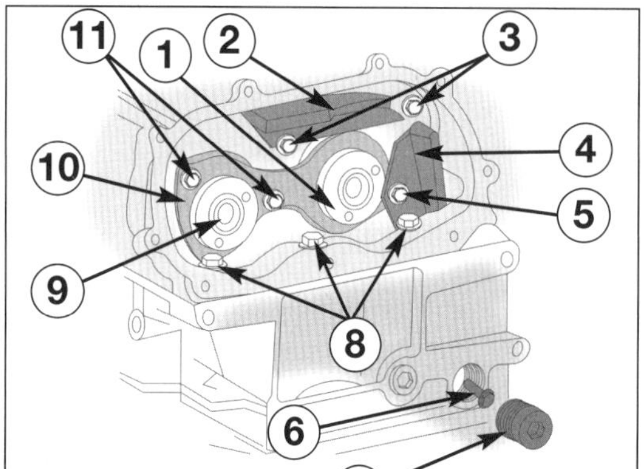

Bild 53
Nockenwellenbefestigung im Nockenwellenkasten des Zylinderkopfoberteils beim 3,0-l-Diesel-Motor.
1 Einlassnockenwelle
2 obere Gleitschiene
3 Befestigungsmuttern
4 Kettenführung seitlich
5 Schraube
6 Schraube
7 Verschlussstopfen
8 Schrauben
9 Auslassnockenwelle
10 Ausgleichsplatte
11 Schrauben

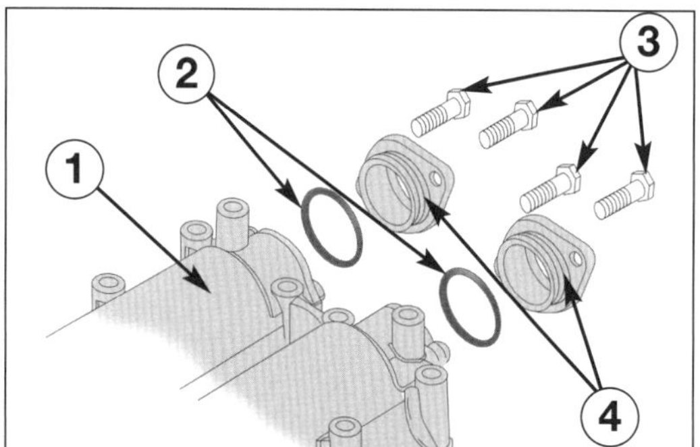

Bild 54
Zugang zu den Nockenwellen.
1 Zylinderkopfoberteil
2 Dichtringe
3 Schrauben
4 Deckel

■ Bauen Sie den Turbolader ab.
■ Demontieren Sie die Antriebsriemen (Flachriemen) und die Riemenscheibe.
■ Demontieren Sie, wie bereits beim Steuerkettenwechsel beschrieben, den Steuerkettenkasten oben und unten.
■ Bauen Sie, wie beschrieben, die obere Steuerkette aus.

Zylinderkopfoberteil demontieren

⚠ Beachten Sie die Sicherheits- und Sauberkeitsregeln, die wir Ihnen in Kapitel 8 zusammengestellt haben.

■ Soweit noch nicht erfolgt, demontieren Sie die Hochdruckleitungen zwischen Kraftstoffverteilerrohr (Rail) und den Einspritzdüsen sowie die Einspritzdüsen selbst. Montagetipps hierzu finden Sie im Kapitel 8 und in den Vorarbeiten, die wir zu Anfang dieses Unterkapitels beschrieben haben.
■ Drehen Sie die Schrauben des Zylinderkopfoberteils gleichmäßig der Reihe nach los.

☞ Es sind zwar keine De- und Montage-Vorschriften vorgegeben, das Lösen beziehungsweise das Anziehen sollte grundsätzlich aber sehr gleichmäßig erfolgen.

■ Nehmen Sie das Zylinderkopfoberteil mit seiner Dichtung nach oben ab.

Die Montage erfolgt sinngemäß in umgekehrter Reihenfolge.
■ Reinigen Sie die Dichtfläche gründlich und vermeiden Sie tiefere Kratzer auf der Oberfläche der Dichtflächen.
■ Erneuern Sie die Dichtung grundsätzlich.

Nockenwellen demontieren

Auch bei diesen Arbeitsschritten geht es nicht ohne die Demontage des Motors. Die Nockenwellen müssen aus dem oberen Steuerkastendeckel herausgezogen werden.
■ Führen Sie wie beschrieben die Vorbereitungsarbeiten durch.
■ Demontieren Sie das Zylinderkopfoberteil.
■ Bauen Sie die Umsetzerkette der Nockenwelle mit den Nockenwellenrädern aus.
■ Nehmen Sie das Absteckwerkzeug heraus, soweit es noch verbaut ist.
■ Demontieren Sie die Befestigungsmuttern (3 im Bild 53) und nehmen Sie die obere Gleitschiene (2) ab.
■ Demontieren Sie die Schrauben (5 und 6) und nehmen Sie die seitliche Kettenführungsschiene (4) nach oben heraus.
■ Drehen Sie die beiden Schrauben (11) heraus und nehmen Sie die Ausgleichsplatte (10) heraus.
■ Drehen Sie auf der linken Seite des Zylinderkopfoberteils (1) die vier Schrauben (3) heraus.
■ Hebeln Sie die Deckel (4) vorsichtig heraus.
■ Demontieren Sie die Dichtringe (2) aus den Deckeln (4).
■ Drehen Sie das Zylinderkopfoberteil auf den Kopf und ziehen Sie die Nockenwellen

(1 und 9) in Richtung Steuerkasten (nach rechts) heraus.

- Erneuern Sie die Dichtringe (2 im Bild 54).
- Setzen Sie die Nockenwellen mit etwas Öl an den Lagerstellen ein.

Die weitere Montage erfolgt sinngemäß in umgekehrter Reihenfolge.

Schlepphebel und Hydrostößel demontieren

- Führen Sie wie beschrieben die Vorbereitungsarbeiten durch.
- Demontieren Sie das Zylinderkopfoberteil.
- Ziehen Sie den Clip (1 im Bild 49) vom Schlepphebel (2) ab.
- Nehmen Sie den Schlepphebel ab.
- Ziehen Sie den Hydrostößel (4) aus dem Zylinderkopf heraus. Markieren Sie die Einbauposition des Hydrostößels, wenn er wiederverwendet soll.

Die Montage erfolgt sinngemäß in umgekehrter Reihenfolge.

- Tragen Sie vor der Montage etwas Öl auf die Anlagestellen auf.
- Achten Sie darauf, dass die Bohrung für den Hydrostößel frei von Verschmutzungen und Ablagerungen ist.

Zylinderkopfoberteil montieren

- Prüfen Sie die Einbaulage der Schlepphebel und Hydrostößel.
- Legen Sie die neue Dichtung auf.
- Setzen Sie das Zylinderkopfoberteil auf.
- Drehen Sie alle Schrauben (1 im Bild 52) der Reihe nach von Hand an.
- Ziehen Sie alle Schrauben mit 25 Nm nacheinander an.
- Montieren Sie den Kettenspanner oben wieder. Ziehen Sie die Schrauben mit 10 Nm an.
- Bauen Sie den seitlichen Kettenspanner wieder ein und ziehen Sie die Schrauben mit 10 Nm an.
- Ziehen Sie die Verschlussschraube mit 25 Nm fest.

Die weitere Montage erfolgt sinngemäß in umgekehrter Reihenfolge zur Demontage.

Zylinderkopf demontieren

- Führen Sie die beschriebenen Vorbereitungsarbeiten durch.
- Demontieren Sie das Zylinderkopfoberteil wie bereits beschrieben.

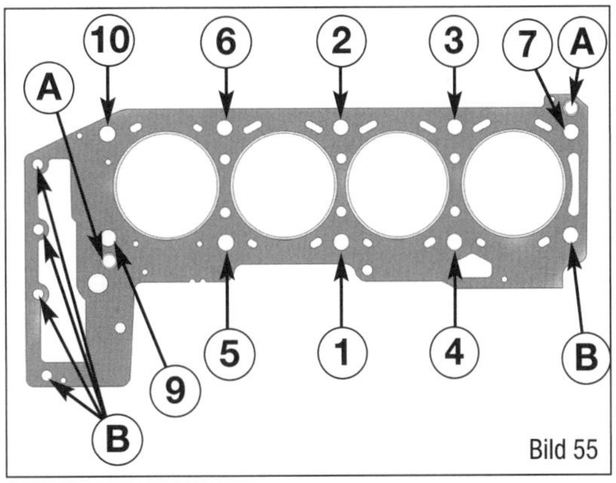

Bild 55

Bild 55
Anzugsfolge der Verschraubungen des Zylinderkopfes beim 3,0-l-Diesel-Motor.
1–10 Anzugsreihenfolge der Zylinderkopfschrauben
A Position der Passhülsen
B 8-mm-Schrauben im Kettenkasten

- Nehmen Sie wie bereits beschrieben die Hydrostößel und Kipphebel ab.
- Drehen Sie die Schrauben (B im Bild 55) heraus.
- Drehen Sie die Zylinderkopfschrauben (1 bis 10) in umgekehrter Reihenfolge heraus.
- Nehmen Sie den Zylinderkopf nach oben ab.
- Nehmen Sie die Passhülsen (A) aus dem Motorblock heraus.

Achten Sie darauf, dass die Glühkerzen soweit noch verbaut, nicht beschädigt werden, wenn Sie den Zylinderkopf ablegen.

Die Montage erfolgt sinngemäß in umgekehrter Reihenfolge.

- Reinigen Sie die Dichtfläche gründlich und vermeiden Sie tiefere Kratzer auf der Oberfläche der Dichtflächen.
- Erneuern Sie die Dichtung grundsätzlich.

Zylinderkopf montieren

- Entfetten Sie die Dichtflächen von Motorblock und Zylinderkopf gründlich.
- Achten Sie darauf, dass keine Rückstände in den Motor hineinfallen.
- Kontrollieren Sie den Zustand und das Vorhandensein der Passhülsen zwischen Motorblock und Zylinderkopf.
- Reinigen Sie die Gewinde für die Zylinderkopfschrauben im Motorblock. Es dürfen auch keine Flüssigkeitsrückstände verbleiben.
- Kontrollieren Sie den Widerstand der Glühkerzen. Ersetzen Sie die Glühkerzen, wenn erforderlich.
- Legen Sie die Kopfdichtung auf den Zylinderblock auf.
- Legen Sie den Zylinderkopf auf die Kopfdichtung auf.

Sichtprüfung Messen

Die Kopfdichtung ist herstellerseitig lediglich in einer Stärke lieferbar. Im Zubehör sind durchaus bis zu 3 Stärken erhältlich. Sie können wie bereits beim 2,3-l-Motor beschrieben die Kopfdichtungsstärke anhand einer Kolbenüberstandsmessung und der Zuordnung der passenden Kopfdichtung durchführen. Im Zweifel verwenden Sie die gleiche Kopfdichtungsstärke (Kerbenmarkierungen) wie bereits verbaut war. Ist beides nicht möglich, verwenden Sie die Kopfdichtung mit der größten lieferbaren Stärke.

- Stecken Sie die Zylinderkopfschrauben und die Schrauben im Kettenkasten ein und drehen Sie alle Schrauben leicht an.
- Ziehen Sie die Zylinderkopfschrauben (1–6 im Bild 55) im ersten Durchgang mit 130 Nm an.
- Ziehen Sie die Zylinderkopfschrauben (7–10) im ersten Durchgang mit 65 Nm an.
- Ziehen Sie die Zylinderkopfschrauben (1–10) im zweiten Durchgang mit 90° nach.
- Ziehen Sie die Zylinderkopfschrauben (1–6) im dritten Durchgang mit 90° nach.
- Ziehen Sie die Zylinderkopfschrauben (7–10) im dritten Durchgang mit 60° nach.
- Ziehen Sie die Schrauben im Bereich des Kettenkastens (B) mit 25 Nm an.

Die weitere Montage erfolgt sinngemäß in umgekehrter Reihenfolge zur Demontage.

Beachten Sie die Hinweise in den beschriebenen Arbeitsschritten.

Kompressionsdruck prüfen

Die Prüfwerte des Kompressionsdrucks in den einzelnen Zylindern zeigen an, ob der Motor sich noch in einem guten mechanischen Zustand befindet oder ob er für einen Austausch reif ist, zumindest aber komplett überholt werden muss. Der Ablauf ist für alle Motoren sehr ähnlich. Wir stellen Ihnen hier eine allgemeingültige Arbeitsbeschreibung vor.

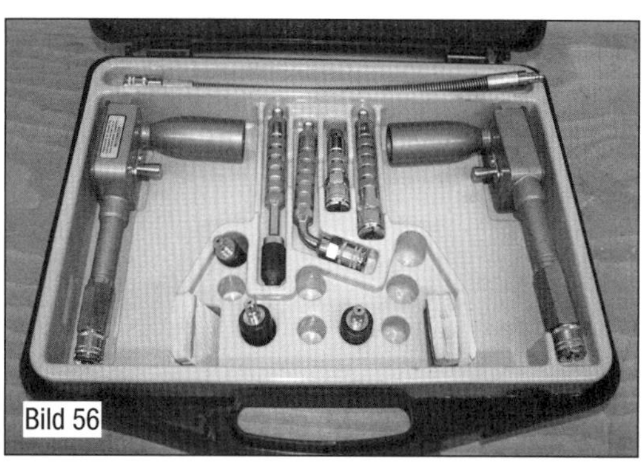

Bild 56

Bild 56 Kompressionsdruckschreiber von Motometer mit Anschlüssen und Adaptern für Diesel- und Ottomotoren.

Voraussetzungen

Grundsätzlich sollten Sie den Motor warmlaufen lassen und vor der Prüfung einige Male bei ausgebauten Glühkerzen und abgeklemmten Einspritzdüsen starten um ihn »trocken« zu legen. Wenn der Motor nicht mehr anspringt, ist die Messung auch bei kaltem Motor möglich, aber nicht endgültig aussagekräftig.

- Die Motoröltemperatur muss mindestens 30 °C und
- die Batteriespannung mindestens 11,5 V betragen.

Vorbereitung und Druckprüfung

- Steckverbindungen der Einspritzeinheiten abziehen.
- Glühstiftkerze des entsprechenden Zylinders mit einem passenden Schlüssel ausbauen.
- Einen passenden Gewindeadapter anstelle der Glühstiftkerze einschrauben.
- Kompressionsdruck mit Kompressionsdruck-Prüfgerät für Dieselmotoren prüfen.
- Motor so lange starten, bis kein Druckanstieg mehr vom Prüfgerät angezeigt wird.
- Die geforderten und zu messenden Werte sind also bei allen Diesel-Motoren ähnlich. Der Messwert sollte etwa 25 bis 31 bar bei einem neuen Motor betragen. Ab einem Messwert von 19 bar oder einem Druckunterschied von mehr als 5 bar muss der Motor auf Verschleiß oder Leckagen untersucht werden (Druckverlusttest).

Rückbau und in Betrieb setzen

- Glühstiftkerzen mit dem Gelenkschlüssel einschrauben und mit 8 Nm festziehen. Die Stecker von Hand wieder auf die Glühstiftkerzen aufstecken, auf festen Sitz achten.
- Übrige Einbauarbeiten sinngemäß umgekehrt zum Ausbau.
- Soweit vorhanden die Motorabdeckung wieder aufsetzen.
- Durch das Trennen der Steckverbindungen für Einspritzeinheiten werden Fehler abgespeichert. Daher Fehlerspeicher abfragen und vorhandene Fehler beheben, danach Fehlerspeicher löschen und Readinesscode erzeugen.

Druckverlusttest alle Motoren

Oft schon vergessen, war er schon vor einigen Jahrzehnten bekannt. Da der Tester in den meisten Werkstätten nicht mehr oder kaum noch zum Einsatz kommt, lässt sich ab und an ein solches Gerät auch von Bosch schon mal günstig erstehen. 25 bis 50 Euro werden es dann meist. Auch mit diesem Gerät wird die Dichtheit des Zylinders bewertet. Nur, dass nicht der Motor den Druck aufbringt, sondern der Motor mit Luftdruck aus dem Tester beaufschlagt wird. Undichtheiten können nun zum einen zahlenmäßig erfasst und zum anderen »erhört« werden. Die Diagnose fällt deshalb deutlich präziser aus, als das Ergebnis des Kompressionstests.

Vorarbeiten

■ Stimmen Sie den Drucktester auf den Kompressordruck Ihrer Werkstatt ab.

■ Wählen Sie den passenden Gewindeadapter und den Anschlussschlauch für den Druckverlusttest aus.

■ Stellen Sie Radio und andere Lärmquellen ab.

■ Verdrehen Sie den Motor so weit, bis er am Ende des Verdichtungstaktes oder am Anfang des Arbeitstaktes steht.

■ Ertasten Sie vorsichtig den Kolbenboden mit einem Schraubendreher und verdrehen Sie den Motor bis zu Zünd-OT.

■ Blockieren Sie den Motor (Gang einlegen, Handbremse anziehen). Sollten Sie den Motor mit einem passenden Schlüssel auf der Kurbelwelle festhalten wollen, achten Sie darauf, dass sich der Motor verdrehen kann, sobald der Prüfdruck des Testers auf dem Kolben lastet. Er erzeugt ein nicht unbedeutendes Drehmoment, das Sie eventuell nicht von Hand halten können. Es besteht Verletzungsgefahr durch Abrutschen oder Klemmen!

Messung/Prüfung

■ Führen Sie den Anschlussschlauch des Druckverlusttesters zuerst in das Glühkerzenloch ein.

■ Kuppeln Sie den Messschlauch an das Messgerät an.

■ Werten Sie jeden Zylinder einzeln wie unten beschrieben aus.

■ Wiederholen Sie diesen Vorgang nun für alle Zylinder des Motors. Auswertung (Bilder 60 und 61).

Der OT-Finder: Auf dem Weg nach OT verdrängt der Kolben Luft und schiebt den Anzeigekolben im Gerät nach oben. Fällt er schlagartig ab, wurde der OT-Punkt überschritten.

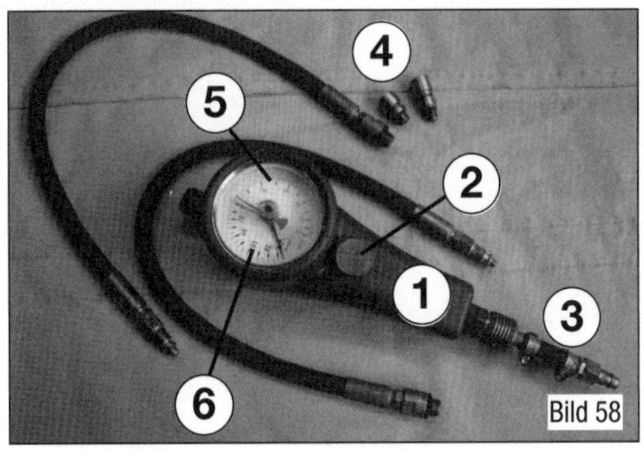

Bild 58
Meist recht günstig zu ersteigern: der Druckverlustprüfer.

1 Gehäuse
2 Einstellrad für Druckangleich
3 Anschlussschlauch Druckluftnetz
4 Prüfanschluss
5 Messuhr Kompressionsdruck
6 Messuhr Kompressionsdruck

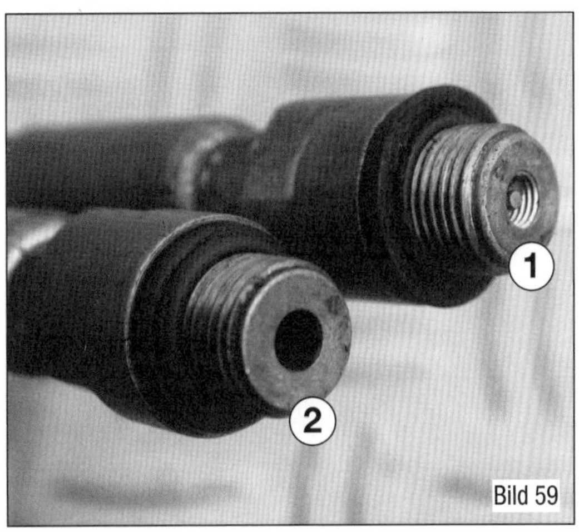

Bild 59
Nicht verwechseln: Mit Ventil (1) ist er für den Kompressionstest gerüstet, ohne Ventil (2) für den Druckverlusttest.

■ Notieren Sie den angezeigten Druckverlust für jeden Zylinder einzeln.

■ Ein Druckverlust bei 4-Takt-Hubkolbenmotor ist bis zu 15% zulässig.

■ Drehen Sie den Öldeckel ab und achten Sie auf Zischgeräusche aus dem Motorblock.

■ Legen Sie den Kopf auf den Luftfilter oder, besser noch, entfernen Sie den Luftfilter und hören Sie, ob Zischgeräusche aus dem Ansaugtrakt wahrnehmbar sind.

■ Kontrollieren Sie auch am Auspuff, ob hier ein Luftstrom oder ein Zischgeräusch hörbar ist.

Sichtprüfung Messen

Bild 60
Druckverlust in Ordnung.

Bild 61
Druckverlust problematisch.

Beschreibung	Toleranz	Ursache
Druckverlust zu groß: Zischgeräusch am Ansaugtrakt feststellbar, keine Zischgeräusche am Auspuff feststellbar.	Bis 15% sind zulässig.	Einlassventil nicht sauber geschlossen, Einlassventil undicht, Einlassventil beschädigt; Steuerzeiten stimmen nicht, Motor steht nicht im Zünd-OT (Arbeitstakt).
Druckverlust zu groß: Zischgeräusche am Auspuff feststellbar, keine Zischgeräusche am Ansaugtrakt feststellbar.	Bis 15% sind zulässig.	Auslassventil nicht sauber geschlossen, Auslassventil undicht, Auslassventil beschädigt, Steuerzeiten stimmen nicht, Motor steht nicht im Zünd-OT (Arbeitstakt).
Druckverlust zu groß: Zischgeräusche am Auspuff feststellbar, Zischgeräusche am Ansaugtrakt feststellbar.	Bis 15% sind zulässig.	Beide Ventile nicht sauber geschlossen, beide Ventile undicht, beide Ventile beschädigt; Steuerzeiten stimmen nicht, Motor steht nicht im Zünd-OT (Arbeitstakt).
Druckverlust zu groß: keine Zischgeräusche am Auspuff feststellbar, keine Zischgeräusche am Ansaugtrakt feststellbar.	Bis 15% sind zulässig.	Druckverlust über Kolben und Zylinder, Kolben und/oder Kolbenringe verschlissen oder defekt, Zylinderkopfdichtung defekt (während der Prüfung »blubbert« der Ausgleichsbehälter).

Verschleißmessung am Motor

Zugegeben, in der heutigen Zeit werden diese Arbeiten nur noch selten durchgeführt. Es ist aber nicht so, dass man die Verschleißmessung am Motor nicht mehr benötigen würde. Vielmehr wird sie oft aus Zeitgründen nicht mehr durchgeführt. Im privaten Bereich legen wir nun aber eher Wert auf eine kostengünstige Reparatur und möchten gerne den Zustand unseres Gefährtes sicher dokumentieren. Sollten Sie den Motor einmal so weit zerlegt haben oder sind auf der Suche nach erhöhtem Ölverbrauch des Motors, können Sie, nachdem Zylinderkopf und Kolben demontiert wurden, den Motorblock ausmessen. Oftmals ist der Kolbenausbau auch am eingebauten Motor realisierbar. Schließlich müssen wir lediglich die Ölwanne abnehmen können, um die Pleuellager abschrauben zu können. Ob und wie weit die Laufleistung oder auch ungünstige Betriebszustände dem Motor zugesetzt haben, muss mit einigen einzelnen Messungen kontrolliert werden. Für die Messungen werden ein Innenmessgerät, eine Messuhr, ein Messschieber, eine Fühlerlehre sowie eine Bügelmessschraube benötigt. Die Messung beschreibt den Zustand von Zylinder und Kolben. Das Zusammenspiel dieser Bauteile wird durch die Auswertung der Messergebnisse bewertet.

Messungen am Zylinder

Vorbereitung der Messungen

■ Demontieren Sie den Zylinderkopf.
■ Reinigen Sie Zylinderlaufbahn und Kolben gründlich.
■ Messen Sie mithilfe des Messschiebers den Zylinderdurchmesser. Legen Sie anhand dieses Maßes fest, welche Adaptionsstücke in das Innenmessgerät eingebaut werden müssen.
■ Montieren Sie das ausgewählte Adaptionsstück am Innenmessgerät.
■ Führen Sie die Messuhr in die Aufnahme ein. Festgezogen wird sie aber erst, nachdem die Voreinstellung durchgeführt wurde.
■ Richten Sie die Messuhr gerade in der Zylinderlaufbahn aus und stellen Sie mit einer Vorspannung von 2 mm fest.
■ Richten Sie das Grundmaß (entweder das mit dem Messschieber ermittelte und gerundete oder ein vom Hersteller

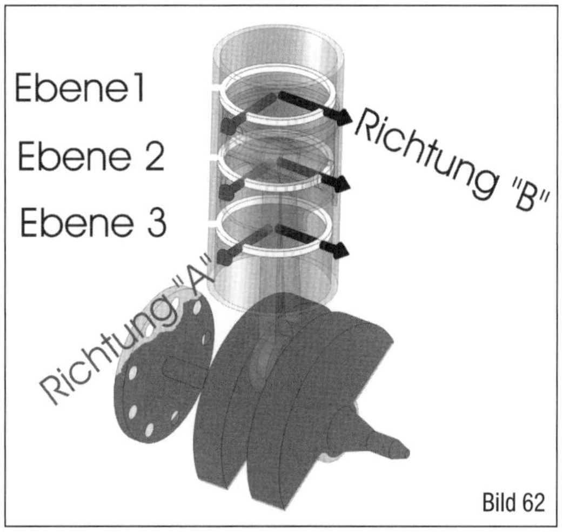

Bild 62

Bild 62
Messebenen und Messrichtungen am Zylinder.

angegebenes) mit der Bügelmessschraube aus.
■ Führen Sie die Feinjustierung des Innenmessgerätes durch.

Messungen (Bild 62)

■ Als Nächstes wird nun das Innenmessgerät in den zu messenden Zylinder eingeführt. Die Messung der Zylinderbuchse soll den Verschleiß genau darstellen. Da der Verschleiß im Zylinder in der Regel durch die unterschiedlichen Belastungszustände ungleichmäßig ausfällt, werden die Zylinder in zwei Richtungen und drei Ebenen beurteilt. Die Messrichtung wird in die Richtung »A« und »B« aufgeteilt, wobei »B« dann die Messung in Achsenrichtung der Kurbelwelle und »A« die Messung in Drehrichtung der Kurbelwelle darstellt. Die Messhöhe nennt sich recht einfach »1«, »2« oder »3«. So wird ein sehr genaues Bild des Zylinderverschleißes dargestellt.
■ Zuerst einmal sollten alle Messungen in der Richtung »A« gemacht und in das Auswertungsblatt eingetragen werden. Erst dann werden die Messungen in der Richtung »B« durchgeführt und eingetragen. Das erspart das mehrmalige Einsetzen des Innenmessgerätes in den Zylinder.
■ Führen Sie die Messung in Richtung »A« durch und tragen Sie diese ins Auswerteblatt ein.
■ Führen Sie die Messungen in der Richtung »B« durch und tragen Sie diese in das Auswerteblatt ein.

Werte, die über das Grundmaß gehen, werden als »+«-Werte eingetragen. Werte, die das Grundmaß unterschreiten, werden in

Bild 63
Messung des Kolbendurchmessers.

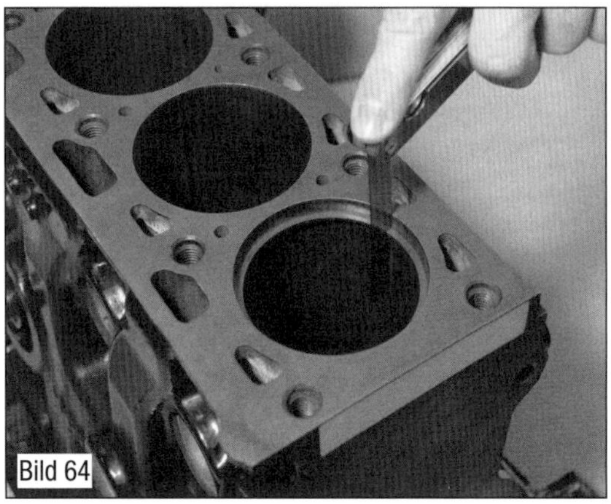

Bild 64
Stoßspielmessung am im Zylinder gerade eingelegten Kolbenring.

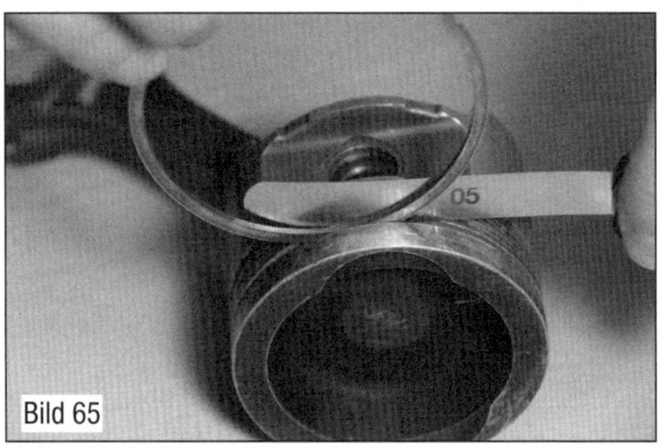

Bild 65
Höhenspielmessung am in die Ringnut eingelegten Kolbenring.

der Tabelle als »-«-Wert geführt. Diese Praxis spart viel Rechnerei und somit auch mögliche Fehlerquellen ein.

Messungen am Kolben
Kolbendurchmesser (Bild 63): Nach dem die Messungen festgehalten wurden, werden nun die Kolben gemessen. Die Bügelmessschraube ist jetzt noch auf das Grundmaß des Zylinders eingestellt.

■ Sie muss nun etwas geöffnet werden. Die Messungen werden grundsätzlich 90° versetzt zur Kolbenbolzenachse durchgeführt.

■ Die Messung erfolgt nach Herstellerangaben am Kolbenhemd. Bei den meisten Herstellern liegt diese Messhöhe bei ca. 1,5 cm vom Hemdende, also vom unteren Ende des Kolbens.

■ Auch hier werden die Messergebnisse im Messprotokoll unter dem Begriff Kolbendurchmesser notiert.

Kolben- und Ölabstreifringe
Neben dem Verschleiß am Kolbenhemd können auch die Kolbenringe beziehungsweise die Ölabstreifringe sowie die Ringnuten im Kolben verschleißen. Durch die Bewertung der Kolbenringe mit Stoß- und Höhenspiel kann hier eine ausreichend genaue Aussage über den Zustand der Bauteile getroffen werden.

Stoßspiel prüfen (Bild 64)
Mit dieser Prüfung wird der Verschleiß des Kolbenringes selbst geprüft.

■ Zuerst einmal muss der Kolbenring genau gerade in den Zylinder eingesetzt werden.

■ Liegt der Kolbenring wie gezeigt im Zylinder, wird nun wiederum mit der Fühlerlehre das Spaltmaß zwischen den beiden Kolbenringenden gemessen.

■ Auch hier muss ein Maß aus den Herstellerunterlagen herausgesucht werden. Über den Daumen darf dieses Maß nicht größer als 1 mm ausfallen.

Höhenspiel prüfen (Bild 65):
Der Kolbenring dichtet den Kolben zum Zylinder ab. Er schleift bei jeder Kolbenbewegung an der Zylinderwand entlang. Zwar wird er durch das Motoröl geschmiert, Verschleiß entsteht aber dennoch. Der Verschleiß der Kolbenringe muss also auch beachtet und vermessen werden.

■ Nun wird der Kolbenring in die Ringnut eingelegt.

■ Mithilfe der Fühlerlehre wird nun geprüft, wie groß das Spiel des Kolbenrings nach oben und unten ist.

■ Die Messwerte werden natürlich auch im Auswertebogen festgehalten.

Auswertung Zylinder und Kolben
Die Messung ist der eine Teil, die Auswertung der Ergebnisse ist aber mindestens genauso wichtig.
Nachdem nun die Ergebnisse aus den Messungen des Zylinders und der Kolben vorliegen, können wir schon eine Aussage über die Verwendbarkeit von Zylinder und Kolben treffen.

Die Ovalität
Ovalität ist die Verformung des Zylinders. Sie kann zum einen durch die Einwirkung von Temperatur und zum anderen durch den Verschleiß entstehen. Sie wird als die größte Ovalität angegeben und vergleicht die Ovalität der einzelnen Messebene eines Zylinders.

Das Laufspiel
Es beschreibt, wie viel Platz zwischen Kolben und Zylinder ist. Auch hier müssen wieder die Herstellerangaben zu Rate gezogen werden. Als Daumenwert kann von einem Laufspiel von 0,04 mm bis zu 0,09 mm ausgegangen werden.

- Das Laufspiel errechnet sich, wenn man den Kolbendurchmesser vom größten und dem kleinsten Zylinderdurchmesser abzieht.

Lagerspiel an Kurbelwelle und Pleuel mit Plastigage messen (Bild 66)
Im Gegensatz zu den Messungen mit dem Innenmessgerät ist die Messung mit Plastigage ungenauer, aber dafür sehr schnell durchzuführen. Liegen keine besonderen Verschleißspuren oder eigenartig anmutende Lagertragbilder vor, ist diese Messmethode durchaus legitim. Für die Messung werden die Lager komplett montiert (oder bleiben es). Um gut an die Lagerdeckel heranzukommen, empfiehlt es sich, die Kolben in eine Stellung zu bringen, an der die Lagerdeckel bequem de- und montiert werden können.

- Demontieren Sie die Lagerdeckel und reinigen Sie die Lagerstelle mit einem fusselfreien Lappen.
- Legen Sie einen Messfaden ein und montieren Sie das Lager wieder.
- Ziehen Sie das Lager auf das Solldrehmoment an. Der Messfaden wird nun »platt gedrückt«.
- Nach dem Entfernen des Lagerdeckels lässt sich anhand der Breite des Messfadens mit der mitgelieferten Tabelle das Lagerspiel ermitteln.

Beurteilen von Planflächen
Für diese Prüfung ist ein Präzisionslineal erforderlich. Das Haarlineal wird auf dem Zylinderkopf aufgelegt und gegen das Licht gehalten. Diese Prüfung über Kreuz und an mehreren Stellen am Zylinderkopf durchführen, so lässt sich die gesamte Fläche des Zylinderkopfes auf Ebenheit prüfen.

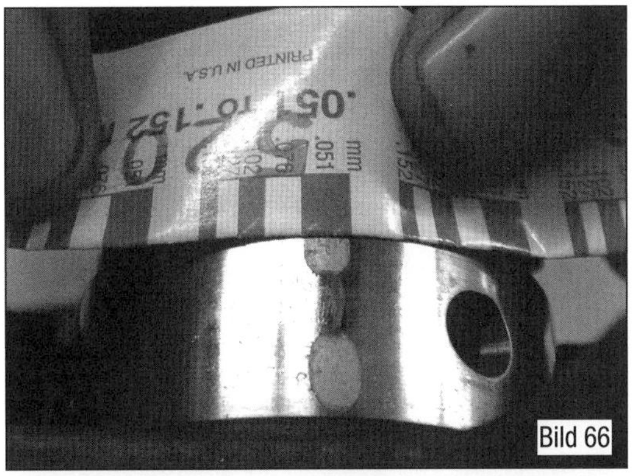

Bild 66
Lagerspielprüfung mit Plastigage.

Bild 67
Eingelaufene Nockenwelle.

Prüfungen an der Nockenwelle
Auch die Nockenwelle unterliegt dem Verschleiß, oftmals finden sich bereits durch genaues Betrachten Mängel, die natürlich auch entsprechend bewertet werden müssen.

Laufspuren an der Nockenwelle (Bild 67)
Kleine Laufspuren dürfen gerade in Anbetracht des Alters des Motors als normal bezeichnet werden. Tiefe Rillen und Ausbuchtungen müssen eine Ursache haben. Gratartige scharfkantige Ausformungen an den Lagerstellen sind ein deutliches Zeichen für Verschleiß. In diesen Fällen muss das Lagerspiel geprüft werden.

Verschleiß an der Nockenwelle
Wenn sich die Nocken abnutzen, bedeutet das immer eine geringere Ventilöffnung und somit Leistungsverlust des Motors. Da auch die Oberflächenqualität in diesen Fällen stark leidet, werden die Ventilbetätigungen, also die Kipp- oder Schlepphebel, mit beeinträchtigt. Die Lagerstellen für diese Bauteile sollten dann sehr gründlich untersucht werden. Lässt man durch Laufspuren beschädigte Teile weiterhin in Betrieb, kann es sein, dass der Schaden sich auf der beispielsweise erneuerten Nockenwelle wieder

einstellt. Auch die Ursache für den Schaden muss festgestellt werden. Ist die Ölpumpe noch in Ordnung? Betrachten wir einmal einige einfache Messungen, die an der Nockenwelle durchgeführt werden sollen:

Schlagprüfung an der Nockenwelle

- Entweder die Nockenwelle wird zwischen die Spitzen der Drehbank eingespannt oder auf Auflager gelegt.
- Man richtet nun eine Messuhr mit Halter auf die einzelnen Lager aus und dreht die Nockenwelle.
- Der Höhenunterschied wird auf der Messuhr schnell deutlich. Die maximalen Toleranzen müssen den Herstellerunterlagen entnommen werden. Als Daumenrichtwert kann ein Schlag bis zu 0,01 mm angenommen werden. Nockenwellen mit einer größeren Abweichung sollten ersetzt werden.

Nockenhubmessung

Mit dem gleichen Messaufbau wie bei der Schlagprüfung kann auch der Hub der Nocken festgestellt werden. Gemessen wird der Unterschied zwischen der tiefsten Stelle und der höchsten Stelle eines Nockens. Auch diese Maße werden von jedem Motorenhersteller angegeben und sind nicht ohne Weiteres übertragbar. Sollte ein relevanter Verschleiß vorliegen, ist er in der Regel auch schon am Verschleißbild gut zu erkennen. Sinnvoll ist es allerdings, die Nocken der einzelnen Zylinder untereinander auszumessen und zu vergleichen. Die Ursache für einen deutlichen Unterschied kann schon mangelhafte Schmierung für den Ventiltrieb dieses Zylinders sein.

Lagerspielmessung der Nockenwelle

Will man das Lagerspiel lediglich kontrollieren und hat keinen besonderen Befund,

Bild 68
Messaufbau zur Axialspielmessung an der Nockenwelle.

reicht es aus, die Lager mit Plastigage auszumessen. Die Vorgehensweise wurde bereits an den Kurbelwellen- und Pleuellagern vorgestellt. Soll das Lagerspiel genau in Augenschein genommen werden, müssen das gute alte Innenmessgerät und eine entsprechende Bügelmessschraube zum Einsatz kommen. Auch diese Vorgehensweise wurde bereits vorgestellt und muss lediglich auf den kleineren Durchmesser der Nockenwelle abgestimmt werden.

Axialspielmessung an der Nockenwelle

Das Axialspiel ist das seitliche Spiel der Nockenwelle. Auch diese Richtung ist Beschränkungen unterlegen. Selbstverständlich müssen auch hier die Werte der Motorenhersteller herangezogen werden. Im Grundsatz kann aber davon ausgegangen werden, dass ein Axialspiel von 0,15 mm noch in Ordnung ist. Am einfachsten lässt sich das Axialspiel ausmessen, wenn Ventile und/oder Ventiltrieb nicht eingebaut sind. So entfällt die Reibung zwischen den betätigten Ventilhebeln und der Nockenwelle. Als Messmittel kommt auch hier wieder die Messuhr mit Messuhrträger zum Einsatz. Sie sollte dann entweder mit dem Magnetfuß befestigt oder an einer geeigneten Stelle verschraubt werden. Eine gebrochene Nockenwelle ist immer ein Zeichen großer mechanischer Kräfte. Oftmals bedeutet das, dass Ventile und eventuell auch die Stößelstangen beschädigt wurden. Diese Teile müssen dann in jedem Fall genauer unter die Lupe genommen werden.

Ventil und Führung beurteilen

Ventil ausmessen

Natürlich gibt es auch Abmessungen am Ventil. Die Tellerbreite und die Ventilsitzbreite gehören auch zu den Abmessungen, die bei der Beurteilung eines Ventils sehr wichtig sind. Daran entscheidet sich, inwieweit ein Ventil wieder eingesetzt, überarbeitet oder erneuert werden muss. In den meisten Fällen ist aber die Überarbeitung nicht zulässig und auf das Einläppen oder Einschleifen beschränkt.

Ventilschlag ausmessen

Um den Ventilschlag beurteilen zu können, muss das Ventil spielfrei gelagert werden. Das geht schon recht gut auf einem Messprisma. Besser jedoch ist die Aufnahme in einer Ventilprüfvorrichtung. Beurteilt werden der Ventilschlag am Ventilteller und in der Mitte des Schaftes.

Ventilführung ausmessen
Auch diese Messung ist mithilfe einer Messuhr recht einfach zu bewerkstelligen. Das Ventil wird ohne Ventilfedern, Klemmstücken und Ventilschaftdichtung eingeführt. Nun wird das Kippen des Ventils mit einer Messuhr erfasst. Auch hier gelten durchaus unterschiedliche Werte, die von den jeweiligen Motorenherstellern vorgegeben werden. Auch muss darauf geachtet werden, dass die Messlänge (also das Maß, um das das Ventil aus dem Kopf herausragt) eingehalten wird.

Motoren aus- und einbauen

Im weiteren Arbeitsablauf muss die Batterie ausgebaut werden. Prüfen Sie deshalb bitte, ob ein codiertes Radio eingebaut ist. Gegebenenfalls ist vorher die Anti-Diebstahl-Codierung zu erfragen.

Der Motor wird bei allen Varianten zusammen mit dem Getriebe nach unten ausgebaut.

Alle Kabelbinder, die beim Motorausbau gelöst oder aufgeschnitten werden, sind beim Motoreinbau an der gleichen Stelle wieder zu befestigen.

Offene Leitungen und Leitungsanschlüsse mit sauberen passenden Stopfen zu verschließen.

Fangen Sie abgelassenes Kühlmittel zur Entsorgung oder Wiederverwendung in einem sauberen Behälter auf.

Vor dem Ausbau die Ereignisspeicher aller Steuergeräte mit dem Fahrzeugdiagnosetester abfragen.

Wir werden Ihnen eine allgemeingültige Arbeitsbeschreibung für alle Motorentypen im Folgenden vorstellen. Die Besonderheiten für die einzelnen Motoren werden wir hervorheben. Die Arbeitsschritte sind auf die Modellvarianten mit manuellem Schaltgetriebe angepasst. Die Arbeiten an automatisierten Schaltgetrieben oder Automatikgetrieben verlaufen sehr ähnlich.

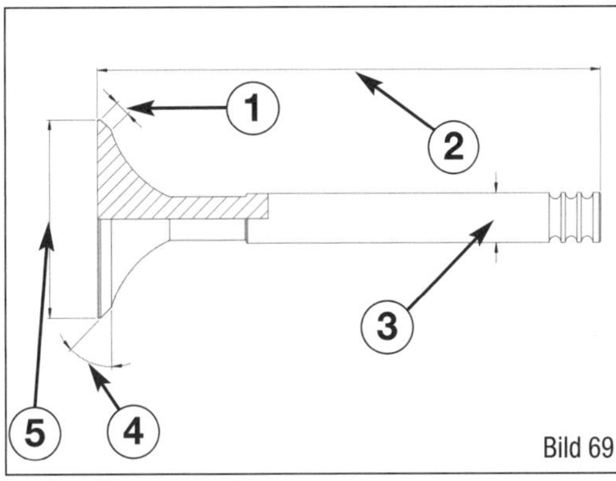

Bild 69

Bild 69
Abmessungen am Ventil.
1 Sitzbreite
2 Ventillänge
3 Schaftdurchmesser
4 Sitzwinkel
5 Tellerdurchmesser

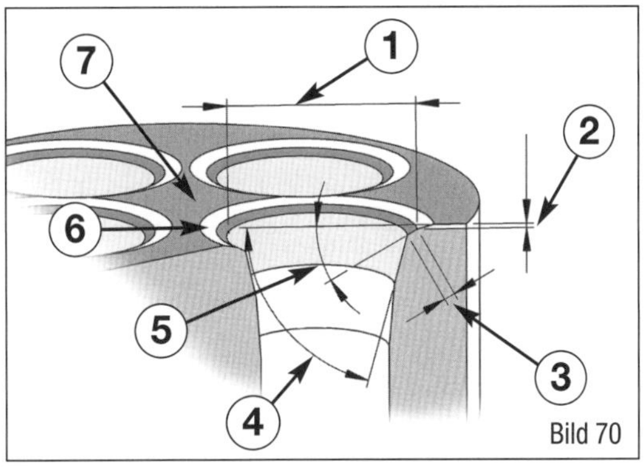

Bild 70

Bild 70
Abmessungen am Ventilsitz.
1 Ventiltellerdurchmesser
2 maximales Nachbearbeitungsmaß
3 Sitzbreite
4 Korrekturwinkel innen
5 Sitzwinkel
6 Korrekturwinkel außen
7 Zylinderkopfkante

Evakuieren Sie die Klimaanlage. Für diese Arbeit sind ein Klimaservicegerät und eine spezielle Ausbildung zur Klimasachkunde erforderlich. Im Zweifel lassen Sie diese Arbeit zuerst von einer Fachwerkstatt durchführen.

Vorbereitung
- Stellen Sie das Fahrzeug auf eine Zweisäulenhebebühne.
- Bauen Sie die Batteriekastenabdeckung im Innenraum aus.
- Demontieren Sie beide Vorderräder.
- Bauen Sie die Motorabdeckung unten und oben, wie bereits am Anfang dieses Kapitels beschrieben, aus.
- Vor dem Ausbau die Fehlerspeicher aller Steuergeräte mit dem Fahrzeugdiagnosetester abfragen. Sichern Sie eventuelle Einträge über einen Ausdruck, einen Screenshot oder die Speicherung im Protokoll des Testers.
- Lassen Sie das Motoröl ablaufen.
- Lassen Sie das Getriebeöl ablaufen.
- Lassen Sie das Kühlmittel ab.
- Lassen Sie die Servoflüssigkeit für die Lenkung ablaufen.
- Legen Sie die Batterie frei und klemmen Sie den Minusanschluss ab.

Sichtprüfung Messen

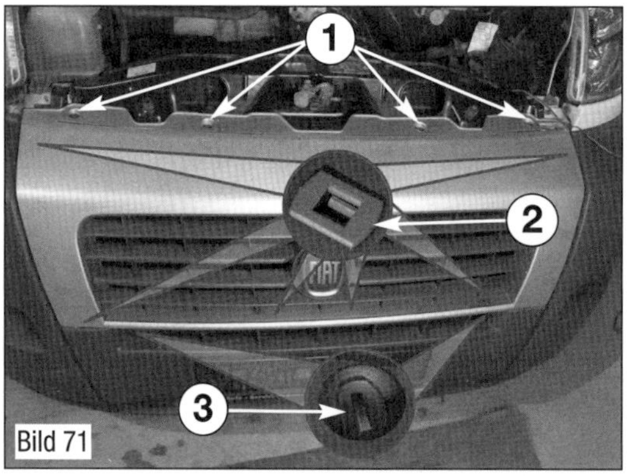

Bild 71
Frontgitter oben.
1 Flachschrauben T25
2 Halteclip (nach oben ziehen)
3 Spreizdübel

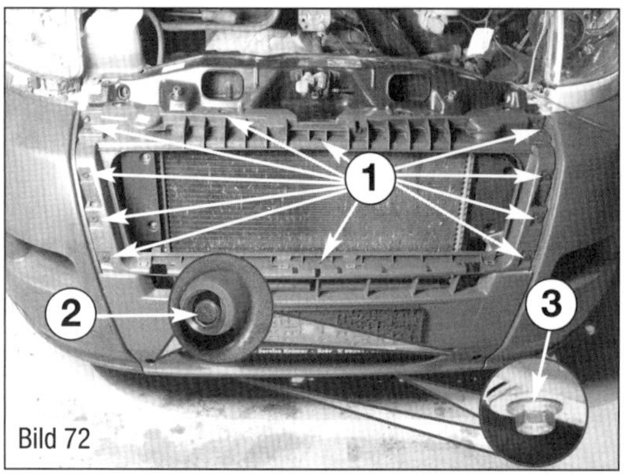

Bild 72
Stoßfänger unten.
1 Flachschrauben T25
2 M6-Stufenschraube oder Flachschraube T25
3 M6-Stufenschraube oder Flachschraube T25

Bild 73
Stoßfänger seitlich.
1 Blechschrauben
2 Flachschrauben unter der Lampenleiste

Vorbereitungen an der Karosserie

- Bauen Sie das mittlere Frontgitter aus.
- Demontieren Sie den Stoßfänger vorne komplett. Drehen Sie dazu die Befestigungsschrauben oben heraus und ziehen Sie die Spreiznieten links und rechts heraus.
- Bauen Sie den Haltebügel des Stoßfängers und die Traverse (Stoßfängerunterträger) aus.
- Hängen Sie den Haubenzug aus und bauen sie das Haubenschloss aus.
- Demontieren Sie den Ansaugstutzen an der Fahrzeugfront für die Luftzufuhr zum Luftfilter.
- Demontieren Sie den Crashsensor auf dem oberen Querblech (neuere Bautypen).
- Bauen Sie die Luftzufuhr zum Lüftungssystem aus.

3,0-l-Diesel-Motor:

- Bauen Sie das Ölpeilstabrohr aus.

Ausbau des Motors

- Demontieren Sie das Zwischenrohr mit Flexstück zum Katalysator.

2,3-l- und 3,0-l-Diesel-Motor:

- Bauen Sie den Vorkatalysator aus.

Weiter für alle Motorvarianten:

- Bauen Sie den Kühlmittelschlauch zur Wasserpumpe aus.
- Demontieren Sie die Luftführungsschläuche zum Ladeluftkühler.
- Lösen Sie die Schellen und ziehen Sie die Entlüftungsleitungen oben am Ausgleichsbehälter des Kühlmittels ab.
- Ziehen Sie die Steckverbindungen der Kühlerlüfterrelais ab und lösen Sie den Kabelbaum aus den Halterungen.
- Ziehen Sie die Steckverbindungen der Kühlerlüfter ab und lösen Sie den Kabelbaum aus den Halterungen.
- Legen Sie den Kabelbaum seitlich so ab, dass er nicht in den Arbeitsbereich geraten kann.

Bei Fahrzeugen mit Klimaanlage:

- Lösen Sie die Verschraubungen der Anschlussleitung der Klimaanlage und ziehen Sie die Leitungen aus dem Klimakühler heraus.
- Ziehen Sie den Stecker am Anschlussstück zum Klimakondensator ab.

⚠ Verschließen Sie die Anschlüsse am Klimakühler und an den Leitungen. Es dürfen keinesfalls Verschmutzungen in das Klimasystem gelangen. Erneuern Sie bei der Montage die Dichtringe zum Klimakompressor und zum Klimakühler.

Weiter für alle Fahrzeugvarianten:

- Ziehen sie mithilfe eines zweiten Arbeiters auf beiden Seiten des Fahrzeuges die Puffer von den Halterungen am Fahrzeug und nehmen Sie die Baugruppe aus Wasserkühler und Klimakühler heraus.
- Bauen Sie den Luftfilterkasten komplett mit Haltebügel aus.
- Ziehen Sie den Kühlmittelschlauch unten zum Ausgleichsbehälter ab.
- Ziehen Sie den Zulaufschlauch zur Servopumpe ab.

Fangen Sie austretende Restflüssigkeit in einem geeigneten Behälter und mithilfe von Putzlappen auf. Verschließen Sie die Anschlüsse und Schläuche, um das Eindringen von Verschmutzungen zu verhindern.

■ Lösen Sie die Schnellverschlüsse und demontieren Sie die beiden Anschlüsse zum Heizungskühler.
■ Ziehen Sie die Entwässerungsleitung der Windschutzscheiben-Verkleidung ab und bauen Sie sie aus.
■ Verschließen Sie den Ausgleichsbehälter für die Bremsflüssigkeit hermetisch. Das kann mit einem luftdichten Deckel geschehen oder mit einer Folieneinlage. Eine weitere Möglichkeit ist es den Bremsflüssigkeitsbehälter so weit abzusaugen, dass kein Zulauf zum Kupplungszylinder mehr erfolgen kann.
■ Heben Sie die Halteklammer am Zulauf zum Kupplungsgeberzylinder ab und ziehen Sie die Leitung heraus.

Fangen Sie austretende Restbremsflüssigkeit mit einem Lappen auf.

■ Lösen Sie die Leitung aus den Halterungen.

Die Leitung kann am Nehmerzylinder verbaut bleiben. Verschließen Sie die Anschlüsse und Schläuche, um das Eindringen von Verschmutzungen zu verhindern.

■ Bauen Sie das Masseanschlusskabel vorne links aus.

2,2-l-Diesel-Motor:

■ Demontieren Sie den Unterdruckanschluss am Bremskraftverstärker, indem Sie das Wegeventil aus dem Bremskraftverstärker herausziehen.
■ Nehmen Sie die Unterdruckleitung zum Bremskraftverstärker aus der Halterung an der Karosserie heraus.
■ Öffnen Sie die Halteklammer für den Haubenzug und nehmen Sie den Haubenzug aus dem Arbeitsbereich heraus.
■ Öffnen Sie die Halteklammer für den Kabelstrang zum Motorsteuergerät.
■ Lösen Sie die beiden Befestigungsschrauben und nehmen Sie die Abdeckung zum Motorsteuergerät ab.
■ Demontieren Sie den Deckel des Sicherungskastens im Motorraum.

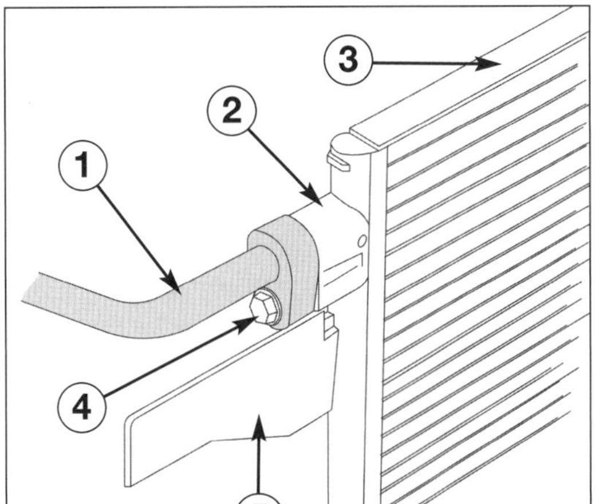

Bild 74

Bild 74
Anschlüsse am Klimakühler.
1 Leitung
2 Anschluss am Kondensator (Klimakühler)
3 Kondensator (Klimakühler)
4 Schraube
5 Halter zum Motorkühler

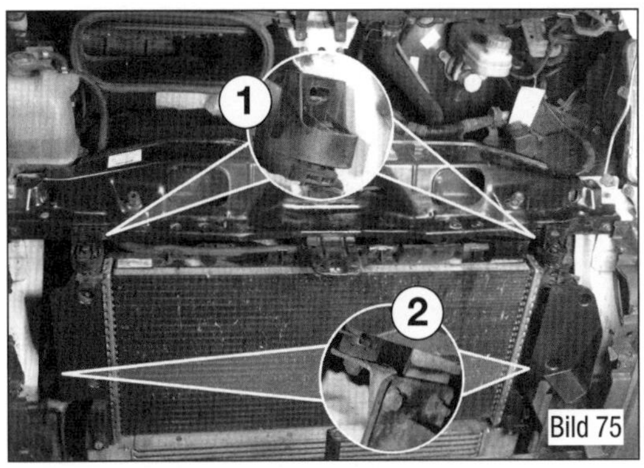

Bild 75

Bild 75
Halterung der Kühler am Fahrzeug.
1 Halter oben am Schlossträger
2 Halter unten am Rahmenträger

■ Klemmen Sie das Pluskabel am Sicherungskasten im Motorraum vorne links ab.
■ Ziehen Sie die Kugelverbindungen der Getriebeschaltzüge (1 im Bild 77) mit einem geeigneten Hebelwerkzeug ab.

2,3-l-Diesel-Motor:

■ Demontieren Sie den Unterdruckanschluss am AGR-Ventil und die Unterdruckzufuhr (1 im Bild 76) mit dem Schnellverschluss in der Nähe des ARG-Ventiles.
■ Ziehen Sie die Unterdruckanschlüsse und den elektrischen Anschluss am AGR-Ventil ab und legen Sie sie aus dem Arbeitsbereich heraus.
■ Drehen Sie die Befestigungsschraube des AGR-Ventils heraus und nehmen Sie es von der Spritzwand ab.
■ Ziehen Sie den elektrischen Anschluss am Steuergerät für den Ölstand ab und legen Sie sie aus dem Arbeitsbereich heraus.
■ Drehen Sie die Befestigungsschraube des Steuergerätes für den Ölstand heraus und nehmen Sie es heraus.

3,0-l- Diesel-Motor:

■ Demontieren Sie den Unterdruckanschluss am AGR-Ventil und die Unterdruckzufuhr mit dem Schnellverschluss an der Vorderseite links des Motors.

■ Ziehen Sie die Unterdruckanschlüsse und den elektrischen Anschluss am AGR-Ventil ab und legen Sie sie aus dem Arbeitsbereich heraus.

■ Drehen Sie die Befestigungsschraube des AGR-Ventils heraus und nehmen Sie es von der Spritzwand ab.

Weiter für alle Motorvarianten:

■ Nehmen Sie die Schaltzüge aus ihren Halterungen und legen Sie sie aus dem Arbeitsbereich heraus.

■ Lösen Sie die Hochdruckleitung an der Servopumpe.

> Fangen Sie austretende Restflüssigkeit in einem geeigneten Behälter auf.

■ Demontieren Sie die Hochdruckleitung der Servopumpe und legen Sie sie aus dem Arbeitsbereich heraus.

■ Lösen Sie die Schelle am Ladelufteingang des Turboladers und demontieren Sie die Ladeluftleitung zum Ladeluftkühler.

■ Demontieren Sie die Befestigungsmutter am Traggelenkbolzen rechts und links.

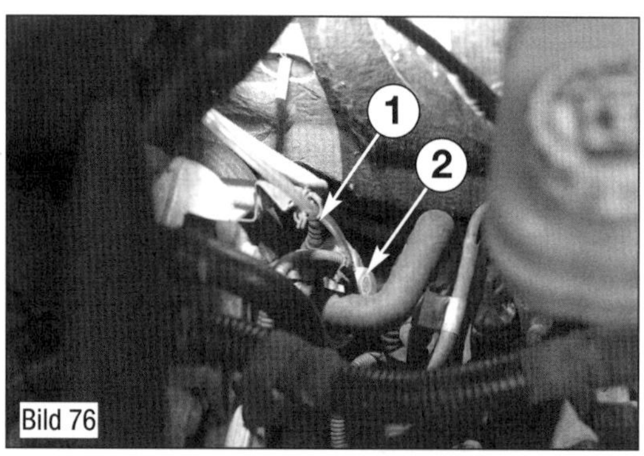

Bild 76

Bild 76
Unterdruckzufuhr am AGR-Ventil.
1 Schnellkupplung im Bereich der Spritzwand
2 Druckdose des AGR-Ventils

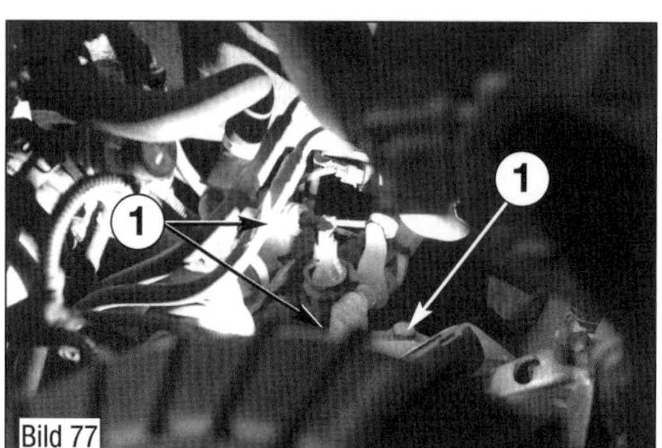

Bild 77

Bild 77
Schaltzüge am Getriebe (Blickrichtung über den Luftfilter zur Spritzwand).
1 Schaltzüge
2 Getriebe

■ Drücken Sie beide Traggelenkbolzen mit einem passenden Abdrücker ab.

■ Demontieren Sie die Befestigungsmutter am Spurstangenkopf rechts und links.

■ Drücken Sie beide Spurstangenköpfe mit einem passenden Abdrücker ab.

■ Lösen Sie die Verschraubungen des Stabilisators an beiden Querlenkern.

■ Drehen Sie die Halterungsschrauben der rechten Achsgelenkwelle am Motorblock heraus.

■ Ziehen Sie die rechte Gelenkwelle gerade aus dem Getriebe heraus und legen Sie sie mithilfe eines zweiten Mechanikers aus dem Arbeitsbereich heraus.

■ Ziehen Sie die linke Gelenkwelle gerade aus dem Getriebe heraus und legen Sie sie mithilfe eines zweiten Mechanikers aus dem Arbeitsbereich heraus.

■ Lösen Sie die Schrauben an der hinteren Motoraufhängung.

■ Demontieren Sie die Schrauben, ziehen die Antriebseinheit etwas nach vorne und nehmen Sie die Drehmomentstütze heraus.

■ Öffnen Sie die Tankklappe und lösen den Tankdeckel, um möglichen Druck abzubauen.

■ Anschließend den Tankdeckel wieder aufschrauben und die Tankklappe schließen.

■ Öffnen Sie die Schnellkupplungen und trennen Sie die Zu- und Rücklaufleitungen des Kraftstoffes.

■ Demontieren Sie die Halterung der Kraftstoffleitungen und legen Sie sie aus dem Arbeitsbereich heraus.

■ Befestigen Sie die Antriebseinheit (Motor und Getriebe) in der Mitte möglichst kurz mit Hebegurten oder Ketten an einem hydraulischen Motorheber.

3,0-l-Diesel-Motor:

■ Montieren Sie einen zusätzlichen Halter an die vordere rechte Zylinderkopfkante.

Fahrzeuge mit Allradantrieb:

Bei einigen Fahrzeugmodellen kann es erforderlich werden, den Achsträger komplett auszubauen oder zumindest zu lösen.

■ Demontieren Sie die Kardanwelle zur Hinterachse.

■ Bauen Sie die Kardanwelle zum vorderen Verteilergetriebe aus.

Weiter für alle Motorvarianten:

■ Heben Sie die Antriebseinheit (Motor und Getriebe) gerade so weit an, dass die Lagerungen rechts und links entlastet sind.

- Demontieren Sie die Verschraubungen des linken Motorlagers am Getriebe.
- Demontieren Sie die Verschraubungen des rechten Motorlagers am Motor.
- Motor mit Getriebe absenken und nach unten auf einer Unterlage abstellen.

⚠ Motor mit Getriebe muss beim Herausheben sorgfältig geführt werden, um Beschädigungen am Aufbau und am Lenkgetriebe zu vermeiden.

Der Einbau erfolgt sinngemäß in umgekehrter Reihenfolge.

- Setzen Sie die Verschraubungen am Getriebe zuerst von Hand an.
- Ziehen Sie die Verschraubungen am Getriebe mit 100 Nm fest.
- Setzen Sie die Verschraubungen am Motor zuerst von Hand an.
- Ziehen Sie die Verschraubungen am Motor mit 100 Nm fest.
- Stecken Sie die Schrauben in die Drehmomentstütze hinten ein.
- Entlasten Sie den Motorheber und ziehen Sie die Schrauben mit 280 Nm fest.

⚠ Vor dem Einsetzen der Achsgelenkwellen sollte grundsätzlich der Dichtungsring ersetzt werden.

Fahrzeuge mit Allradantrieb

Sehr wenige Ducato wurden mit einem Allradantrieb ausgeliefert. Es handelt sich hierbei um einen nachträglichen Umbau, der von der schon legendären Firma »Automobiles Dangel« in Frankreich durchgeführt wurde. DANGEL baut neben Fiat auch Peugeot/Citroën ab Werk um.
Das bedeutet, dass ein bereits fertiggestelltes Fahrzeug aus dem eigentlichen Herstellerwerk durch die Produktionsstraße von DANGEL zum Umbau geleitet und dann erst beim Händler zur Auslieferung bereitgestellt wird. Nicht nur Hinterachse und Kardan gehören zu den markanten baulichen Veränderungen. Auch der Achsträger mit dem Verteilergetriebe verändert den Antrieb des Fahrzeuges sichtbar. Ausgeklügelt genial wird über das Tellerrad des Differenzials vorne ein Nebenabtrieb für die Hinterachse realisiert.

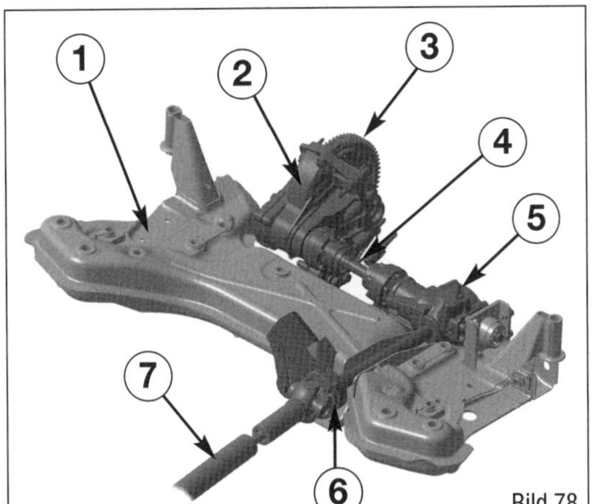

Bild 78

Bild 78
Faszination im Detail beim Achsantrieb von Dangel.
1 Achsträger der Vorderachse
2 Dangel-Getriebe-Differenzialgehäuse für den Abtrieb zum vorderen Verteilergetriebe
3 Abtriebsrad Schaltgetriebe mit integriertem Achsdifferenzial für die Vorderachse
4 Antriebswelle zum Verteilergetriebe
5 Verteilergetriebe Vorderachse
6 Flansch zur Kardanwelle vorne
7 Kardanwelle vorne

5 Motor-schmierung

Alle Stellen im Motor, an denen Metalle aufeinander gleiten, müssen ständig mit Öl versorgt werden: Kolben, Zylinderlaufbahnen, die Lager von Kurbelwelle und Nockenwelle. Kein Triebwerk des Ducato hielte mehr als einige wenige Minuten ohne passende Schmierung durch. Damit das Öl seine Aufgabe erfüllen kann, strömt es im Motorblock durch ein System von Leitungen und feinen Bohrungen an die richtige Adresse. Eine wichtige Rolle in diesem Kreislauf spielt die Ölpumpe. Sie holt über das Ölsaugrohr das Motoröl aus der Ölwanne und drückt es in die Leitungen. Zuvor muss die Flüssigkeit den im Hauptstrom des Schmiersystems sitzenden Ölfilter passieren. Dort werden Verunreinigungen wie Ruß, Metallabrieb und Staub herausgefiltert. Ein Überdruckventil an der Pumpe öffnet bei zu hohem Druck, sodass ein Teil des Öls in die Ölwanne zurückfließen kann. Der Motor verbraucht Öl, weil es teilweise in den Verbrennungsraum gelangt und dort verbrennt. Ein undichter Motor, defekte Ventilschaftabdichtungen, auch falsch eingebaute Kolbenringe oder zu viel Spiel zwischen Ventilführung und Ventilschaft treiben den Verbrauch in die Höhe.

Wenn der Motor technisch in Ordnung ist, verbraucht er allerdings so wenig, dass zwischen den Ölwechselintervallen nichts oder nur eine geringe Menge nachgefüllt werden muss. Kein Ölverbrauch gibt es allerdings auch nicht. Die eigentlich abnehmende Ölmenge gleicht sich dann durch einen zunehmenden Kraftstoffeintrag aus. Gerade Fahrzeuge mit der Kombination von hohen Wartungsintervallabständen, Partikelfilterreinigung über die Nacheinspritzung von Kraftstoff und vielen Kurzstrecken sorgen schnell für eine Ölverdünnung und gerne auch für Schäden und höheren Verschleiß an Motor und Schmierung.

Im Zweifelsfall kann hier eine Ölanalyse im Labor schnell Klarheit schaffen und Kosten sparen. Wer braucht wirklich Intervallabstände von 48.000 km? Gerade bei Schraubern, für die dieses Buch ja erstellt wurde, steht das Ziel »Sparen« deutlich hinter dem Ziel »Fahrzeugerhaltung«.

Unterschiedliche Konzepte

Schon die drei unterschiedlichen Motortypen, die wir in diesem Band behandeln, verwenden grundlegend andere Baukonzepte für die Ölpumpe. Beim 2,2-l handelt es sich um eine reine Ölpumpe. Die 2,3-l- und die 3,0-l-Motorvarianten verwenden Tandempumpen, bei denen allerdings nicht wie bei den meisten Herstellern Kraftstoff und Öl gefördert werden, sondern in einer Pumpe Öldruck und Unterdruck erzeugt. Wie heute bei allen Herstellern wird über einen Wärmetauscher die Öltemperatur nach Bedarf heruntergekühlt oder in der Warmlaufphase durch das Kühlwasser erwärmt. Einige Modelle verfügen neben dem Öldruckschalter über einen Ölsensor, der den Ölstand erfasst. Durch diesen Sensor könnte der Ölpeilstab entfallen. Der Ölstand wird dann im Display der Armaturentafel dargestellt. In diesem Kapitel werden wir Ihnen die wichtigsten Teile des Schmiersystems auch schrauberisch und wartungstechnisch näherbringen.

Altölkontrolle

In der Industrie schon seit Jahrzehnten üblich und in der Fahrzeugtechnik zunehmend wichtiger wird die analytische Kontrolle des Altöls. Anhand der eingetragenen Spuren und der Zusammensetzung lassen sich Schäden frühzeitig erkennen und sogar vermeiden.

- Bestellen Sie ein Analyseset beim Analyselabor.
- Entnehmen Sie eine Probe aus dem Altöl und notieren Sie sich alle bekannten Daten wie Laufleistung, Motorart, Alter und eventuell beschreiben Sie erkannte Auffälligkeiten.
- Versenden Sie die Probe in dem mitgelieferten öldichten Umschlag versandkostenfrei über den mitgelieferten Rückholschein.
- Das Probenergebnis wird zumeist am gleichen Tage per Mail versendet oder ist online einsehbar.

Arbeiten nach Schäden

Wenn Sie bei Motorreparaturen größere Mengen Metallspäne oder Abrieb feststellen, kann dies auf einen Kurbelwellen- oder Pleuellagerschaden hindeuten. Um Folgeschäden zu verhindern, führen Sie bitte nach der Reparatur folgende Arbeiten durch:

- Ölkanäle sorgfältig reinigen,
- soweit vorhanden Ölspritzdüsen ersetzen,
- Wärmetauscher ersetzen,
- Ölfiltereinsatz ersetzen.

Motorölstand prüfen

- Das Fahrzeug zum Messen des Ölstandes waagerecht abstellen. Motor abstellen und mindestens drei Minuten warten, damit das Öl in die Wanne zurückfließen kann.
- Ölmessstab herausziehen, mit einem sauberen Putzlappen abwischen und den Messstab wieder bis zum Anschlag hineinschieben.
- Messstab anschließend wieder herausziehen und Ölstand ablesen (Bilder 1 und 2).

Die Bilder zeigen die hauptsächlich eingesetzten Varianten des Messstabs, es gibt aber noch andere Ausführungen. Das in den Bildern gezeigte Prinzip gilt jedoch generell. Die Markierungen besagen: Bei Ölstand oberhalb der Markierung »4« (Max-Marke Pfeil 6) besteht die Gefahr von Katalysatorschäden. Beim Nachfüllen im Bereich »2« kann es vorkommen, dass der Ölstand danach im Bereich »3« steht. Beim unbedingt nötigen Nachfüllen von Öl im Bereich »2« genügt es, wenn danach der Ölstand im Messfeld »2« (geriffeltes Feld) steht. Bei Ölstand unterhalb der »1«-Markierung (Min-Marke Pfeil 5) etwa 0,5 Liter Öl (höchstens bis zur »3« Markierung) auffüllen.

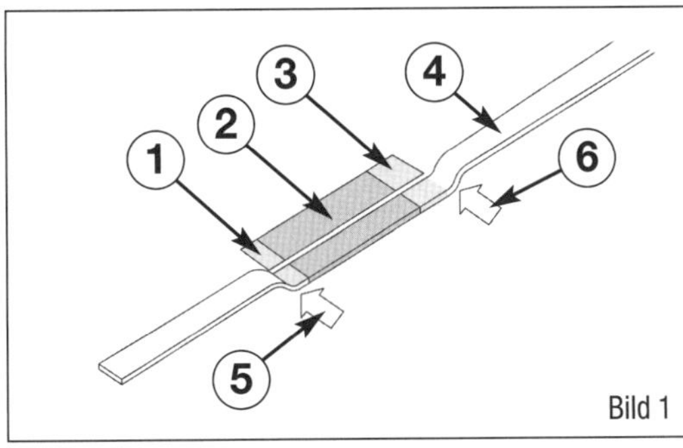

Bild 1

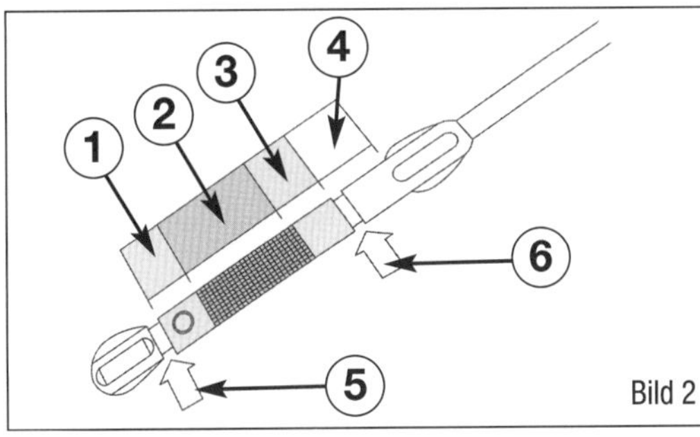

Bild 2

Bilder 1 und 2
Markierungen an zwei Muster-Ölstäben.
1 Mindeststandmarkierung für den Ölstand
2 Sollbereich für den Ölstand (Nachfüllen nicht erforderlich)
3 Höchstmarkierung für den Ölstand
4 Überfüllung (Öl ablassen und nach der Ursache suchen)
5 Minimal-Markierung
6 Maximal-Markierung

Motoröl ablassen oder absaugen, Motoröl auffüllen

Ölwechsel mit Altölauffang- und Absauggerät

- Öleinfüllverschlussdeckel abnehmen und Motoröl mit einem geeigneten Altölauffang- und Absauggerät absaugen. Der Motorölwechsel mit einem Altölauffang- und Absauggerät sollte nach Möglichkeit bei betriebswarmem Motor durchgeführt werden.

Öl über Schraube ablassen

- Fahrzeug anheben, Geräuschdämpfung ausbauen, Ölablassschraube unten in der Ölwanne herausdrehen und das austretende Öl auffangen.
- Neue Ölablassschraube mit neuem Dichtring handfest einschrauben und mit 30 Nm (M14) oder 50 Nm (M24) anziehen. Das Drehmoment darf nicht überschritten werden. Ein zu hohes Drehmoment könnte zu Undichtigkeiten oder sogar zu Beschädigungen im Bereich der Ölablassschraube führen.
- Ölfilter ersetzen (auf den nächsten Seiten).

Motoröl einfüllen

Werkseitig ist ein Qualitäts-Mehrbereichsöl eingefüllt, das außer in extrem kalten Klimazonen als Ganzjahresöl gefahren werden kann.

Wird der Filter nicht ausgebaut und gewechselt, werden rund 0,5 Liter weniger Öl benötigt. Beim Nachfüllen und beim Ölwechsel muss unbedingt die Spezifikation beachtet werden, wie sie der Hersteller vorschreibt. In der Vergangenheit gab es eine ganze Reihe Öle nach Freigaben für Benzin- und für Dieselmotoren. In neuerer Zeit muss sehr darauf geachtet werden, dass das Motoröl auch den Herstellervorgaben entspricht und für den Motor auch freigegeben worden ist.

- Einfüllöffnung aufschrauben, Öl gemäß Spezifikation (siehe Tabelle), möglichst mit Trichter, auffüllen.
- Öleinfüllverschlussdeckel wieder aufschrauben.

Sichtprüfung Messen

■ Motor anlassen und auf Undichtigkeiten prüfen.
■ Motorölstand erneut prüfen und ggf. Öl nachfüllen.
■ Nachdem Öl erneut nachgefüllt worden ist, mindestens drei Minuten warten und dann erneut Ölstand prüfen.
■ Geräuschdämpfung einbauen und Fahrzeug ablassen.

Spezifikationen Fiat Ducato Motoren	
Motor-Bauart	Synthetisches Motoröl SAE 5W-30
Freigabeklassifizierung	FIAT 9.55535-S1ACEA C2

Ölfilter oder Ölfiltereinsatz wechseln

Zum Einsatz kommen hier im Wesentlichen zwei Bauarten für die unterschiedlichen Motortypen. Sowohl der Filtereinsatz als auch eine Filterpatrone kommen beim Ducato zum Einsatz. Der Übersicht halber werden wir die Arbeiten anhand des Motorhubraums darstellen.

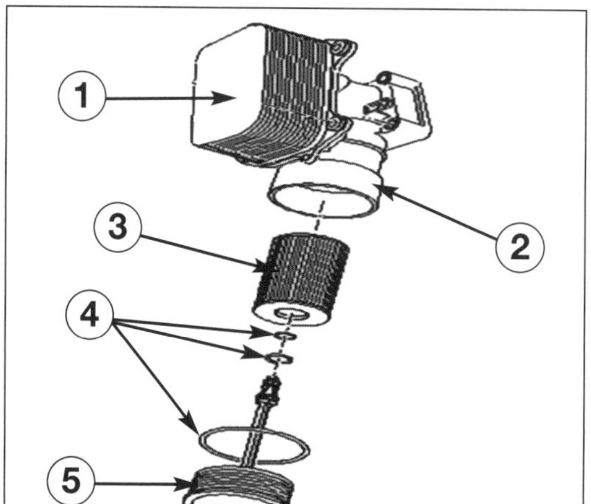

Bild 3

Bild 3
Ölfilter am 2,2-l-Diesel-Motor.
1 Wärmetauscher
2 Filterflansch
3 Filtereinsatz
4 Dichtring
5 Kappe

Bild 4

Bild 4
Ölfilter am 2,3-l-Diesel-Motor.
1 Ölfilter
2 Wärmetauscher

2,2-l-Motor Ölfiltereinsatz wechseln
Ausbauen:
■ Stellen Sie das Fahrzeug auf die Hebebühne.
■ Lassen Sie den Motor abkühlen.
■ Demontieren Sie den Unterfahrschutz Mitte (soweit verbaut).
■ Lösen Sie die Kappe (5 im Bild 3) und fangen Sie das ablaufende Öl in einem geeigneten Behälter auf.
■ Nehmen Sie die Kappe (5) zusammen mit dem Filter (3) ab.
■ Ziehen Sie den Filter (3) ab und entsorgen Sie ihn fachgerecht.

Einbauen:
■ Erneuern Sie die Dichtringe (4) und setzen Sie den neuen Filter (3) in die Kappe (5) ein.
■ Ölen Sie die Dichtringe (4) leicht mit Motoröl ein.
■ Schrauben Sie die Kappe (5) in den Filterflansch (2) und ziehen Sie ihn handfest an.
■ Reinigen Sie das Umfeld des Filters gründlich mit Bremsenreiniger und Lappen.

2,3-l-Motor Ölfiltereinsatz wechseln
Ausbauen:
■ Stellen Sie das Fahrzeug auf die Hebebühne.
■ Lassen Sie den Motor abkühlen.
■ Demontieren Sie den Unterfahrschutz Mitte (soweit verbaut).
■ Lösen Sie den Ölfilter (1 im Bild 4) mit einem Ölfilterschlüssel und fangen Sie das ablaufende Öl in einem geeigneten Behälter auf.
■ Schrauben Sie den Ölfilter ab. Fangen Sie dabei austretendes oder abtropfendes Restöl mit einem Lappen auf.
■ Entsorgen Sie den Filter fachgerecht.
■ Reinigen Sie die Anlagefläche des Ölfilters gründlich. Achten Sie darauf, dass der Dichtring des alten Filters nicht auf der Dichtfläche hängen geblieben ist.

Einbauen:
■ Ölen Sie die Anlagefläche des neuen Ölfilters leicht ein.
■ Drehen Sie den neuen Ölfilter auf das Gewinde auf und ziehen Sie ihn handfest an.
■ Reinigen Sie das Umfeld des Filters gründlich mit Bremsenreiniger und Lappen.

3,0-l-Motor Ölfiltereinsatz wechseln

Ausbauen:

■ Demontieren Sie den Unterfahrschutz Mitte (soweit verbaut).
■ Lösen Sie den Ölfilter (1 im Bild 5) mit einem Ölfilterschlüssel und fangen Sie das ablaufende Öl in einem geeigneten Behälter auf.
■ Schrauben Sie den Ölfilter ab.

Halten Sie ihn möglichst mit der Öffnung nach oben, sodass möglichst wenig im Filter verbliebenes Öl herausläuft. Fangen Sie dabei austretendes oder abtropfendes Restöl mit einem Lappen auf.

■ Entsorgen Sie den Filter fachgerecht.
■ Reinigen Sie die Anlagefläche des Ölfilters gründlich. Achten Sie darauf, dass der Dichtring des alten Filters nicht auf der Dichtfläche hängen geblieben ist.

Einbauen:

■ Ölen Sie die Anlagefläche des neuen Ölfilters leicht ein.
■ Drehen Sie den neuen Ölfilter auf das Gewinde auf und ziehen Sie ihn handfest an.
■ Reinigen Sie das Umfeld des Filters gründlich mit Bremsenreiniger und Lappen.

Ölwanne aus- und einbauen

Zwar sind alle Ölwannen der Ducatomotoren aus Stahlblech tiefgezogen, sie unterscheiden sich aber durch die Befestigung recht deutlich. Der so genannte Puma-Motor (Bild 6) der 2,2-l-Diesel verwendet eine Blechwanne, die mit Klebedichtmasse aufgeklebt wird. Die 2,3-l- und die 3,0-l-Motoren dichten die Blechwanne mit einer Gummidichtung ab, die mit einem Rahmen an den Motorblock verschraubt wird.

2,2-l-Diesel-Motoren

■ Demontieren Sie den Unterfahrschutz-Mitte (soweit verbaut).
■ Lassen Sie das Motoröl ab.
■ Demontieren Sie den Ölfilter und lassen Sie auch hier das Öl ablaufen.
■ Drehen Sie die Befestigungsschrauben der Ölwanne (1-16 im Bild 7) heraus.
■ Durchtrennen Sie die Dichtmasse mit einem passenden Messer oder Cutterklingen.

Bild 5
Ölfilter am 2,3-l-Diesel-Motor.
1 Ölfilter

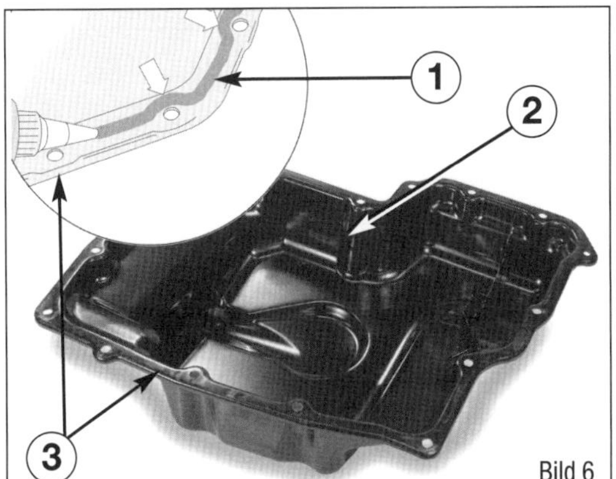

Bild 6
Ölwanne beim 2,2-l-Diesel-Motor und die Lage der Dichtmasse auf der Ölwanne.
1 Dichtmittelraupe
2 Ölwanne
3 Dichtflansch der Ölwanne

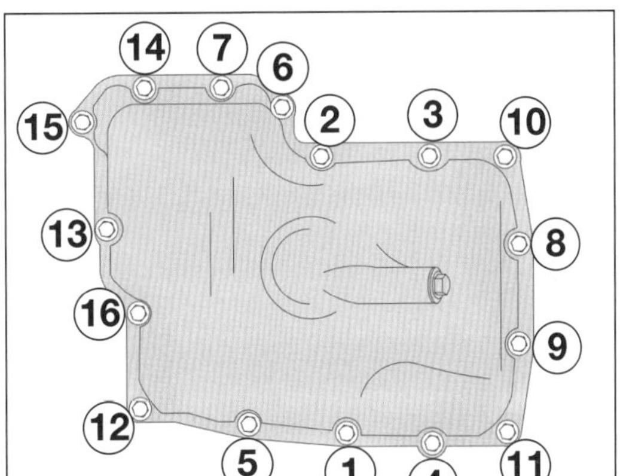

Bild 7
Ölwanne beim 2,2-l-Diesel-Motor: 1–16 Anzugsfolge der Ölwannenschrauben.

Hebeln Sie die Ölwanne nicht mit Gewalt ab. Sie wird sich verziehen und muss dann ersetzt werden.

■ Nehmen Sie die Ölwanne ab.
■ Entfernen Sie die Dichtmittelreste am Zylinderblock mit einem Flachschaber.
■ Entfernen Sie die Dichtmittelreste an der Ölwanne mittels einer rotierenden Bürste, z. B. einer Handbohrmaschine mit Kunststoffbürsten-Einsatz (Schutzbrille aufsetzen).
■ Reinigen Sie die Dichtflächen. Sie müssen öl- und fettfrei sein.
Der Einbau erfolgt sinngemäß in umgekehrter Reihenfolge.

Beachten Sie das Haltbarkeitsdatum des Dichtmittels.

■ Die Ölwanne muss nach dem Auftragen des Silikon-Dichtmittels innerhalb 5 Minuten eingebaut werden.
■ Die Dichtmittelraupe darf nicht dicker sein, da sonst überschüssiges Dichtmittel in die Ölwanne gelangen und das Sieb in der Saugleitung der Ölpumpe verstopfen kann.
■ Schneiden Sie die Tubendüse an der vorderen Markierung ab (Düse ca. 3 mm).
■ Tragen Sie das Silikon-Dichtmittel wie gezeigt auf die saubere Dichtfläche der Ölwanne auf. Die Dichtmittelraupe (1 im Bild 6) muss 2 bis 3 mm dick sein und im Bereich der Schraubenbohrungen an der Innenseite vorbeilaufen (Pfeile im Bild 6).
■ Nach der Montage der Ölwanne muss das Dichtmittel ca. 30 Minuten trocknen. Erst danach darf Motoröl eingefüllt werden.
■ Ziehen Sie die Ölwannenschrauben in der angegebenen Zahlenreihenfolge im Bild 7 mit 15 Nm fest.
■ Geräuschdämpfung einbauen.
■ Motoröl einfüllen und Ölstand prüfen.

2,3- und 3,0-l-Diesel-Motoren
Bein den 2,3- und den 3,0-l-Motoren wird eine Gummidichtung eingesetzt. Diese Dichtung wird zwischen Blechwanne und Motorblock auf ein durch den Rahmen vorgegebenes Maß angedrückt. Die Dichtung sollte immer dann ersetzt werden, wenn sie undicht geworden ist, Anlagerungen von Korrosion oder Schmutz aufweist oder sich schwer ablösen lässt.

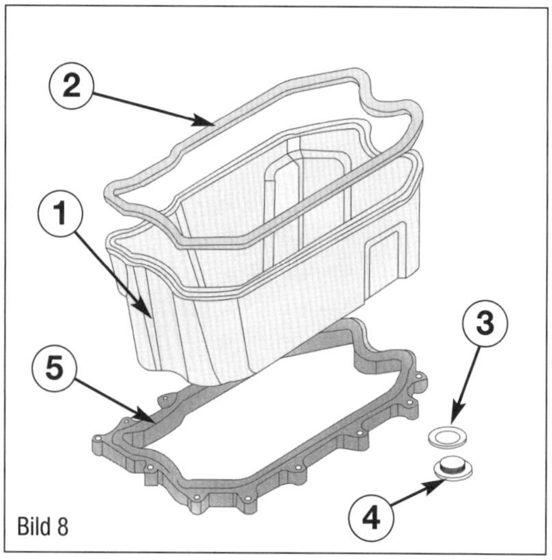

Bild 8

Bild 8
Ölwanne beim 2,3- und beim 3,0-l-Diesel-Motor.
1 Ölwanne
2 Dichtung Ölwanne
3 Dichtring
4 Ölablassschraube
5 Rahmen

■ Demontieren Sie den Unterfahrschutz-Mitte (soweit verbaut).

3,0-l-Diesel-Motor:
■ Bauen Sie die rechte Antriebswelle aus.

Weiter für 2,3- und 3,0-l-Diesel-Motoren:
■ Lassen Sie das Motoröl ab.
■ Demontieren Sie den Ölfilter und lassen Sie auch hier das Öl ablaufen.
■ Drehen Sie die Befestigungsschrauben der Ölwanne heraus.
■ Reinigen Sie die Dichtflächen. Sie müssen öl- und fettfrei sein.

Der Einbau erfolgt sinngemäß in umgekehrter Reihenfolge.
■ Die Schrauben in Stufen anziehen:
1. Stufe: Alle Schrauben bis zur Anlage am Rahmen eindrehen.
2. Stufe: Handfest über Kreuz anziehen, um das Verkanten des Rahmens zu vermeiden.
3. Stufe: Über Kreuz mit 25 Nm (M8er-Schrauben) beziehungsweise 10 Nm (M6er-Schrauben) anziehen.
■ Geräuschdämpfung einbauen.
■ Motoröl einfüllen und Ölstand prüfen.

Demontage der Ölpumpe

Für die Ölpumpen sind keine Ersatzteile lieferbar. Sie müssen im Schadensfall komplett ersetzt werden. Die Einbauweise der Ölpumpen ist für jeden der drei Motortypen grundsätzlich anders. Die kleine 2,2-l-Motor verwendet eine herkömmliche Ölpumpe, die nach Demontage der Ölwanne erreichbar ist. Für die 2,3-l-Motoren fällt der Arbeitsaufwand schon deutlich höher aus. Die Ölpumpe befindet sich zusammen mit der Unterdruckpumpe als Tandem im Stirndeckel unter dem Zahnriemen. Ebenfalls als Tandempumpe ist die Ölpumpe für die 3,0-l-Motoren ausgelegt. Hier allerdings muss der Motor zur Demontage ausgebaut werden. Betrachten wir im Folgenden die erforderlichen Arbeitsschritte im Detail.

2,2-l-Diesel-Motoren
■ Bauen Sie wie bereits beschrieben die Ölwanne ab.
■ Drehen Sie die Schrauben (3 im Bild 9) heraus.
■ Demontieren Sie den Saugstutzen (4).
■ Drehen Sie die Schrauben (3) los und

entspannen Sie die Antriebskette der Ölpumpe.

- Nehmen Sie das Antriebsrad mit der Ölpumpe aus der Antriebskette heraus.
- Nehmen Sie die Ölpumpe ab.

Der Einbau erfolgt sinngemäß in umgekehrter Reihenfolge.

- Die Schrauben in Stufen anziehen:

1. Stufe: Alle Schrauben bis zur Anlage der Ölpumpe von Hand eindrehen.
2. Stufe: Handfest über Kreuz anziehen, um das Verkanten der Ölpumpe zu vermeiden.
3. Stufe: Über Kreuz mit 25 Nm (M8er-Schrauben) beziehungsweise 10 Nm (M6er-Schrauben) anziehen.

2,3-l-Diesel-Motoren

- Bauen Sie den Flachriemen wie bereits im Kapitel 4 beschrieben ab.
- Demontieren Sie den Zahnriemen wie bereits im Kapitel 4 beschrieben.
- Lösen Sie die Zentralschraube (1 im Bild 11) des Kurbelwellenrades mithilfe eines Gegenhalters.
- Demontieren Sie den Unterdruckanschluss an der Tandempumpe und legen Sie ihn aus dem Arbeitsbereich heraus.
- Bauen Sie den Druckanschluss (1 im Bild 10) für die Ölversorgung des Turboladers ab.
- Bauen Sie die Verschlussschraube (3 im Bild 11) aus.
- Kontrollieren Sie die OT-Stellung der Kurbelwelle, indem Sie prüfen, ob der Zentrierdorn (4) in die Bohrung passt.
- Nehmen Sie das Zahnriemenrad (2) ab.
- Reinigen Sie den Bereich um die Tandempumpe gründlich.
- Drehen Sie die Schrauben der Tandempumpe in der umgekehrten Reihenfolge (15–1) heraus.
- Nehmen Sie die Tandempumpe ab.

Der Einbau erfolgt sinngemäß in umgekehrter Reihenfolge.

- Erneuern Sie den Wellendichtring zur Kurbelwelle.
- Erneuern Sie die Dichtung zwischen Tandempumpe und Motorblock.
- Setzen Sie die Tandempumpe wieder an.

Achten Sie darauf, dass der Wellendichtring nicht beschädigt wird.

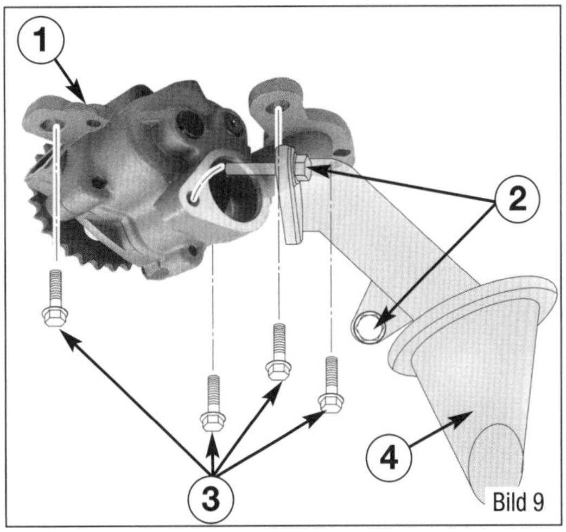

Bild 9
Ölwanne beim 2,2-l-Diesel-Motor.
1 Ölpumpe
2 Schrauben Saugstutzen
3 Schrauben Ölpumpe
4 Saugstutzen

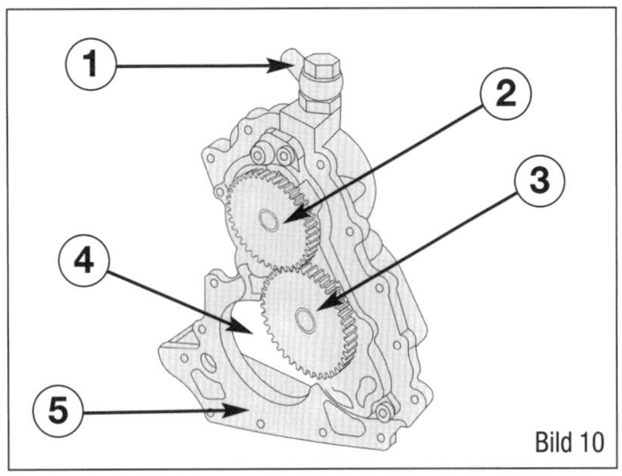

Bild 10
Ölwanne beim 2,3-l-Diesel-Motor.
1 Anschluss Öldruck Turbolader
2 Antriebsrad Unterdruckpumpe
3 Antriebsrad Ölpumpe
4 Einbauposition Kurbelwellenrad
5 Tandempumpengehäuse

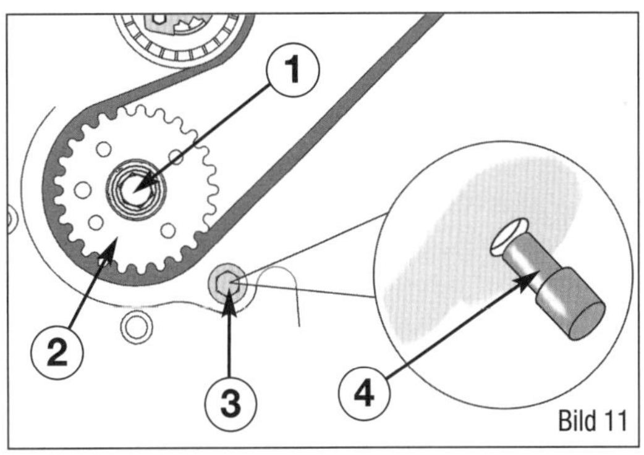

Bild 11
Kurbelwellenrad beim 2,3-l-Diesel-Motor.
1 Zentralschraube
2 Zahnriemenrad
3 Verschlussschraube
4 Zentrierdorn

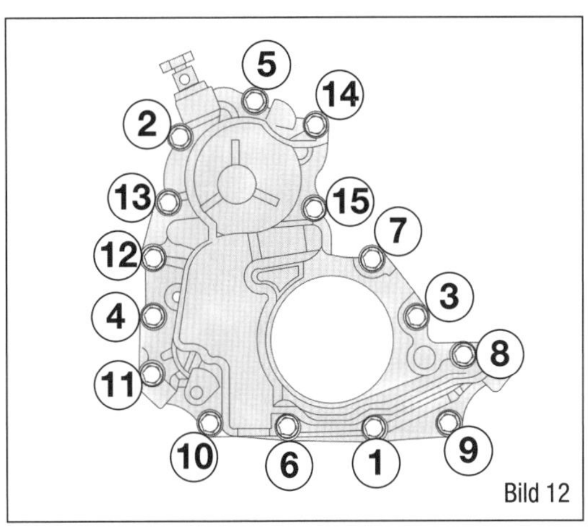

Bild 12
Anzugsreihenfolge der Tandempumpe beim 2,3-l-Diesel-Motor: 1–15 Anzugsreihenfolge.

■ Drehen Sie alle Schrauben zuerst von Hand bis zur Anlage an.
■ Ziehen Sie dann die Schrauben in der angegebenen Reihenfolge mit 10 Nm an.
■ Setzen Sie die Hohlschraube zur Ölversorgung des Turboladers zuerst von Hand mit neuen Dichtringen an.
■ Ziehen Sie die Hohlschraube mit 35 Nm an.
■ Setzen Sie das Zahnriemenrad wieder an und drehen Sie die Schraube von Hand bis zur Anlage bei.
■ Ziehen Sie die Zentralschraube (M18x1,5) mit 300 Nm fest.

3,0-l-Diesel-Motoren
Bei diesen Motoren sind erhebliche Vorarbeiten notwendig. Es ist aus Platz- und Sauberkeitsgründen sinnvoll den Motor mit Getriebe komplett auszubauen. Die erforderlichen Arbeitsschritte haben wir bereits im letzten Kapitel vorgestellt. Im Folgenden beschreiben wir Ihnen entsprechend den Ausbau der Ölpumpe am ausgebauten Motor.
■ Führen Sie die im Kapitel 4 unter dem Steuerkettenwechsel beschriebenen Vorbereitungsarbeiten und die Demontage des unteren Steuerkastendeckels durch.
■ Reinigen Sie den Bereich um die Tandempumpe gründlich.
■ Drehen Sie die Schrauben (2) die, die Pumpe halten heraus.
■ Nehmen Sie die Tandempumpe nach vorne ab.
■ Nehmen Sie die dahinter verbaute Dichtung ab.

Der Einbau erfolgt sinngemäß in umgekehrter Reihenfolge.

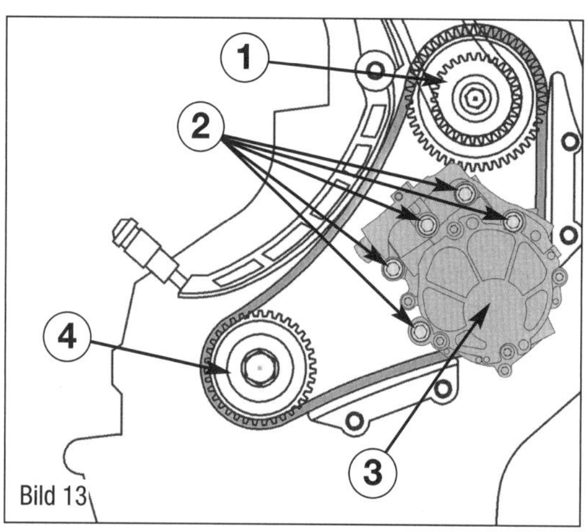

Bild 13
Ölpumpe (Tandempumpe) beim 3,0-l-Diesel-Motor.
1 Antriebsrad Hochdruckpumpe
2 Schrauben Tandempumpe
3 Ölpumpe (Tandempumpe)
4 Antriebsrad Kurbelwelle

■ Erneuern Sie die Dichtung zwischen Tandempumpe und Motorblock.
■ Setzen Sie die Tandempumpe wieder an.
■ Drehen Sie alle Schrauben zuerst von Hand bis zur Anlage an.
■ Ziehen Sie dann die Schrauben in der angegebenen Reihenfolge mit 25 Nm an.

Öldruckschalter und Öldruck prüfen

Es werden ein üblicher Öldruckprüfer (Manometer) sowie ein Spannungsprüfer mit Leuchtdiode und den Messhilfsmitteln (Anschlusskabel) benötigt. Der Öldruckschalter ist bei den einzelnen Motortypen an unterschiedlichen Stellen eingebaut.

Prüfablauf
Wir stellen Ihnen hier ein Prüfgerät vor, das mit einer LED die Reaktion der Ölkontrollleuchte in der Armaturentafel nachbildet. So kann überprüft werden, ob der Öldruckschalter oder die Verkabelung für eine Funktionsstörung an der Kontrollleuchte verantwortlich sind.

Vorbereitung:
■ Prüfen Sie den Motorölstand.
■ Die Öltemperatur muss mindestens 80 °C betragen. Der Kühlerlüfter muss einmal geschaltet haben.
■ Stecker vom Öldruckschalter abziehen.
■ Öldruckschalter ausbauen und in das Prüfgerät schrauben.
■ Prüfgerät anstelle des Öldruckschalters in den Zylinderkopf einschrauben.
■ Rote Leitung des Prüfgerätes an Batterieplus (+) legen. Prüfanschluss mit Hilfsleitungen (S) an den Öldruckschalter anschließen (Prüfanordnung nach Bild 14).

Prüfablauf:
■ Motor anlassen und die LED-Lampe (4 im Bild 14) und die Druckanzeige (3) beobachten. Der Schaltpunkt des Öldruckschalters kann bereits beim Anlassen überschritten werden.
■ Die LED-Lampe (4) sollte dann ausgehen.
■ Langsam die Drehzahl erhöhen.
■ Drehzahl weiter erhöhen. Bei 2000 1/min und 80 °C Öltemperatur soll der Öl-Überdruck mindestens etwa 2,0 bar betragen.

■ Bei höherer Drehzahl darf der Öl-Überdruck 7,0 bar nicht überschreiten ggf. Ölüberdruckventil bzw. Öldruckhalteventil ersetzen.

Auswertung:
■ Wird der Sollwert unterschritten, können mögliche Ursachen wie Verschmutzung des Siebes im Ölansaugrohr oder Lagerschäden ermittelt werden. Wird der Sollwert überschritten, müssen die Ölkanäle geprüft werden ggf. ist der Ölfilterhalter mit Überdruckventil zu ersetzen. Ansonsten: Ölpumpe ersetzen.
■ Beim Wiedereinbau des Öldruckschalters den Anzugsdrehmoment beachten.

Motor	Anzugsdrehmoment
2,2-l-Diesel	15 Nm
2,3-l-Diesel	40 Nm
3,0-l-Diesel	25 Nm

Öldruckschalter aus- und einbauen

Der Arbeitsablauf für die einzelnen Motortypen ist sehr ähnlich. Der Einbauort unterscheidet sich aber. Wir stellen Ihnen die Arbeitsbeschreibung entsprechend zu den Motoren zusammen.

Vorbereitungen
■ Stellen Sie den Motor ab und öffnen Sie die Motorhaube.
■ Motorabdeckung (soweit verbaut) ausbauen.
■ Kontrollieren Sie, ob Undichtigkeiten im Bereich des Öldruckschalters sichtbar sind.

2,2- und 3,0-l-Diesel-Motor
■ Reinigen Sie den Bereich um den Öldruckschalter, der sich oben im Ölfilterflansch befindet gründlich.
■ Legen Sie einen Lappen unter den Öldruckschalter, um eventuell austretendes Öl auffangen zu können.
■ Ziehen Sie den Anschlussstecker vom Öldruckschalter ab.

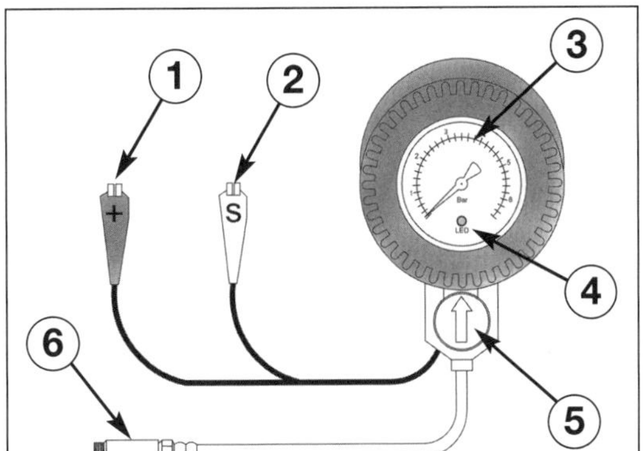

Bild 14

Bild 14
Öldruckmessgerät mit Diodenleuchte.
1 Anschluss Batterie-Plus
2 Anschluss Öldruckschalter
3 Druckanzeige
4 LED-Leuchte
5 Absperrhahn
6 Anschlussschlauch

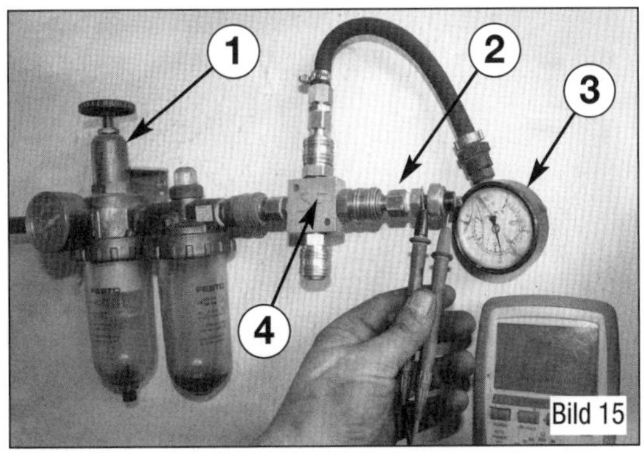

Bild 15

Bild 15
Prüfgerät aus dem Eigenbausortiment.
1 Druckminderer
2 Adapter Öldruckschalter
3 Druckmessuhr
4 Verteilerstück

■ Drehen Sie den Öldruckschalter heraus.

2,3-l-Diesel-Motor
■ Reinigen Sie den Bereich um den Öldruckschalter, der sich über dem Startermotor (Anlasser) befindet, gründlich.
■ Legen Sie einen Lappen unter den Öldruckschalter, um eventuell austretendes Öl auffangen zu können.
■ Ziehen Sie den Anschlussstecker vom Öldruckschalter ab.
■ Drehen Sie den Öldruckschalter heraus.

Montage
Der Einbau erfolgt sinngemäß in umgekehrter Reihenfolge.
■ Beim Wiedereinbau des Öldruckschalters das Anzugsdrehmoment beachten.
■ Reinigen Sie den Arbeitsbereich gründlich.
■ Prüfen Sie die Dichtigkeit des Öldruckschalters und die Einbauposition bei laufendem Motor.
■ Prüfen Sie abschließend den Ölstand.

6 Kühlsystem

Funktion des Kühlkreislaufs
Das Kühlsystem sorgt für die richtige Betriebstemperatur des Motors. Es besteht aufbauseitig aus Kühler, Ladeluftkühler, Luftführungshutze mit Kühlerlüftern und Ausgleichsbehälter für Kühlmittel. Motorseitig gehören Kühlmittelschläuche und Kühlmittelrohre sowie ein Netz aus kleinen, genau bemessenen Kanälen in Motorblock und Zylinder, in denen die in den Ausgleichsbehälter eingefüllte Kühlflüssigkeit zirkuliert, zum System. So entsteht ein Wassermantel, der die Verbrennungswärme über die Schläuche des Kühlsystems an den Kühler abführt. Welche Wege im jeweils konkreten Betriebszustand das Kühlmittel im Kühlsystem nimmt, hängt von der Temperatur des Motors ab.
Zu den motorseitigen Aggregaten des Kühlsystems gehören ferner der Motorölkühler und der Kühler für Abgasrückführung. Diese Niedertemperatur-Abgasrückführung sorgt für die Reduzierung der NOx-Emissionen. Bei geschlossenem Kühlmittelregler (Thermostat) wird der Abgasrückführungs-Kühler direkt vom Motorkühler mit kaltem Kühlmittel versorgt. Aufgrund des dadurch größeren Temperaturgefälles kann eine größere Abgasmenge zurückgeführt werden. Somit können die Verbrennungstemperaturen und in deren Folge die Stickoxid-Emissionen in der Warmlaufphase des Motors weiter gesenkt werden. Eine mechanische Kühlmittelpumpe (»Wasserpumpe«) sorgt für den ständigen Kreislauf des Kühlmittels. Sie wird bei den TDI-Motoren von der Kurbelwelle über den Zahnriemen angetrieben, der das Nockenwellenrad und die Hochdruckpumpe des Einspritzsystems antreibt. Die elektrische Zusatzwasserpumpe wird vom Motorsteuergerät angesteuert und läuft nach Motorstart ständig mit. Ein Kühlmittelregler (Dehnstoff-Thermostat) hält die Kühlmitteltemperatur konstant. Das Kühlsystem steht unter einem Überdruck von etwa 1,2 bis 1,5 bar bei Betriebstemperatur. Dadurch und durch den Einsatz von Kühlmittelzusätzen erhöht sich der Siedepunkt der Kühlflüssigkeit von 100 °C auf rund 120 °C. Die höhere Temperatur ermöglicht einen wirtschaftlicheren und damit Kraftstoff sparenden Motorbetrieb. Wenn bei einem heißen Motor der Kühlmitteldruck 1,5 bar übersteigt, tritt das Überdruckventil am Ausgleichsbehälter in Aktion. Es öffnet dann und lässt zum Druckausgleich etwas Wasserdampf entweichen.

Bild 1
Kühlmittelstand am Kühlmittelausgleichsbehälter.

Bild 1

Sicht- und Funktionsprüfungen

Kühlmittelstand prüfen

- Der Kühlmittelstand wird bei kaltem Motor am Kühlmittel-Ausgleichsbehälter geprüft. Dieser Behälter befindet sich im Motorraum rechts hinten. Er ist meist mit den Markierungen »Max« und »Min« gekennzeichnet, auf jeden Fall mit der »min«-Markierung und einer Markierungslinie für den maximalen Füllstand.
- Ist der Motor kalt, muss das Kühlmittel zwischen »Max« und »Min« (Bild 1), bei warmem Motor etwas über der Markierungslinie für maximalen Füllstand stehen.
- Bei nicht verbrauchsbedingtem Flüssigkeitsverlust muss die Ursache ermittelt und durch Reparatur beseitigt werden.

Frostschutz des Kühlmittels prüfen
Zur Frostschutzprüfung wird ein handelsüblicher Ansaugprüfer oder für genauere Prüfung ein so genanntes Refraktometer (VW: T10007, T10007 A) benötigt. Beim Ansaugprüfer wird der jeweilige Frostschutz in °C angezeigt. Sinnvoller ist es aber die Kon-

zentration des Kühlmittelzusatzes mit dem Refraktometer entsprechend der Bedienungsanleitung zu prüfen (Bilder 2 und 3). Die Skala »1« des Refraktometers bezieht sich auf die Kühlmittelzusätze G12, G12 plus, G12 plusplus und G11. Die Skala »2« bezieht sich nur auf zu verwendenden Kühlmittelzusatz G13.

- Prüfen Sie den Kühlmittelstand im Ausgleichbehälter bei kaltem Motor.
- Den genauen Wert bei den Prüfungen liest man an der Hell-Dunkel-Grenze ab. Zur besseren Veranschaulichung der Hell-Dunkel-Grenze wird mit der Pipette ein Tropfen Wasser auf das Glas gebracht. Die Hell-Dunkel-Grenze ist dann deutlich an der »Waterline« zu erkennen (Bild 3). Der Frostschutz muss bis etwa -25 °C gewährleistet sein.
- Bei zu geringem Frostschutz Kühlflüssigkeit ablassen und durch Kühlmittelzusatz G12 plusplus ersetzen.
- Probefahrt durchführen und Frostschutz des Kühlmittels erneut prüfen.

Kühlsystem auf Dichtigkeit prüfen

Zur Prüfung der Dichtheit des Kühlsystems und des Überdruckventils wird ein Kühlsystem-Prüfgerät einschließlich Adapter für den Anschluss am Ausgleichsbehälterdeckel benötigt. Der Motor muss betriebswarm sein.

- Verschlussdeckel vom Kühlmittel-Ausgleichsbehälter öffnen.
- Den Adapter für Kühlsystemprüfgerät in den Kühlmittelausgleichsbehälter schrauben, das Anschlussstück über den Verbindungsschlauch mit dem Kühlsystem-Prüfgerät verbinden (Bild 4).
- Mit der Handpumpe des Kühlsystem-Prüfgerätes ca. 1,0 bar Überdruck erzeugen. Fällt der Druck ab: Undichte Stelle suchen und Fehler beseitigen. Bevor das Kühlsystemprüfgerät vom Verbindungsschlauch oder Anschlussstück getrennt wird, muss unbedingt der vorhandene Druck abgebaut werden. Dazu das Druckentlastungsventil am Kühlsystem-Prüfgerät drücken, bis das Druckmanometer den Wert »0« anzeigt.

Überdruckventil im Verschlussdeckel des Kühlmittelbehälters prüfen

- Verschlussdeckel des Kühlmittel-Ausgleichsbehälters in den Adapter für Kühlsystemprüfgerät schrauben, das passende Anschlussstück mit dem Kühlsystem-Prüfgerät verbinden.
- Mit der Handpumpe des Kühlsystem-Prüfgerätes einen Überdruck von max. 1,6 bar erzeugen. Das Überdruckventil darf noch nicht öffnen. Öffnet das Überdruckventil vorzeitig: Verschlussdeckel ersetzen.
- Druck auf über 1,6 bar erhöhen. Das Überdruckventil muss öffnen. Öffnet das Überdruckventil nicht: Verschlussdeckel ersetzen.

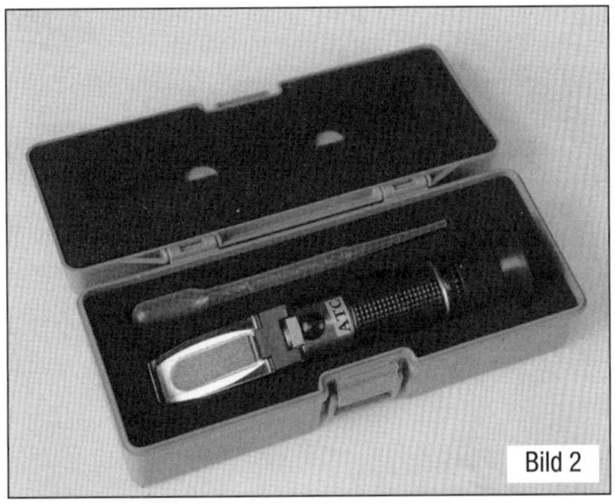

Bild 2

Bild 2
Refraktometer zur Frostschutzgehaltsprüfung.

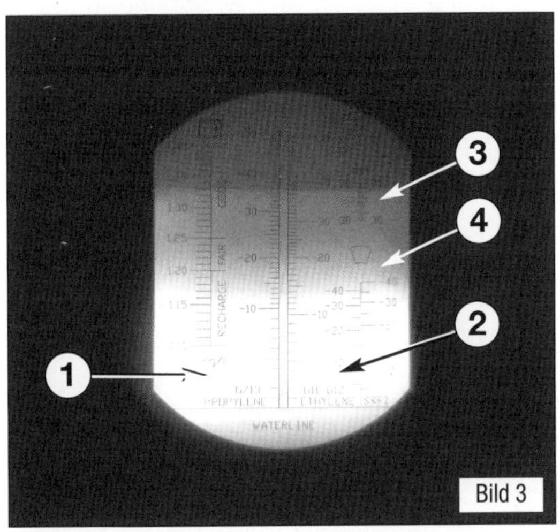

Bild 3

Bild 3
Sichtfeld des Refraktometers.
1 G12; G12 Plus, G12 Plus und G11
2 G13
3 Ad Blue
4 Scheibenfrostschutz

Bild 4

Bild 4
Kühlsystemprüfgerät mit Adaptern für Kühlmittelbehälter und Kühlerdeckel.

Kühlmittel ablassen, ergänzen, auffüllen

Kühlmittel ablassen
Die wesentlichen Arbeitsschritte unterscheiden sich nicht in den einzelnen Motormodellen. Wir stellen Ihnen eine allgemeingültige Anweisung vor und führen die Besonderheiten der einzelnen Modelle auf.

☞ Das von Fiat empfohlene »PARAFLU UP« ist mit den roten G30-Kühlmitteln von Glysantin vergleichbar. Mehr Informationen zu den unterschiedlichen Ausführungen von G12, G12+ oder G30 finden Sie auf der Internetseite von Glysantin unter den Produktdatenblättern.

☞ Es wird empfohlen, auch bei allen älteren Modellen das Kühlmittel bei Ergänzungen und Neubefüllungen mit destilliertem Wasser anzumischen. Kontrollieren Sie, dass der Frostschutz zwischen -25 °C und -30 °C liegt. Er darf keinesfalls darunter, aber auch nicht darüber liegen. Das Frostschutzmittel im Kühlsystem hat neben dem Schutz vor Frost noch die Aufgaben zur Schmutzbindung und Reinigung, der Schmierung und dem Korrosionsschutz zu übernehmen. Ein zu hoher Wasseranteil bedeutet also nicht nur eine geringere Frostsicherheit, sondern auch eine Abschwächung der pflegenden Wirkung. Ein zu hoher Frostschutzanteil hat deutlichen Einfluss auf die Wärmeleitfähigkeit. Diese Eigenschaft übernimmt der Wasseranteil. Je größer der Frostschutzanteil wird, umso schlechter wird auch die Wärmeabfuhr ausfallen.

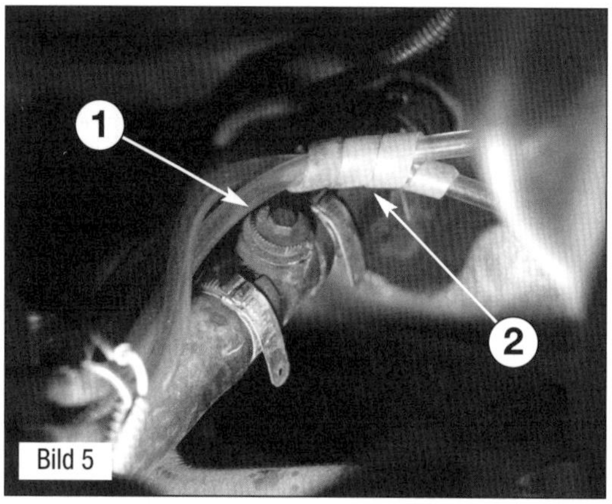

Bild 5
1 Entlüftungsschraube
2 Heizungskühler vor der Spritzwand

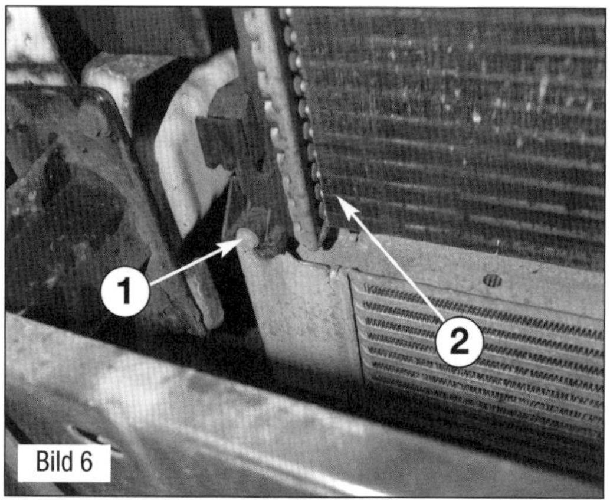

Bild 6
1 Ablassschraube
2 Kühler

⚠ Bei warmem Motor steht das Kühlsystem unter Druck, beim Öffnen des Ausgleichsbehälters kann deshalb heißer Dampf bzw. heißes Kühlmittel entweichen. Überdruck abbauen, dazu Verschlussdeckel mit einem Lappen abdecken und vorsichtig öffnen. Schutzbrille und Schutzbekleidung tragen, um Augenverletzungen und Verbrühungen zu vermeiden.

- Verschlussdeckel vom Kühlmittel-Ausgleichsbehälter öffnen.
- Fahrzeug anheben und Motorspritzschutz (Geräuschdämpfung) abschrauben.
- Auffangwanne unter den Motor stellen.
- Demontieren Sie den Kühlergrill, wie bereits beschrieben.
- Öffnen Sie den Verschlussdeckel des Kühlmittelausgleichsbehälters.
- Öffnen Sie die Entlüftungsschraube (1 im Bild 5) in der Rücklaufleitung der Heizung.
- Ablaufschraube (1 im Bild 6) öffnen und herausdrehen.
- Die Schnellkupplung (1) am Kühleranschluss unten öffnen und den Kühlmittelschlauch (2) vom Kühler abziehen.
- Das Kühlmittel auslaufen lassen.

Befüllen ohne Füllgerät
⚠ Nach einem Austausch des Kühlers, des Zylinderkopfs oder der Zylinderkopfdichtung darf die gebrauchte Kühlflüssigkeit nicht wiederverwendet werden.

- Stellen Sie das Fahrzeug auf eine gerade Ebene.
- Das Kühlmittel langsam über den Einfüllstutzen am Ausgleichsbehälter einfüllen, bis die Flüssigkeit aus der Entlüftung am Rücklaufschlauch der Heizung austritt.
- Das Kühlmittel langsam bis zur oberen

Markierung des gerasterten Feldes am Ausgleichsbehälter auffüllen (Bild 1).

■ Ausgleichsbehälter verschließen. Den Motor starten und die Motordrehzahl für ca. 2 Minuten auf ca. 2000/min halten.

■ Schalten Sie die Klimaanlage aus.

■ Stellen Sie den Heizungsregler auf »warm«.

⚠ Bei Fahrzeugen mit Zusatzheizung oder Klimaanlage darauf achten, dass der Zusatzkühlkreis geöffnet ist, sodass der Durchfluss des Motorkühlmittels ermöglicht wird.

■ Motor danach im Leerlauf laufen lassen, bis der Lüfter anläuft.

■ Zwischendrin den Motor mehrmals nacheinander langsam beschleunigen (etwa alle 30 Sekunden), bis der Motor ca. 3000 1/min erreicht.

■ Den Wechsel zwischen Leerlaufphasen und Beschleunigung der Motordrehzahl so lange durchführen, bis der Kühlerlüfter zweimal geschaltet hat.

■ Kühlmittelstand prüfen und ggf. ergänzen. Bei betriebswarmem Motor muss der Kühlmittelstand an der oberen Markierung, bei kaltem Motor in der Mitte des gerasterten Feldes liegen.

Kühler aus- und einbauen

Die unterschiedlichen Motorvarianten verändern den Arbeitsablauf zum Ausbau des Kühlers nur unwesentlich. Wir stellen Ihnen hier eine allgemeingültige Beschreibung vor.

■ Falls vorhanden, Geräuschdämpfung oben ausbauen.

■ Demontieren Sie die Motorabdeckung unten Mitte und rechts wie bereits auf der Seite 37 beschrieben.

■ Lassen Sie das Kühlmittel wie bereits beschrieben ab.

■ Demontieren Sie die Anschlussschläuche zum Ladeluftkühler.

■ Drücken Sie die beiden Rasten, die den Klimakühler halten (1 und 4 im Bild 7) und nehmen Sie ihn vorsichtig ab. Legen Sie ihn etwas zur Seite. Befestigen Sie ihn eventuell mit Kabelbindern.

■ Lösen Sie die Schlauchschelle am Ausgleichsbehälter oben (1 im Bild 8) und ziehen Sie den Entlüftungsschlauch (2) zum Kühler ab.

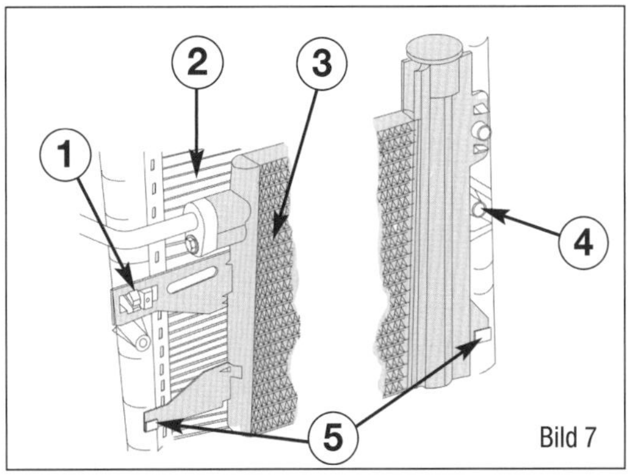

Bild 7

Bild 7
Befestigung des Klimakühlers.
1 Haltelasche mit Raste
2 Motorkühler
3 Klimakühler
4 Haltelasche mit Zentrierung
5 Einschubwinkel

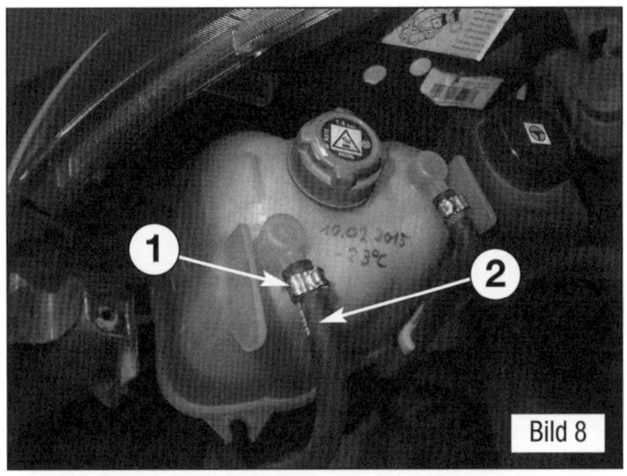

Bild 8

Bild 8
Entlüftungsschlauch am Ausgleichsbehälter.
1 Schelle
2 Entlüftungsschlauch

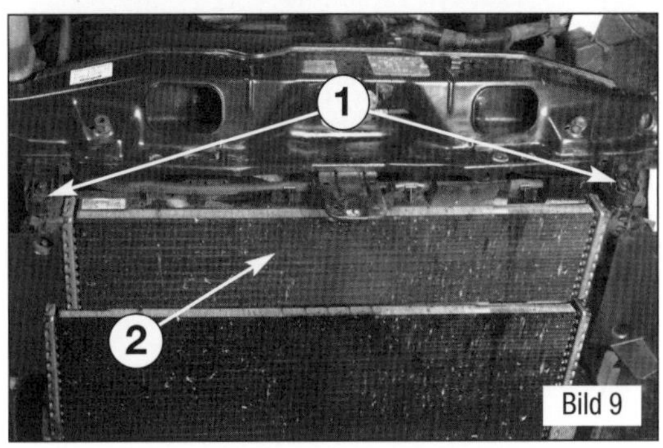

Bild 9

Bild 9
Halterung am Querträger vorne.
1 Halterungen oben
2 Wasserkühler

■ Lösen Sie die oberen Befestigungsschrauben (1 im Bild 9) und heben Sie den Kühler (2) vorsichtig aus seinem Sitz.

■ Ziehen Sie die Anschlussstecker vom Relais, vom Widerstand und von den Lüftermotoren ab.

■ Nehmen Sie das Anschlusskabel aus den Halterungen an der Lüfterzarge heraus und legen Sie es aus dem Arbeitsbereich zur Seite.

■ Nehmen Sie den Kühler zusammen mit den Lüftern und der Lüfterzarge heraus.

■ Demontieren Sie die Halteschellen an der Lüfterzarge. Lösen Sie die Schlauchschelle und ziehen Sie die Entlüftungsleitung zum Ausgleichsbehälter ab.

■ Ziehen Sie die Klammer der Lüfterzarge vom Kühler rechts und links ab und nehmen

Sichtprüfung Messen

die Lüfterzarge zusammen mit den Elektrolüftern vom Kühler ab.

■ Drehen Sie die Befestigungsschrauben des Ladeluftkühlers auf beiden Seiten heraus.

■ Ziehen Sie die Befestigungsklipse rechts und links heraus.

■ Nehmen Sie den Ladeluftkühler vom Wasserkühler ab.

Der Einbau erfolgt sinngemäß in umgekehrter Reihenfolge.

■ Das Kühlmittel wie bereits beschrieben auffüllen.

■ Prüfen Sie die Dichtheit des Kühlsystems.

Lüfter und Zarge aus- und einbauen

Die Montagearbeiten sind für die verschiedenen Motorvarianten kaum unterschiedlich. Wir stellen Ihnen allgemeingültige Arbeitsbeschreibung zur Verfügung.

Lüfter ausbauen

Die Beschreibung passt auf beide Lüftermotoren (links und rechts).

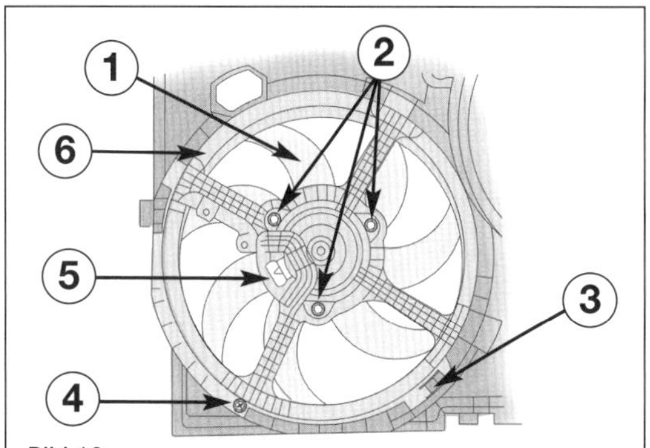

Bild 10

Bild 10
Lüftermotor in der Zarge.
1 Lüftermotor
2 Schrauben im Träger
3 Rastnase
4 Schraube
5 elektrischer Anschluss
6 Lüfterträger

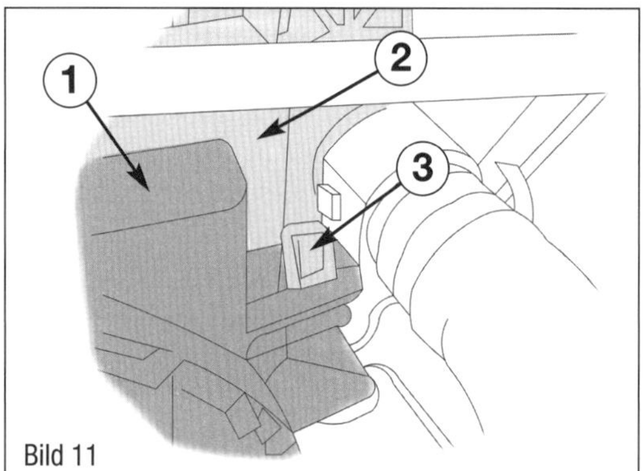

Bild 11

Bild 11
Zarge am Kühler.
1 Lüfterzarge
2 Kühler
3 Rastnase

■ Falls vorhanden, die Geräuschdämpfung oben und die in der Mitte unten ausbauen.

■ Den elektrischen Anschluss des E-Ventilators (5 im Bild 10) abklemmen und die Verkabelung aus den Halteschellen lösen.

■ Von unterhalb des Fahrzeuges die Befestigungsschraube (4) lösen und auf die Halteklammer (3) der Lüfterträger drücken.

■ Den Lüfterträger (6) nach rechts drehen, um die Rastnase (3) zu lösen, und die Baugruppe »Lüfterträger« von unten von der Zarge abziehen und herausnehmen.

■ Drehen Sie die drei Schrauben (2) heraus und nehmen Sie den Lüftermotor mit Lüfterrad aus dem Lüfterträger heraus.

Der Einbau erfolgt sinngemäß in umgekehrter Reihenfolge.

■ Achten Sie auf den korrekten Sitz des Lüfterträgers (6) in der Lüfterzarge.

Lüfterzarge (Luftführungshutze) ausbauen

■ Falls vorhanden, die Geräuschdämpfung oben und die in der Mitte unten ausbauen.

■ Den elektrischen Anschluss des E-Ventilators (5 im Bild 10) abklemmen und die Verkabelung aus den Halteschellen lösen.

■ Die Entlüftungsleitung zum Ausgleichsbehälter von den Halteklammern in der Lüfterzarge ziehen.

■ Auf beiden Seiten die Rastnase (3 im Bild 11) durchdrücken, um die Lüfterzarge (1) zu lösen.

■ Elektrolüfter und Zarge zusammen nach oben ziehen und vom Kühler abnehmen. Der Einbau erfolgt sinngemäß in umgekehrter Reihenfolge.

Kühlmittelpumpe (Wasserpumpe) aus- und einbauen

Auch hier bieten die drei Motorbasen drei unterschiedliche Konzepte mit entsprechend unterschiedlichen Arbeitsabläufen für die Montagearbeiten. Wir werden im Folgenden jede Motorbasis einzeln vorstellen.

Vorbereitungen für alle Motoren

■ Lassen Sie das Fahrzeug abkühlen.

■ Lassen Sie das Kühlmittel wie schon beschrieben ab.

■ Demontieren Sie den Unterfahrschutz unten Mitte und unten rechts.

2,2-l-Diesel-Motor

Die Wasserpumpe ist auf die Rückseite der Servopumpe aufgeflanscht. Die Verschraubung (3 im Bild 12) zwischen den beiden Pumpen ist durch eine Bohrung (2) in der Riemenscheibe (1) zugänglich.

- Demontieren Sie wie bereits beschrieben die Antriebsriemen.
- Demontieren Sie die Wasseranschlüsse an der Wasserpumpe und den Anschlussschlauch zum Ölwärmetauscher am Ölfilterflansch.
- Schrauben Sie die Befestigungsschrauben der Kühlmittelpumpe (3) heraus.
- Drehen Sie die Befestigungsschrauben der Servopumpe (1 im Bild 13) heraus und nehmen Sie die Servopumpe vorsichtig ab. Die Anschlüsse der Servopumpe müssen nicht gelöst werden.
- Hebeln Sie die Wasserpumpe von der Servopumpe ab.
- Die starre Flüssigkeitsausgangsleitung von der Wasserpumpe zum Motor entfernen und aus dem Fahrzeug herausnehmen.
- Die Schelle der Kühlmittelleitung zum Ölwärmetauscher entfernen und die Leitung abnehmen.

Der Einbau erfolgt sinngemäß in umgekehrter Reihenfolge.

- Setzen Sie die Wasserpumpe in den Antrieb mit säurefreiem Fett ein. So wird die Montage deutlich erleichtert.
- Befüllen und entlüften Sie das Kühlsystem wie bereits beschrieben.
- Ziehen Sie die M6-Schrauben der Wasserpumpe mit 10 Nm fest.
- Ziehen Sie die M8-Schrauben der Wasserpumpe mit 25 Nm fest.

2,3-l-Diesel-Motor

Die Wasserpumpe ist bei diesem Motortyp im Zahnriemenantrieb integriert. Der Zahnriemen muss hierfür demontiert werden. Den Wechsel des Zahnriemens und auch den Wechsel der Wasserpumpe haben wir bereits im Kapitel 4 »Zahnriemenwechsel« in dem Unterkapitel »De- und Montage der Wasserpumpe« beschrieben.

3,0-l-Diesel-Motor

Die Wasserpumpe ist bei diesem Motortyp zwar lediglich am Motorblock verschraubt, aber aufgrund der beengten Platzverhältnisse sehr schwer zugänglich. Zudem ist der

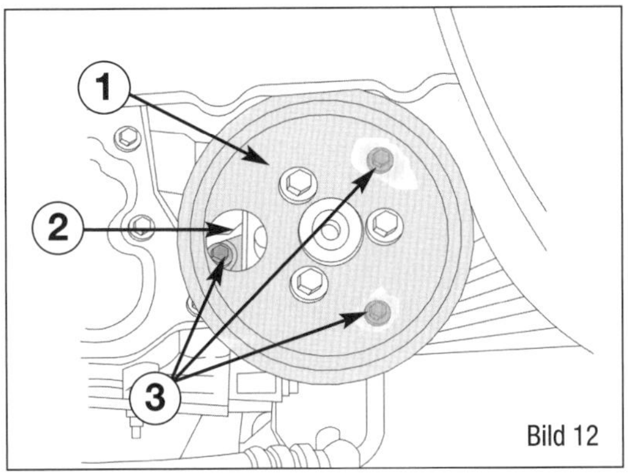

Bild 12

Bild 12
Verschraubung der Kühlmittelpumpe an der Servopumpe beim 2,2-l-Motor.
1 Riemenscheibe
2 Loch in der Riemenscheibe
3 Verschraubungen der Kühlmittelpumpe (Wasserpumpe)

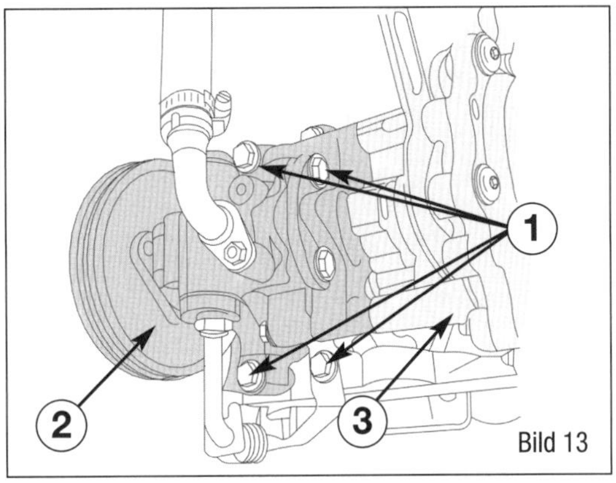

Bild 13

Bild 13
Verschraubung der Servopumpe beim 2,2-l-Motor.
1 Schrauben Servopumpe
2 Servopumpe
3 Kühlmittelpumpe (Wasserpumpe)

rechte Motorhalter gleichzeitig das Wasserpumpengehäuse. Fiat empfiehlt den Ausbau des Motors, was durchaus anzuraten ist. Die Arbeitsschritte dazu haben wir Ihnen am Ende des Kapitels 4 beschrieben.

- Bauen Sie wie bereits beschrieben den Motor aus.
- Demontieren Sie wie bereits beschrieben die beiden Antriebsriemen. Sichern Sie hierbei die Spannrolle (4 im Bild 15) mit einem passenden Stift (3).
- Öffnen Sie den Schnellverschluss am Ausgleichsbehälter unten und nehmen Sie den Schlauch zur Wasserpumpe ab.
- Drehen Sie die Schraube (2) heraus und nehmen Sie die Spannrolle (4) ab.
- Drehen Sie die Schrauben (2 im Bild 14) heraus.
- Nehmen Sie die Wasserpumpe ab.
- Lösen Sie die Schelle am Wasseranschluss (4) und ziehen Sie den Schlauch ab.

Die Montage erfolgt sinngemäß in umgekehrter Reihenfolge.

- Verwenden Sie grundsätzlich eine neue Dichtung.
- Reinigen Sie die Anlagefläche am Motorblock gründlich.

Bild 14
Verschraubung der Wasserpumpe beim 3,0-l-Motor.
1 Kühlmittelpumpe (Wasserpumpe) und Motorhalter rechts
2 Schrauben
3 Dichtung
4 Anschluss zum Ausgleichsbehälter

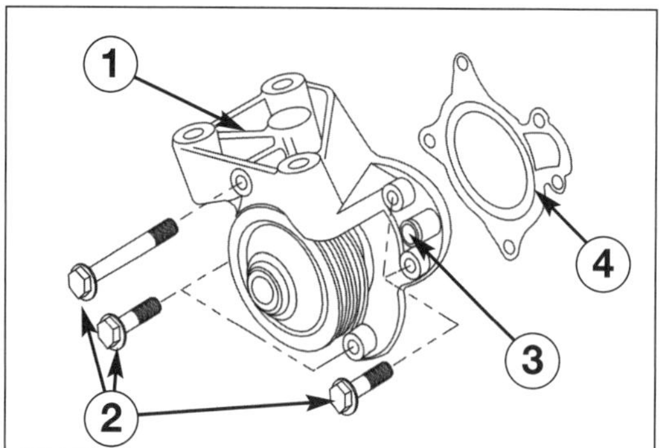

Bild 14

Bild 15
Verschraubung der Spannrolle beim 3,0-l-Motor.
1 Spannrolle
2 Befestigungsschraube am Motorblock
3 Stift zum Arretieren
4 Spannvorrichtung
5 Schraube zur Sicherung der Spannrolle (Rad)

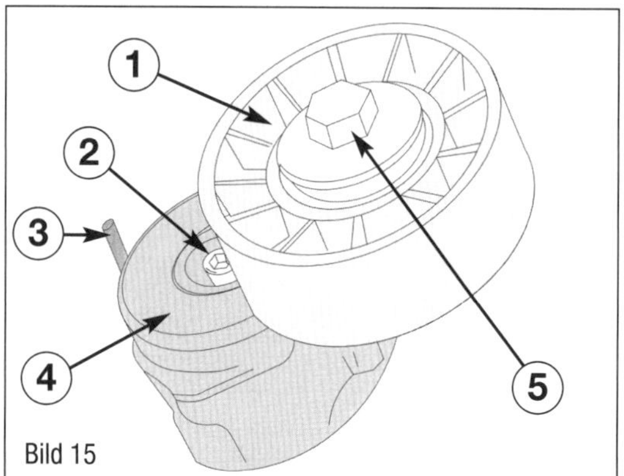

Bild 15

- Befüllen und entlüften Sie das Kühlsystem wie bereits beschrieben.
- Ziehen Sie die Schraube der Spannrolle mit 25 Nm fest.
- Ziehen Sie die M6-Schrauben der Wasserpumpe mit 10 Nm fest.
- Ziehen Sie die M8-Schrauben der Wasserpumpe mit 25 Nm fest.

Zusatzheizung Kühlmittelumlaufpumpe (elektrisch) aus- und einbauen
- Geräuschdämpfung oder den Unterfahrschutz ausbauen.
- Überdruck abbauen, dazu Verschlussdeckel für Kühlmittelausgleichsbehälter mit Lappen abdecken und vorsichtig öffnen.
- Stecker entriegeln und abziehen.
- Kühlmittelschläuche mit Schlauchklemmen (Schlauchzangen) bis 25 mm abklemmen.
- Schellen lösen und Kühlmittelschläuche abziehen.
- Pumpe für Kühlmittelumlauf vom Halter abziehen und herausnehmen.

Der Einbau erfolgt sinngemäß in umgekehrter Reihenfolge.
- Kühlmittelstand prüfen.
- Prüfen Sie die Dichtigkeit der Anschlüsse.

Temperaturregler und Thermostate

2,2-l-Diesel-Motor
Bei dieser Motorvariante sind zwei Thermostate verbaut. Der Hauptthermostat befindet sich am Zylinderkopf links (getriebeseitig). Ein Zusatzthermostat regelt die Kühlmitteltemperatur am Wärmetauscher, der am Ölfilterflansch verbaut ist. Die Kunststoffgehäuse der Thermostate sind mit einem Dichtring im Zylinderkopf beziehungsweise im Ölwärmetauscher eingesetzt. Es kann im Laufe der Jahre an dieser Stelle undicht werden oder sogar Risse im Kunststoff ausbilden. Kontrollieren Sie diese Bauteile regelmäßig.

Thermostat im Kühlkreislauf mit Gehäuse ausbauen:
- Lassen Sie den Motor abkühlen.
- Lassen Sie das Kühlmittel wie bereits beschrieben ab.
- Demontieren Sie die Kühlmittelschläuche (3 im Bild 16) am Thermostatgehäuse und am Thermostatgehäusedeckel.
- Drehen Sie die Schraube (5) heraus und ziehen Sie das Thermostatgehäuse aus dem Zylinderkopf heraus.

Die Montage erfolgt sinngemäß in umgekehrter Reihenfolge.
- Verwenden Sie grundsätzlich eine neue Dichtung.
- Reinigen Sie die Anlagefläche am Motorblock gründlich.
- Befüllen und entlüften Sie das Kühlsystem wie bereits beschrieben.
- Kühlmittelstand prüfen.
- Prüfen Sie die Dichtigkeit der Anschlüsse.

Thermostat im Kühlkreislauf ausbauen:
- Lassen Sie den Motor abkühlen.
- Lassen Sie das Kühlmittel wie bereits beschrieben ab.
- Öffnen Sie die Schlauchschelle (1 im Bild 17) und den Kühlmittelschlauch (2) abziehen.
- Demontieren Sie die Befestigungsschraube (3).
- Ziehen Sie vorsichtig das Thermostatgehäuse (4) heraus.

Die Montage erfolgt sinngemäß in umgekehrter Reihenfolge.
- Verwenden Sie grundsätzlich eine neue Dichtung.

■ Reinigen Sie die Anlagefläche am Ölfilterflansch gründlich.
■ Befüllen und entlüften Sie das Kühlsystem wie bereits beschrieben.
■ Kühlmittelstand prüfen.
■ Prüfen Sie die Dichtigkeit der Anschlüsse.

2,3-l-Diesel-Motor
Der Thermostat ist am Zylinderkopf verbaut. Er sollte grundsätzlich mit dem Gehäuse ersetzt werden. Bei einigen Herstellern im Zubehörbereich ist auch der Temperaturfühler bereits im neuen Gehäuse verbaut.
■ Lassen Sie den Motor abkühlen.
■ Lassen Sie das Kühlmittel wie bereits beschrieben ab.
■ Öffnen Sie den Schnellverschluss am Kühleranschluss des Schlauches zum Thermostatgehäuse.
■ Demontieren Sie den elektrischen Anschluss am Kühlmitteltemperaturgeber.
■ Drehen Sie die vier Schrauben (2) heraus.
■ Nehmen Sie das Thermostatgehäuse heraus.
■ Öffnen Sie die Schelle am Thermostatgehäuse und den Kühlmittelschlauch abziehen.

Die Montage erfolgt sinngemäß in umgekehrter Reihenfolge.
■ Wenn kein neuer Temperaturfühler verbaut ist, bauen Sie den alten Geber um.
■ Setzen Sie den Geber mit Flüssigdichtung oder einem Dichtband ein.
■ Verwenden Sie grundsätzlich eine neue Dichtung.
■ Reinigen Sie die Anlagefläche am Zylinderkopf gründlich.
■ Befüllen und entlüften Sie das Kühlsystem wie bereits beschrieben.
■ Prüfen Sie den Kühlmittelstand nach.
■ Prüfen Sie die Dichtigkeit der Anschlüsse.

3,0-l-Diesel-Motor
Der Thermostat ist ähnlich wie bei den 2,3-l-Motoren am Zylinderkopf verbaut. Er sollte grundsätzlich mit dem Gehäuse ersetzt werden. Bei einigen Herstellern im Zubehörbereich ist auch hier der Temperaturfühler bereits im neuen Gehäuse verbaut.
■ Lassen Sie den Motor abkühlen.
■ Lassen Sie das Kühlmittel wie bereits beschrieben ab.
■ Öffnen Sie den Schnellverschluss am Kühleranschluss des Schlauches zum Thermostatgehäuse.

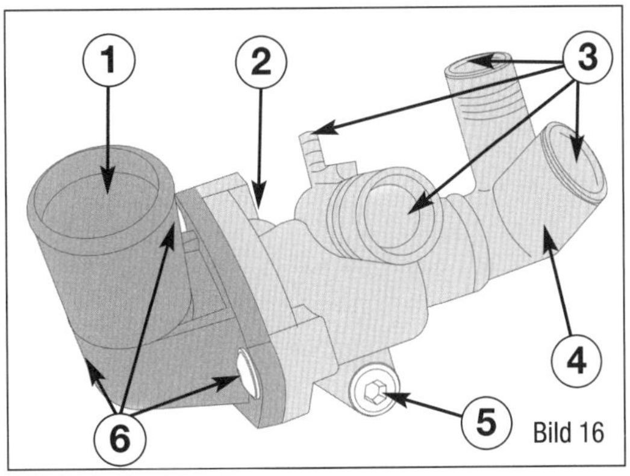

Bild 16
Kühlmittel Thermostatgehäuse beim 2,2-l-Motor.
1 Thermostatgehäusedeckel
2 Anschluss am Zylinderkopf
3 Kühlmittelanschlüsse
4 Thermostatgehäuse
5 Befestigungsschraube Thermostatgehäuse am Zylinderkopf
6 Schrauben Thermostatgehäusedeckel

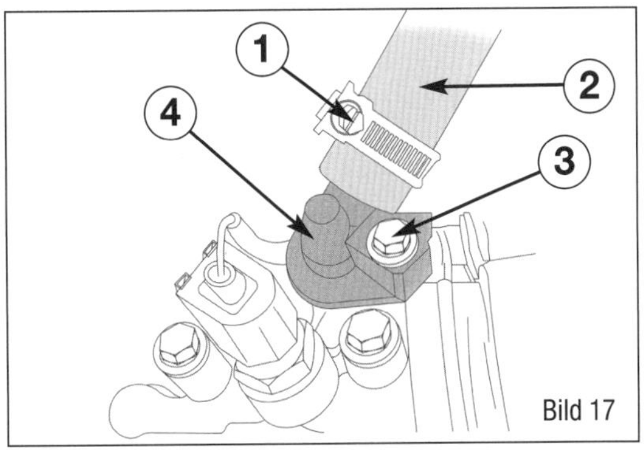

Bild 17
Kühlmittel Thermostatgehäuse am Wärmetauscher (Ölfilterflansch) beim 2,2-l-Motor.
1 Schlauchschelle
2 Kühlmittelanschlussschlauch
3 Schraube
4 Thermostatgehäuse mit Thermostat

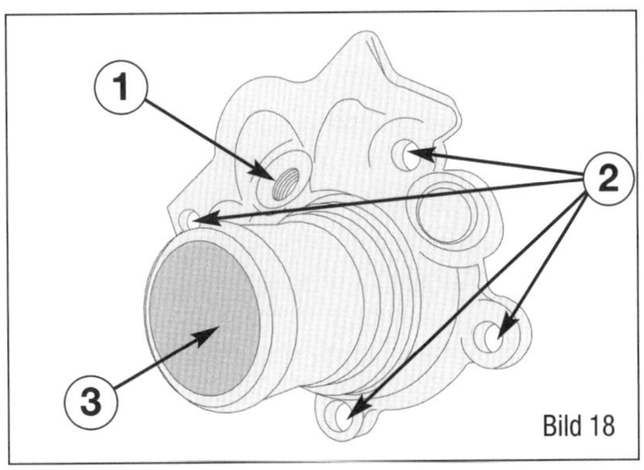

Bild 18
Kühlmittel Thermostatgehäuse beim 2,3-l-Motor.
1 Gewinde Temperaturfühler
2 Verschraubungen am Zylinderkopf
3 Thermostatgehäuse

■ Demontieren Sie den elektrischen Anschluss am Kühlmitteltemperaturgeber.
■ Drehen Sie die vier Schrauben (2) heraus und nehmen das Thermostatgehäuse heraus.
■ Öffnen Sie die Schelle am Thermostatgehäuse und ziehen Sie den Kühlmittelschlauch ab.

Die Montage erfolgt sinngemäß in umgekehrter Reihenfolge.
■ Wenn kein neuer Temperaturfühler verbaut ist, bauen Sie den alten Geber um.
■ Setzen Sie den Geber mit Flüssigdichtung oder einem Dichtband ein.
■ Verwenden Sie grundsätzlich eine neue Dichtung.
■ Reinigen Sie die Anlagefläche am Zylinderkopf gründlich.

Sichtprüfung Messen

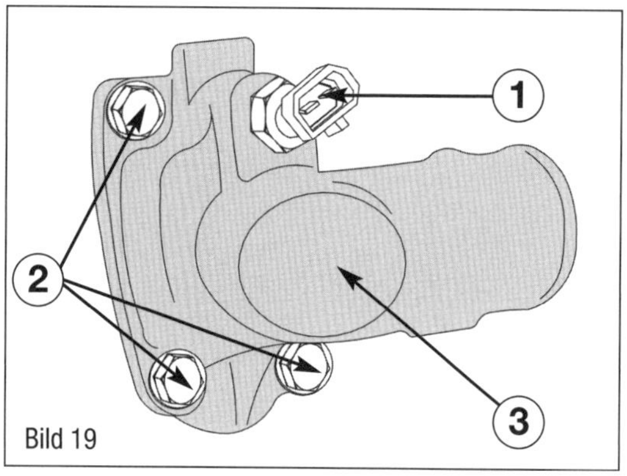

Bild 19
Kühlmittel-Thermostat-gehäuse beim 3,0-l-Motor.
1 Temperaturfühler
2 Schrauben
3 Thermostatgehäuse

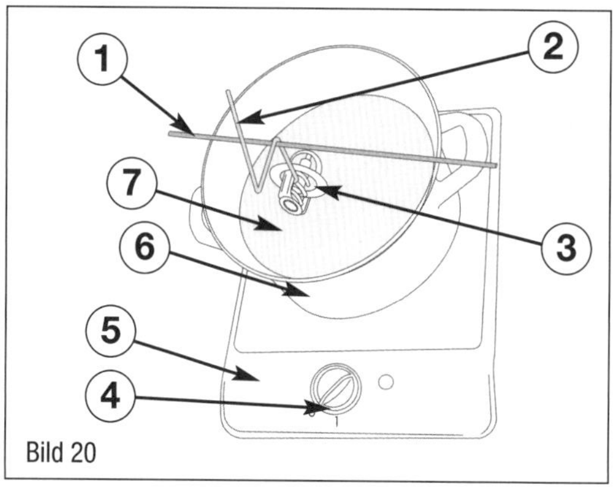

Bild 20
Kühlmittel-Thermostat prüfen.
1 Auflagestab
2 Haltestab
3 Thermostat
4 Schalter
5 Kochplatte
6 Topf
7 Wasser

- Befüllen und entlüften Sie das Kühlsystem wie bereits beschrieben.
- Prüfen Sie den Kühlmittelstand nach.
- Prüfen Sie die Dichtigkeit der Anschlüsse.

Thermostat prüfen

Zwar erscheint es nicht unbedingt logisch, aber macht es durchaus Sinn die Funktion des Thermostates im ausgebauten Zustand zu prüfen. So kann ausgeschlossen werden, dass doch ein anderer Fehler vorliegt, der ein ähnliches Symptom wie ein defekter Thermostat bewirkt.

- Bauen Sie den Thermostaten oder das Thermostatgehäuse aus.
- Legen Sie es in einen Kochtopf oder einen Wasserkocher.
- Legen Sie eine Messsonde in den Bereich des Thermostates mit ins Wasser hinein. Sehr gut funktioniert die Messsonde, die meist bei den Multimetern mitgeliefert wird.
- Erwärmen Sie das Wasser langsam und beobachten Sie hierbei das Thermostatventil.

Es sollte bei etwa 85 °C beginnen sich zu öffnen und bei spätestens etwa 105 °C voll geöffnet sein, Die Öffnung muss gleichmäßig und ruckfrei erfolgen. Das Ventil muss sich vollständig öffnen. Es ergibt einen Ringspalt von etwa 5 mm.

Arbeitet der Thermostat fehlerfrei lassen Sie einen CO_2-Test durchführen, um einen Schaden an der Kopfdichtung auszuschließen.

- Lassen Sie das Wasser wieder abkühlen. Beobachten Sie auch das Schließverhalten des Thermostates.
- Liegen Fehler vor sollten Sie den Thermostaten erneuern.

7 Kraftstoffversorgung

Bauteile der Anlage und Arbeiten am Kraftstoffsystem

Sicherheit geht vor

Der Kraftstoffdruck im Hochdruckrohr kann beim Common-Rail-System bis zu 2000 bar betragen! Beachten Sie die Sicherheitsmaßnahmen zum Druckabbau im Hochdruckbereich. Selbst die Kraftstoffvorlaufleitung steht unter Druck! Tragen Sie Schutzbrille und Schutzbekleidung, um Verletzungen und Hautkontakt zu vermeiden. Vor dem Lösen von Schlauchverbindungen Putzlappen um die Verbindungsstelle legen. Dann durch vorsichtiges Abziehen des Schlauchs Druck abbauen.

Aus Sicherheitsgründen muss vor dem Öffnen des Kraftstoffsystems die Stromzufuhr zur Kraftstoffpumpe unterbrochen werden. Die Kraftstoffpumpe wird sonst beim Öffnen der Fahrertür aktiviert. Nutzen Sie eine der folgenden Möglichkeiten, um die Stromzufuhr zu unterbrechen.

Wichtig zu wissen für die Arbeit an dieser Reparaturgruppe ist die Tatsache, dass es automatische Ein- und Ausschaltfunktionen für die Kraftstoffpumpe gibt. Die Crash-Kraftstoffabschaltung soll die Gefahr eines Fahrzeugbrandes nach einem Crash reduzieren, indem die Kraftstoffpumpe abgeschaltet wird.
Kurzzeitiges Einschalten der Pumpe beim Öffnen der Tür soll andererseits eine Komfortverbesserung des Startverhaltens beim Motor bewirken.
Dabei wird die Kraftstoffpumpe zwei Sekunden lang angesteuert, damit sich im Kraftstoffsystem Druck aufbaut. Weil die Kraftstoffpumpe beim Einschalten der Zündung und durch den Türkontaktschalter der Fahrertür aktiviert wird, muss vor dem Öffnen des Kraftstoffsystems aus Sicherheitsgründen, wenn die Batterie nicht abgeklemmt wird, der Anschlussstecker von der Kraftstoff-Fördereinheit abgezogen oder die Sicherung für die Ansteuerung der Kraftstofffördereinheit aus dem Sicherungshalter entfernt werden.

Die Anlage im Überblick

Wichtigste Bauteile des Systems der Kraftstoffversorgung sind der Kraftstoffbehälter (Tank), in den der Kraftstoff über Tankklappeneinheit und Einfüllstutzen eingebracht wird, die in den Tank eingebaute Kraftstofffördereinheit (Kraftstoffpumpe), der Kraftstofffilter und die Kraftstoffleitungen (Bild 1). Die Vorlaufleitung (die untere Leitung über dem Verschlussring der Fördereinheit) ist schwarz gekennzeichnet, die Rücklaufleitung (im Bild die obere) ist blau. Es gibt kaum Merkmale, durch die sich die durchaus unterschiedlichen Tankanlagen für Dieselmodelle und vergleichbare Benzinermodelle mit 0,5 bar oder 6 bar Niederdrucksystem voneinander unterscheiden lassen. Die Einbauposition der Komponenten unterscheidet sich heute auch bei unterschiedlichen Fahrzeugtypen kaum. Erfahrungsgemäß werden der Ersatz oder auch Arbeiten am Tanksystem sich auf die Intankpumpe oder den Kraftstoffgeber beschränken. Der Austausch der kompletten Tankanlage ist möglich, aber aufwendig und kommt seht selten vor.

Elektrische Sicherungen für Kraftstoffpumpe

Die zutreffende Sicherung befindet sich auf dem Steckplatz »F21« des Sicherungshalters im Motorraum links. Diese 15-A-Sicherung sichert die Stromzufuhr zum Kraftstoffpumpenrelais der Kraftstofffördereinheit ab.
Der Sicherungshalter im Motorraum ist der Einbauort für Sicherungen, die Sie beim Aus- und Einbau des Gebers für Kraftstoffvorratsanzeige oder der Kraftstoffpumpe (Kraftstoff-

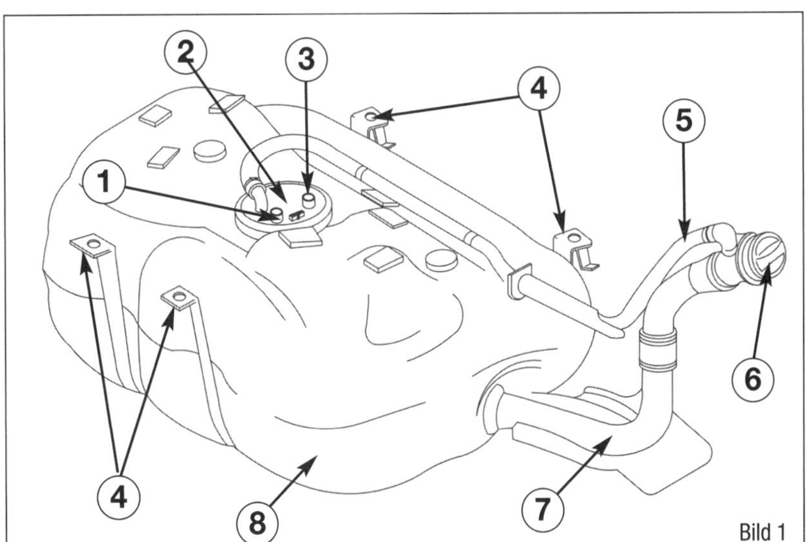

Bild 1
Tankanlage in der Übersicht.
1 Rücklauf
2 elektrischer Anschluss
3 Vorlauf
4 Tankfangbänder
5 Tankentlüftungsleitung
6 Tankdeckel
7 Tankeinfüllstutzen
8 Tank (90 l oder 120 l)

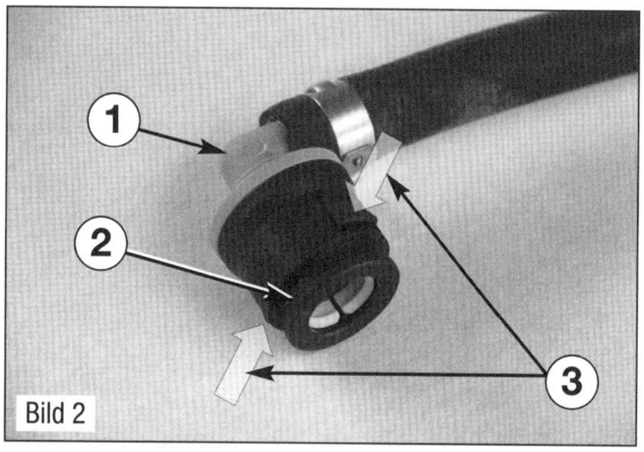

Bild 2

Bild 2
Variante 1.
1 Steckkupplung
2 Rastenring
3 Entriegelungstasten

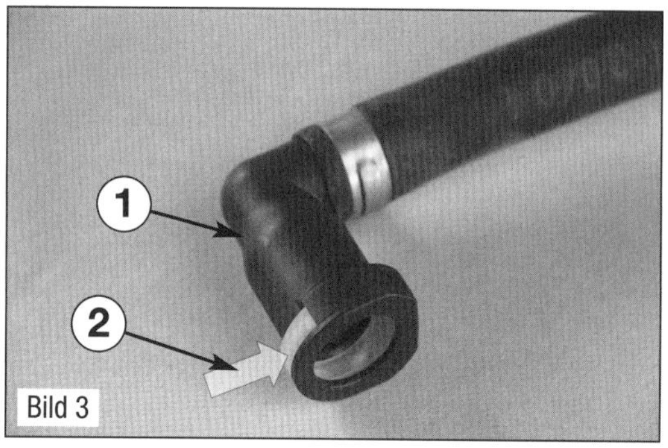

Bild 3

Bild 3
Variante 2.
1 Steckkupplung
2 Rastenring

fördereinheit) benötigen. Über die Steckkontakte des abgezogenen Kraftstoffrelais können Sie die Kraftstoffpumpe ansteuern ohne die Zündung einschalten zu müssen.

⚠ Bei gefüllten oder teilweise gefüllten Kraftstoffbehältern muss bereits vor Beginn der Arbeiten in der Nähe der Montageöffnung des Kraftstoffbehälters zum Absaugen der freiwerdenden Kraftstoffgase der Abgasschlauch einer eingeschalteten Abgasabsauganlage gelegt werden. Alternativ kann ein Radiallüfter mit Motor außerhalb des Luftstroms und Fördervolumen größer als 15 m³/h verwendet werden.

⚠ Kraftstoffleitungen sind mit Schnellverschlüssen gesichert. Kraftstoffschläuche dürfen nur mit Federbandschellen gesichert werden. Die Verwendung von Klemm- oder Schraubschellen ist nicht zulässig.

Steckkupplungen trennen

Bei den meisten Fahrzeugen auf dem Markt finden sich sechs typische Stecksysteme für die Verbindungen der Schläuche, unter anderem auch für die Kraftstoffversorgung. Es ist sehr wichtig zu wissen, wie sie geöffnet werden, um sie nicht zu beschädigen. Für alle gilt, dass die Verbindungen am besten etwas zusammengeschoben werden, damit sie leichter ausrasten können.

Variante 1 (Bild 2)
Der Innenring (Rastenring in der Mitte) ist nach oben und unten verschiebbar. Verschlossen umfasst der Rastenring das Gegenstück auf der Kraftstoffleitung.

- Steckkupplung (1) etwas auf den Anschluss drücken.
- Entriegelungstaste (3) drücken und gedrückt halten.
- Steckkupplung (1) von der Kraftstoffleitung abziehen.
- Beim Einbau Farbzuordnung beachten.
- Steckkupplungen müssen beim Verriegeln »hörbar« einrasten.
- Den festen Sitz der Steckkupplung durch Gegenziehen prüfen!

Variante 2 (Bild 3)
Der Rastenring kann nach links oder rechts verschoben werden. Er hat im gedrückten Zustand einen etwas größeren Durchmesser, der es erlaubt die Verdickung auf der Kraftstoffleitung vorbeizulassen.

- Steckkupplung (1) etwas auf den Anschluss drücken.
- Zugentriegelung (2) in Pfeilrichtung eindrücken.
- Steckkupplung (1) von der Kraftstoffleitung abziehen.
- Beim Einbau Farbzuordnung beachten.
- Die Steckkupplungen müssen beim Verriegeln »hörbar« einrasten.
- Den festen Sitz der Steckkupplung durch Gegenziehen prüfen!

Variante 3 (Bild 4)
Der untere Teil des Steckergehäuses ist der Rastenring. Er muss entsichert und nach unten gezogen werden.

- Entriegelungstaste (Pfeil) drücken und den unteren Teil der Steckkupplungen (Schiebestück) nach oben schieben.
- Die Steckkupplung nach oben abziehen.
- Beim Einbau Farbzuordnung beachten.
- Steckkupplungen müssen beim Verriegeln »hörbar« einrasten.
- Den festen Sitz der Steckkupplungen durch Gegenziehen prüfen!

Variante 4 (Bild 5)
Ähnlich wie bei Variante 1 kann der Innenring nach oben und unten verschoben werden.

Verschlossen umfasst der Rastenring das Gegenstück auf der Kraftstoffleitung.

- Steckkupplung (1) etwas auf den Anschluss drücken.
- Entriegelungstaste (2) drücken und Steckkupplung abziehen.
- Beim Einbau Farbzuordnung beachten.
- Steckkupplungen müssen beim Verriegeln »hörbar« einrasten.
- Den festen Sitz der Steckkupplung durch Gegenziehen prüfen!

Variante 5 (Bild 6)
Der Außenring (2) kann nach oben und unten verschoben werden. Eingerastet befindet sich der Ring unten. Auch beim Aufdrücken sollte der Ring betätigt werden.

- Steckkupplung (1) etwas auf den Anschluss drücken.
- Den Außenring (2) nach oben schieben und Steckkupplung abziehen.
Beim Einbau Farbzuordnung beachten.
- Steckkupplungen müssen beim Verriegeln »hörbar« einrasten.
- Den festen Sitz der Steckkupplung durch Gegenziehen prüfen!

Variante 6 (Bild 7)
Hier kann ähnlich wie bei Variante 2 die Sicherungsklammer (2) nach links oder rechts verschoben werden. Sie sichert die Steckverbindung zweifach. Die Sicherungsklammer (2) sichert die Rasten (4) gegen Betätigung, da die Klammer im eingeschobenen Zustand eine Rasten-Betätigung verhindert.

- Entriegelungstaste (2) rechts und links zusammendrücken.
- Die Sicherungsklammern (2) gegen die Pfeilrichtung (1) bis Anschlag herausziehen.
- Entriegelungstaste (4) drücken und Steckkupplung abziehen.
- Beim Einbau Farbzuordnung beachten.
- Steckkupplungen müssen beim Verriegeln »hörbar« einrasten.
- Den festen Sitz der Steckkupplung durch Gegenziehen prüfen

Kraftstoffbehälter entleeren, befüllen

Die Montagearbeiten für die einzelnen Motorvarianten und Fahrzeugaufbauten unterscheidet sich nur unwesentlich. Grundsätzlich sollten Sie den Kraftstofftank niemals im gefüllten Zustand demontieren oder mit hohem Füllstand die Verschlussschraube öffnen. Der Kunststofftank kann sich verziehen und so auch der Verschluss zum Tankgeber undicht werden.

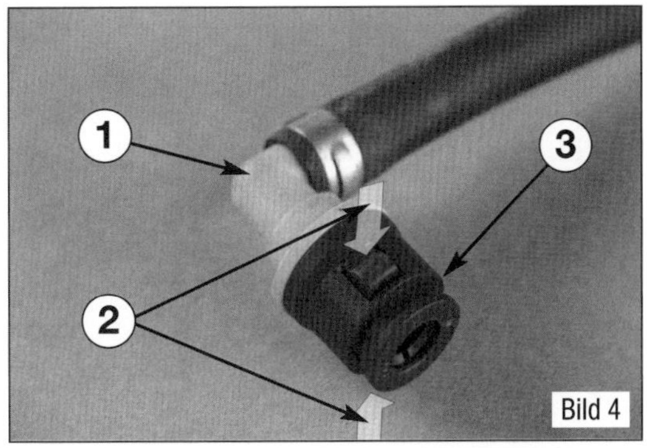

Bild 4
Variante 3
1 Steckkupplung
2 Entriegelungstaste
3 Schiebestück

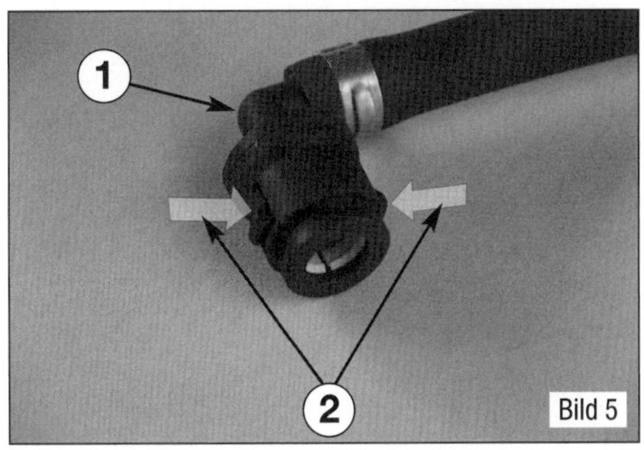

Bild 5
Variante 4.
1 Steckkupplung
2 Entriegelungstaste

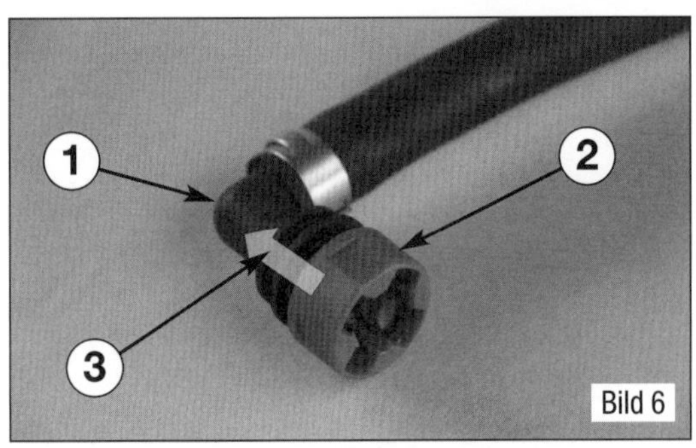

Bild 6
Variante 5.
1 Steckkupplung
2 Außenring
3 Bewegungsrichtung

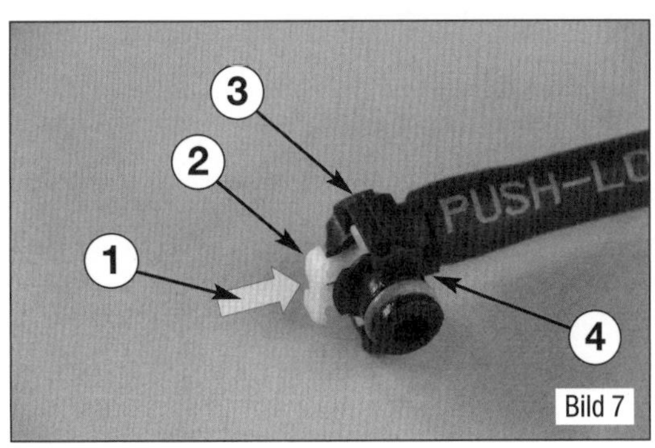

Bild 7
Variante 6.
1 Bewegungsrichtung (sichern)
2 Sicherungsklammer
3 Kupplungsgehäuse
4 Entriegelungstaste

Tank absaugen (Teilentleerung)

- Die Innenraumklappe über dem Tankpumpenelement ausbauen.

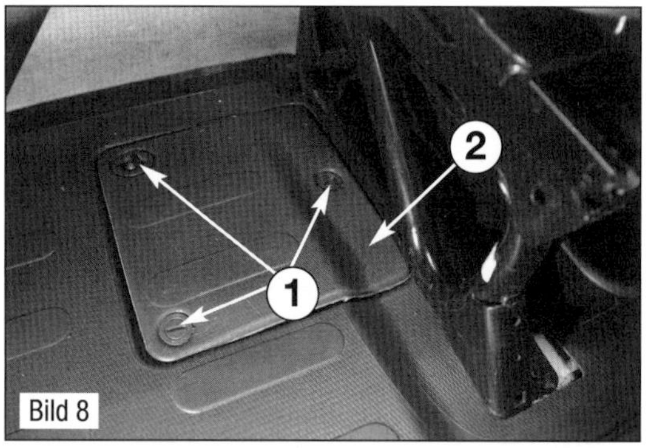

Bild 8

Bild 8
Abdeckung neben dem Fahrersitz.
1 Schrauben
2 Abdeckung

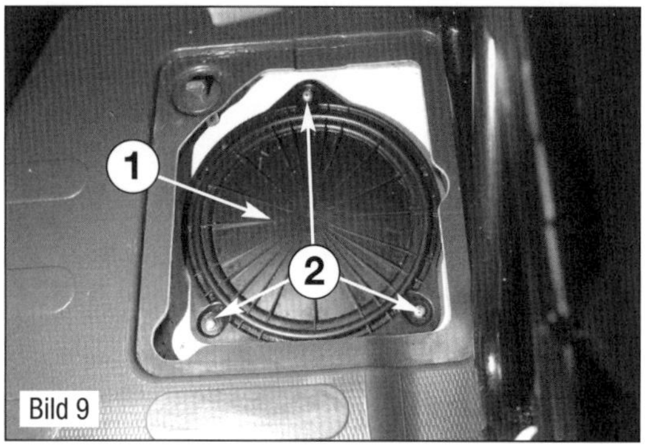

Bild 9

Bild 9
Abdeckung über dem Tankförderelement.
1 Abdeckung
2 Schrauben

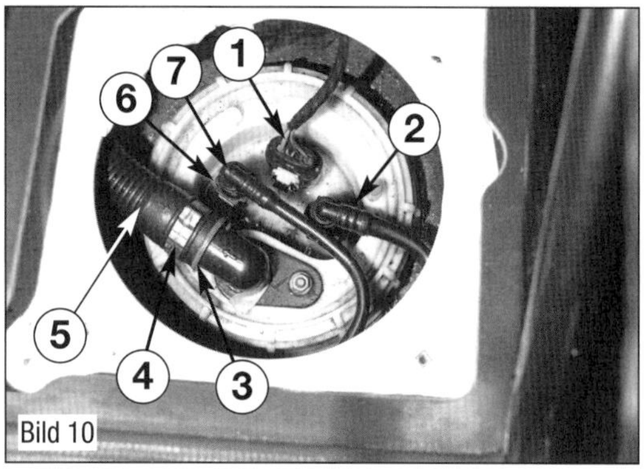

Bild 10

Bild 10
Anschlüsse am Tankfördermodul.
1 elektrischer Anschluss
2 Vorlauf
3 Anschlussdichtung
4 Schelle
5 Entlüftungsschlauch
6 Überwurfmutter
7 Rücklauf

- Den Bereich um die Abdeckung (1 im Bild 9) des Tankpumpenelementes gründlich reinigen.
- Drehen Sie die Schrauben (2) heraus und nehmen Sie die Abdeckung (1) heraus.
- Reinigen Sie den Bereich um das Tankpumpenelement mit Druckluft gründlich.
- Einen Lappen im Bereich der Kraftstoffleitung (7 im Bild 10) legen und die Leitung abziehen.
- Stecken Sie eine Adapterleitung oder einen passenden Schlauch auf.
- Das andere Ende des Ablassschlauches in einen geeigneten Sicherheitsbehälter einführen.
- Die Tankklappe öffnen und den Verschlussdeckel des Kraftstoffbehälters abschrauben.

Ansteuerung über den Motortester:
- Die Kraftstoffpumpe mit einem Diagnosetester über die geführten Funktionen des jeweiligen Motorsteuergerätes ansteuern.
- Den Kraftstoff in geeigneten Sicherheitsbehälter abpumpen.

Manuelle Ansteuerung der Kraftstoffpumpe:
- Öffnen Sie die Sicherungsbox im Motorraum links und ziehen Sie das Kraftstoffpumpenrelais auf den Steckplatz »T10« heraus.
- Klemmen Sie auf die Klemme 87 des Relaisplatzes ein Pluskabel, am besten mit Schalter, als Fernbedienung an.
- Den Kraftstoff in geeigneten Sicherheitsbehälter abpumpen.

⚠ Die Kraftstoffpumpe mit Tankgeber darf nicht trocken laufen, sonst kann sie beschädigt werden.
- Den Ablassschlauch vom Vorlaufanschluss abziehen.
- Den Kraftstoff aus dem Ablassschlauch in den Sicherheitsbehälter ablaufen lassen.
- Den Ablassschlauch aus dem Sicherheitsbehälter herausziehen.
- Den Kraftstoffvorlauf wieder auf das Tankmodul aufstecken.

Tank absaugen (Komplettentleerung)
Diese Arbeit wird immer dann erforderlich, wenn eine Falschbetankung passiert ist oder aufgrund eines Schadens die Tankanlage gereinigt oder ausgebaut werden muss. Zum Absaugen dürfen nur »Ex-geschützte Sauger« verwendet werden.
- Die Tankklappe öffnen und den Verschlussdeckel des Kraftstoffbehälters abschrauben.
- Die Innenraumklappe über dem Tankpumpenelement ausbauen.
- Den Bereich um die Abdeckung (1 im Bild 9) des Tankpumpenelementes gründlich reinigen.
- Drehen Sie die Schrauben (2) heraus und nehmen Sie die Abdeckung (1) heraus.
- Reinigen Sie den Bereich um das Tankpumpenelement mit Druckluft gründlich.
- Einen Lappen im Bereich der Kraftstoffleitung (7 und 2 im Bild 10) legen und die Leitung abziehen.
- Bauen Sie die Tankfördereinheit aus.
- Saugen Sie den Kraftstoff mit einem geeigneten Absauggerät aus dem Tank ab.

■ Nehmen Sie den restlichen Kraftstoff mit einem Lappen auf.

Kraftstofftank befüllen

■ Den Kraftstoffbehälter über den Einfüllstutzen wie beim normalen Betanken befüllen.
■ Den Verschlussdeckel des Kraftstoffbehälters anschrauben und Tankklappe schließen.
■ Die Zündung einschalten, den Nachlauf der Kraftstoffpumpe mit Tankgeber abwarten.
■ Zündung wieder ausschalten und die Dichtheit der Kraftstoffleitung (2) am Kraftstoffverteiler (3) oder am Anschluss an der Hochdruckpumpe (7) prüfen.
■ Innenraumklappe über Motor wieder einbauen.
■ Den Fehlerspeicher auslesen, wenn erforderlich löschen.

Kraftstofffördereinheit im Tank aus- und einbauen

Soll die Kraftstofffördereinheit getauscht werden, ist zuvor die Kraftstoffpumpe zu prüfen (Funktion und Spannungsversorgung, Kraftstoffdruck und Haltedruck sowie Kraftstofffördermenge, Stromaufnahme). Prüfen Sie zuerst die Steckverbindung auf festen Sitz, indem Sie am Stecker ziehen, ohne die Verriegelung zu betätigen. War der Stecker nicht richtig gesteckt, kann er einen Fehler verursacht haben.
Damit soll ein Fehltausch der Kraftstofffördereinheit vermieden werden. Diese komplexen Prüfungsarbeiten erfordern eine Reihe von Prüf- und Messgeräten wie Druckmessgerät mit verschiedenen Adaptern, Mengenvergleichsmessgerät und einen Fahrzeugdiagnosetester, die in der heimischen Garage kaum vorhanden sein dürften. Eventuell hilft eine Mietwerkstatt. Wir halten für diese Prüfung eine Fachwerkstatt für die beste Empfehlung.

Das Kraftstoffsystem steht unter Druck! Tragen Sie Schutzbrille und Schutzhandschuhe, um Verletzungen und Hautkontakt zu vermeiden. Vor dem Lösen von Schlauchverbindungen Putzlappen um die Verbindungsstelle legen. Dann durch vorsichtiges Abziehen des Schlauchs Druck abbauen.

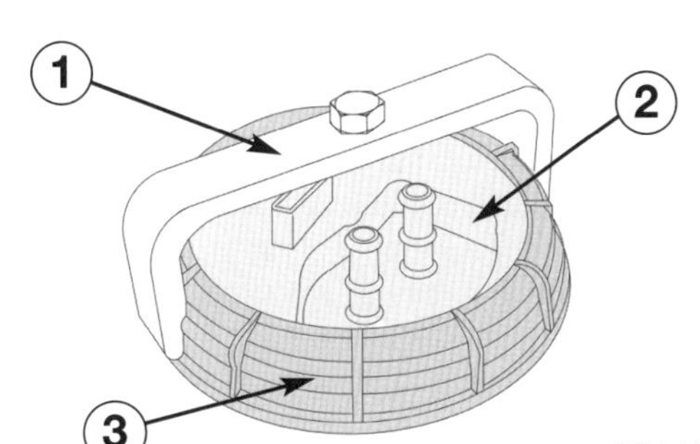

Bild 11

Bild 11
1 Schlüssel für Überwurfmutter
2 Tankfördereinheit
3 Überwurfmutter

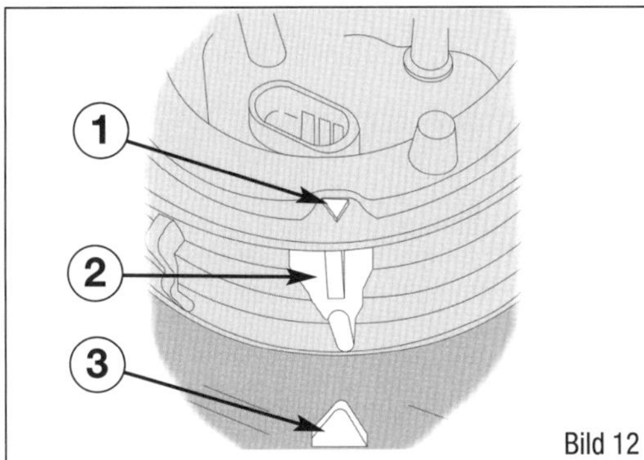

Bild 12

Bild 12
1 Markierung der Einbaurichtung auf der Tankfördereinheit
2 Nase
3 Markierung der Einbaurichtung auf dem Tank

■ Kraftstoffbehälter zumindest bis auf 1/3 Füllstand leeren.
■ Die Innenraumklappe über dem Tankpumpenelement ausbauen.
■ Den Bereich um die Abdeckung (1 im Bild 9) des Tankpumpenelement gründlich reinigen.
■ Drehen Sie die Schrauben (2) heraus und nehmen Sie die Abdeckung (1) heraus.
■ Reinigen Sie den Bereich um das Tankpumpenelement mit Druckluft gründlich.
■ Einen Lappen im Bereich der Kraftstoffleitung (7 im Bild 10) legen und die Leitung abziehen.
■ Ziehen Sie den elektrischen Anschluss und die Kraftstoffleitungen von der Tankfördereinheit ab.

Kontrollieren Sie, ob Vor- und Rücklaufleitung markiert sind. Ist das nicht der Fall, markieren Sie die Anschlüsse mit beschriftetem Klebeband.

■ Ziehen Sie den Entlüftungsschlauch zum Tank ab.
■ Überwurfmutter mit dem Schlüssel für Überwurfmutter abschrauben.
■ Kraftstofffördereinheit aus dem Kraftstoffbehälter herausnehmen.

Der Einbau erfolgt sinngemäß in umgekehrter Reihenfolge.

■ Der Pfeil auf der Kraftstofffördereinheit (1 im Bild 12) zeigt zum Pfeil (3) am Kraftstoffbehälter. Die Nase der Kraftstofffördereinheit (2) muss mit der Aussparung am Kraftstoffbehälter übereinstimmen.
■ Die markiertenn Rücklauf-/Vorlaufleitungen sind auf dem Flansch des Gebers für Kraftstoffvorratsanzeige durch Flussrichtungspfeile gekennzeichnet.

Geber für Kraftstoffvorratsanzeige

Geber prüfen und einstellen

■ Kraftstofffördereinheit ausbauen.

Nummer	Höhenlage	Widerstand
Tank leer	bis 9,5 mm	ca. 300 Ω
1	11 mm	ca. 300 Ω
2	60 mm	ca. 250 Ω
3	96 mm	ca. 215 Ω
4	133 mm	ca. 180 Ω
5	170 mm	ca. 145 Ω
6	202 mm	ca. 115 Ω
7	238 mm	ca. 80 Ω
8	270 mm	ca. 50 Ω
9	303 mm	ca. 20 Ω
Tank voll	305 mm	ca. 20 Ω

■ Kraftstofffördereinheit entleeren und auf einen sauberen geraden Untergrund stellen.
■ Messen Sie den Widerstand zwischen den Anschlüssen 1 und 2 des Steckkontaktes.
■ Erfassen Sie die Höhenlage mit einem Stahllineal.

60-l-Tankanlage

Bei Wohnmobilen wird oftmals eine 60-l-Tankanlage angeboten. Verbaut werden werkseitig aber lediglich 90- und 120-l-Tankanlagen. Im Regelfall werden für die 60-l-Varianten der Füllstand durch einen Rohraufsatz auf die Tankentlüftung (dicker Schlauch 5 im Bild 10) erreicht. Begründet ist dieser Umbau in der etwas höheren Zuladung des Wohnmobiles. Die Nutzlast ist gerade bei aufwendigeren Aufbauten oft schnell erreicht. Sobald der Kraftstoff den Rohrquerschnitt erreicht, erfolgt keine Entlüftung mehr und es kann kein weiterer Kraftstoff nachgetankt werden.
Wird dieses Rohr abgezogen (hierfür muss die Tankfördereinheit ausgebaut werden), müssen softwareseitig mit einem geeigneten Tester die Messwerte für die Tankanzeige und die dazugehörigen Funktionen wie Reichweite umprogrammiert werden. Ohne Umprogrammierung erfolgt ein falscher Messwert für den Bereich der Über-

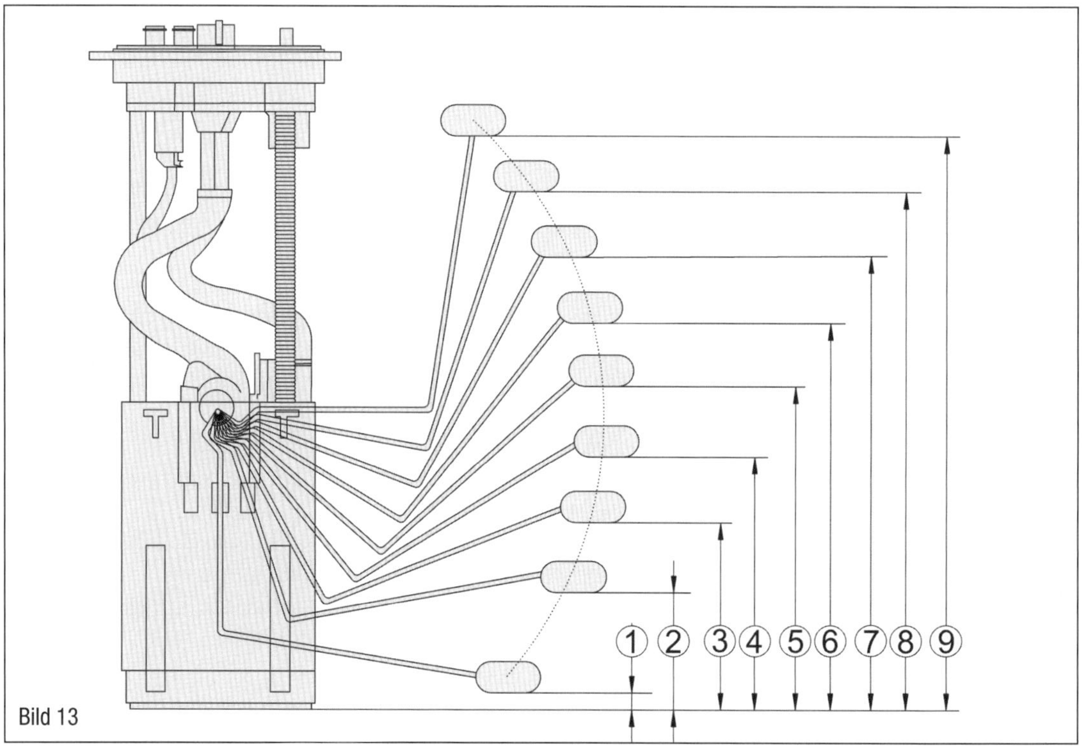

Bild 13

Bild 13
Schwimmerhöhe bei ausgebauter Kraftstofffördereinheit: 1–9 Messhöhen für die Widerstandswerte in der Tabelle.

füllung und möglicherweise eine Fehlermeldung im Display.

De- und Montage

Die Montagearbeiten für die einzelnen Modelle unterscheiden sich nur unwesentlich. Die hier beschriebenen Arbeitsschritte können als Arbeitsschema für alle Modelle übernommen werden. Die Komponenten der Kraftstoffgebereinheit, Pumpe und Füllstandgeber sind im Zubehörmarkt durchaus einzeln zu beschaffen und können somit auch einzeln ersetzt werden. Der offizielle Weg ist aber grundsätzlich der Ersatz der gesamten Einheit.

- Kraftstoffbehälter zumindest bis auf 1/3 Füllstand leeren.
- Kraftstofffördereinheit ausbauen.
- Kraftstofffördereinheit entleeren und auf einen sauberen Untergrund stellen.
- Steckverbindung vom Geber für Kraftstoffvorratsanzeige abziehen und Leitung freilegen.
- Verrastung entriegeln und Geber für Kraftstoffvorratsanzeige herausziehen.

Der Einbau erfolgt sinngemäß in umgekehrter Reihenfolge.

- Geber für Kraftstoffvorratsanzeige in den Führungen an der Kraftstoffpumpe einsetzen und bis zum Einrasten nach unten drücken.
- Achten Sie darauf, dass Sie den Schwimmerhebel nicht verbiegen.
- Kontrollieren Sie die Schwimmereinstellung wie bereits beschrieben.

Sicherheitsschalter Kraftstoffpumpe

Die meisten Fahrzeughersteller setzen diese Funktion über das Bordnetzsteuergerät und die Sensorik des Airbagsystems um, oftmals gekoppelt mit der Einschaltung der Warnblinkanlage und das Absetzen eines Notrufs. Der Ducato verwendet noch einen Crashschalter, der ab einer definierten negativen Beschleunigung mit einer Stahlkugel den Schalter auslöst und die Masseverbindung zum Kraftstoffpumpenrelais unterbricht. Dieser Crashschalter ist hinter dem Handschuhfach verbaut.

⚠ Nach der Auslösung darf der Sicherheitsschalter nicht zurückgestellt werden, solange nicht sichergestellt ist, dass die Kraftstoffzufuhr dicht ist oder sogar Verbrennungsgeruch wahrgenommen wird. Zuerst muss die Ursache für den Kraftstoffverlust oder den Brandgeruch gefunden werden.

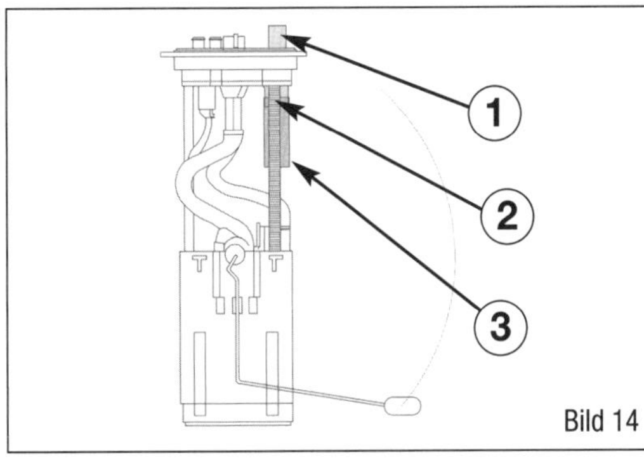

Bild 14

Bild 14
Sonderbauweise bei Wohnmobilen.
1 Anschluss Entlüftungsschlauch
2 Füllstandrohr
3 Rohrstück

Bild 15

Bild 15
Sicherheitsschalter Kraftstoffpumpe.
1 Rücksetzschalter
2 Verschraubungen
3 Elektrischer Anschluss

De- und Montage

Die Montagearbeiten für die einzelnen Modelle unterscheiden sich nicht. Wir stellen Ihnen eine allgemeingültige Beschreibung zur Verfügung.

- Schalten Sie die Zündung aus und ziehen Sie den Schlüssel ab.
- Demontieren Sie das Handschuhfach.
- Bauen Sie die rechte untere Armaturenbrettverkleidung aus.
- Ziehen Sie den Steckkontakt (2 im Bild 16) ab.
- Drehen Sie die beiden Befestigungsmuttern (3) ab und nehmen Sie den Haltebügel (1) ab.
- Demontieren Sie den Halteclip (1 im Bild 16) und heben Sie die Schalldämmung leicht an.
- Drehen Sie die Befestigungsmuttern (3) des Sicherheitsschalters (2) heraus.
- Nehmen Sie den Sicherheitsschalter (2) ab.

Die Montage erfolgt sinngemäß in umgekehrter Reihenfolge.

Bild 16
Elektrik im Beifahrerfußraum.
1 Haltebügel
2 Steckkontakt
3 Befestigungsmuttern

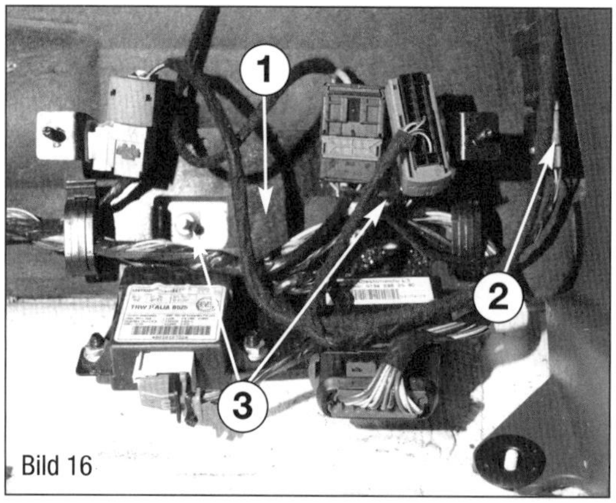

Bild 17
Sicherheitsschalter.
1 Haltclip
2 Sicherheitsschalter
3 Muttern

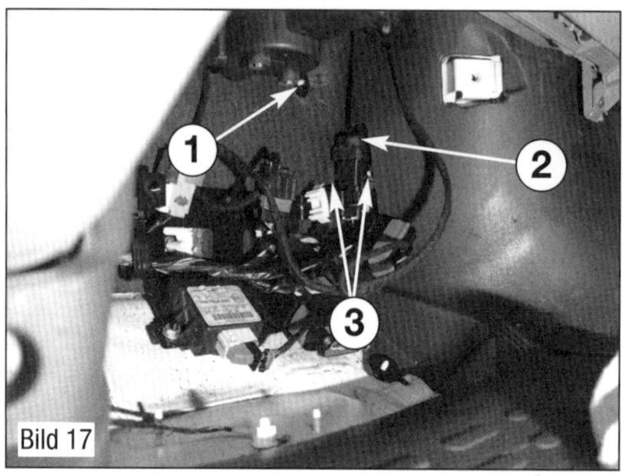

Bild 18
Tankstutzen von innen.
1 Abdeckung unter der unteren B-Säulenverkleidung

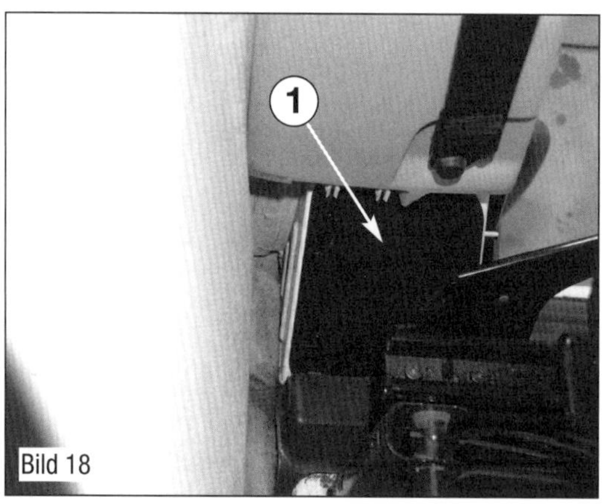

Bild 19
Tankstutzen von innen.
1 Dichtung
2 Schelle
3 Entlüftungsschlauch

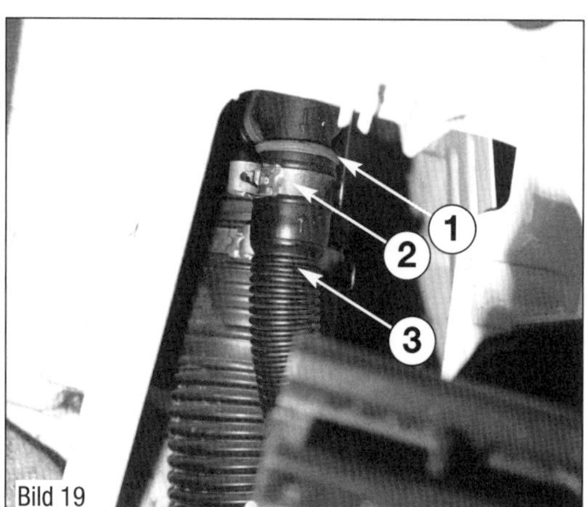

■ Drücken Sie den Sicherheitsschalter zur Kontrolle und prüfen Sie die Funktion der Kraftstoffpumpe, indem Sie den Motor laufenlassen.

Kraftstofftank aus- und einbauen

Beim Ausbau des Kraftstofftanks kann immer Restkraftstoff austreten. Legen Sie sich Bindemittel und einige Lappen bereit, um den austretenden Kraftstoff aufzufangen. Um zu vermeiden, dass Dreck in die Anschlüsse oder in den Tank selber eintritt, kann man die Anschlussstücke mit Klebeband abkleben oder durch Lappen verschließen.

■ Prüfen Sie zuerst, ob ein codiertes Radio eingebaut ist. In diesem Fall erfragen Sie bitte die Anti-Diebstahl-Codierung.
■ Klemmen Sie bei ausgeschalteter Zündung das Masseband der Batterie ab.
■ Demontieren Sie die Abdeckung (1 im Bild 18) zum Tankstutzen unter der linken Verkleidung der B-Säule unten.
■ Das Umfeld am Kraftstoffeinfüllstutzen reinigen.
■ Lösen Sie die Schlauchschelle (2) zur Tankentlüftung (3).
■ Ziehen Sie die Tankentlüftung (3) ab.
■ Nehmen Sie die Dichtung (1) ab.
■ Bauen Sie die Innenraumklappe über dem Tankpumpenelement aus.
■ Den Bereich um die Abdeckung (1 im Bild 9) des Tankpumpenelementes gründlich reinigen.
■ Drehen Sie die Schrauben (2) heraus und nehmen Sie die Abdeckung (1) heraus.
■ Reinigen Sie den Bereich um das Tankpumpenelement mit Druckluft gründlich.
■ Einen Lappen im Bereich der Kraftstoffleitung (7 im Bild 10) legen und die Leitung abziehen.
■ Ziehen Sie den elektrischen Anschluss und die Kraftstoffleitungen von der Tankfördereinheit ab.

Kontrollieren Sie, ob Vor- und Rücklaufleitung markiert sind. Ist das nicht der Fall, markieren Sie die Anschlüsse mit beschriftetem Klebeband.

⚠ Die Kraftstoffvorlaufleitung steht unter Umständen unter Druck! Schutzbrille und Schutzbekleidung tragen, um Verletzungen und Hautkontakt zu vermeiden. Vor dem Lösen von Schlauchverbindungen Putzlappen um die Verbindungsstelle legen. Dann durch vorsichtiges Abziehen des Schlauchs Druck abbauen.

Bei Fahrzeugen mit Zusatzheizung zusätzliche Kraftstoffleitung trennen.

- Eventuell auslaufenden Kraftstoff mit einem Putzlappen auffangen.
- Tankklappe (1 im Bild 20) öffnen und Verschlussdeckel (3) abschrauben.
- Befestigungsschraube (2) für Tankklappeneinheit herausschrauben und Tankklappeneinheit ausbauen.
- Drehen Sie die drei Schrauben (1 im Bild 21) des Einfüllstutzens heraus.
- Verschließen Sie den Einfüllstutzen mit sauberen und fusselfreien Lappen.
- Unterbauen Sie den Tank mit einem geeigneten Hebewerkzeug (Getriebeheber oder Hubtisch).
- Drehen Sie die Halterungsschrauben der Tankfangbänder (4 im Bild 1) heraus.
- Senken Sie den Tank mit dem Einfüllstutzen vorsichtig ab.

Der Einbau erfolgt in umgekehrter Reihenfolge.

Die Kraftstoffpumpe darf nicht bei leerem Kraftstoffbehälter anlaufen, da es sonst zu Verpuffungen kommen kann! Kraftstoffbehälter muss mit mindestens 5 Liter Kraftstoff gefüllt sein.

- Einbaulage der Spannbänder beachten.
- Die Steckverbindungen der Entlüftungs- und Kraftstoffleitungen müssen beim Zusammenstecken hörbar einrasten.
- Vor- und Rücklaufschlauch nicht vertauschen.
- Entlüftungs- und Kraftstoffschläuche knickfrei verlegen.
- Auf festen Sitz der Leitungsanschlüsse achten.
- Ziehen Sie die Schrauben des Tankfangbandes mit 35 Nm fest.
- Erneuern Sie die Dichtung des Entlüftungsschlauches am Tankstutzen.

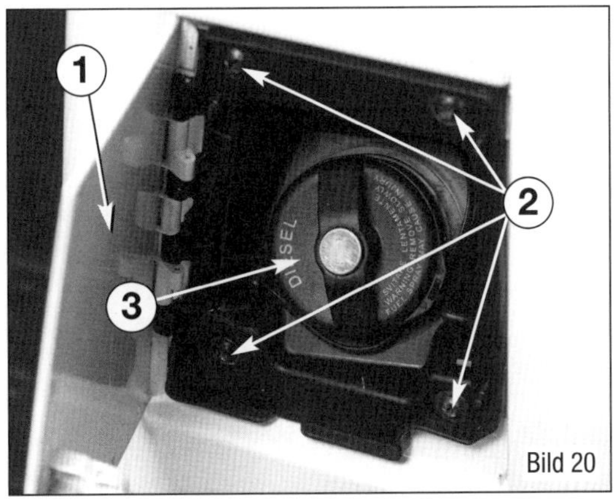

Bild 20

Bild 20
Tankstutzen von außen.
1 Tankklappe
2 Schrauben
3 Tankdeckel (Verschlussdeckel)

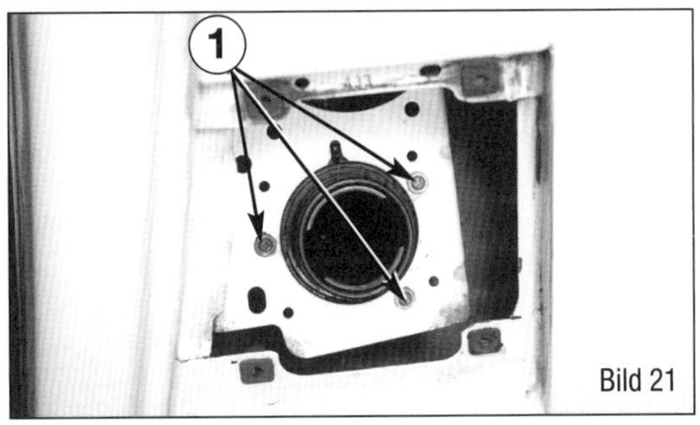

Bild 21

Bild 21
Tankstutzen von außen.
1 Schrauben

Verhalten bei Falschbetankung

Durch eine Falschbetankung kann es wegen mangelnder Schmierung durch den falschen Kraftstoff (z. B. Ottokraftstoff) zu irreversiblen Schäden an den Hochdruckkomponenten, insbesondere der Hochdruckpumpe, kommen. Hierin sind Schäden in Form von Fressern und Partikelabtrag zu erwarten. Durch diese Partikel wiederum sind weitere Schäden im Druckregelventil und in den Injektoren als sicher anzunehmen. Betrachten wir als Nächstes zwei mögliche Szenarien genauer.

Der Motor wurde mit falschem Kraftstoff gestartet
Verunreinigter, beziehungsweise falscher Kraftstoff ist in das Kraftstoffsystem eingedrungen und hat die Hochdruckkomponenten erreicht.

- Zündung nicht einschalten.
- Kraftstofffördereinheit ausbauen und gegen eine Neue tauschen.
- Kraftstoffbehälter mit einem geeigneten Kraftstoffabsauggerät über die Öffnung der Kraftstofffördereinheit vollständig entleeren.

Kraftstoffbehälter auf Verschmutzung und Späne kontrollieren.

Sichtprüfung Messen

Bild 22

Bild 22
Einbaulage beim 2,3-l-Motor.
1 Einspritzpumpe

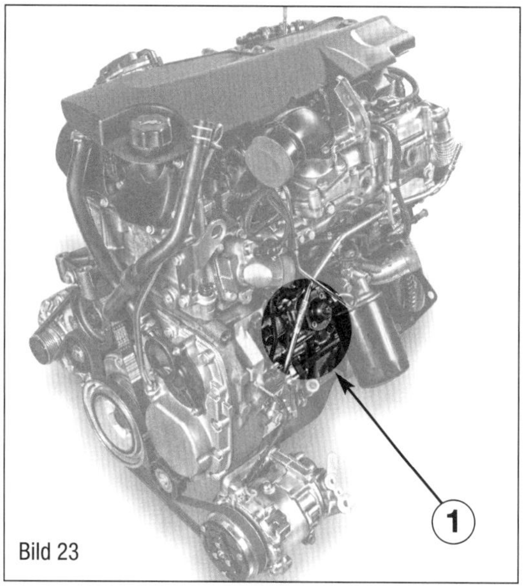

Bild 23

Bild 23
Einbaulage beim 3,0-l-Motor.
1 Einspritzpumpe

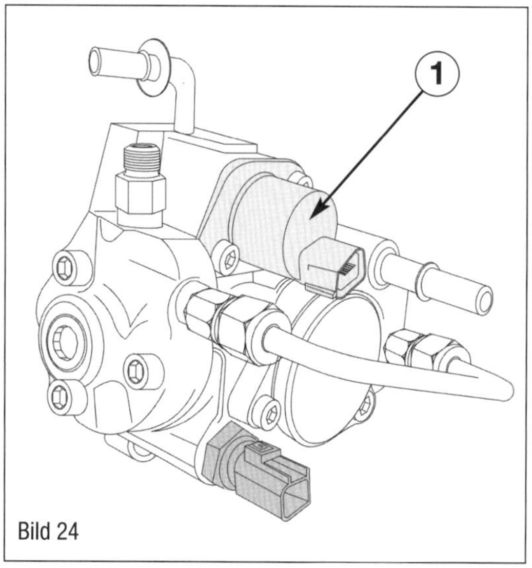

Bild 24

Bild 24
Im Detail: Zumesseinheit (1) an der Hochdruckpumpe.

■ Gegebenenfalls den Kraftstoffbehälter reinigen.

Keine Späne im Kraftstoffbehälter:
■ Den Kraftstoffbehälter mit 5 Liter Dieselkraftstoff befüllen.
■ Kraftstoffbehälter nochmals wie oben beschrieben vollständig entleeren.
■ Hochdruckpumpe ersetzen.
■ Schrauben herausdrehen und Zumesseinheit (1 in den Bildern 22–24) von der ALTEN Hochdruckpumpe abnehmen.

Zumesseinheit und Hochdruckpumpe auf Späne kontrollieren. Falls Späne in der Hochdruckpumpe vorhanden, folgende Komponenten ersetzen:
a) Hochdruckleitungen,
b) Hochdruckspeicher (Kraftstoffverteiler) inklusive Regelventil für Kraftstoffdruck und Kraftstoffdruckgeber,
c) Einspritzeinheiten,
d) Kraftstoffrücklaufleitungen (Leckölleitungen),
e) Kraftstofffilter.
■ Fahrzeug volltanken.
■ Kraftstoffsystem entlüften.
■ Probefahrt durchführen.

Keine Späne in der Hochdruckpumpe:
■ Kraftstofffilter erneuern.
■ Kraftstoffsystem entlüften.
■ Fahrzeug volltanken und Probefahrt durchführen.

Späne im Kraftstoffbehälter:
Kraftstoffbehälter auf Verschmutzung und Späne kontrollieren.
■ Alle Hochdruckkomponenten ersetzen:
a) Hochdruckpumpe,
b) Hochdruckleitungen,
c) Hochdruckspeicher (Kraftstoffverteiler) inklusive Regelventil für Kraftstoffdruck und Kraftstoffdruckgeber,
d) Einspritzeinheiten,
e) Kraftstoffrücklaufleitungen (Leckölleitungen),
f) Einspritzeinheiten/Hochdruckspeicher (Rail).
■ Kraftstofffördereinheit einbauen.
■ Kraftstoffbehälter einbauen.
■ Kraftstofffilter ersetzen.

Um einen Trockenlauf der Hochdruckpumpe zu vermeiden und einen raschen Motorstart nach Teiletausch zu erzielen, sind folgende

Punkte unbedingt zu beachten:
- Kraftstoffbehälter mit 5 Liter Dieselkraftstoff befüllen.

Anschließend in den »Geführten Funktionen« die Funktion »Kraftstoffsystem entlüften» durchführen. Bei Austausch bzw. Ausbau von Bauteilen/Komponenten des Kraftstoffsystems zwischen Kraftstoffbehälter und Hochdruckpumpe muss dieses entlüftet werden. Dieser Vorgang dauert 2 Minuten. Dabei werden die Kraftstoffpumpen insgesamt 3 Mal angesteuert. Der Vorgang darf nicht vorzeitig abgebrochen werden.
- Kraftstoffbehälter vollständig mit Dieselkraftstoff befüllen.
- Kraftstoffsystem entlüften.
- Probefahrt durchführen.

Falschbetankung wurde VOR dem Start des Motors bemerkt
Der Motor wurde NICHT gestartet.
- Zündung nicht einschalten.

Bei Ausführungen, bei denen die Kraftstoffpumpe durch den Türöffner angesteuert wird, muss der Kraftstofffilter ersetzt werden! Bei allen anderen Fahrzeugen kann das zumindest nicht schaden.

- Steckverbindung Kraftstoffpumpe für Vorförderung und Geber für Kraftstoffvorratsanzeige im Bereich Unterboden Mitte links (A im Bild 16) entriegeln und abziehen.
- Kraftstofffördereinheit ausbauen und entleeren.
- Sieb auf Verschmutzung prüfen und ggf. reinigen.
- Kraftstoffbehälter mit einem geeigneten Kraftstoffabsauggerät über die Öffnung der Kraftstofffördereinheit vollständig entleeren.
- Ist der Kraftstoffbehälter vollständig entleert, den Kraftstoffbehälter mit einem fusselfreien Lappen innen reinigen.
- Kraftstofffördereinheit einbauen.
- Kraftstoffbehälter einbauen.

Um einen Trockenlauf der Hochdruckpumpe zu vermeiden und einen raschen Motorstart nach Teiletausch zu erzielen, sind folgende Punkte unbedingt zu beachten:
a) Kraftstoffbehälter mit 5 Liter Dieselkraftstoff befüllen,
b) Kraftstoffsystem entlüften.

Werden Bauteile/Komponenten des Kraftstoffsystems zwischen Kraftstoffbehälter und Hochdruckpumpe abgebaut, ausgebaut oder ersetzt, muss zur Entlüftung des Kraftstoffsystems mit dem Fahrzeugdiagnosetester in den »Geführten Funktionen« die Funktion »Kraftstoffsystem entlüften« durchgeführt werden. Dieser Vorgang dauert etwa 2 Minuten. Dabei werden die Kraftstoffpumpen insgesamt 3 Mal angesteuert. Der Vorgang darf nicht vorzeitig abgebrochen werden.
- Kraftstoffbehälter vollständig mit Dieselkraftstoff befüllen.
- Probefahrt durchführen.
- Fehlerspeicher auslesen und gegebenenfalls löschen.

8 Kraftstoffaufbereitung und Einspritzung

Gemischaufbereitung, Einspritzung und (Selbst-)Zündung werden durch elektronisch gesteuerte Einspritzsysteme realisiert. Die Aufladung über Abgasturbolader gehört zur Ausrüstung der Motoren, egal wie viel Hubraum zur Verfügung steht.

Diesel-Motoren

Alle Diesel-Motoren, die wir in diesem Buch zum Ducato vorstellen, haben direkte Kraftstoffeinspritzung über Hochdruckspeicher »Common Rail« (Bild 1) mit Aufladung über Abgasturbolader. Der Kraftstoff für die Diesel mit einer Cetanzahl (CZ) von mindestens 51 wird von der Fördereinheit (1) im Tank (19) über Vorlaufleitung (17) und Kraftstofffilter (18) zur Hochdruckpumpe (11) geschafft. Diese drückt ihn ins »Common Rail«, das Kraftstoffsammler- und Verteilerrohr (4) und von dort in die Magnet-Injektoren (8), die hier als Einspritzventil zum Einsatz kommen. Diese Düsen schaffen bis zu 5 Voreinspritzungen. Die Kraftstoffvorlauf- und Rücklaufleitungen (auch Lecköleitungen genannt, 16 und 17) sind aus besonders druckfestem Material gefertigt. Die Hochdruckleitungen bestehen aus Stahlrohr. Der Zustand muss von Zeit zu Zeit in Augenschein genommen werden.

Hauptkomponenten der Anlage
Einige Anmerkungen zu einzelnen Komponenten der Einspritzanlage gemäß Bild 1. Das Schema zeigt die Anlage für den 2,3-l-Multijet. Das Ventil für Kraftstoffdosierung (12) an der Hochdruckpumpe (11) darf nicht geöffnet werden. Wenn die Kraftstoff-Hochdruckpumpe (11) erneuert wurde, muss eine Kraftstofferstbefüllung vorgenommen werden, auf jeden Fall muss Trockenlauf vermieden werden. Die Einspritzventile (8) werden als Bauteil (»N070«) durchnummeriert von A bis D. Der Injektor für Zylinder 1 ist demnach »N070A«, der Injektor für Zylinder 4 ist »N070D«.
Die Kraftstoffrücklaufleitungen (16) dürfen nicht zerlegt werden. Sie dürfen werksmäßig nur komplett mit Druckhalteventil, das entweder am Kraftstofffilter (18) oder an der Koppelstation (15) verbaut ist, erneuert werden. Dieses Druckhalteventil hat die Aufgabe, in den Kraftstoffrücklaufleitungen immer einen Restdruck (Steuermenge) von ca. 1 bar zu halten. Die Injektoren benötigen diese Steuermenge für ihre Funktion. Das Druckhalteventil ist innerhalb der Kraftstoffrücklaufleitungen kurz vor der (Metall)-Rücklaufleitung einzubauen. Nach Austausch (Ventil plus Leitungen) muss der Motor für ca. 2 Minuten im Leerlauf laufen, um das Kraftstoffsystem zu entlüften. Anschließend müssen die Kraftstoffrücklaufleitungen auf Dichtigkeit geprüft werden. Der eigentlich bei den meisten Herstellern verbaute Kraftstoffkühler muss nicht zwingend eingebaut sein. Auch ein separates Vorwärmventil ist nicht zwingend erforderlich.

Die Komponenten in der Montage-Übersicht Bild 1 vermittelt einen Eindruck von der konkreten Umsetzung des Schemas in Funktionsgruppen und Bauteile. Wir geben hier einige der direkt aufs Bauteil bezogenen Arbeitshinweise von Fiat und Bosch wieder, um auf die Sensibilität des Systems aufmerksam zu machen. Daran darf nur mit Kenntnis, Sachverstand und Fingerspitzengefühl gearbeitet werden.

Die Hochdruckleitung (10) verläuft zwischen Hochdruckpumpe und Rail-Element (Common Rail, Hochdruckspeicher). Sie muss spannungsfrei eingebaut werden. Korrodierte Leitungen dürfen nicht mehr verwendet werden. Die Hochdruckleitungen (3) verlaufen zwischen dem Rail-Element (Hochdruckspeicher, 4) und den Einspritzventilen (8). Sie dürfen nicht vertauscht und müssen spannungsfrei eingebaut werden.

Die Hochdruckleitung kann wiederverwendet werden, wenn ihr Dichtkonus ohne Beanstandungen auf Verformungen und Risse geprüft wurde und wenn die Leitungsbohrung nicht verformt, verengt oder beschädigt ist.

Bei Wiederverwendung der Hochdruckleitungen nach den genannten Überprüfungen muss ihre zylinderspezifische Kennzeichnung beachtet werden.

Im Rail (Verteilerrohr/Hochdruckspeicher) (4) sind der Raildrucksensor und das Druckmodellierventil verbaut. Der Sensor erfasst den tatsächlich anliegenden Druck im Railrohr/Verteilerrohr. Das Druckmodellierventil verschließt oder öffnet den Zugang zum Rücklauf (Lecköl) um den Druck im Hochdruckbereich, zu dem das Railrohr auch gehört, zu regeln. Das Railrohr selbst ist aus Gussstahl hergestellt, es darf nicht zerlegt werden. Eine Reinigung ist nicht vorgesehen. Werden Ablagerungen festgestellt oder auch nur aufgrund eines Schadens an der Hochdruckpumpe angenommen, muss es ersetzt werden.

In der Hochdruckpumpe (11) sind zum einen die beiden Hochdruckelemente verbaut, die den Einspritzdruck erzeugen. Angetrieben wird die Hochdruckpumpe von der Steuerkette oder dem Zahnriemen, je nach Motorvariante. Der verbaute Kraftstofftemperaturfühler überwacht und erfasst die Kraftstofftemperatur. Dieser Wert ist wichtig für die Zumessung der eingespritzten Kraftstoffmenge durch die Einspritzdüsen (8). Weiterhin befindet sich das Kraftstoffzumessventil (Dosierventil) (12) in der Hochdruckpumpe. Dieses Ventil öffnet und schließt wie das Druckmodellierventil (Dosierventil) den Zugang des Kraftstoffes zum Rücklauf (13). So kann bedarfsgerecht eine ausreichende Kraftstoffmenge bereitgestellt werden. Ohne dieses Ventil würde immer die volle Menge im Hochdruckbereich verarbeitet und durch den Druck auch erhitzt werden. Die Kraftstofftemperatur würde stetig ansteigen. Im Normalbetrieb kann die Temperatur durchaus bei 80 °C liegen. Aus diesem Grund ist bei einigen Ausführungen auch ein Kraftstoffkühler erforderlich.

Die Druckregelung im Niederdruckkreis im Filter (18) **oder im Anschluss** (15) ist fest in die Kraftstoffleitungen integriert. Auch hier finden sich bei Fiat, aber auch bei allen anderen Herstellern, die mit dem Common-Rail-System arbeiten, Besonderheiten, die man so zumindest auf den ersten Blick nicht erwartet. Der Kraftstoffdruck wird durch ein Druckregelventil (Druckhalteventil) auf etwa 3 bar heruntergeregelt. Die dafür erforderlichen Druckregler sind entweder im Anschluss zum Kraftstofffilter oder im Verbindungsanschluss der Kraftstoffleitungen zwischen Kraftstofffilter und den Zuleitungen am Motor. Diese Druckregelung ergibt eine Zirkulation von frischem kühlem Kraftstoff vor der eigentlichen Kraftstoffhochdruck-Aufbereitung. Wie schon erwähnt, sollten Sie hier nur Leitung und Regeleinheiten zusammen ersetzen.

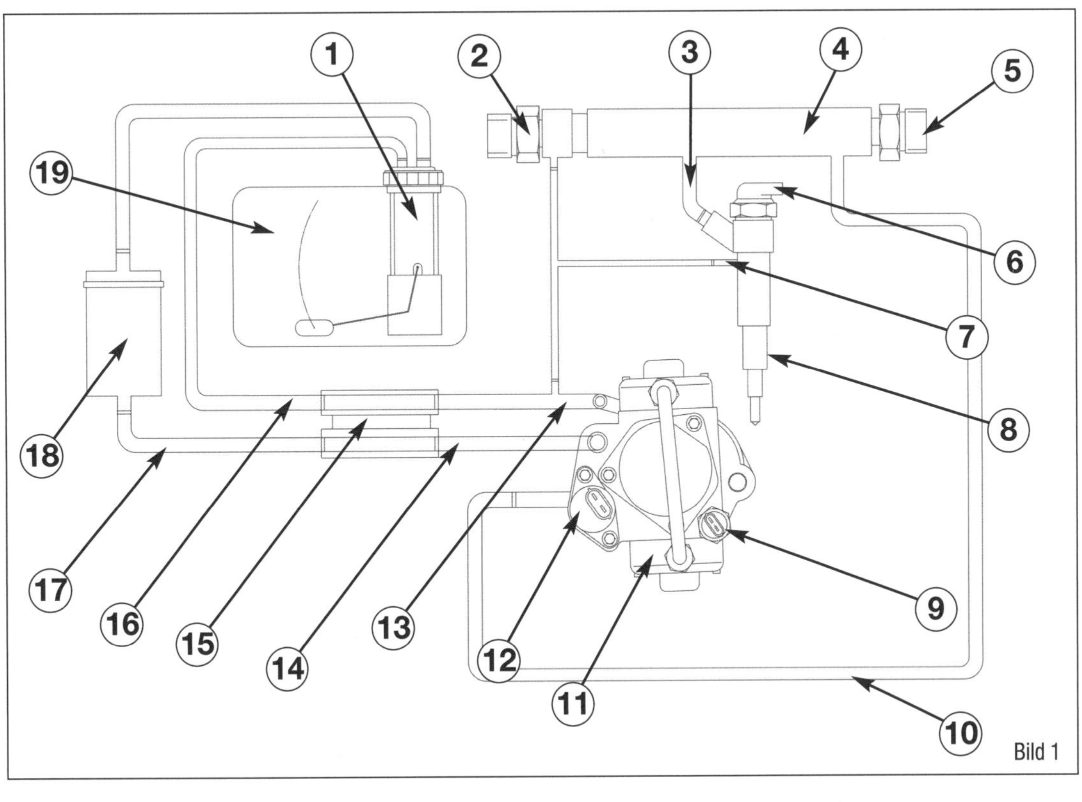

Bild 1
Bauteile der Common-Rail am Fiat Ducato.
1 Tankfördermodul
2 Druckmodellierventil
3 Hochdruckleitung
4 Rail (Verteilerrohr)
5 Raildrucksensor
6 Elektrischer Anschluss am Injektor
7 Leckölleitung-Injektor
8 Injektor (nur einer exemplarisch dargestellt)
9 Kraftstofftemperatursensor
10 Hochdruckleitung zum Rail
11 Hochdruckpumpe (2-Zylinderpumpe)
12 Mengendosierventil
13 Leckölanschluss der Hochdruckpumpe
14 Vorlaufanschluss der Hochdruckpumpe
15 Kraftstoffleitung Koppelstation (teilweise mit Druckminderer)
16 Rücklauf(Lecköl)-Leitung
17 Vorlaufleitung
18 Kraftstofffilter (teilweise mit Druckminderer)
19 Kraftstoffbehälter

Sichtprüfung Messen

Einspritzdüsen (Injektor) wechseln

⚠ Kennzeichnen Sie die Zuordnung der Einspritzeinheiten zum Zylinder. Der Anpassungswert der Injektoren ist im Motorsteuergerät gespeichert.

☞ Sauberkeitsregeln bei Arbeiten an der Einspritzanlage beachten. Verschließen Sie sofort die offenen Anschlüsse mit einem geeigneten Verschlussdeckel.

Injektor wechseln am 2,2-l-Diesel-Motor

- Öffnen Sie den Tankdeckel und lassen Sie den eventuell anstehenden Druck ab.
- Motorabdeckung oben, soweit vorhanden, abbauen.
- Drücken Sie die Entriegelungstaste und ziehen Sie die Stecker an den auszubauenden Einspritzeinheiten ab.
- Nehmen Sie die Klammern seitlich am Anschlussstück der Rücklaufleitung ab.
- Ziehen Sie die Rücklaufleitung (Leckölleitung) nach oben ab.
- Lösen Sie die Überwurfmutter der Hochdruckleitung an den Einspritzeinheiten und am Railrohr.

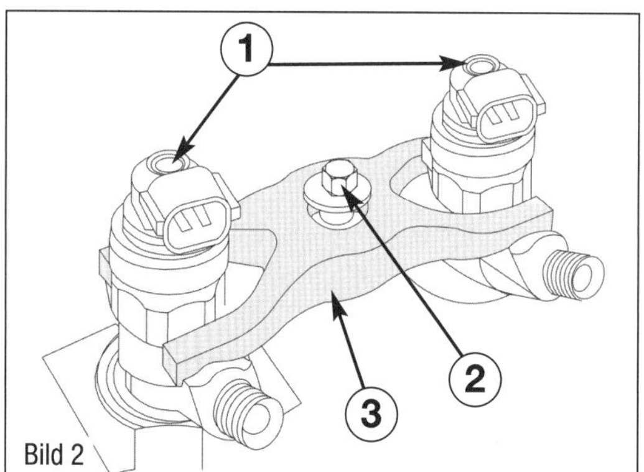

Bild 2
Einbau beim 2,2-l-Diesel-Motor.
1 Injektoren
2 Schraube
3 Spannbügel (Spannpratzen)

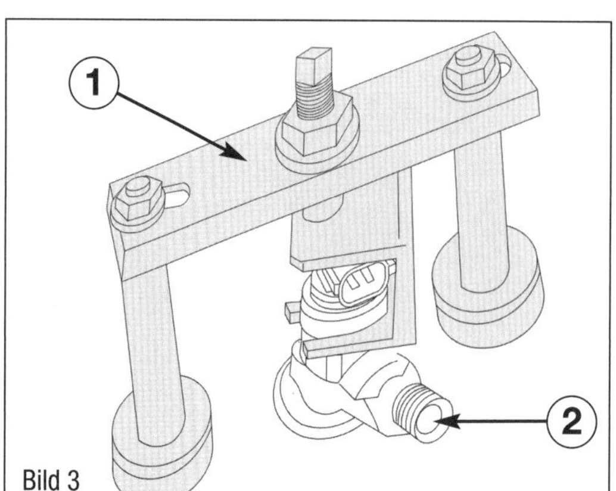

Bild 3
Ausziehen der Injektoren beim 2,2-l-Diesel-Motor.
1 Abzieher (Spezialwerkzeug für Einspritzdüsen beim 2,2-l-Diesel-Motor)
2 Einspritzdüse (Injektor

- Verschließen Sie die Öffnungen mit passenden Stopfen.
- Drehen Sie die Schraube (2 im Bild 2) los und nehmen Sie den Spannpratzen (Spannbügel) (3) von den Injektoren (1) ab.
- Setzen Sie ein geeignetes Ausziehwerkzeug (1 im Bild 3) auf den Injektor auf und ziehen Sie ihn heraus.
- Legen Sie die ausgebauten Einspritzeinheiten auf einem sauberen Lappen ab.

Einbau einer gebrauchten Einspritzeinheit:

- Sprühen Sie die Spitze der Einspritzeinheit mit einem Rostlösespray ein. Nach ca. 5 Minuten entfernen Sie mit einem Lappen die Ruß- bzw. Ölpartikel.
- Festsitzende Kupferdichtringe vorsichtig in einen Schraubstock spannen, bis der Kupferdichtring gerade am Durchdrehen zwischen den Spannbacken gehindert wird. Die Einspritzeinheit mit leicht drehenden und ziehenden Bewegungen von Hand aus dem Kupferdichtring ziehen.
- Dichtfläche unterhalb des Kupferdichtrings reinigen.
- Montieren Sie den neuen Kupferdichtring.
- Um eine Beschädigung des O-Rings zu vermeiden, den neuen O-Ring für den Kraftstoff-Rücklaufanschluss vorsichtig aufschieben.
- Zum Entfernen der Rußpartikel auf der Dichtfläche der Einspritzeinheit reinigen Sie im Zylinderkopf den Injektorschacht mit einem in Motoröl bzw. Rostlöser getränkten Lappen; die Dichtfläche nicht beschädigen.

Einbau der Einspritzeinheiten:

- Setzen Sie die Einspritzeinheiten in den Zylinderkopf ein.
- Bauen Sie die Spannpratzen (Spannbügel) (3 im Bild 2) ein und ziehen Sie die Befestigungsschraube mit 60 Nm fest und mit 180° nach.
- Ziehen Sie die Überwurfmuttern der Hochdruckleitungen zunächst handfest an.
- Achten Sie auf spannungsfreien Sitz der Hochdruckleitungen.
- Ziehen Sie die Überwurfmuttern der Hochdruckleitungen an den Einspritzeinheiten mit Drehmomentschlüssel 25 Nm fest.
- Ziehen Sie die Überwurfmuttern der Hochdruckleitungen am Hochdruckspeicher mit 25 Nm fest.
- Drücken Sie die Anschlüsse der Rücklaufleitungen vorsichtig über den O-Ring auf

den Injektor (O-Ring vorher auf Beschädigung kontrollieren). Der Verschluss muss hörbar einrasten, danach drücken Sie den Entriegelungsbolzen vorsichtig nach unten. Stecken Sie die Stecker an den Einspritzeinheiten auf.

Nach dem Erneuern eines oder mehrerer Injektoren muss der »Injektor-Mengen-Abgleich« und »Injektor-Spannungs-Abgleich« für die neuen Injektoren ins Motorsteuergerät geschrieben werden. Prüfen Sie zusätzlich alle anderen Injektoren auf »Injektor-Mengen-Abgleich« und »Injektor-Spannungs-Abgleich«, ob alle Abgleich-Werte richtig eingegeben sind. Wenn die richtigen Abgleich-Werte im Motorsteuergerät gespeichert sind, dürfen diese Abgleich-Werte auf keinen Fall neu eingegeben werden.

- Kraftstoffsystems entlüften und Dichtigkeitsprüfung durchführen.
- Lassen Sie den Motor einige Minuten im Leerlauf laufen und stellen Sie den Motor dann wieder ab.
- Schalten Sie die Zündung aus.
- Prüfen Sie das gesamte Kraftstoffsystem und die Anschlüsse der Rücklaufleitungen auf Dichtigkeit. Bei Undichtigkeit trotz korrekten Anzugsdrehmoments tauschen Sie das betroffene Bauteil.

Die Rücklaufleitungen dürfen nur komplett mit Druckhalteventil erneuert werden.

- Führen Sie anschließend eine Probefahrt durch. Dabei muss der Motor seine Betriebstemperatur erreichen und mindestens einmal mit Volllast beschleunigt werden. Anschließend ist das Hochdrucksystem nochmals auf Dichtigkeit zu prüfen.

Wenn noch Luft im Kraftstoffsystem ist, kann der Motor während der Probefahrt in den Notlauf gehen. Stellen Sie dann den Motor ab und löschen Sie den Ereignisspeicher mit dem Fahrzeugdiagnosetester.

- Setzen Sie dann die Probefahrt fort.

Injektor wechseln am 2,3- und 3,0-l-Diesel-Motor

Zumindest bei den Arbeitsschritten für den Wechsel der Injektoren gibt es kaum

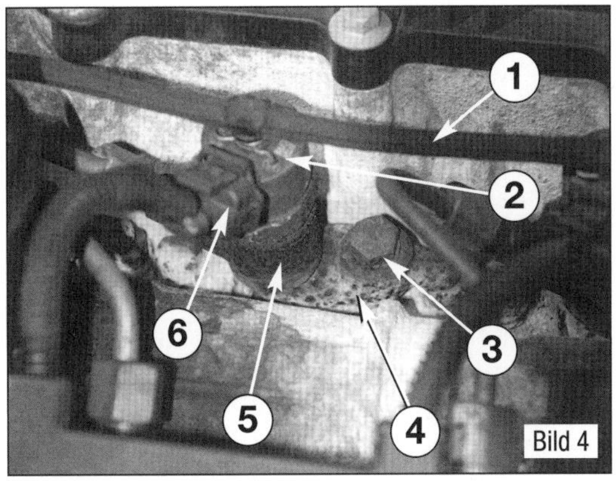

Bild 4
Einbau beim 2,3-l-Diesel-Motor.
1 Leckölleitung
2 Halteklammer
3 Schraube
4 Spannbügel (Spannpratzen)
5 Injektoren
6 elektrischer Anschluss

Unterschiede bei den beiden Motorentypen. Wir stellen Ihnen hier eine allgemeingültige Anleitung vor.

- Motorabdeckung oben, soweit vorhanden, abbauen.
- Rücklaufleitungsanschlüsse an den Einspritzeinheiten abziehen, hierzu an den Bügeln (2 im Bild 4) etwas gegenhalten und die Rücklaufleitung nach oben ziehen.
- Steckverbindungen an den Einspritzeinheiten trennen.
- Überwurfmuttern der jeweiligen Hochdruckleitung abschrauben und die entsprechende Hochdruckleitung abnehmen.
- Schraube (3 im Bild 4) der Spannpratze des auszubauenden Injektors herausdrehen.
- Setzen Sie ein geeignetes Ausziehwerkzeug (1 im Bild 3) auf den Injektor auf und ziehen Sie ihn heraus.
- Legen Sie die ausgebauten Einspritzeinheiten auf einem sauberen Lappen ab.

Bei festsitzenden Injektoren:

Zum Herausziehen der Injektoren einen passenden Schlaghammer (Zughammer) vorsichtig verwenden.

- Injektor durch Klopfbewegungen nach oben herausziehen.

Der Einbau erfolgt sinngemäß in umgekehrter Reihenfolge.

Die Gummidichtung oben und der Kupferring unten müssen grundsätzlich erneuert werden.

Beim Einbau einer neuen Einspritzeinheit müssen ersetzt werden:

- Spannpratze
- Kupferdichtring
- O-Ring für den Schacht der Einspritzeinheit
- O-Ring für den Kraftstoffrücklaufanschluss

Sichtprüfung Messen

⚠ Bei Wiederverwendung der Hochdruckleitungen zylinderspezifische Kennzeichnung beachten.

Die Hochdruckleitungen können nach folgenden Prüfungen wiederverwendet werden:

- Dichtkonus der jeweiligen Hochdruckleitung auf Verformungen und Risse prüfen.
- Die Leitungsbohrung darf nicht verformt, verengt oder beschädigt sein.
- Korrodierte Leitungen dürfen nicht mehr verwendet werden.

Beim Wiedereinbau einer gelaufenen Einspritzeinheit müssen ersetzt werden:

- Spannpratze
- Kupferdichtring
- O-Ring für den Schacht der Einspritzeinheit
- O-Ring für den Kraftstoffrücklaufanschluss

- Spitze der Einspritzeinheit mit einem Rostlösespray einsprühen. Nach ca. 5 Minuten mit einem Lappen die Ruß- bzw. Ölpartikel entfernen.
- Bei starker Verunreinigung einer Einspritzeinheit zusätzlich mit einer weichen Messingbürste die Spitze der Einspritzeinheit reinigen, um den Kupferdichtring leichter entfernen zu können (Kontakt mit der Messingbürste an den Düsenbohrungen vermeiden).
- Zum Abbauen des alten Kupferdichtrings von der Einspritzeinheit den Dichtring vorsichtig in einen Schraubstock spannen, bis der Kupferdichtring gerade am Durchdrehen zwischen den Spannbacken gehindert wird. Einspritzeinheit mit leicht drehenden und ziehenden Bewegungen von Hand aus dem Kupferdichtring ziehen.
- Mit einem Schaber die Ablagerung unterhalb des Kupferdichtrings reinigen.

⚠ Die Dichtfläche vom Injektorschacht ausschließlich mit einem entsprechenden Reinigungs-Set reinigen. Die genaue Handhabung und Reihenfolge sind der Bedienungsanleitung des Reinigungs-Sets zu entnehmen.

- O-Ring für den Schacht der Einspritzeinheit ersetzen.
- Injektor einbauen.
- Die Spannpratzen mit 25–30 Nm anziehen.

☞ Bei Beschädigung der Dichtringe für Einspritzeinheiten in der Zylinderkopfhaube betroffenen Dichtring erneuern.

- Die Überwurfmuttern der Hochdruckleitungen handfest anziehen. Auf spannungsfreien Sitz achten.
- Ziehen Sie die Überwurfmuttern der Hochdruckleitungen an den Einspritzeinheiten mit Drehmomentschlüssel 25 Nm fest.
- Die Anschlüsse der Rücklaufleitungen vorsichtig über den Dichtring auf den Injektor (Dichtring vorher auf Beschädigung kontrollieren) drücken. Der Verschluss muss hörbar einrasten.

Nach dem Erneuern eines oder mehrerer Einspritzeinheiten müssen die Korrekturwerte für die neuen Einspritzeinheiten mit dem Fahrzeugdiagnosetester ins Motorsteuergerät geschrieben werden. Zusätzlich für alle anderen Injektoren prüfen, ob die richtigen Korrekturwerte im Motorsteuergerät gespeichert sind. Wenn die richtigen Werte im Motorsteuergerät gespeichert sind, dürfen diese Werte auf keinen Fall neu eingegeben werden.

☞ Die Hochdruckanschlüsse dürfen zum Entlüften nicht geöffnet werden.

- Motor einige Minuten im Leerlauf laufenlassen, dann wieder abstellen.
- Zündung ausschalten.
- Das gesamte Kraftstoffsystem und die Anschlüsse der Rücklaufleitung auf Dichtigkeit prüfen.
- Bei Undichtigkeit trotz korrektem Anzugsdrehmoment das betroffene Bauteil tauschen.

⚠ Die Rücklaufleitungen dürfen nur komplett mit Druckhalteventil erneuert werden.

- Anschließend eine Probefahrt von etwa 20 km Strecke mit mindestens einer Volllastbeschleunigung durchführen, anschließend ist das Hochdrucksystem nochmals auf Dichtigkeit zu prüfen.

☞ Wenn noch Luft im Kraftstoffsystem ist, kann der Motor während der Probefahrt in den Notlauf gehen.

- Motor abstellen und Ereignisspeicher mit dem Fahrzeugdiagnosetester löschen.
- Anschließend die Probefahrt fortführen.

Glühkerzen prüfen

Vor der Demontage einer Glühkerze können Sie zumindest eine Widerstandsmessung durchführen, um zu überprüfen, dass die Glühkerze wirklich defekt ist. Es können aufgrund der hohen Ströme durchaus auch Defekte an den Anschlusskabeln vorliegen.

- Legen Sie die Anschlusskabel frei.
- Ziehen Sie den Anschlussstecker (1 im Bild 5) ab.
- Kontrollieren Sie den Zustand und den festen Sitz der Stecker auf den Glühkerzen.
- Stellen Sie das Multimeter auf einen Widerstand von 200 Ω ein.
- Messen Sie den Widerstand der Glühkerze gegen Masse (Zylinderkopf).

Der Widerstandswert sollte kleiner als 1 Ω sein.

Glühkerzen wechseln

Im Fiat Ducato können unterschiedliche Glühkerzentypen verbaut sein. Achten Sie darauf, möglichst nicht einzelne Glühkerzen zu wechseln. Zumindest sollten Sie den gleichen Bautyp und Hersteller verwenden.

Die Keramik-Glühkerzen sind wegen ihrer besonderen Materialeigenschaften sehr empfindlich und bedürfen einer besonderen Handhabung bei der Montage und Demontage. Halten Sie sich beim Aus- und Einbau unbedingt an die hier beschriebenen Vorgehensweisen. Der Transport und die Lagerung dürfen nur in Original-Transportbehältern oder einzeln verpackt in Luftpolsterfolien erfolgen. Die Keramik-Glühkerzen sind erst unmittelbar vor dem Einbau aus der Verpackung zu nehmen! Keramik-Glühkerzen sind gegen Stoß und Biegung empfindlich. Deshalb dürfen heruntergefallene Keramik-Glühkerzen (selbst aus geringer Höhe ca. 2 cm) nicht mehr verwendet werden, auch wenn augenscheinlich keine Beschädigung (z. B. Haarriss) vorliegt. Bestehen Zweifel am einwandfreien Zustand der Keramik-Glühkerzen, so sind diese immer zu ersetzen. Beschädigungen oder Stiftbruch an einer Keramik-Glühkerze führen immer zu einem Motorschaden. Bei einem Stiftbruch müssen alle Bruchstücke vor dem nächsten Motorstart aus dem Verbrennungsraum entfernt werden, da es sonst immer zu einem Motorschaden (Kolbenfresser) kommt. Ein Mischverbau von Keramik- und Metall-Glühstiftkerzen gleichzeitig ist nicht zulässig.

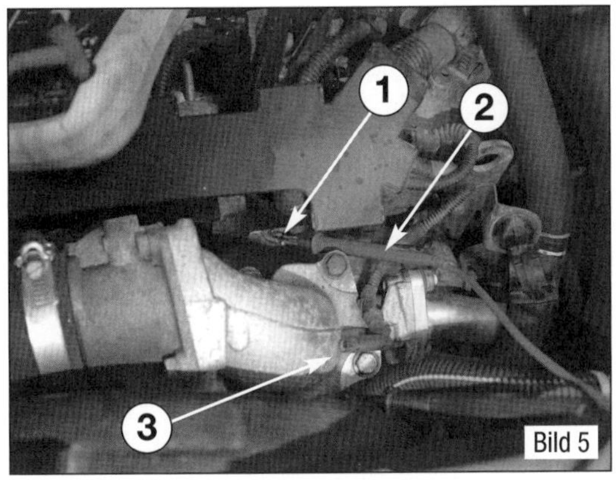

Bild 5
Glühkerze prüfen.
1 Steckanschluss der Glühkerze
2 Prüfspitze der Glühkerze
3 Anschlussstecker der Glühkerze

Beim Aus- und Einbau dürfen die Keramik-Glühkerzen nicht verkanten. Behindernde Bauteile sind bei der Montage zusätzlich auszubauen.

Sollte eine Keramik-Glühkerze gebrochen sein, entfernen Sie alle Bruchstücke aus dem Motor, da es sonst zu Motorschäden kommen kann.

- Groben Schmutz mit einem Staubsauger aussaugen.
- Bremsenreiniger oder einen geeigneten Reiniger in den Glühstiftkerzenkanal sprühen, kurz einwirken lassen und mit Pressluft ausblasen.

2,2-l-Diesel-Motor

- Schalten Sie die Zündung aus und ziehen Sie den Schlüssel ab.
- Bauen Sie das Frontgitter in der Mitte wie bereits beschrieben aus.
- Demontieren Sie den Frischluftschlauch zum Luftfilter.
- Bauen Sie das Führungsrohr des Ölpeilstabes aus.
- Öffnen Sie den Deckel des Kühlmittelbehälters und lassen Sie den Druck ab.
- Lösen Sie die beiden Schrauben der Kühlmittelleitung vom Kühler zum Thermostatgehäuse, ziehen sie aber nicht ab.
- Demontieren Sie die Schrauben des Ansaugkrümmers und nehmen Sie ihn ab.
- Lösen Sie die Anschlussschrauben auf den Glühkerzen und nehmen Sie die Verbindungsschiene ab.
- Drehen Sie die Glühkerzen mit einer passenden Langnuss vorsichtig heraus.

Der Einbau erfolgt sinngemäß in umgekehrter Reihenfolge.

■ Vor dem Einbau müssen die Zylinderkopfbohrung und das Gewinde der Keramik-Glühkerzen vollständig von Ablagerungen gesäubert werden.

Das Gewinde der Bohrung im Zylinderkopf bzw. der Keramik-Glühkerzen ist grundsätzlich nicht einzuölen oder zu fetten.

Führen Sie nach dem Einbau und vor dem ersten Motorstart am kalten Motor grundsätzlich eine Widerstandsprüfung an allen Keramik-Glühkerzen durch.

■ Drehen Sie die Keramik-Glühkerzen von Hand mit einer passenden Langnuss in den Zylinderkopf ein.
■ Ziehen Sie anschließend die Keramik-Glühkerzen fest. Die erforderlichen Anzugsdrehmomente sind je nach Kerzenbauart auf der Verpackung der Glühkerze vermerkt.
■ Montieren Sie die Verbindungsschiene der Glühkerzen und ziehen Sie die Anschlussschraube 2-3 Nm an.
■ Ereignisspeicher des Motorsteuergeräts löschen.

2,3- und 3,0-l-Diesel-Motor

Achten Sie darauf, dass keine Kabelverbindung beim Abziehen der Steckverbindungen beschädigt wird. Ansonsten müssen der gesamte elektrische Leitungsstrang erneuert oder die Stecker über einen Reparatursatz instandgesetzt werden.

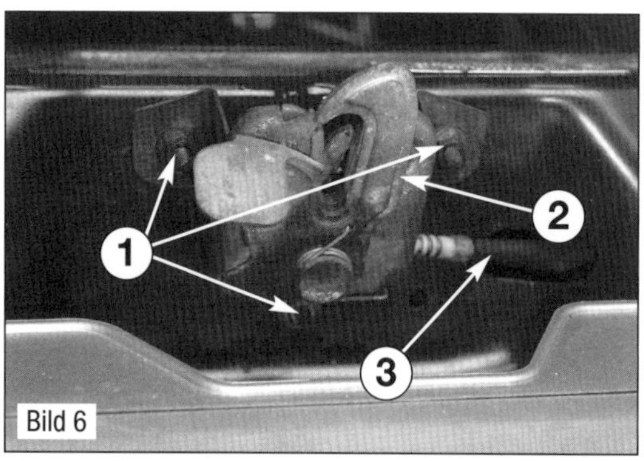

Bild 6
Haubenschloss am Querträger.
1 Muttern und Scheiben oder Bundmuttern
2 Haubenschloss
3 Haubenzug

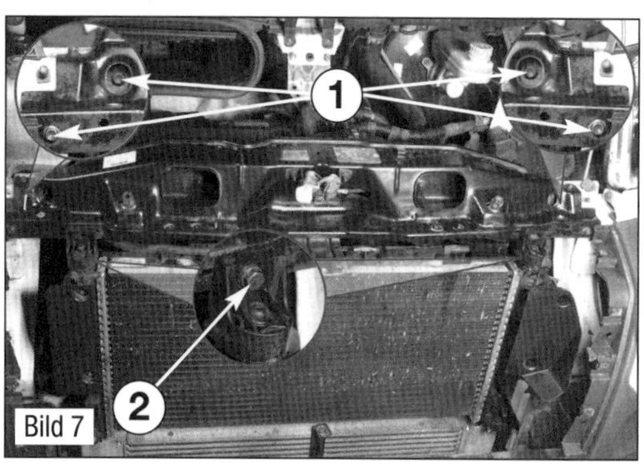

Bild 7
Schlossträger und Schrauben.
1 Schrauben zum Lampenrahmen rechts und links
2 Schrauben am Kühlerhalter oben

■ Schalten Sie die Zündung aus und ziehen Sie den Schlüssel ab.
■ Klemmen Sie die Batterie ab und warten Sie 10 Minuten, bis Sie mit den folgenden Schritten Ihre Arbeit fortsetzen.

Achtung Airbagsystem! Sie arbeiten zwar nicht an den Zünd- und Sprengsätzen direkt, müssen aber in den nächsten Schritten einen ECS-Beschleunigungssensor (soweit verbaut) demontieren, der zum Airbagsystem gehört. Beachten Sie die Hinweise auf der Seite 7 am Anfang dieses Buches.

■ Bauen Sie das Frontgitter in der Mitte wie auf Seite 70 beschrieben aus.
■ Bauen Sie den Unterfahrschutz rechts und links und in der Mitte aus. Diese Arbeiten haben wir bereits auf der Seite 37 beschrieben.
■ Demontieren Sie wie auf Seite 70 beschrieben, den Stoßfänger links und rechts und in der Mitte.
■ Demontieren Sie das Haubenschloss (Bild 6) vom Schlossträger.
■ Bauen Sie den Ansaugschlauch zum Luftfilter vom Schlossträger ab.
■ Ziehen Sie die Anschlusskabel des Beschleunigungssensors (Airbagsystem) vom Beschleunigungssensor ab (soweit verbaut).
■ Demontieren Sie den Beschleunigungssensor (Airbagsystem) (soweit verbaut) vom Schlossträger.
■ Drehen Sie die Befestigungsschrauben des Kühlers am Schlossträger (2 im Bild 7) und am Lampenträger rechts und links (1) heraus.
■ Nehmen Sie den Schlossträger ab.

Drosselklappenstück am 2,3-l-Motor:
■ Ziehen Sie die Rücklaufleitung der Innenraumheizung aus der Halteklammer heraus.
■ Die Schelle entfernen und Luftzufuhrstutzen vom Ansaugkrümmer trennen.
■ Den Stutzen zur Seite aus dem Arbeitsbereich schieben.
■ Die Befestigungsschrauben des AGR-Anschlussrohres vom AGR-Wärmetauscher lösen.

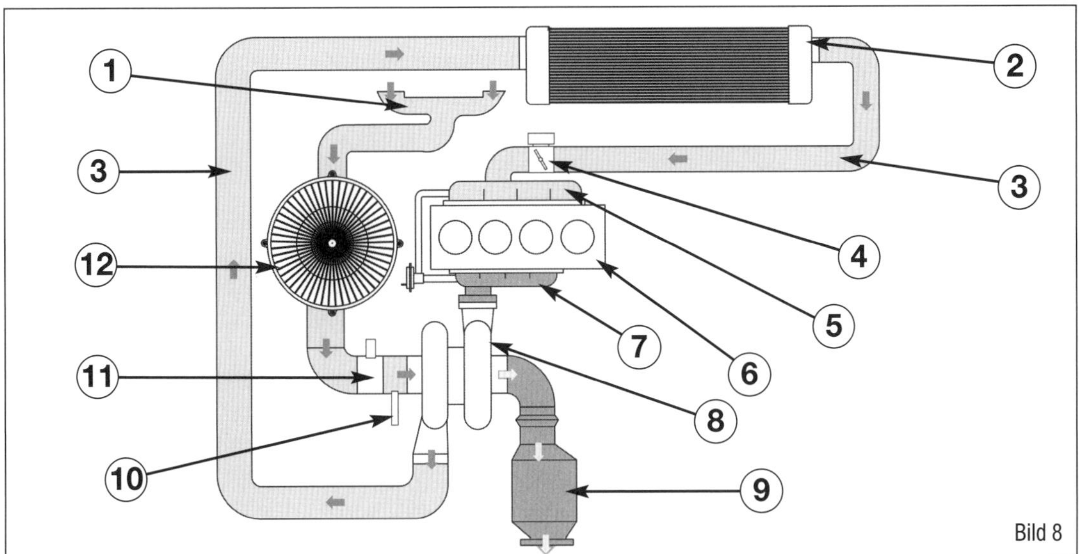

Bild 8

Bild 8
Luftzufuhr und Ansaugbereich beim Fiat Ducato.
1 Ansaugbereich im Frontquerträger
2 Ladeluftkühler
3 Ladeluftleitung (Druck)
4 Drosselklappensteller
5 Ansaugbrücke
6 Motor
7 Abgaskrümmer
8 Turbolader
9 Abgasanlage
10 Anschluss Motorenlüftung
11 Luftmassenmesser
12 Luftfilter

■ Den elektrischen Anschluss abziehen.
■ Die Befestigungsschrauben lösen und das Drosselklappenstück komplett entfernen.
■ Nehmen Sie die alte Dichtung ab.

Drosselklappenstück am 3,0-l-Motor:
■ Die Halteschelle lösen und den Luftzufuhrstutzen vom Zufuhrschlauch trennen.
■ Den Stutzen zur Seite aus dem Arbeitsbereich schieben.
■ Den elektrischen Anschluss vom Kraftstoffdrucksensor und des Drosselgehäuses abklemmen.
■ Die Steckverbindung vorsichtig von den Glühstiftkerzen abziehen.
■ Die elektrische Verkabelung vom Kraftstoffverteilerrohr (Common Rail) abhebeln und aus dem Arbeitsbereich entfernen.

Tipp: Alle notwendigen elektrischen Steckverbindungen abziehen, damit der elektrische Leitungsstrang nicht beschädigt wird.
■ Die Befestigungsschrauben lösen und das komplette Drosselgehäuse ausbauen.
■ Die Dichtungen abnehmen.

Weiter für 2,3- und 3,0-l-Motoren:
■ Drehen Sie die Glühkerzen mit einer passenden Langnuss vorsichtig heraus.

Der Einbau erfolgt sinngemäß in umgekehrter Reihenfolge.
■ Drehen Sie die Glühkerzen von Hand mit einer passenden Langnuss in den Zylinderkopf ein.
■ Ziehen Sie anschließend die Glühkerzen fest. Die erforderlichen Anzugsdrehmomente sind je nach Kerzenbauart auf der Verpackung der Glühkerze vermerkt.
■ Glühkerzenstecker wieder auf die jeweiligen Glühkerzen aufstecken und auf festen Sitz achten.
■ Ereignisspeicher des Motorsteuergeräts löschen.

Kraftstofffilter wechseln

Für die Dieselmotoren der hier beschriebenen Modellreihe ist lediglich ein Kraftstoffsystem verbaut worden. Entsprechend können wir Ihnen eine allgemeingültige Anleitung zur Verfügung stellen.

Gehäuse des Kraftstofffilters
■ Öffnen Sie den Tankdeckel, um eventuell vorhanden Restdruck im Kraftstoffbehälter abzubauen.
■ Klemmen Sie die elektrischen Anschlüsse oben und unten am Kraftstofffilter ab.
■ Legen Sie ausreichend Lappen zum Aufnehmen des abtropfenden Kraftstoffes unter dem Filtergehäuse aus.
■ Öffnen Sie die Schnellverschlüsse am Kraftstofffilter wie auch auf der Seite 92 beschrieben.

Achtung: Die Kraftstoffvorlaufleitung steht unter Umständen unter Druck! Schutzbrille und Schutzbekleidung tragen, um Verletzungen und Hautkontakt zu vermeiden. Vor dem Lösen von Schlauchverbindungen Putzlappen um die Verbindungsstelle legen. Dann durch vorsichtiges Abziehen des Schlauchs Druck abbauen.

Sichtprüfung Messen

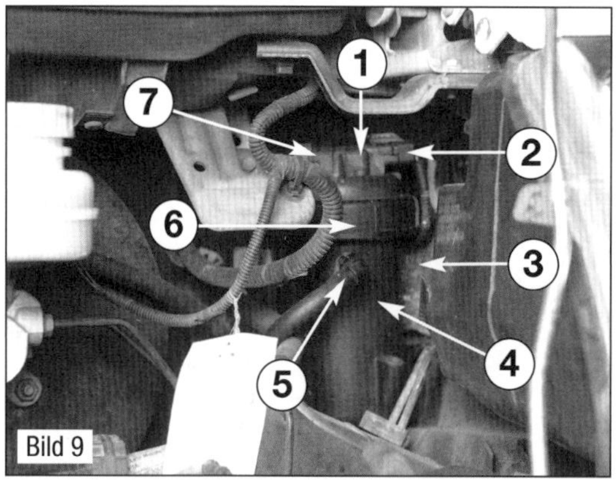

Bild 9
Kraftstofffilter beim 2,3-l-Motor.
1 Filteroberteil
2 elektrischer Anschluss
3 Befestigungsmuttern
4 Filterunterteil
5 Kraftstoffablauf
6 Überwurfmutter
7 Kraftstoffzulauf

■ Demontieren Sie die Befestigungsmuttern (3 im Bild 10).
■ Nehmen Sie das Kraftstofffiltergehäuse nach oben heraus.
■ Drehen Sie Entlüftungsschraube heraus und lassen Sie den Kraftstoff ablaufen.

Demontage des Filtereinsatzes
Auch wenn es sich anbietet, sollten Sie darauf verzichten den Filter im eingebauten Zustand zu demontieren. Die Gefahr, dass sich ablaufender Dieselkraftstoff unkontrolliert am Fahrzeug verteilt, ist zu groß.

■ Bauen Sie das Filtergehäuse aus.
■ Kraftstofffilter im Schraubstock einspannen oder mit einem Ölfilterband fixieren.
■ Mit einem geeigneten Werkzeug den Deckel komplett mit Filterelement abschrauben und abnehmen.
■ Nehmen Sie den Filtereinsatz heraus.
Der weitere Einbau erfolgt sinngemäß in umgekehrter Reihenfolge.
■ Um ein sofortiges Starten des Motors nach dem Kraftstofffilterwechsel zu gewährleisten und einen Trockenlauf der Pumpen zu verhindern, muss das Kraftstoffsystem mit dem Fahrzeugdiagnosesystem, Mess- und Informationssystem entlüftet werden.

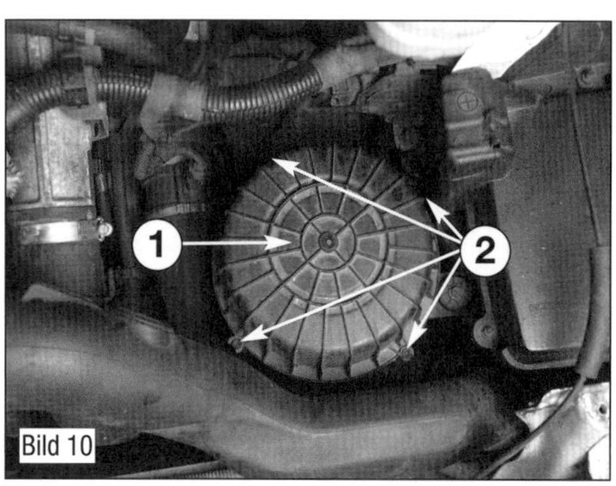

Bild 10
Luftfilterkasten beim 2,3-l-Motor.
1 Luftfilterkastendeckel
2 Schrauben

■ Starten Sie den Motor und führen Sie eine Sichtprüfung des Kraftstoffsystems am Kraftstofffilter durch.

Luftfilter wechseln

Reinigung des Luftfilterkastens
■ Beim Ausblasen des Luftfiltergehäuses mit Pressluft ist Folgendes zu beachten: Zur Vermeidung von Funktionsstörungen bitte die kritischen luftführenden Motorbauteile wie Luftmassenmesser, Lufteinlassrohre usw. mit einem sauberen Putzlappen abdecken. Schlauchstutzen und Schläuche für Ladeluftsystem müssen vor dem Montieren öl- und fettfrei sein. Verwenden Sie keine silikonhaltigen Gleitmittel bei der Montage.
■ Besser ist es, mit einem Werkstattstaubsauger das Luftfiltergehäuse auszusaugen.

Wechsel des Luftfiltereinsatzes
Der Luftfilter hat sich über die Modellreihen kaum oder besser gar nicht verändert. Wir stellen Ihnen für die Montagearbeiten eine allgemeingültige Beschreibung zur Verfügung.

■ Drehen Sie die Schrauben (2 im Bild 10) heraus.
■ Heben Sie das Luftfilteroberteil (1) an und nehmen Sie Luftfilter (1 im Bild 11) nach oben heraus.
■ Reinigen Sie gegebenenfalls das Luftfiltergehäuse (2) mit einem Staubsauger.

Montage
■ Bauen Sie den neuen Luftfiltereinsatz (1 im Bild 11) ein. Beachten Sie beim Einbau den richtigen Sitz des Luftfiltereinsatzes im Gehäuse und kontrollieren Sie die korrekte Auflage der umlaufenden Dichtung!
■ Achten Sie auf den richtigen Sitz des Luftfilteroberteils auf dem Luftfilterunterteil.

Luftfiltergehäuse aus- und einbauen
■ Demontieren Sie die Motorraumverkleidung von unten in der Mitte wie schon auf Seite 37 beschrieben.
■ Die Schelle (2 im Bild 13) von unten lösen und Ansaugschlauch (1) zum Turbolader abziehen.
■ Drehen Sie von unten die Schrauben (3) am Rahmen für den Halter des Luftfilterkastens heraus.
■ Lösen Sie die Schelle und demontieren Sie den Schlauch für den Frischluftzugang

vom Querträger zum Luftfilterkasten ab.
- Lösen Sie die obere Befestigungsschraube des Luftfilterkastens.
- Nehmen Sie den Luftfilterkasten komplett heraus.

Der Einbau erfolgt sinngemäß in umgekehrter Reihenfolge.

Fahrzeugdiagnosetester einsetzen

Es gibt eine Reihe von Arbeiten im Bereich der Einspritz- und Zündanlage, die man ohne Tester mit Übung und Erfahrung, unter Einsatz bestimmter Spezialwerkzeuge und am besten auch mit fachkundiger Beratung in einer Mietwerkstatt ausführen kann. Darauf gehen wir mit den folgenden Arbeitsbeschreibungen ein. Vielfach aber kann man an den elektronisch gesteuerten Einspritzsystemen nur selbst Hand anlegen, wenn man über einen Diagnosetester verfügt. Das Steuergerät kann zwar viele Fehler an elektrischen Teilen der Einspritz- und Zündanlage per Selbstdiagnose erkennen und sie in einem Fehlerspeicher ablegen. Dabei wird auch eine Entscheidung getroffen, ob es sich um permanente Fehler oder um sporadische Mängel handelt.

Diagnosegeräte

Fiat-Werkstätten verwenden ein eigenes Diagnosesystem, das für die Marken der Fiatgruppe abgestimmt ist. Mit geeigneter Software und gewisser Kenntnis der Funktions- und Vorgehensweise sind auch andere Werkstattsysteme zu verwenden, wie sie in vielen Mietwerkstätten vorhanden sind. Wir haben schon auf das System vom »VCDS«-Vertreiber FI-Com hingewiesen. Es ist absehbar, dass sich dieser hochwertige Tester in freien Werkstätten verbreitet. Die Firma PCI-Tuning bietet auf Internetseiten Informationen und Unterstützung auch für diesen Ableger ihrer Testerreihe an.
Auch zu diesem Thema stellen wir Ihnen den Einsatz des Diagnosetesters vor. Hier möchten wir die Istwerte für die Gemischaufbereitung erfassen und darstellen. Die Fehlerspeicherauslese unterscheidet sich kaum von den Arbeitsschritten, die wir Ihnen bereits auf Seite 35 vorgestellt haben.

Bild 11
Luftfiltereinsatz beim 2,3-l-Motor.
1 Luftfiltereinsatz
2 Luftfiltergehäuse

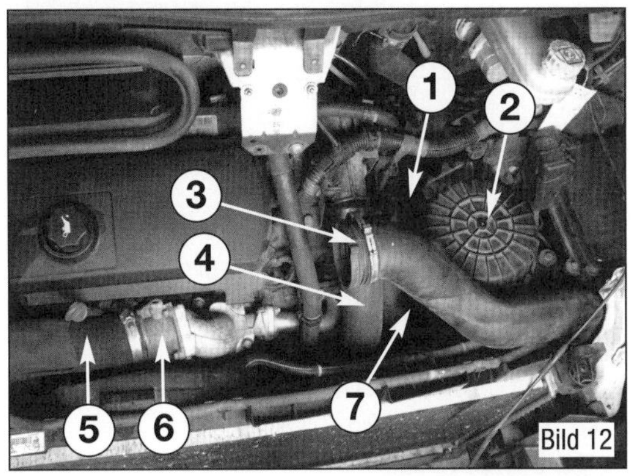

Bild 12
Luftfilterkasten mit Schläuchen von oben.
1 Luftmassenmesser
2 Luftfilterkasten
3 Anschluss Luftzufuhr vom Frontquerträger
4 Ladeluft zum Ladeluftkühler
5 Ladeluft vom Ladeluftkühler
6 Drosselklappe mit Steller
7 Ansaugschlauch vom Luftfilter

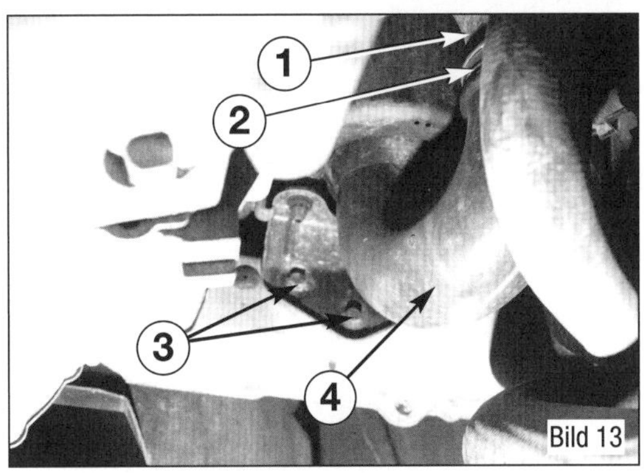

Bild 13
Luftfilterkasten mit Halter von unten beim 2,3-l-Motor.
1 Ansaugschlauch
2 Schelle
3 Schrauben
4 Anschlussschlauch zum Turbolader (Luftmassenmesser)

Anschluss am Fahrzeug

Je nachdem, ob Sie einen Tester verwenden, der speziell für die Diagnose über OBD ausgelegt ist, erfolgt die Spannungsversorgung für den Tester über die OBD-Anschlussdose. Bei den meisten Laptop- oder Tablet-Lösungen muss darauf geachtet werden, dass die Akkuladung ausreichend groß ist oder eine Spannungsversorgung über das Ladegerät hergestellt werden kann. Auch das Fahrzeug sollte mit einem Dauerladegerät mit Spannung versorgt werden. Bei eingeschalteter Zündung wird die Batterie entladen.

- Schließen Sie ein Erhaltungsladegerät an die Batterie an.

Sichtprüfung Messen

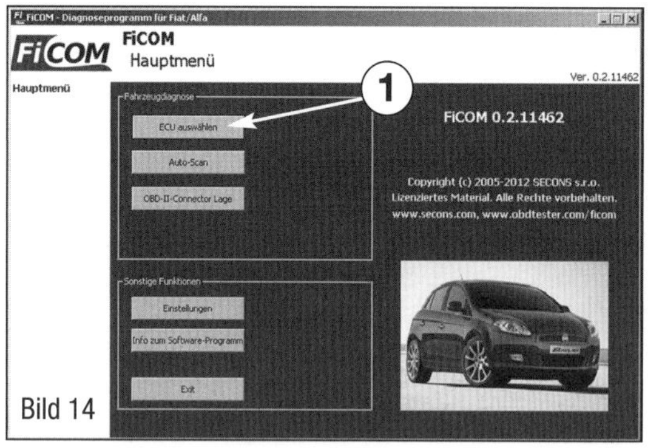

Bild 14

Startmaske beim FI-Com.
1 Direkte Anwahl des Steuergerätes (Electronic Control Unit)

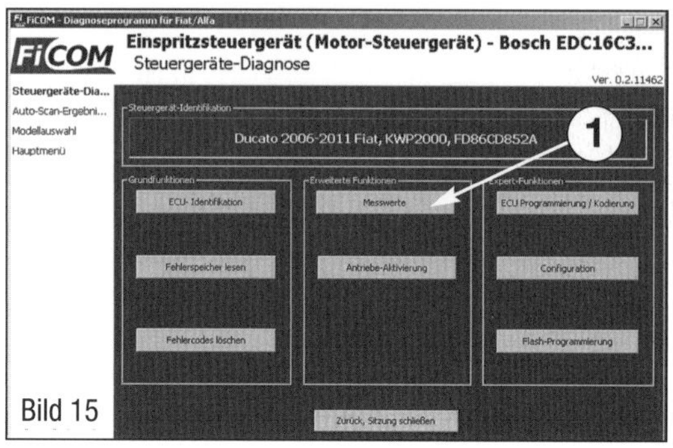

Bild 15

Anwahl in der Steuergerätemaske.
1 Messwerte für die Istwerte- (oder Sollwerte)-Darstellung

■ Schließen Sie den Tester an die OBD-Anschlussdose im Fahrerfußraum an.
■ Legen Sie das Anschlusskabel zum Tester so, dass es nicht im Fußraum stören kann.
■ Starten Sie die Diagnosesoftware und schalten Sie die Zündung ein.
■ Folgen Sie den Bildschirmanzeigen, um die gewünschten Funktionen zu starten.

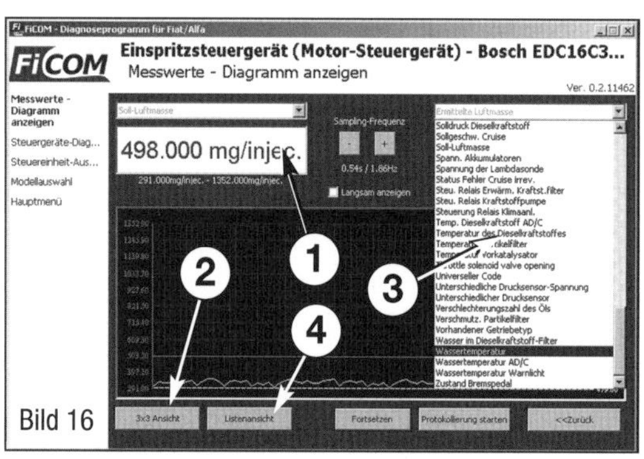

Bild 16

Auswahl der Messwerte.
1 Messwertzeile mit Auswahl beim Anklicken
2 Feldansicht der Messwerte
3 Auswahlliste mit Schieberegler
4 Listenansicht aller Werte

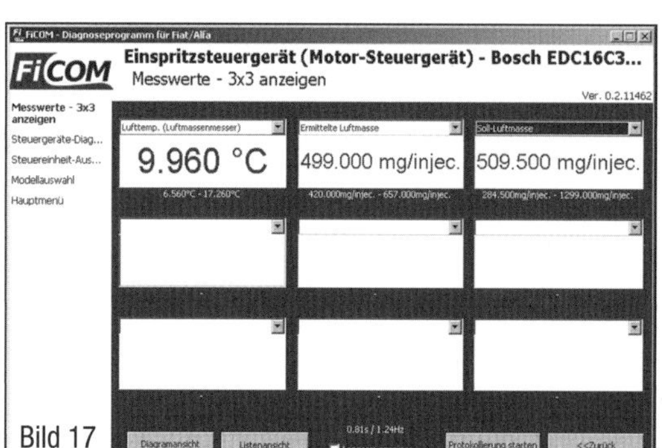

Bild 17

Zusammenstellung als Messwertblock: Wir haben die Luftmasse und die Ansauglufttemperatur als Messwertblock zusammengestellt.

Istwerterfassung für den Luftmassenmesser

Exemplarisch werden wir im Folgenden die »Istwerte« des Luftmassenmessers überprüfen. Im Einspritzsystem ist er auch für die Kontrolle der Abgasrückführungsrate zuständig. Fehlerhafte Messwerte führen schnell zu einer geringeren Motorleistungsabgabe. Hier findet ganz klassisch ein Soll-Istwertevergleich statt.
Die Sollwerte werden aus dem Kennfeld des Steuergerätes ausgelesen. Die Istwerte werden vom Luftmassenmesser übernommen. Diese beiden Werte werden als grafischer Verlauf dargestellt. Nach einigen Gasstößen kann die Auswertung erfolgen.

■ Lassen Sie den Motor im Leerlauf laufen.
■ Klicken Sie mit der Maus die Taste »ECU auswählen« (1 im Bild 14) an. Nach der Fahrzeuganwahl kontaktiert der Tester das Motorsteuergerät und öffnet die Maske des Motorsteuergerätes.
■ Wählen Sie durch einen Mausklick die Taste »Messwerte« (1 im Bild 15) an. Das Programm öffnet nun eine Maske für die Messwertanwahl.

Graphische Darstellung (Bild 18):
■ Wählen Sie in der linken Spalte den Sollwert für die Luftmasse »Soll-Luftmasse« an.
■ Wählen Sie in der rechten Spalte den Istwert für die Luftmasse »Ermittelte Luftmasse« an. Die Messwerte und die Sollwerte werden nun zusammen grafisch dargestellt.
■ Treten Sie nun das Gaspedal kurz voll durch und lassen Sie das Gaspedal wieder los.
■ Wiederholen Sie die Gasstöße zwei- bis dreimal.
■ Klicken Sie mit der Maus die Taste »Graph-Pause« an. Die Messung wird nun angehalten.
■ Vergleichen Sie die beiden Verlaufskurven miteinander.
■ Im Bild 18 wird der Sollwert (links) etwas höher dargestellt als der erfasste »Istwert« (rechts). Der »Istwert« verläuft erwartungsgemäß etwas unruhiger als der »Sollwert«.
Die Spannungspegel für den Gasstoß und im Leerlauf verlaufen hinsichtlich der Messwerte und des Kurvenverlaufs fast parallel. In diesem Fall entspricht die erfasste Luftmasse den Sollwerten. Der Luftmassenmesser ist in Ordnung.

■ Wenn die Messwertkurve oder die Messwerte für den Istwert in allen Punkten deutlich geringer ausfällt, muss der Luftmassenmesser überprüft oder meist dann auch erneuert werden.
■ Zeigen die Messwertkurve oder die Messwerte keine Reaktion, muss die Spannungsversorgung aber auch der Luftmassenmesser überprüft werden.

Listen-Ansicht (4 im Bild 16):
Die Listenansicht stellt alle Messwerte untereinander dar. Hier lässt sich zumindest eine Übersicht der möglichen Messwerte gewinnen. Über das Herunterscrollen mit dem Seitenschieber in der Liste lassen sich die Messwerte einsehen.

3x3-Ansicht (Bild 17 und 2 im Bild 16):
Diese Ansicht ermöglicht die Zusammenstellung aus den erfassten Messwerten zum sehr übersichtlichen Messwerteblock. Gerade zur Übersicht in der Fehlersuche lassen sich hier bis zu neun Messwerte auf dem Bildschirm darstellen. So lassen sich auch zusammenhängende Veränderungen, wie sie beispielsweise durch die Ansteuerung des AGR-Ventils verursacht werden, gut lesbar darstellen.

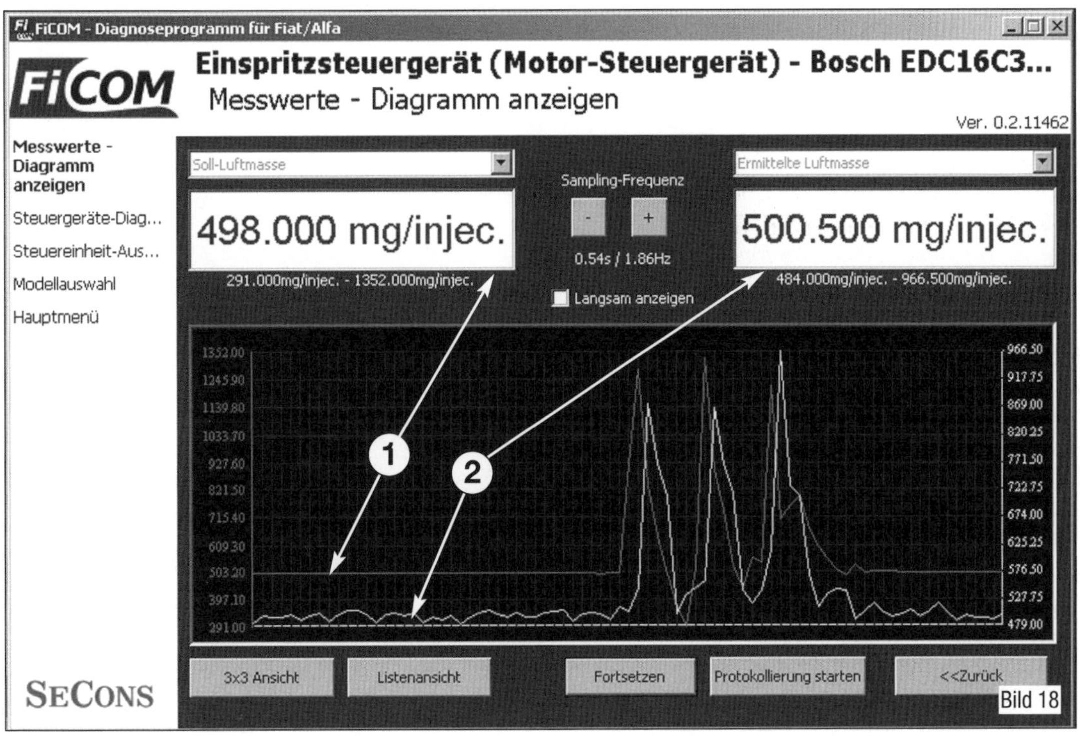

Bild 18
Signalbild Ist- und Sollwerte mit der grafischen Darstellung der Messwertauswertung.
1 Zahlenwert und Messwertlinie für die Sollwerte
2 Zahlenwert und Messwertlinie für die Istwerte

9 Abgasanlage

Die Abgas- oder Auspuffanlage am Unterboden des Ducatos reinigt zumindest bei den neueren Varianten mit Partikelfilter plus Oxidationskatalysator und Abgasvorrohr, oder mit Katalysator und Abgasvorrohr, die Verbrennungsabgase und leitet sie mit geringem Gegendruck ins Abgasrohr mit Schalldämpfer und Endrohr am Fahrzeugheck (Bilder 1 bis 3). Der Schalldämpfer reduziert die Verbrennungsgeräusche auf ein Minimum. Der Differenzdruckgeber und der Abgastemperaturgeber mit Regelsystem tragen dazu bei, die Motorleistung zu optimieren. Der Auspuff

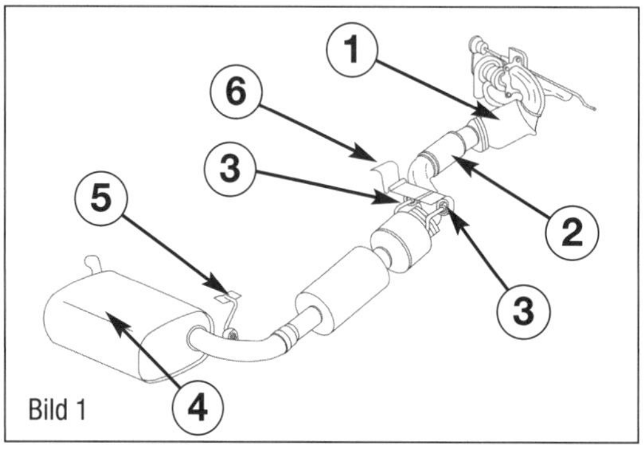
Bild 1

Bild 1
Auspuffanlage am 2,2-l-Motor.
1 Vorkatalysator
2 Flexrohr (Mittelrohr)
3 Haltegummi
4 Endschalldämpfer
5 Katalysator
6 Halterung

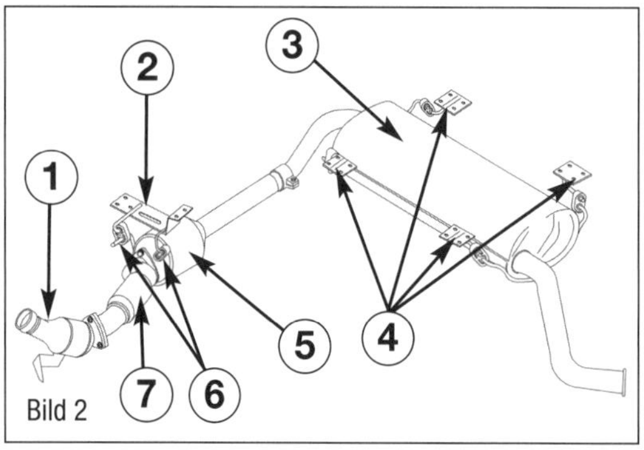
Bild 2

Bild 2
Auspuffanlage am 2,3-l-Motor.
1 Vorkatalysator
2 Halterung
3 Endschalldämpfer
4 Haltegummi
5 Katalysator
6 Haltegummi
7 Flexrohr (Mittelrohr)

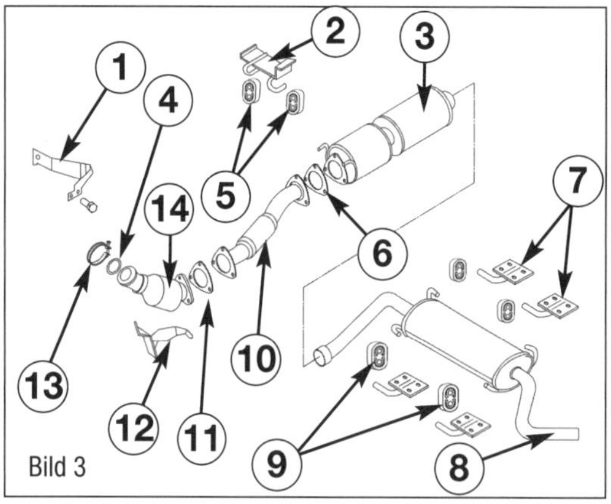
Bild 3

Bild 3
Auspuffanlage am 3,0-l-Motor.
1 Halterung Kat
2 Haltebügel Kat
3 Katalysator
4 Dichtring
5 Haltegummi
6 Dichtung
7 Halterung Schalldämpfer
8 Endschalldämpfer
9 Haltegummi
10 Flexrohr (Mittelrohr)
11 Dichtung
12 Haltebügel Kat
13 Schelle
14 Vorkatalysator

moderner Pkw ist für mehr als 60‘000 Kilometer gut, wobei die Lebensdauer natürlich auch von den Einsatzbedingungen des Fahrzeugs abhängt. Ist man überwiegend auf kurzen Strecken unterwegs, fallen mehr Kondensat, Ruß und aggressive Säuren im Innern der Anlage an, als beim Langstreckenbetrieb mit voll durchgewärmtem Motor.
Das Abgasvorrohr ist seltener als die anderen Teile vom Rost bedroht, weil dort die Verbrennungsgase noch mit Temperaturen zwischen 800 und 1000 °C einströmen. Danach verlieren die Abgase an Temperatur und sind am Endrohr nur noch 150 bis 300 °C heiß. Dort tritt das meiste Kondenswasser aus. Es mischt sich mit Verbrennungsrückständen zu aggressiven Säuren und lässt das Auspuffblech von innen nach außen durchrosten. Falls das Endrohr nicht aus besonders korrosionsbeständigem Material hergestellt wurde, ist Arbeit angesagt: Ausbau des alten und Einbau eines neuen Abgasrohrs mit Schalldämpfer.

Hinweise und Regeln für Arbeiten an der Auspuffanlage

Reparaturen an durchgerosteten Auspuffanlagen, z. B. mit Auspuffkitt und Bandagen, haben nur kurzzeitig Erfolg. Das Blech bricht bald neben der Reparaturstelle. Werkstätten wechseln Auspuffanlagen meist komplett aus. Vor weiteren Arbeiten daher Zustand der Anlage genau prüfen und dann entscheiden, ob einzelne Teile oder das ganze System erneuert werden sollen. Die Abgasanlage hinten kann, bei der Demontage abgestützt, komplett mit Schalldämpfer ausgebaut werden.

☞ Wird nach gründlicher Prüfung an der Abgasanlage gearbeitet, sollten folgende Grundregeln beachtet werden:

- Bei einer Demontage darf die Abgasanlage keinesfalls herunterfallen. Dabei könnten wichtige Teile beschädigt werden.
- Dichtungen und selbstsichernde Muttern immer ersetzen.
- Verschraubungen der Auspuffanlage lassen sich beim nächsten Mal leichter lösen, wenn die Gewinde beim Einbau mit hochhitzefestem Kupferfett bestrichen werden.

☞ Werden Partikelfilter oder Differenzdruckgeber gewechselt, muss der Differenzdruckgeber zwingend über den

Fahrzeugdiagnosetester angepasst werden (Tester erforderlich).

■ Werden Partikelfilter ausgebaut und ersetzt, müssen die Altteile vorschriftsmäßig entsorgt werden. Sie dürfen nicht wie Schrott behandelt werden, weil sie wertvolles Edelmetall enthalten, das wieder in den Produktionsprozess eingebracht werden kann.

Für Arbeiten an Lambdasonden gilt: Nur das Gewinde mit Heißschraubenpaste »G 052 112 A3« fetten. An die Schlitze des Sondenkörpers darf kein Fett kommen. Aus- und Einbau am besten mit Ringschlüsselsatz für Lambdasonde (3337). Dichtring bei Undichtigkeit aufkneifen und ersetzen. Festziehen mit 50 bzw. 55 Nm.

■ Alle Schlauchverbindungen mit Schlauchschellen sichern, die dem Serienstand entsprechen.
■ Alle Kabelbinder, die beim Ausbau gelöst werden, sind beim Einbau an der gleichen Stelle wieder anzubringen.
■ Nach Montagearbeiten an der Abgasanlage darauf achten, dass die Anlage nicht verspannt wird und ausreichend Abstand zum Aufbau hat. Gegebenenfalls Doppelschelle lösen und Schalldämpfer und Abgasrohr so ausrichten, dass überall ausreichend Abstand zum Aufbau vorhanden ist und die Aufhängungen gleichmäßig belastet werden.
■ Nach getaner Arbeit immer Motorprobelauf durchführen und »Auspuffanlage auf Dichtheit prüfen« (Bild 4). Ansonsten gelten für Arbeiten an Abgasanlage und Abgasrückführung hinsichtlich Sauberkeit und Sicherheit die Vorschriften, die auch für Arbeiten an Motor, Kraftstoff- oder Einspritzsystem üblich sind.

Zustand der Auspuffanlage kontrollieren

■ Fahrzeug auf einer Hebebühne anheben oder absolut rüttelsicher aufbocken. Es darf nicht kippeln, wenn heftig an den Rohren der Auspuffanlage gedreht oder gezerrt wird. Die Aufhängungen und Gummiösen dürfen keine Schäden aufweisen.
■ Zur Kontrolle die Abgasanlage an den Schraubbefestigungen rütteln. Komponenten auf Brüchigkeit, Einrisse oder sonstige Schäden überprüfen, bei Bedarf ersetzen.
■ Wenn sich beim Demontieren eine Verschraubung nicht lösen lässt, mit Rost lösendem Mittel behandeln oder durch Überdrehen abreißen. Beim Festziehen von Verschraubungen z. B. am Abgaskrümmer die Reihenfolge von innen nach außen und über Kreuz einhalten.
■ Wenn Teile der Anlage schon einmal ersetzt wurden, trennt man die Steckverbindung der Rohrenden am besten in erwärmtem Zustand. Schweißbrenner oder Propangasbrenner verwenden und Feuerlöscher bereithalten.
■ Schalldämpfer mit einem Hammer rundum gründlich abklopfen, auch an den Stirnseiten (Übergang von den Töpfen zu den Rohren). Nicht zu zaghaft hämmern. Klingt es bei jedem Schlag hell, ist das Blech noch gesund. Wird das Klopfgeräusch an manchen Stellen dumpfer, ist die Außenhaut bereits geschwächt und wird bald durchbrechen.

Ein sehr dumpfer Auspuffton und Knallen im Schiebebetrieb können auf einen durchgerosteten Auspuff hinweisen.
■ Dichtheit der Auspuffanlage prüfen (nachfolgende Anleitung).

Abgasanlage auf Dichtheit prüfen

■ Motor anlassen und im Leerlauf drehen lassen.
■ Auspuffendrohr für die Dauer der Dichtheitsprüfung verschließen (Lappen, Stöpsel im Bild 4). Der Motor kann ausgehen. Grundsätzlich sollten Sie keine lauten Zischgeräusche wahrnehmen können.
■ Verbindungsstellen Zylinderkopf/Abgaskrümmer, Abgasturbolader/ Abgasvorrohr usw. durch Abhören auf Dichtheit prüfen. Gibt es zischelnde Geräusche an Verbindungsstellen, ist die Anlage an der Geräuschstelle undicht.
■ Festgestellte Undichtigkeiten beseitigen.

Teile der Abgasanlage aus- und einbauen

Es besteht Gefahr durch Verbrennung. Teile der Abgasanlage können heiß

Sichtprüfung Messen

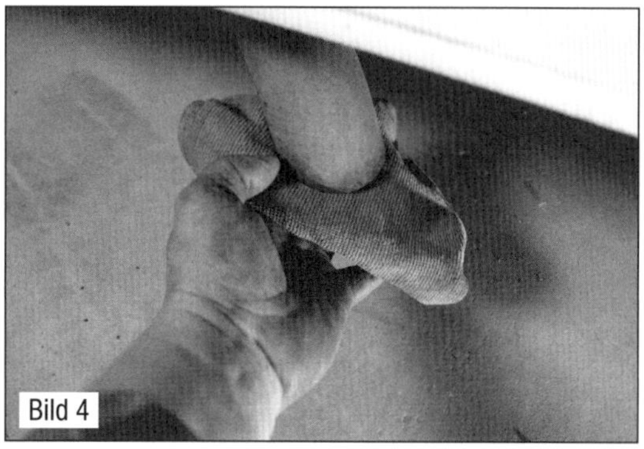

Bild 4
Zuhalten des Abgasrohres zur Dichtheitsprüfung.

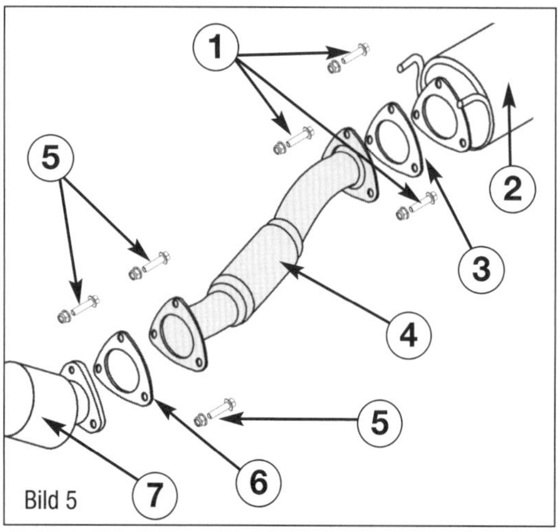

Bild 5
Abgaszwischenrohr (Flexrohr) wechseln.
1 Verschraubung am Kat
2 Katalysator
3 Dichtung
4 Zwischenrohr (Flexrohr)
5 Verschraubungen am Vorkatalysator
6 Dichtung
7 Vorkatalysator

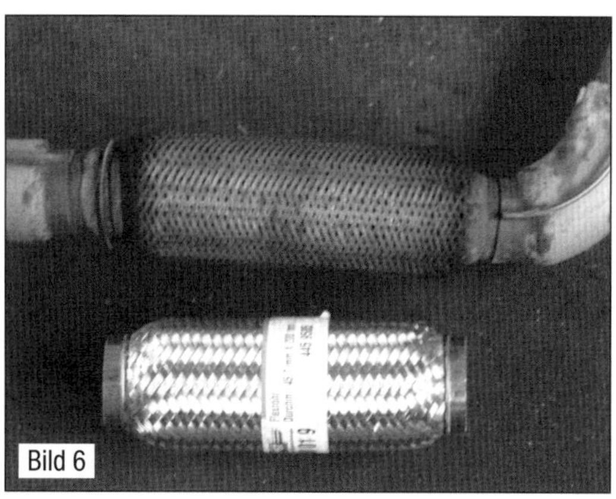

Bild 6
Reparatureinsatz für das Abgaszwischenrohr (Flexrohr) zum Einschweißen.

sein. Vor dem Ausbau Abgasanlage abkühlen lassen. Bei allen Montagearbeiten, insbesondere im Motorraum aufgrund der engen Bauverhältnisse, ist Folgendes zu beachten:

- Leitungen aller Art (z. B. für Kraftstoff, Hydraulik, Aktivkohlebehälteranlage, Kühl- und Kältemittel, Bremsflüssigkeit, Unterdruck) und elektrische Leitungen sind so zu verlegen, dass die ursprüngliche Leitungsführung wiederhergestellt wird.
- Um Beschädigungen an den Leitungen zu vermeiden, ist auf ausreichenden Freigang zu allen beweglichen oder heißen Bauteilen zu achten.
- Kabelbinder vorsichtig durchtrennen und beim Einbau wieder an gleicher Stelle anbauen.

Abgaszwischenrohr aus- und einbauen
Abgasanlagen mit Partikelfilter sind ähnlich aufgebaut. Wir stellen Ihnen an dieser Stelle eine allgemeingültige Arbeitsbeschreibung zur Verfügung.

- Motor und Auspuffanlage abkühlen lassen.
- Demontieren Sie die Befestigungsschrauben/Muttern am Vorkatalysator.
- Demontieren Sie die Befestigungsschrauben/Muttern am Katalysator.
- Nehmen Sie die Dichtungen und das Zwischenrohr (Flexrohr) heraus.

Die Montage erfolgt sinngemäß in umgekehrter Reihenfolge.

- Erneuern Sie die Dichtungen und die Schrauben und/oder Muttern grundsätzlich.
- Bei verpressten Gewindebolzen prüfen Sie den Zustand der Bolzen und erneuern Sie sie bei Bedarf.

Werden Schäden am Flexrohr festgestellt, muss es ersetzt werden. Es gibt im Zubehör universale Flexrohre zu kaufen, die dann eingeschweißt werden müssen und einen kostengünstigen Ersatz bieten.

Nachschalldämpfer aus- und einbauen

- Motor und Auspuffanlage abkühlen lassen.
- Schraube lösen und die Schelle (4) etwas zurück auf das Abgasrohr schieben.
- Nachschalldämpfer (1) nach hinten aus den Haltegummis (2) vorn und hinten ziehen (Bild 7).
- Nachschalldämpfer abnehmen.

Der Einbau erfolgt sinngemäß in umgekehrter Reihenfolge.

- Achten Sie auf den richtigen Sitz (Einbauposition) der Schelle.
- Richten Sie die Abgasanlage spannungsfrei aus.
- Prüfen Sie die Dichtheit der Auspuffanlage.

Abgasanlage spannungsfrei einrichten

- Der Motor muss kalt sein.
- Verschraubungen der vorderen Klemmschelle lösen.

Fahrzeuge mit Heckantrieb:

- Die vordere Schraube handfest anziehen.
- Die Abgasanlage so ausmitteln, dass diese nirgends gegenstößt und spannungsfrei sitzt. Die Haltegummis der Abgasanlage sollten möglichst nicht in ihre Aufsteckrichtung gezogen werden.
- Die Verschraubungen der Schellen und Klemmhülsen sollten so ausgerichtet werden, dass sie möglichst nicht nach unten herausstehen.

Fahrzeuge mit langer Abgasanlage:

- Zusätzlich das hintere Abgasrohr ausmitteln, hierzu Schellen lösen und Abgasanlage anschließend ausrichten.

Alle Fahrzeuge:

- Nach dem Anziehen der Klemmhülse die Freigängigkeit der Auspuffanlage prüfen und gegebenenfalls korrigieren.
- Prüfen Sie abschließend die Dichtheit der Auspuffanlage.

Partikelfilter

Die meisten der neueren Ducato in dieser Baureihe sind mit einem Partikelfilter ausgerüstet. Das ist eine der Voraussetzungen, um die geforderten Grenzwerte erreichen zu können. Ein Nachrüsten eines Fahrzeuges von Euro 3 auf Euro 4 (gelbe auf grüne Plakette) ist oftmals möglich. Derzeit kommen in Deutschland regelmäßig neue Systeme und Umbausätze auf den Markt, die das Abgasverhalten und vor allem auch den Feinstaub reduzieren sollen. Die Kosten für diese Systeme liegen zwischen 500 und 1500 Euro. Die Umrüstungen müssen von Betrieben durchgeführt werden, die auch berechtigt sind die Abgasuntersuchung durchzuführen. Der Einbau muss bestätigt werden und wird dann meist nach einer TÜV-Abnahme in die Fahrzeugpapiere übernommen.

Unterscheidungen der Systeme

Wir wollen auch in diesem Band die Reparatur des Fahrzeuges in den Vordergrund stellen, möchten Ihnen aber einige Besonderheiten der beiden auf dem Markt befindlichen Systeme kurz vorstellen. Für die tiefergehenden Funktions- und Reaktionsabläufe verweisen wir Sie auf die üblichen Quellen wie Fachbücher und auch das Internet.

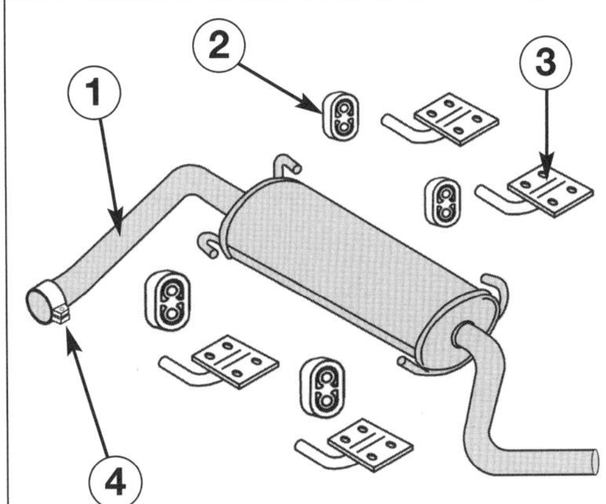

Bild 7

Bild 7 Endschalldämpfer wechseln.
1 Endschalldämpfer
2 Halterungsgummi
3 Halter am Fahrzeug (2–4 Stück)
4 Auspuffschelle

Systeme mit Kraftstoffnacheinspritzung (Speicherkatalysatoren):

In der »Beladungsphase« erfolgt die Stickoxidanlagerung an der Katalysatorbeschichtung. Ist der Katalysator »voll«, werden durch die Nacheinspritzung in der »Regenerationsphase« von Kraftstoff die Stickoxide in Stickstoff und Wasser umgewandelt. Die Nacheinspritzung kann mit einer Temperatur über 650 °C über mehr als 5 Minuten auch zur Regenerierung der Schwefelanlagerungen genutzt werden. Für die Regeneration sind bestimmte Fahrzustände erforderlich. Werden diese nicht erreicht oder unterbrochen, kann die Regenerationsfahrt auch mithilfe des Diagnosetesters ausgelöst werden. Der Nachteil dieses Systems, das übrigens durchaus von mehreren Fahrzeugherstellern eingesetzt wird oder wurde, liegt im leicht erhöhten Kraftstoffverbrauch und dem erhöhten Dieselkraftstoffeintrag im Motoröl. Die Einspritzung des zusätzlich benötigten Kraftstoffs erfolgt über die Einspritzdüsen jeweils im Auslasstakt.

SCR-Katalysatoren (Adblue-Systeme):

Zwar findet sich dieses System serienmäßig nicht in den Ducatos dieser Baujahre, eine Nachrüstung könnte aber durchaus möglich werden. Die Basis für sehr viele Wohnmobile ist der Fiat Ducato mit einem serienmäßigen Abgassystem. Der Wirkungsgrad dieses

Systems ist deutlich höher. Allerdings ist eine Nachrüstung nur mit Nachrüstung von »Hardware« möglich.

Partikelfilter reinigen (lassen)
Die Partikelfilter sollten sich eigentlich, je nach System in unterschiedlicher Art und Weise, selbst reinigen. Diese Regenerationsphase wird alle paar Hundert Kilometer durch das Motorsteuergerät eingeleitet und brennt dann die Ablagerungen aus dem Filter ab. Wird die Regenerationsphase oder besser die Bedingungen dazu nicht erreicht oder die Regeneration aufgrund der Fahrsituation abgebrochen, setzt sich der Partikelfilter zu. Einmal verstopft, muss er dann eigentlich ersetzt werden.
Die Preise sind recht unterschiedlich und liegen oft zwischen 500 und 1500 Euro im Zubehörhandel. Aufgrund der Nach- und Umrüstsätze, die auch gleichzeitig eine andere Abgaseinstufung erlauben, und Spezialfirmen, die sich auf die Reinigung verstopfter Filter spezialisiert haben, lässt sich hier durchaus sinnvoll Geld einsparen. Suchen Sie hier nach aktuellen Angeboten im Internet.

Differenzdruckgeber ausbauen
Der Differenzdruckgeber (1 im Bild 8) ist in der Regel rechts neben dem Flexrohr (7) von unten befestigt. Auch bei nachgerüsteten Systemen finden Sie diesen Sensor, oft auch mit dem dazugehörigen Steuergerät, an dieser Einbauposition.
- Schalten Sie den Motor ab und lassen Sie ihn abkühlen.
- Demontieren Sie die Schlauchschellen an den Sondenröhrchen (3) zum Partikelfilter.
- Ziehen Sie die elektrische Steckverbindung (2) ab.
- Drehen Sie die Halterungsschrauben heraus und nehmen Sie den Sensor ab.

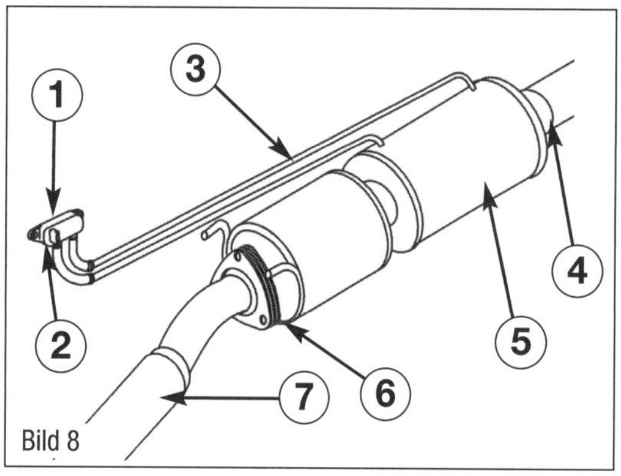

Bild 8

Bild 8
Partikelfilter und Differenzdruckgeber.
1 Differenzdruckgeber
2 elektrischer Anschluss
3 Rohrleitung (Sondenröhrchen) zum Partikelfilter
4 Schelle zum Endschalldämpfer
5 Partikelfilter
6 Verbindung zum Flexstück
7 Flexstück nach dem Vorkatalysator

Die Montage erfolgt sinngemäß in umgekehrter Reihenfolge.

Wird ein neuer Partikelfilter eingebaut, schließen Sie nach dem Einbau den Fahrzeugdiagnosetester an.
- Führen Sie je nach Tester die Funktion »Dieselpartikelfiltertausch« durch. Der Differenzdruckgeber muss an das Abgassystem und die Steuergeräte angelernt werden.

Partikelfilter ausbauen
Wir stellen Ihnen die Arbeitsschritte an der kurzen Auspuffanlage vor. Die Arbeiten an der langen Anlage verlaufen ähnlich.
- Schalten Sie den Motor ab und lassen Sie ihn abkühlen.
- Schelle (4 im Bild 8) lösen.
- Endschalldämpfer ausbauen oder zumindest vom Katalysator mit Partikelfilter (5) abziehen.
- Ziehen Sie die elektrische Steckverbindung (2) ab.
- Drehen Sie die Halterungsschrauben heraus und nehmen Sie den Sensor ab. Lösen Sie die Verschraubungen am Flansch (6) zum Flexrohr.
- Nehmen Sie den Partikelfilter (5) heraus.

Das Entkopplungselement (Flexstück) (7) des Partikelfilters darf nicht mehr als 10° geknickt werden, sonst kann es beschädigt werden.

Der Einbau erfolgt sinngemäß in umgekehrter Reihenfolge.
- Ersetzen Sie die Dichtung am Flansch (6) und setzen Sie den Endschalldämpfer mit etwas Montagepaste ein.

Arbeiten am Abgasrückführungssystem

Ob nun die Abkürzung für das deutsche Wort »**A**b**G**as**R**ückführung« oder das englische »**E**xhaust**G**as**R**ecirculation«, gemeint ist das Gleiche. Ein Teil der bereits verbrannten Gase werden aus dem Abgaskrümmer (3 im Bild 9) erneut in den Ansaugtrakt des Motors (1) geleitet. Die Abgasrückführungssysteme sind auch im Ducato in unterschiedlichen Ausführungen verbaut worden. Wir stellen Ihnen die beiden Varianten für die drei Motortypen vor.

Klassische AGR(EGR)-Fehler

Die Abgasrückführung hängt trotz AGR-Kühler und viel Leistung immer zwischen den heißen Abgasen und der recht kühlen Ansaugluft. Schon das allein kann zum Ablagern von Reststoffen, ob nun fest oder flüssig, führen.

Ablagerungen:
Im Laufe der Zeit sorgen die Ablagerungen für eine geringere Rückführungsrate durch zugesetzte Rohrverbindungen oder des AGR-Ventils (2), was dem Steuergerät anhand der angesaugten Luftmasse auffällt. Die Motorkontrolllampe geht an, und es wird ein Fehler im Fehlerspeicher abgelegt.

Klemmen:
Die Ablagerungen können aber auch für ein Verklemmen des Ventils sorgen. Die AGR-Ventile (2) der 2,3- und der 3,0-l-Motoren werden aber lediglich über die Luftmasse überwacht. Lediglich die 2,2-l-Motorvariante liefert eine Lagerückmeldung des Ventils und kann so ein Verklemmen schnell erkennen, leider dabei aber auch Schaden am Antrieb erleiden. Auch hier geht die Motorkontrolllampe an und es wird ein Fehler im Fehlerspeicher abgelegt.

Innere Undichtigkeit:
Das Steuergerät steuert lediglich das Magnetventil an. Die eigentliche Ventilbewegung wird nur indirekt erfasst. Soll das AGR beispielsweise geschlossen sein, wird es für die 2,3- und die 3,0-l-Variante belüftet (kein Unterdruck). Die 2,2-l-Variante fährt das Ventil in Stellung »ZU«. Sind nun Ablagerungen im Bereich des Ventilsitzes vorhanden, bleiben die pneumatischen Varianten des 2,3-und des 3,0-l-Motors offen. Ab einer gewissen Grenze erfolgt die Rückmeldung über eine »unplausible Luftmasse«, wie schon bei den Ablagerungen beschrieben.

AGR(EGR)-Reinigung

Je nach Zustand des Ventils können Sie es erneuern, aber auch mit »Hausmittel« reinigen. Die Kosten für ein neues Ventil liegen zwischen 50 und 300 Euro. Als Hausmittel eignet sich ein Backofenspray sehr gut.

- Bauen Sie das Ventil aus.
- Entfernen Sie vorsichtig die groben, größeren Ablagerungen mit einem Schraubendreher oder einem anderen geeigneten Werkzeug.

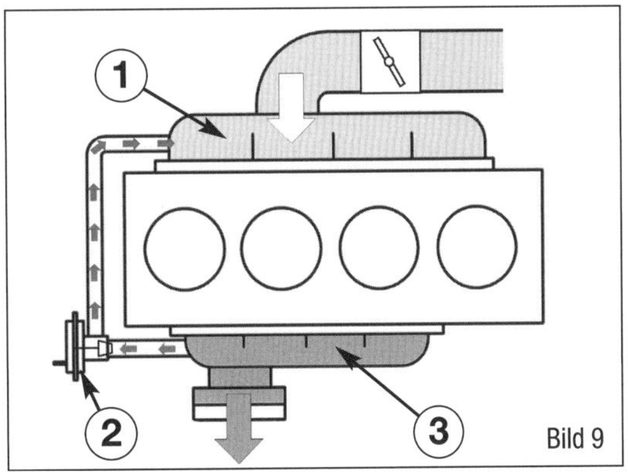

Bild 9
AGR(EGR)-System in der Übersicht.
1 Abgaskrümmer
2 AGR-Ventil
3 Abgaskrümmer

Bild 10
AGR-Ventil mit Verkokung.
1 Elektrisches AGR-Ventil
2 Kanal zum Zylinderkopf
3 Ablagerungsbrocken (Ruß)

- Sprühen Sie das Ventil, vor allem die Kanäle und Bohrungen im Inneren, ein.
- Lassen Sie den Backofenreiniger auf das Ventil etwa 15 bis 30 Minuten einwirken.
- Waschen Sie das Ventil mit klarem Wasser aus.
- Trocknen Sie das Ventil mit Druckluft.
- Untersuchen Sie das Ventil und den Ventilsitz auf Schäden.
- Bauen Sie das Ventil mit neuen Dichtungen wieder ein.

Bauteilprüfung über den Stellgliedtest (Antriebstest)

Gleichgültig, welche Variante in Ihrem Ducato verbaut ist. Vor der Demontage sollten Sie das System über einen Diagnosetester ansteuern, um die Verschlauchung (beim 2,2-l-Motor die Verkabelung) und alle Anschlüsse zu prüfen.

Wenn beim 2,3- oder beim 3,0-l-Motor die AGR-Ventilbewegung beobachtet werden soll, muss Unterdruck im Bremssystem anstehen. Im Regelfall muss dafür der Motor zumindest kurz laufengelassen werden.

- Schließen Sie den Tester wie schon beschrieben an die Diagnoseschnittstelle im Sicherungskasten an.

■ Klicken Sie, wie auf der Seite 112 (Bild 14) beschrieben, mit der Maus die Taste »ECU auswählen« an. Nach der Fahrzeuganwahl kontaktiert der Tester das Motorsteuergerät und öffnet die Maske des Motorsteuergerätes.
■ Wählen Sie durch einen Mausklick die Taste »Antriebe Aktivierung« (1 im Bild 11) an. Das Programm öffnet nun eine Maske für die »Antriebe Aktivierung«.
■ Wählen Sie hier »EGR-valve« aus. Je nach Ausführung wird nun das Magnetventil (2,3- und 3,0-l-Motor) oder das Stellelement (2,2-l-Motor) angesteuert.

2,2-l-Motoren:
Die Ansteuerung können Sie fühlen oder durch den veränderten Motorlauf im Leerlauf hören. Bei demontiertem (und vielleicht gereinigtem Ventil) können Sie die Funktion optisch bewerten.

2,3- und 3,0-l-Motor:
Auch hier wird bei laufendem Motor der Motorlauf hörbar verändert. Bei stehendem Motor und anliegendem Unterdruck wird beim Abschalten (schließen) des Ventils das metallische Aufsetzen auf dem Ventilsitz hörbar, soweit dort keine Ablagerungen zu finden sind.
Im ausgebauten Zustand kann, soweit Unterdruck anliegt, auch hier die Ventilbewegung beobachtet werden. Das Ventil kann hier auch durch Beaufschlagung mit Unterdruck (Minivak-Pumpe oder große Medizinspritze) bewegt werden.

2,2-l-Motoren:
■ Wird der Motor für das Ventil nicht angesteuert, muss der Fehler in der Elektrik oder aber am Ventil selber gesucht werden.

☞ Eine Reparatur des Ventils ist nicht vorgesehen. Bei einem Defekt muss es ersetzt werden.

2,3- und 3,0-l-Motor:
■ Wird der Motor für das Ventil nicht angesteuert, kann die Ansteuermembran undicht oder gerissen, das Magnetventil defekt oder einfach die Verschlauchung defekt oder abgefallen sein.
■ Schießen Sie eine Minivak-Unterdruckpumpe an.
■ Beaufschlagen Sie das Ventil mit Unterdruck und beobachten Sie, ob der Unterdruck bestehen bleibt.

☞ Eine Reparatur des Ventils ist nicht vorgesehen. Bei einem Defekt muss es ersetzt werden.

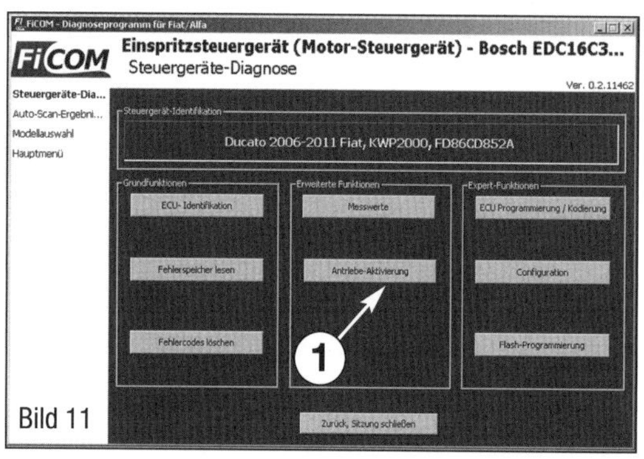

Bild 11

Bild 11
Anwahlmaske des Motorsteuergerätes.
1 Anwahl »Antriebe-Aktivierung«

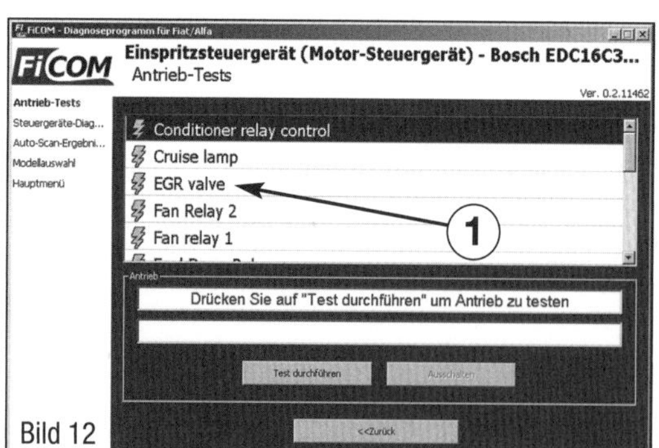

Bild 12

Bild 12
Auswahl der möglichen Stellgliedtests.
1 Anwahl »EGR Valve = AGR Ventil«

Ausbau des AGR-Ventils beim 2,2-l-Motor
Das AGR-Ventil ist vorne links unter dem Ansaugkrümmer am Zylinderkopf verbaut.
■ Lassen Sie den Motor abkühlen.
■ Lassen Sie das Kühlmittel wie schon auf Seite 84 beschrieben ab.
■ Demontieren Sie den oberen Kühlmittelschlauch.
■ Bauen Sie das Kühlmittelrohr zwischen Kühleranschluss und Thermostatgehäuse zusammen mit dem Schlauch aus.
■ Ziehen Sie den Steckkontakt (2 im Bild 13) zum AGR-Ventil ab.
■ Drehen Sie die Schrauben (5) zum Abgaskühler heraus.
■ Drehen Sie die Schrauben (4) zum Ansaugkrümmer heraus.
■ Nehmen Sie das AGR-Ventil ab.

Der Einbau erfolgt sinngemäß in umgekehrter Reihenfolge.
■ Prüfen Sie den Zustand der Dichtungen und ersetzen Sie diese.
■ Ziehen Sie die 8-mm-Schrauben mit 20 Nm und die 6-mm-Schrauben mit 10 Nm an.

■ Prüfen Sie die Dichtheit der Anlage nach der Montage.

Wird das AGR-Ventil ersetzt, muss mit dem Fahrzeugdiagnosetester das Motorsteuergerät an das Potenziometer für Abgasrückführung angepasst werden.

Ausbau des AGR-Magnet-Ventils beim 2,3- und 3,0-l-Motor

Das Magnetventil (1 im Bild 14) ist bei beiden Motorvarianten in der Mitte des Motorraums vorne oben an einem Blechwinkel verbaut.

■ Schalten Sie den Motor ab.

■ Ziehen Sie den Unterdruckschlauch (4 im Bild 15) zum AGR-Ventil ab.

■ Ziehen Sie den Unterdruckschlauch (3) zur Unterdruckleitung am Bremskraftverstärker ab.

■ Ziehen Sie den elektrischen Anschlussstecker (5) ab.

■ Sprühen Sie die Verschraubungen der Gummipuffer (2) gründlich mit Rostlöser ein und lassen Sie den Rostlösen einwirken.

■ Lösen Sie die Verschraubungen (1) am Halteblech und nehmen Sie das Ventil mit den Gummipuffern ab.

■ Lösen Sie die Verschraubungen (8) und nehmen Sie die Gummipuffer ab.

Der Einbau erfolgt sinngemäß in umgekehrter Reihenfolge.

■ Prüfen Sie den Zustand der Gummipuffer (2) und erneuern Sie diese, wenn es erforderlich sein sollte.

■ Prüfen Sie den Zustand und die Dichtheit der Anschlussschläuche (3 und 4) vor der Montage.

Ausbau des AGR-Ventils beim 2,3-l-Motor

Das AGR-Ventil ist hinten links, sehr versteckt am Zylinderkopf verbaut.

■ Lassen Sie den Motor abkühlen.

■ Bauen Sie die Motorverkleidung oben ab.

■ Öffnen Sie den Deckel des Ausgleichsbehälters kurz, um den Druck abzulassen.

■ Bauen Sie das Fahrzeug so auf, dass Sie von unten und von oben arbeiten können.

■ Bauen Sie die Ladeluftleitung zum Ladeluftkühler aus. Stecken Sie saubere fusselfreie Lappen in die Öffnungen, um Verschmutzungen zu vermeiden.

■ Ziehen Sie die Unterdruckleitung (1 im Bild 17) ab.

■ Ziehen Sie die Unterdruckleitung an der Schnellkupplung (1 im Bild 16) ab.

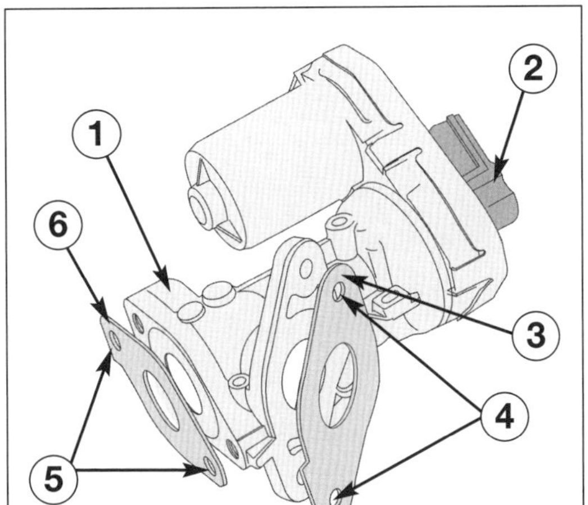

Bild 13

Bild 13
AGR-Ventil beim 2,2-l-Motor.
1 AGR-Ventil
2 elektrischer Anschluss
3 Dichtung zum Ansaugkrümmer
4 Schrauben zum Ansaugkrümmer
5 Schrauben zum Abgaskühler
6 Dichtung zum Abgaskühler

Bild 14

Bild 14
AGR-Magnetventil beim 2,3- und 3,0-l-Motor.
1 Einbauposition im Motorraum

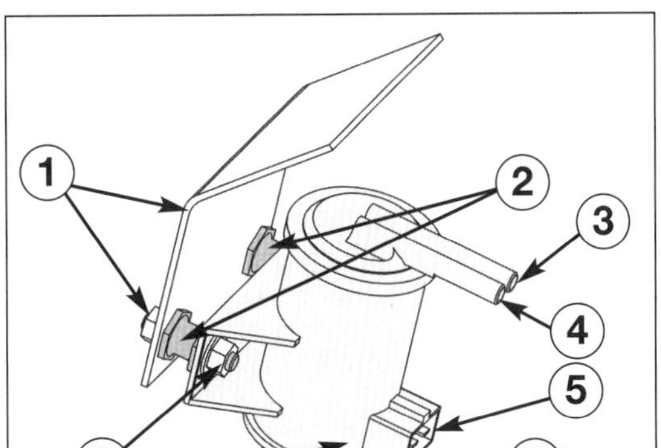

Bild 15

Bild 15
AGR-Magnetventil beim 2,3- und 3,0-l-Motor.
1 Muttern am Halteblech
2 Gummipuffer
3 Anschluss Unterdruck (VAC)
4 Anschluss AGR-Ventil
5 elektrischer Anschluss
6 Belüftung mit Filter
7 Magnetventil
8 Muttern am Magnetventil

■ Lösen Sie die Schlauchschellen an den Wasseranschlüssen (7 und 8 im Bild 17) und ziehen Sie die Wasseranschlüsse ab. Verschließen Sie die Schlauchanschlüsse.

Fangen Sie austretende Kühlmittel mit einem Lappen auf.

■ Drehen Sie die Schrauben zum AGR-Kühler heraus.

■ Drehen Sie die Schrauben (3) zum Abgaskrümmer heraus.

■ Nehmen Sie das AGR-Ventil zusammen mit dem Flexstück heraus.

Der Einbau erfolgt sinngemäß in umgekehrter Reihenfolge.

Sichtprüfung Messen

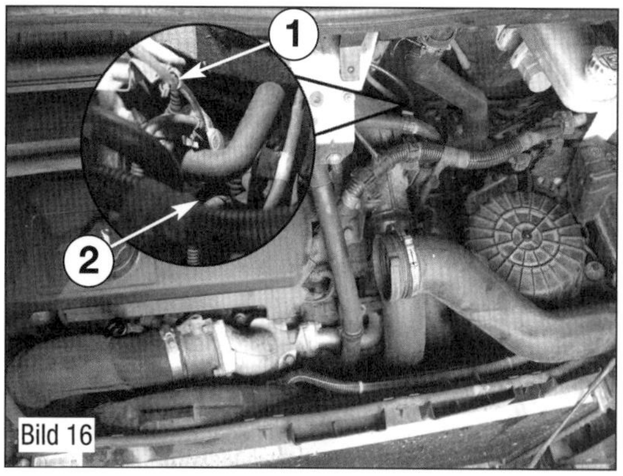

Bild 16
Das AGR-Ventil beim 2,3-l-Motor.
1 Unterdruckanschluss
2 Einbauposition im Motorraum

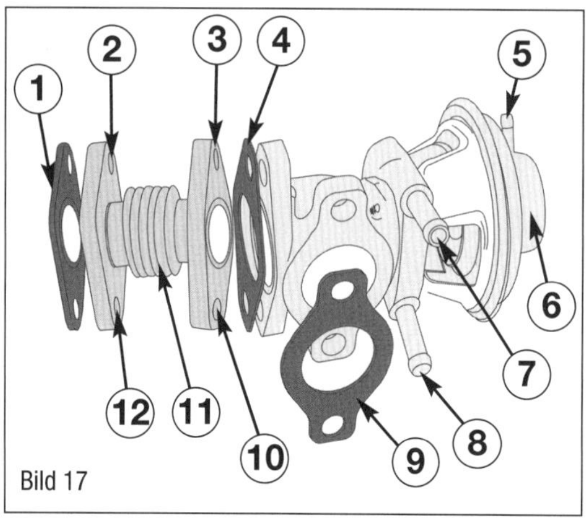

Bild 17
AGR-Ventil beim 2,3-l-Motor.
1 Dichtung zum Abgaskrümmer
2 Schraube oben am Abgaskrümmer
3 Schraube oben am AGR-Ventil
4 Dichtung zwischen AGR-Ventil und Flexstück
5 Unterdrucksteueranschluss
6 Unterdruckdose
7 Wasseranschluss Kühlsystem oben
8 Wasseranschluss Kühlsystem unten
9 Dichtung zum AGR-Kühler
10 Schraube unten am AGR-Ventil
11 Flexstück
12 Schraube unten am Abgaskrümmer

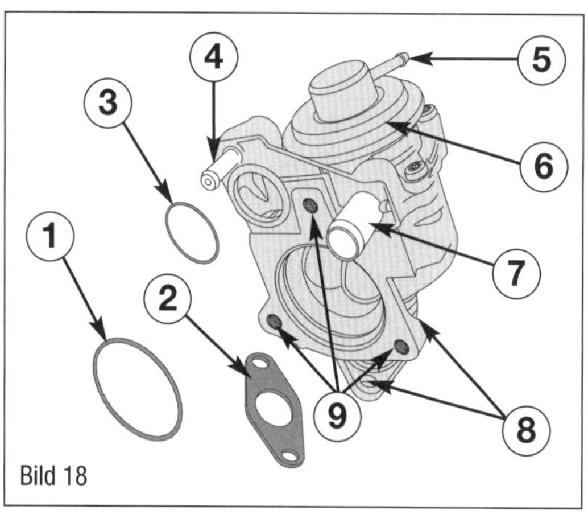

Bild 18
AGR-Ventil beim 3,0-l-Motor.
1 Dichtring zum AGR Kühler (Abgas)
2 Dichtung zum Abgaskrümmer
3 Dichtring zum AGR Kühler (Kühlmittel)
4 Entlüftungsanschluss zum Ausgleichsbehälter
5 Unterdruckanschluss zum AGR-Magnetventil
6 Unterdruckdose
7 Wasseranschluss zum Heizungskühler
8 Schrauben zum Abgaskrümmer
9 Schrauben zum AGR-Kühler

- Bauen Sie das Flexrohr (11) an das neue AGR-Ventil an. Verwenden Sie eine neue Dichtung.
- Ersetzen Sie die Dichtungen zum AGR-Kühler (9) und zum Abgaskrümmer (1) bei der Montage.
- Ziehen Sie die M8-Schrauben mit 25 Nm an.
- Prüfen Sie die Dichtheit der Anlage nach der Montage.

Ausbau des AGR-Ventils beim 3,0-l-Motor
Das AGR-Ventil ist hinten rechts am Zylinderkopf beziehungsweise am Abgaskühler verbaut.

- Lassen Sie den Motor abkühlen.
- Bauen Sie die Motorverkleidung oben ab.
- Lassen Sie das Kühlmittel wie schon auf Seite 84 beschrieben ab.
- Demontieren Sie den Kühlmittelschlauch (7 im Bild 18) zum Heizungskühler.
- Demontieren Sie den Entlüftungsschlauch (4) zum Ausgleichsbehälter.
- Demontieren Sie den Unterdruckschlauch (5) zum AGR-Magnetventil.
- Demontieren Sie den Hitzeschutz am Abgaskrümmer (über dem Flexstück zum AGR).
- Drehen Sie die Schrauben zum Abgaskrümmer (8) heraus.
- Ziehen Sie das AGR-Ventil vom AGR-Kühler ab und nehmen Sie es heraus

Wenn das AGR-Ventil ersetzt werden muss:

- Demontieren Sie die Befestigungsschelle des Flexstückes im Schraubstock und nehmen Sie das Flexstück ab.

Der Einbau erfolgt sinngemäß in umgekehrter Reihenfolge.

- Bauen Sie das Flexrohr an das neue AGR-Ventil an. Verwenden Sie eine neue Dichtung.
- Ersetzen Sie die Dichtungen zum AGR-Kühler (1 und 3) und zum Abgaskrümmer (2) bei der Montage.
- Ziehen Sie die M8-Schrauben mit 25 Nm an.
- Füllen Sie das Kühlsystem auf.
- Entlüften Sie das Kühlsystem.
- Prüfen Sie die Dichtheit der Anlage nach der Montage.

Arbeiten am Aufladesystem

Alle Modelle der Fiat-Ducato-Busse sind mit Aufladesystemen wie dem Turbolader ausgerüstet. Die sich ergebende Mehrleistung und das steigende Drehmoment erlauben den Einsatz von Motoren mit kleinerem Hubraum bei erstaunlichen Fahrleistungswerten. Im Laufe der Betriebszeit kann ein Schaden oder einfach normaler Verschleiß am Turbolader den Ausbau und/oder Ersatz erforderlich machen. Auch wenn extrem günstige Preise mancher Händler im Netz locken, sollten Sie immer genau nachsehen und sich informieren, wie die Qualität der oftmals aufbereiteten Lader ist. Schließlich kann ein Schaden am Lader auch einen kapitalen Motorschaden zur Folge haben. Wenn es in einem solchen Fall um die Beweislasten geht, werden Sie als privater Schrauber kaum die Möglichkeit haben nachzuweisen, dass die Reparatur sachgemäß war und die Schadensursache im Bauteil zu finden ist. Fragen Sie deshalb auch in einer Fachwerkstatt nach, was eine Reparatur mit Garantie kosten würde. Das kann durchaus auch eine freie Werkstatt oder oft auch der Lieferant des Turboladers sein.

Sämtliche Schlauchverbindungen sind durch Schellen gesichert. Sichern Sie alle Schlauchverbindungen mit Schlauchschellen, die dem Serienstand entsprechen. Ladeluftsystem muss dicht sein. Selbstsichernde Muttern sind zu ersetzen. Motor nach dem Einbau des Turboladers ca. eine Minute im Leerlauf laufenlassen und nicht gleich hochdrehen, damit die Ölversorgung des Abgasturboladers sichergestellt ist.

Arbeiten am Ladeluftsystem

Wird am Abgasturbolader ein mechanischer Schaden festgestellt, z. B. ein zerstörtes Verdichterrad, genügt es nicht, nur den Turbolader zu ersetzen. Um Folgeschäden zu vermeiden müssen:

a) Luftfiltergehäuse, der Luftfiltereinsatz und die Ansaugschläuche auf Verunreinigungen geprüft werden.

b) die gesamte Ladeluftstrecke und der Ladeluftkühler auf Fremdkörper überprüft werden. Werden Fremdkörper im Ladeluftsystem festgestellt, muss die Ladeluftstrecke gereinigt und der Ladeluftkühler gegebenenfalls ersetzt werden.

Verschließen Sie die Zugänge zum Ladeluftsystem sowohl beim verbleibenden Restsystem am Fahrzeug, als auch bei den ausgebauten Teilen um versehentliches Hereinfallen von Kleinteilen und Verschmutzungen zu verhindern.

Ausbau des Turboladers beim 2,2-l-Motor

Der Turbolader ist hinter dem Motor verbaut. Die Montagearbeiten erfolgen überwiegend von unten.

- Stellen Sie das Fahrzeug auf eine Hebebühne oder unterbauen Sie es entsprechend.
- Demontieren Sie die Motorabdeckungen unten Mitte und rechts.

Bild 19

Ölverschmiertes Ladeluftsystem: Starke Öleinlagerungen können durch einen verschlissenen oder beschädigten Lader verursacht werden. Hier muss unbedingt nachgeforscht werden.

Bild 20

Verdichterrad lose: Nebengeräusche und Ölverlust sind die ersten Anzeichen. Gerade noch rechtzeitig wurde dieser Schaden entdeckt. Die Mutter des Verdichterrades ist aufgelaufen und fand sich im Ladeluftkühler. Lader-Totalschaden.

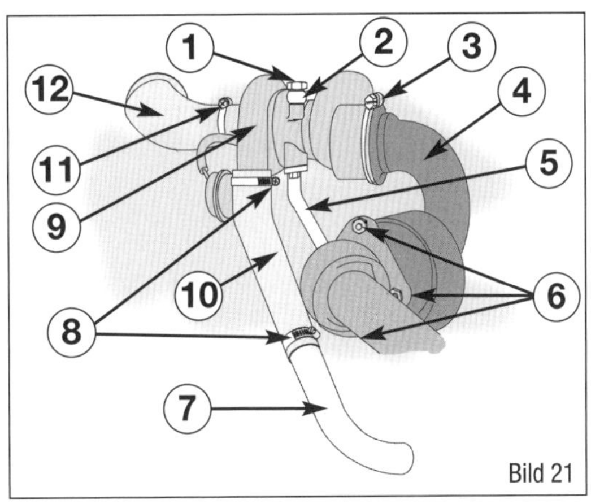

Bild 21

Turbolader beim 2,2-l-Motor (Blickrichtung von hinten unten an den Motor).

1 Hohlschraube
2 Ölversorgungsleitung
3 Profilschelle zum Vorkatalysator
4 Vorkatalysator
5 Ölablauf
6 Verschraubungen Vorkat/Flexrohr
7 Ladeluftrohr zum Ladeluftkühler
8 Schlauchschellen
9 Turbolader
10 Ladeluft(druck)schlauch
11 Schlauchschelle
12 Ansaugschlauch zum Luftfilter

- Bauen Sie das Flexrohr, wie auf Seite 116 beschrieben, aus.
- Demontieren Sie den Hitzeschutz am Abgaskrümmer.
- Öffnen Sie die Schelle (3 im Bild 21) am Turbolader und demontieren Sie den Vorkatalysator (4).
- Demontieren Sie die beiden Schellen (8).
- Bauen Sie den Ladedruckschlauch (10) aus.
- Demontieren Sie die Schelle (11) und ziehen Sie den Ansaugschlauch (12) ab.
- Lösen Sie die Hohlschraube (1) und nehmen Sie die Ölversorgungsleitung ab. Achten Sie darauf, dass Sie die Dichtringe

Bild 22
Turbolader beim 2,3-l-Motor (Blickrichtung von hinten unten an den Motor).
1 Verschraubungen am Krümmer
2 Öldruckanschluss am Zylinderkopf
3 Öldruckleitung
4 Anschluss mit Hohlschraube am Turbolader
5 Turbolader
6 Anschluss Ölablauf
7 Ölablaufleitung
8 Ansaugschlauch zum Luftfilter
9 Anschluss Ölablauf
10 Ladeluft(druck)schlauch

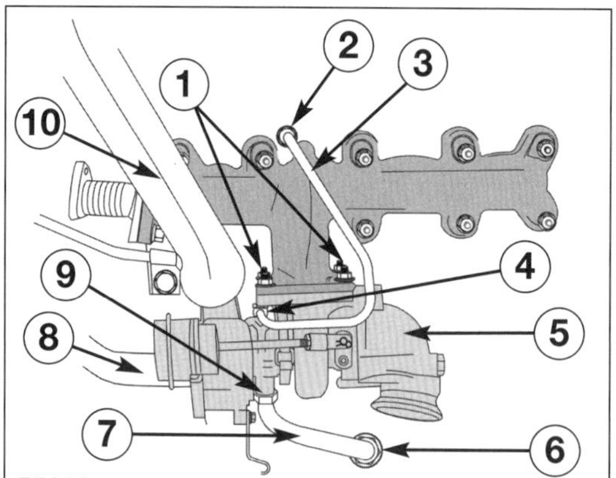

Bild 22

bewusst abnehmen.
- Demontieren Sie den Ölablauf (5) mit seiner Dichtung.
- Sprühen Sie die Verschraubungen des Turboladers mit Rostlöser ein und lassen Sie ihn einwirken.
- Lösen Sie die Verschraubungen des Turboladers und nehmen Sie ihn nach unten vom Abgaskrümmer ab.

Der Einbau erfolgt sinngemäß in umgekehrter Reihenfolge.
- Selbstsichernde Muttern sind zu ersetzen und mit einem Drehmoment von 25 Nm anzuziehen.
- Die Dichtringe für Ölvorlaufleitung ersetzen und die Hohlschraube mit 20 Nm anziehen.
- Die Dichtung für Ölrücklaufleitung ersetzen.

Ausbau des Turboladers beim 2,3-l-Motor
Die Arbeiten werden teilweise von unten und von oben ausgeführt. Führen Sie zuerst die beschriebenen Vorbereitungsarbeiten aus, um die Arbeitsschritte sinnvoll durchführen zu können.

Bild 23
Turbolader beim 3,0-l-Motor (Blickrichtung von hinten unten an den Motor).
1 Verschraubungen am Zylinderkopf
2 AGR-Ventil
3 Flanschverschraubungen
4 Verschraubung Öldruckleitung am Zylinderkopf
5 Verschraubungen Turbolader/Abgaskrümmer
6 Anschluss Lade(druck)-Schlauch
7 Verschraubung Öldruckleitung am Turbolader
8 Anschluss Unterdruckdose Turbolader
9 Luftzufuhrschlauch

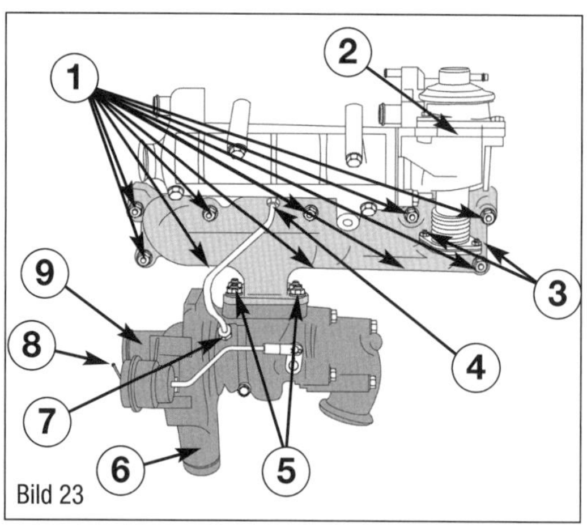

Bild 23

Vorbereitungen:
- Stellen Sie das Fahrzeug auf eine Hebebühne oder unterbauen Sie es entsprechend.
- Demontieren Sie die Motorabdeckungen unten Mitte und rechts.
- Demontieren Sie die Motorabdeckungen oben.
- Bauen Sie den Ansaugtrichter zum Innenraumgebläse ab.

Montagearbeiten von unten:
- Demontieren Sie das Flexrohr wie bereits auf Seite 116 beschrieben.
- Bauen Sie den Vorkatalysator aus.
- Bauen Sie den Ladedruckschlauch (8 im Bild 22) aus.
- Lösen Sie die Ölzufuhrleitung (4) am Turbolader.
- Demontieren Sie die Ölrücklaufleitung (7) am Turbolader.

Montagearbeiten von oben:
- Demontieren Sie den Anschluss der Öldruckleitung am Zylinderkopf (2).
- Lösen Sie die drei Befestigungsmuttern des Turboladers am Abgaskrümmer.
- Drehen Sie zwei Muttern (von dreien) los und nehmen Sie sie ab.

Montagearbeiten von unten:
- Demontieren Sie den Saugschlauch (10) zum Luftfilter.
- Drehen Sie die verbliebene Mutter ab und nehmen Sie den Turbolader (5) zusammen mit der Öldruckleitung heraus.
- Demontieren Sie die Hohlschraube (4) am Turbolader und nehmen Sie die Öldruckleitung (3) ab.

Der Einbau erfolgt sinngemäß in umgekehrter Reihenfolge.
- Selbstsichernde Muttern sind zu ersetzen und mit einem Drehmoment von 25 Nm anzuziehen.
- Die Dichtringe für Ölvorlaufleitung ersetzen und die Hohlschraube mit 20 Nm anziehen.
- Die Öldruckleitung am Zylinderkopf mit 35 Nm anziehen.
- Dichtung für Ölrücklaufleitung ersetzen.

Ausbau des Turboladers beim 3,0-l-Motor
Die Arbeiten werden teilweise von unten und von oben ausgeführt. Führen Sie zuerst die

beschriebenen Vorbereitungsarbeiten aus, um die Arbeitsschritte sinnvoll durchführen zu können.

Vorbereitungsarbeiten:

■ Bauen Sie die Batterieabdeckung im Fußraum aus.
■ Demontieren Sie die Batterie.
■ Bauen Sie den Batteriekasten aus.
■ Bauen Sie das Magnetventil für das AGR-Ventil wie schon auf Seite 121 beschrieben ab.
■ Bauen Sie von unten das Hitzeschutzblech für den Batteriekasten ab.
■ Bauen Sie das Flexrohr wie schon auf Seite 116 beschrieben aus.
■ Bauen Sie den Vorkatalysator aus.

Montagearbeiten:

■ Bauen Sie den Ölvorlauf am Zylinderkopf (4) und am Turbolader (7) ab.
■ Demontieren Sie den Ölrücklauf vom Turbolader ab.
■ Lösen Sie die Pendelstütze hinten am Motor und bauen Sie sie aus.
■ Bauen Sie den Luftzufuhrschlauch (9) am Turbolader ab und legen Sie ihn aus dem Arbeitsbereich heraus.
■ Lösen Sie die Schellen des Ladeluftschlauches (6) zum Ladeluftkühler und ziehen Sie den Schlauch ab.
■ Ziehen Sie den Unterdruckschlauch (8) zur Unterdruckdose ab.

Tipp: Sprühen Sie alle Verschraubung an Abgaskrümmer und Turbolader gründlich mit Rostlöser ein und lassen Sie ihn einwirken.

■ Demontieren Sie die Flanschverschraubung (3) zum AGR-Ventil (2).
■ Drehen Sie die Verschraubungen (1) des Abgaskrümmers heraus.
■ Ziehen Sie mithilfe eines zweiten Mechanikers oder geeigneter Spanngurten den Motor unten so weit nach vorne, dass der Ausbau des Turboladers möglich wird.
■ Nehmen Sie den Turbolader zusammen mit dem Abgaskrümmer heraus.
■ Nehmen Sie die Dichtung zum Abgaskrümmer ab.

Turbolader vom Abgaskrümmer trennen:

■ Spannen Sie den ausgebauten Turbolader mit Abgaskrümmer in einen Schraubstock ein.
■ Lösen Sie die mit Rostlöser behandelten Verschraubungen (5).
■ Nehmen Sie den Turbolader ab.

Der Einbau erfolgt sinngemäß in umgekehrter Reihenfolge.

■ Selbstsichernde Muttern sind zu ersetzen und mit einem Drehmoment von 25 Nm anzuziehen.
■ Die Dichtringe für Ölvorlaufleitung ersetzen und die Hohlschraube mit 20 Nm anziehen.
■ Die Öldruckleitung am Zylinderkopf mit 35 Nm anziehen. Die Mutter am Turbolader/Abgaskrümmer sind wie die Muttern Abgaskrümmer/Zylinderkopf mit 25 Nm anzuziehen.
■ Die Dichtung für Ölrücklaufleitung ersetzen.
■ Die Dichtung zwischen Turbolader und Krümmer immer dann ersetzen, wenn dieser vom Krümmer demontiert wurde.

Ausbau des Ladeluftkühlers

Es ist zwar etwas fummelig, aber durchaus möglich den Ladeluftkühler ohne den Ausbau des Klimakühlers und des Wasserkühlers zu bewerkstelligen. Der Ladeluftkühler ist am Wasserkühler verschraubt. Die Schrauben rosten recht gerne und gut fest. Die Entscheidung, ob der Wasserkühler raus muss oder nicht, liegt genau an diesen Schrauben.

Bild 24
Verschraubung am Kühler.
1 Schrauben im Kühler (gut einsprühen und vorsichtig lösen!)

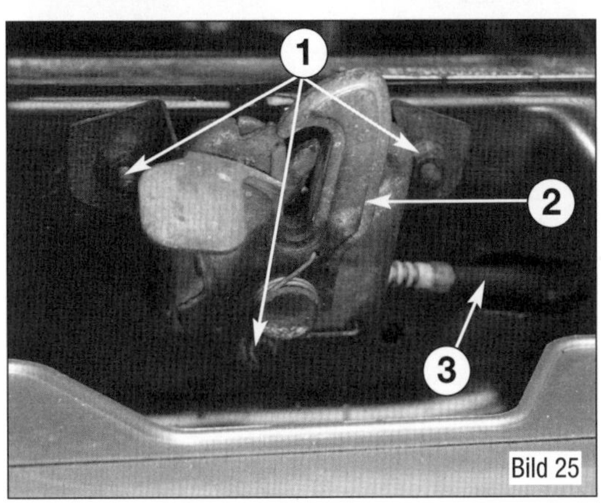

Bild 25
Haubenschloss am Querträger.
1 Muttern und Scheiben oder Bundmuttern
2 Haubenschloss
3 Haubenzug

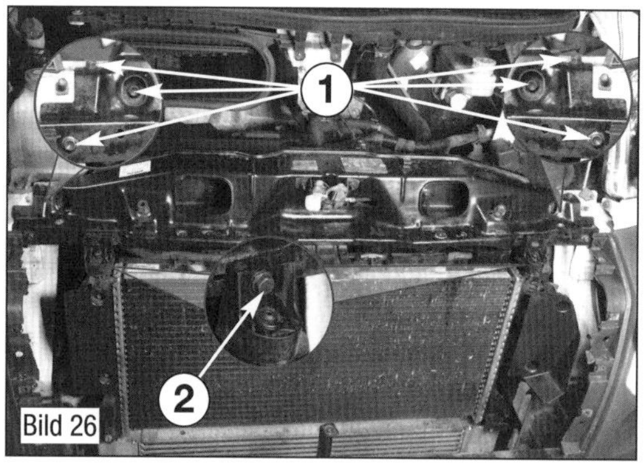

Bild 26
Schlossträger und Schrauben.
1 Schrauben zum Lampenrahmen rechts und links
2 Schrauben am Kühlerhalter oben

Vorbereitung:

■ Bauen Sie das Frontgitter und den Stoßfänger unten Mitte wie auf der Seite 70 beschrieben aus.
■ Sprühen Sie die Verschraubung (1) im Bild 24 gründlich mit Rostlöser ein und lassen Sie ihn einwirken.
■ Verwenden Sie einen genau passenden Schraubendreher und probieren Sie, ob Sie die Verschraubungen von vorne und von hinten neben der Lüfterzarge gelöst bekommen.

Wenn sich alle Schrauben lösen lassen:

■ Bauen Sie den Unterfahrschutz rechts und links und in der Mitte aus. Diese Arbeiten haben wir bereits auf der Seite 37 beschrieben.
■ Demontieren Sie wie auf Seite 70 beschrieben den Stoßfänger in der Mitte.
■ Demontieren Sie das Haubenschloss (Bild 25) vom Schlossträger.
■ Bauen Sie den Ansaugschlauch zum Luftfilter vom Schlossträger ab.
■ Ziehen Sie die Anschlusskabel des Beschleunigungssensors (Airbagsystem) vom Beschleunigungssensor ab (soweit verbaut).
■ Demontieren Sie den Beschleunigungssensor (Airbagsystem) (soweit verbaut) vom Schlossträger.
■ Drehen Sie die Befestigungsschrauben des Kühlers am Schlossträger (2 im Bild 26) und am Lampenträger rechts und links (1) heraus.
■ Nehmen Sie den Schlossträger ab.
■ Klipsen Sie den Klimakühler wie auf Seite 71 beschrieben aus.
■ Bauen Sie die Ladeluftschläuche vom Ladeluftkühler ab.

⚠ Verschließen Sie die Öffnungen sofort mit geeigneten Stopfen oder fusselfreien Lappen

■ Legen Sie den Klimakühler nach vorne ab und sichern Sie ihn mit geeigneten Spanngurten.

■ Drehen Sie die Schrauben zum Ladeluftkühler heraus.
■ Heben Sie den Wasserkühler leicht an und nehmen Sie den Ladeluftkühler nach unten heraus.

Die Montage erfolgt sinngemäß in umgekehrter Reihenfolge.

Sobald sich eine Schraube nicht lösen lässt: In diesem Fall sollten Sie den Kühler besser ausbauen. Es ist nicht ausreichend Platz, um die festsitzende oder vielleicht schon rund gedrehte Schraube mit einer Zange oder anderem Werkzeug auszubauen. Zudem ist die Gefahr recht groß, dass der Wasserkühler beschädigt wird.

■ Bauen Sie die Ladeluftschläuche vom Ladeluftkühler ab.

⚠ Verschließen Sie die Öffnungen sofort mit geeigneten Stopfen oder fusselfreien Lappen.

■ Bauen Sie, wie wir bereits auf der Seite 85 beschrieben haben, den Wasserkühler aus.
■ Demontieren Sie wie dort beschrieben auch die Lüfterzarge mit den Elektrolüftern.
■ Legen Sie den Wasserkühler mit dem angebauten Ladeluftkühler auf einer Werkbank so ab, dass die Kühlerlamellen am Tisch nicht beschädigt werden können.
■ Versuchen Sie erneut die Schraube mit dem passenden Schraubendreher zu lösen.

Schrauben lassen sich nicht lösen oder der Schraubendreher greift nicht mehr:

■ Sägen Sie die Schraube wie im Bild 27 gezeigt an.
■ Versuchen Sie über die Sägenut mit einem passenden großen Schraubendreher die Schraube zu lösen.

Schraube ist abgerissen:

Nun sollten Sie den Wasserkühler ersetzen.

■ Bohren Sie die Schrauben vorsichtig aus.
■ Nehmen Sie den Ladeluftkühler ab.

Die Montage erfolgt sinngemäß in umgekehrter Reihenfolge.

■ Prüfen Sie den Zustand des Ladeluftkühlers genau. Bei Rissbildung oder fehlenden oder stark beschädigten Zwischenlamellen sollten Sie den Ladeluftkühler ersetzen.

■ Achten Sie auf den richtigen Sitz der Schnellverschlüsse und Schellen für die Schlauchanschlüsse.

Reinigung des Ladeluftkühlers
Immer dann, wenn ein Schaden am Turbolader oder im Ansaugbereich vorliegt, sollten Sie den Ladeluftkühler ausbauen und gründlich reinigen.

■ Bauen Sie den Ladeluftkühler aus.

Tragen Sie beim Umgang mit Reinigungsmittel grundsätzlich Handschuhe und eine geeignete Schutzbrille.

■ Füllen Sie etwa einen halben Liter Reinigungsmittel (Kaltreiniger oder Bremsenreiniger) in den Ladeluftkühler ein.

■ Halten Sie beide Anschlüsse zu und kippen Sie den Ladeluftkühler hin und her, um die Flüssigkeit gut zu verteilen.

■ Lassen Sie das Reinigungsmittel einwirken und kippen Sie den Ladeluftkühler erneut hin und her.

■ Lassen Sie das Reinigungsmittel ablaufen.

■ Füllen Sie erneut frisches Reinigungsmittel ein und wiederholen Sie den beschriebenen Vorgang so lange, bis nur noch saubere Flüssigkeit beim Ablaufen austritt.

■ Kontrollieren Sie, dass keine Fremdteile wie Späne oder andere Verunreinigen sich noch im Ladeluftkühler befinden.

■ Trocknen Sie den Ladeluftkühler gründlich mit Druckluft und lassen Sie ihn über Nacht austrocknen.

Achten Sie darauf, ihn so abzulegen, dass verbliebene Restflüssigkeit ablaufen kann.

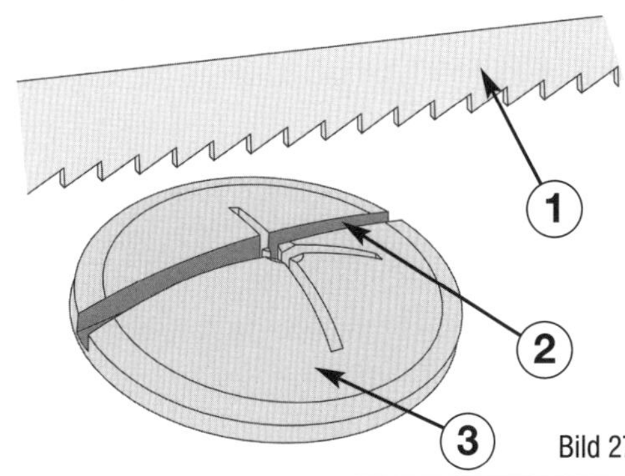

Bild 27

Bild 27
Schlitz als Lösehilfe.
1 gesägter Schlitz (kurz vor dem Durchsägen aufhören)
2 Sägeblatt
3 festgerostete Schraube

10 Kraftübertragung

Getriebetypen beim Ducato

Zum System der Kraftübertragung bei Fahrzeugen mit Schaltgetriebe gehören Getriebe, Kupplung und Achsantrieb. Damit alle Akteure perfekt zusammenarbeiten und die vom Motor produzierte Leistung an die Antriebsräder übertragen, sind sie durch Gelenke, Wellen und Zahnräder miteinander verbunden. Welche Kraft tatsächlich an den Rädern benötigt wird, hängt davon ab, was dem Fahrzeug während der Fahrt abverlangt wird. Der Motor bietet jedoch nur in einem begrenzten Drehzahlbereich eine verwertbare Leistung an. Damit der Wagen beim Beschleunigen und bei Bergfahrten trotzdem genügend Zugkraft entwickelt, ist das Getriebe nötig. Mit seinen verschiedenen Gängen gewährleistet es eine jeweils passende Übersetzung. Je nach Motor werden verschiedene Getriebe verbaut. Gerade beim Ersetzen des Getriebes aus dem Gebrauchtmarkt ist es wichtig, die Getriebe unterscheiden zu können.

Position der Getriebekennung
Im Normalfall ist die Getriebekennnummer, wie wir schon im Kapitel 2 erwähnt haben, im Differenzialgehäuse (2 im Bild 1) des Getriebes eingeprägt oder eingeschlagen. Die Kennnummer ist je nach Alter und Verschmutzungsgrad schwer zu entziffern. Oftmals muss zuerst dieser Bereich mit einer Drahtbürste gereinigt werden.

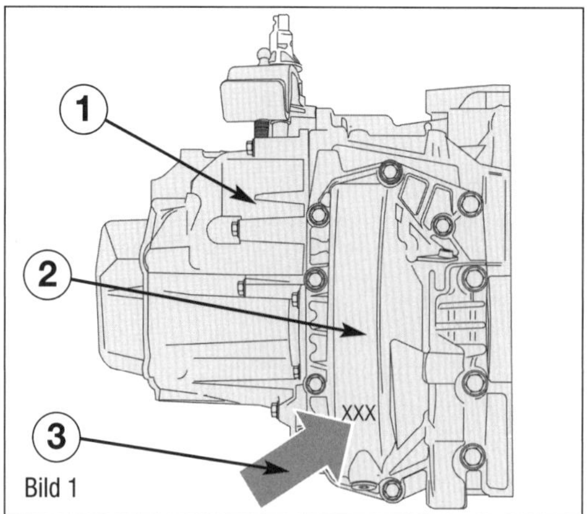

Bild 1

Bild 1
Getriebekennzeichnung
1 Getriebeblock (in Fahrtrichtung von hinten)
2 Differenzialgehäuse
3 Position der Getriebekennnummer

Getriebe und Motorisierung
Die Ducatos sind mit 5- und 6-Gang-Schaltgetrieben ausgerüstet. Das automatisierte Schaltgetriebe basiert auf dem Schaltgetriebe. Die Ansteuerung erfolgt dann über eine Steuereinrichtung, die oben auf dem Getriebe verbaut ist. Die Steuereinrichtung beinhaltet das Steuergerät, die Stellglieder für die Ansteuerung der Kupplung und der Schaltung sowie alle erforderlichen Betriebshilfsstoffe. Natürlich muss auch hier das verwendete DOT4 in regelmäßigen Zeitabständen gewechselt werden.

Zuordnung Motoren und Getriebe
Bei gleicher Bezeichnung kann sich das Übersetzungsverhältnis für ein Getriebe in Abhängigkeit zur Motorvariante unterscheiden. Hieraus ergeben sich dann die Getriebekennbuchstaben. Wird ein Getriebe gebraucht verbaut, sollte die Verwendung nach Motortyp geprüft werden. Die Untergruppierungen der Getriebe lässt sich bestimmten Fahrzeugen und Bauzeiträumen zuordnen. Die Aufschlüsselung sollten Sie aufgrund von Aktualität über einen Fiat-Händler durchführen oder Ihr Getriebelieferant kann Ihnen hierbei unter die Arme greifen.

Motor	2,0 l	2,3 l	3,0
Abgasnorm	Euro 5	Euro 5	Euro 5
Leistung	115 PS	130–150 PS	180 PS
Getriebetyp	M38 5m	ATF 6m 20GP	M40 6M

Montagearbeiten am Getriebe

Die Demontage des Getriebes erfordert einige spezielle Werkzeuge und auch Erfahrung in der Montage. Zum einen wirkt sich das auf die Preise der frei erhältlichen Austauschgetriebe aus. Der werkseitig aufgerufene Teilepreis ist oftmals nicht mit dem Fahrzeugwert zu vereinbaren. Speziell auf das Thema ausgerichtete Anbieter können oftmals die Getriebe schon um 1000 Euro liefern. Da die Einzelteile, sobald es über die Lager hinaus geht, in der Regel recht teuer sind, wird eine Reparatur in eigener Regie schnell unwirtschaftlich.
Im Rahmen dieses Buches gehen wir auf Arbeiten ein, die üblicherweise in privater Hand von Schraubern angegangen werden.

Hinzu kommt, dass der Umfang der Arbeitsbeschreibungen für die Demontage den Rahmen dieses Buches sprengen würde.

Allradsystem von Dangel

Dass das Antriebskonzept für den Ducato 4x4 nicht von Fiat selbst, sondern vom Allradspezialisten Dangel aus Sentheim in Frankreich stammt, das wissen meist nur gut informierte Insider. In Deutschland ist die Firma De Bondt Fahrzeugaufbauten in 59073 Hamm der kompetente Vertriebspartner. Im Schadensfall auch im Ausland ist der Hersteller über assistance3@dangel.com und über die anderen Kontaktdaten erreichbar.

Wer ist Dangel?
In den 70er-Jahren erarbeitete sich Henry Dangel, der Gründer der Firma, einen Namen im Motorsport. Ab 1975 beginnt er sich für Allradfahrzeuge zu interessieren und plant zunächst, Bausätze für die Umrüstung des Peugeot 504 vom Zweirad- zum Vierradantrieb zu vermarkten. Nach einer ersten Studienphase stellt er 1978 sein Projekt direkt der Firma Peugeot vor, die ihm zwei Peugeot 504 Kombiwagen zur Verfügung stellt. Im Frühjahr 1979 kommt es zum Abschluss einer Partnerschaft zum Vertrieb des allradgetriebenen Peugeot 504 und damit wird »Automobiles Dangel» ins Leben gerufen. Henry Dangel wird zum Pionier für französische Automobile mit Allradantrieb. Das tägliche Ziel von Automobiles Dangel ist es, ein Fahrzeug von extrem hoher Qualität herzustellen. Über 180 hochqualifizierte Mitarbeiter stellen bis zu 5000 Fahrzeuge jährlich her.

Systemaufbau und Baugruppen
Das Konzept von Dangel ist nicht nur im technischen Detail genial, sondern auch darin, dass möglichst viele Teile der Basisfahrzeuge im Serienzustand bleiben. Da Baugruppen wie die Tankanlage und die Auspuffanlage im Serienzustand bleiben, sind hier auch die spätere Verfügbarkeit der Teile und natürlich auch die Kosten dafür absehbar und weltweit auch im Zubehör lieferbar. Das Allradsystem ist eben nicht elektronisch geregelt und erfordert eine umfangreiche Anpassung der Serienelektrik. Die elektrische Ansteuerung der optionalen

Bild 2

Bild 2
Sehr auffällig und auch heute noch spektakulär: Peugeot 505-Umbau von Dangel.

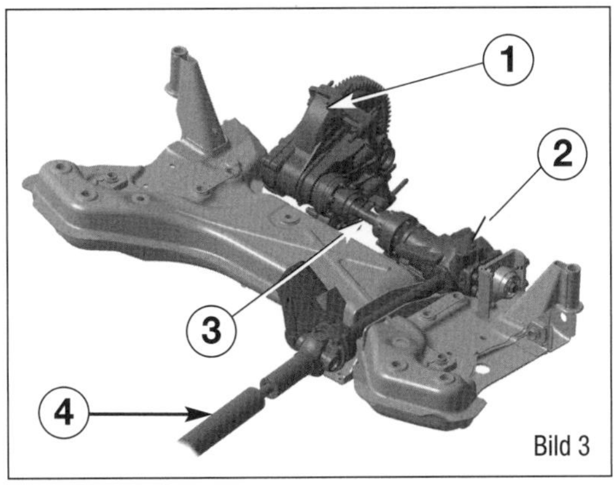

Bild 3

Bild 3
Vorderachse.
1 Getriebeabtrieb über das Differenzialgehäuse
2 Verteilergetriebe der Vorderachse
3 Kugelgelenkwelle zum Verteilergetriebe
4 Kardanwelle vorne

Differenzialsperre hinten erfolgt über einen eigenen Kabelbaum mit Sicherung im Handschuhfachbereich rechts. Das Allradsystem selbst erfordert keinen elektronischen Eingriff. Die Regelung des Kraftflusses wird über die Viscokupplung selbsttätig geregelt. Das Prinzip dazu werden wir im Anschluss vorstellen.

Baukomponenten im System
Wie schon erwähnt liegt ein klarer Vorteil des Dangel-Allradsystems darin, dass möglichst viele Komponenten vom Serienfahrzeug erhalten bleiben.

Die Vorderachse (Bild 3):
Das Differenzialgehäuse des Getriebes wird durch ein verändertes Gehäuse (1) mit dem parallelen Abtrieb für die Hinterachse ersetzt.
Der vordere Achsträger wird durch einen speziellen Achsträger ersetzt, der die Lagerung für das vordere Verteilergetriebe (2) und die Durchführung der Antriebswelle zum Kardanantrieb beinhaltet. Die Aufhängungspunkte sind bereits beim Serienfahrzeug vorhanden.

Bild 4
Viscokupplung.
4 Kardanwelle vorne
5 Viscokupplung mit Gehäuse
6 Kardanwelle hinten

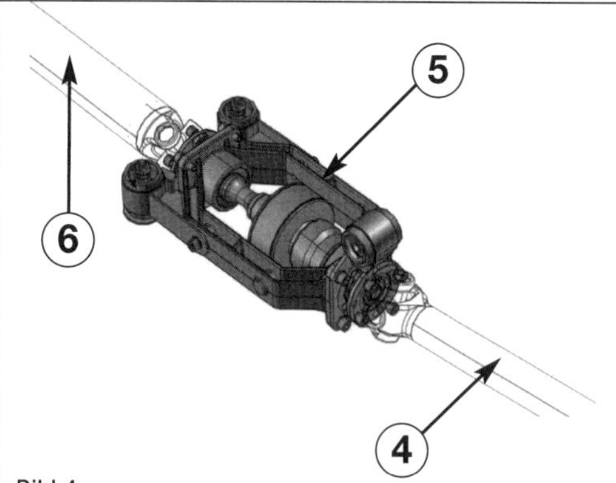

Bild 4

Bild 5
Hinterachse.
6 Kardanwelle hinten
7 Verteilergetriebe hinten
8 Achsgetriebe hinten mit Differenzial
9 Antriebswellen hinten

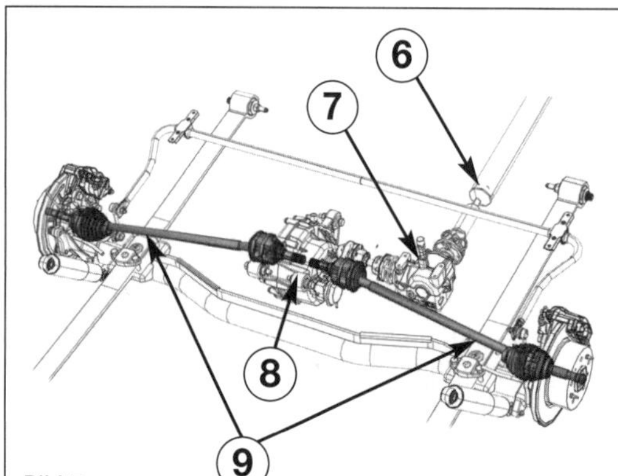

Bild 5

Bild 6
Antrieb über die Vorderachse. Kraftverlauf im Normalbetrieb: Motor auf Achsantrieb vorne (1) und Verteilergetriebe vorne (2), die Viscokupplung (3) ist offen.

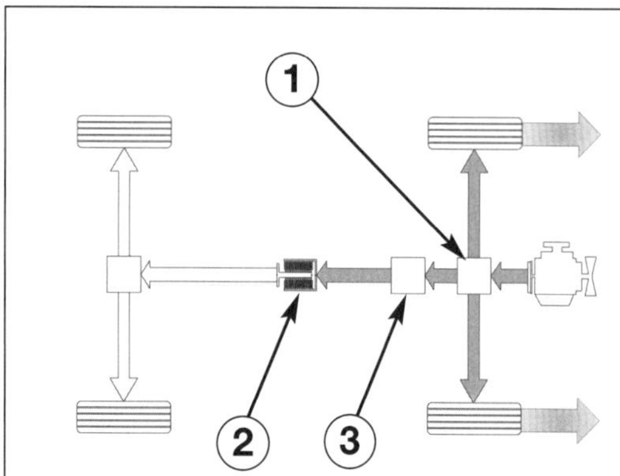

Bild 6

Bild 7
Antrieb über beide Achsen. Kraftverlauf im Allradbetrieb: Motor auf Achsantrieb vorne (1) und Verteilergetriebe vorne (2). Die Viscokupplung (3) ist geschlossen und die Kraft wird gleichzeitig auf die Hinterachse (4) verteilt.

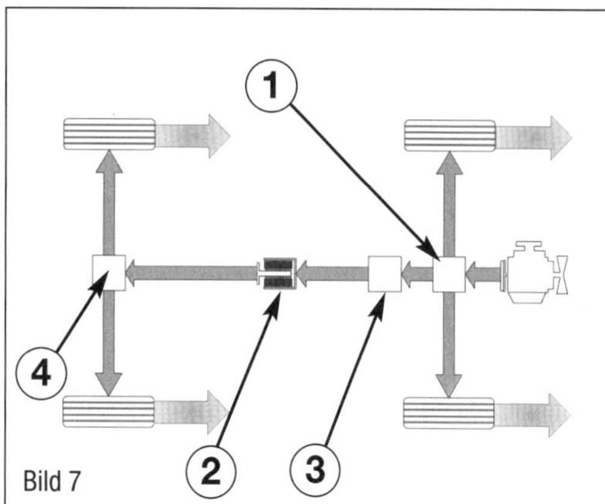

Bild 7

Die Viscokupplung (Bild 4):
Die Viscokupplung (5) wird zusätzlich am Unterboden befestigt. Sie ist die Komponente, welche die Kraftverteilung zur Hinterachse regelt. Eine Übertragung erfolgt nur dann, wenn ein Drehzahlunterschied, also Bedarf für den Antrieb der Hinterachse besteht. Die Baukomponente stammt von Dangel und ist auch nur im Dangelwerk verbaut worden.

Die Hinterachse (Bild 5):
Die Komponenten der Hinterachse sind fast vollständig aus dem Hause Dangel, natürlich angepasst für die serienmäßigen Komponenten für Bremssysteme und Achsaufhängung. Klar erkennbar sind die Kardanwellen (6), das Verteilergetriebe (7), das Achsgetriebe (8) und die Antriebswellen (9). Das Achsgetriebe kann je nach Variante dauerhaft »teil«-gesperrt aber auch elektrisch betätigt »voll«-gesperrt werden. Natürlich ist die Kombination aus beidem bei Dangel auch möglich.

Funktionsprinzip des Allradantriebes
Das entscheidende Bauteil für den Antrieb der Hinterachse ist die Viscokupplung. Besteht ein Drehzahlunterschied zwischen Eingangs- und Ausgangswelle wird die Kupplung kraftschlüssig.

Antrieb über die Vorderachse (Bild 6):
Die Kraftabgabe erfolgt über das Differenzial (1) vorne und parallel dazu über das Verteilergetriebe (2) vorne. Es besteht kein Drehzahlunterschied an der Viscokupplung (3) zwischen Vorder- und Hinterachse. Das Fahrzeug wird über die Vorderachse angetrieben. Die Antriebsbauteile der Hinterachse laufen »leer« mit.

Antrieb über Allradbetrieb (Bild 7):
Die Kraftabgabe erfolgt über das Differenzial (1) vorne und parallel dazu über das Verteilergetriebe (2) vorne. Es besteht ein Drehzahlunterschied (ein kleiner reicht bereits aus) an der Viscokupplung (3) zwischen Vorder- und Hinterachse. Die Viscokupplung (3) schließt und gibt die Kraft an die hintere Antriebsachse weiter. Die Antriebsbauteile der Hinterachse treiben das Fahrzeug mit an.

Allradbetrieb mit Schlupf Vorderrad (Bild 8): Die Kraftabgabe erfolgt über das Differenzial (1) vorne und parallel dazu über das Verteilergetriebe (2) vorne. Es besteht ein Drehzahlunterschied (ein kleiner reicht bereits aus) an der Viscokupplung (3) zwischen Vorder- und Hinterachse. Die Viscokupplung (3) schließt und gibt die Kraft an die hintere Antriebsachse weiter. Die Antriebsbauteile der Hinterachse laufen und treiben das Fahrzeug mit an. Das freidrehende Rad auf der Vorderachse beeinflusst lediglich die Antriebskraft des zweiten Antriebsrades der Vorderachse. Dangel verzichtet auf den Einsatz eines Mitteldifferenzials. Der Antrieb der beiden Achsen erfolgt parallel. Der Vorteil liegt darin, dass auch dann, wenn keine Kraftübertragung der Vorderachse über die Räder mehr möglich ist, weiterhin die Übertragung auf die Hinterachse ohne Einschränkung erfolgt. Mitteldifferenzial und die dann dazugehörige Sperre werden somit überflüssig. Die Sperre des Hinterachsdifferenzials macht den Ducato dann schon fast zum echten Geländewagen. In jedem Fall stehen so auch im beladenen Zustand auch auf unbefestigtem Gelände verblüffende Traktionseigenschaften zur Verfügung.

Ausbaustufen des Antriebs

Den Ducato gab es bis 2016 in vier unterschiedlichen Ausbaustufen, die wir Ihnen kurz vorstellen wollen:

Level 1 »Endurance«:

Das Fahrzeug ist in dieser Ausbaustufe mit dem Allradsystem und einem Motorunterfahrschutz ausgerüstet. Die Bodenfreiheit wurde auf 200 mm erhöht.

Level 2 »Performance«:

Das Fahrzeug ist in dieser Ausbaustufe auch mit dem Allradsystem und einem Motorunterfahrschutz ausgerüstet. Die Bodenfreiheit wurde auch hier auf 200 mm erhöht. Hinzu kommt ein dauerhaft teilgesperrtes Hinterachsdifferenzial aus dem Hause Dangel.

Level 3 »Endurance+«:

Das Fahrzeug ist in dieser Ausbaustufe auch mit dem Allradsystem und einem Motorunterfahrschutz ausgerüstet. Die Bodenfreiheit wurde auch hier auf 200 mm erhöht. Hinzu kommt hier ein sperrbares Hinterachsdifferenzial aus dem Hause Dangel.

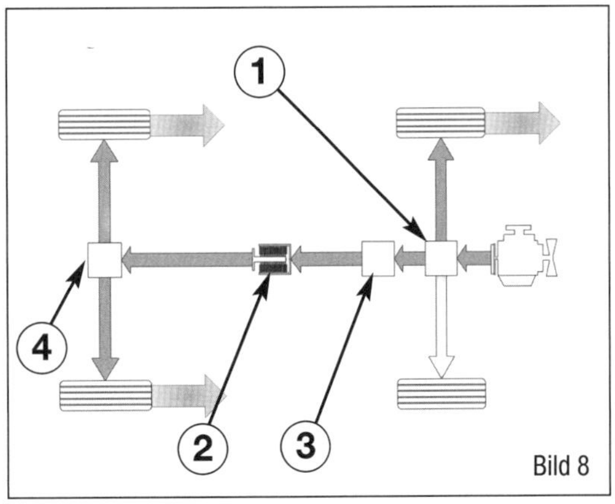

Bild 8

Bild 8
Kraftverlauf im Allradbetrieb mit Haftungsverlust an einem Vorderrad: Motor auf Achsantrieb vorne (1) und Verteilergetriebe vorne (2). Die Viscokupplung (3) ist geschlossen und die Kraft wird gleichzeitig auf die Hinterachse (4) verteilt.

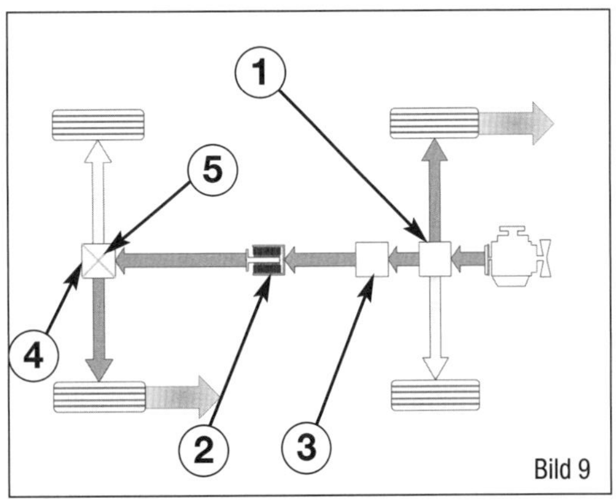

Bild 9

Bild 9
Haftungsverlust an beiden Achsen: Motor (1) auf Achsantrieb und Verteilergetriebe vorne (3). Die Viscokupplung (2) ist geschlossen und die Kraft wird gleichzeitig an die Hinterachse (4) weitergeleitet. Hier ist dann nur ein Vortrieb möglich, wenn ein teilgesperrtes Differenzial (5) die Kraft an beide Hinterräder verteilt.

Bild 10

Bild 10
Dangel Ducato: Die Allradsysteme sind eigentlich kaum von außen erkennbar.

Level 4 »Extreme«:

Das Fahrzeug ist in dieser Ausbaustufe auch mit dem Allradsystem und einem Motorunterfahrschutz ausgerüstet. Die Bodenfreiheit wurde auch hier auf 200 mm erhöht. Hinzu kommt auch hier ein dauerhaft teilgesperrtes Hinterachsdifferenzial aus dem Hause Dangel, allerdings voll sperrbar.

Ölwechsel am Getriebe

Das automatisierte Schaltgetriebe »Comfort-Matic« basiert auf den normalen Schaltgetrieben. Anstatt der manuellen Ansteuerung mittels Fußpedal und Schalthebel erfolgt eine automatische Kupplungssteuerung sowie eine Gangwechselsteuerung über ein Schaltmodul. Die Arbeiten zum Thema Ölwechsel unterscheiden sich nicht.

Ölfüllmengen und Anforderungen
Die hier angegebene Ölmenge soll lediglich als Richtmaß gelten. Fragen Sie die aktuellen Ölfüllmengen für Ihr Getriebe über Ihre Fahrgestellnummer beim Fiat-Händler oder Ihren Öllieferanten nach.

Schaltgetriebe (Vorderachsgetriebe):

Motor	Öl	Menge
2,2 l-Diesel	SAE 75 W-85	2,4 l
2,3-l-Diesel	API GL4	2,7 l
3,0-l-Diesel		2,9 l

Verteilergetriebe vorne:
Das Antriebssystem stammt vom Allradspezialisten »Dangel« aus Frankreich.

Öl (Menge)	Erster Wechsel	Wartung
80W90 API GL5 (0,45 l)	1500–2500 km	24.000 km oder alle 2 Jahre (je nachdem, was früher eintritt). 18.000 km (intensive Nutzung) oder 1x im Jahr (je nachdem, was früher eintritt).

Verteilergetriebe hinten:
Das Antriebssystem stammt vom Allradspezialisten »Dangel« aus Frankreich.

Öl (Menge)	Erster Wechsel	Wartung
80W90 API GL5 (0,5 l)	1500–2500 km	24.000 km oder alle 2 Jahre (je nachdem, was früher eintritt). 18.000 km (intensive Nutzung) oder 1x im Jahr (je nachdem, was früher eintritt).

Hinterachsgetriebe:
Das Antriebssystem stammt vom Allradspezialisten »Dangel« aus Frankreich.

Öl (Menge)	Erster Wechsel	Wartung
80W90 API GL5 (1,20 l)	1500–2500 km	24.000 km oder alle 2 Jahre (je nachdem, was früher eintritt). 18.000 km (intensive Nutzung) oder 1x im Jahr (je nachdem, was früher eintritt).

Kardangelenkwellen:
Das Antriebssystem stammt vom Allradspezialisten »Dangel« aus Frankreich. Einige Gelenkwellen sind mit Schmiernippel (je nach Kardanwelle-Modell) ausgerüstet.

Fett	Wartung
	1x im Jahr, bei intensiver Nutzung (Offroad) regelmäßige Abstände.

Ölwechsel am 5- und 6-Ganggetriebe bei 2,2- und 2,3-l-Motoren

- Fahrzeug anheben.
- Geräuschdämpfung unten in der Mitte abbauen (soweit verbaut).
- Luftfilterkasten komplett ausbauen.
- Reinigen Sie den Bereich um die Einfüllschraube und die Ablassschraube gründlich.
- Gehäuseentlüftungsstopfen (1 im Bild 11) abziehen oder den Stutzen herausdrehen.
- Die Ölablassschraube (3) herausschrauben.
- Nachdem das Getriebeöl ausgelaufen ist, Ölablassschraube (2) wieder hineinschrauben und mit 22 Nm anziehen.
- Getriebeöl auffüllen, die Füllmenge entnehmen Sie der Tabelle am Anfang dieses Kapitels. Es gibt keine Kontrollbohrung und keinen Peilstab. Es muss genau die richtige Ölmenge eingefüllt werden.

⚠ Überfüllen des Getriebes unbedingt vermeiden, da es sonst zu Undichtigkeiten kommen kann.

- Ersetzen Sie die Dichtung der Ablassschraube.

■ Öleinfüllschraube (1) hineinschrauben und mit 22 Nm anziehen oder den Stopfen wieder aufdrücken.
■ Falls vorhanden, Geräuschdämpfung an das Getriebe und unterhalb Motor/Getriebe anbauen.

Ölwechsel am 5- und 6-Ganggetriebe bei 3,0-l-Motoren

■ Fahrzeug anheben.
■ Geräuschdämpfung unten in der Mitte abbauen (soweit verbaut).
■ Luftfilterkasten komplett ausbauen.
■ Reinigen Sie den Bereich um die Einfüllschraube und die Ablassschraube gründlich.
■ Drehen Sie die Einfüllschraube (2 im Bild 12) heraus.
■ Drehen Sie die Ablassschraube (3 im Bild 12) heraus.
■ Nachdem das Getriebeöl ausgelaufen ist, Ölablassschraube (3) wieder hineinschrauben und mit 22 Nm anziehen.
■ Getriebeöl auffüllen. Die Füllmenge entnehmen Sie der Tabelle am Anfang dieses Kapitels. Es gibt keine Kontrollbohrung und keinen Peilstab. Es muss genau die richtige Ölmenge eingefüllt werden.

⚠ Überfüllen des Getriebes unbedingt vermeiden, da es sonst zu Undichtigkeiten kommen kann.

■ Öleinfüllschraube (2) hineinschrauben und mit 30 Nm anziehen oder den Stopfen wieder aufdrücken.
■ Falls vorhanden, Geräuschdämpfung an das Getriebe und unterhalb Motor/Getriebe anbauen.

Ölwechsel beim Allrad angetriebenen Fahrzeug:

⚠ Auch hier muss die angegebene Füllmenge des Herstellers genau beachtet werden. Die Füllschrauben sind keine Ölstandskontrollschrauben. Bei Undichtigkeiten muss die Restflüssigkeit abgelassen und das entsprechende Getriebe neu befüllt werden.

■ Fahrzeug anheben.
■ Geräuschdämpfung unten in der Mitte abbauen (soweit verbaut).

Tipp: Je nach Ausrüstung können unter den Achsen oder Antriebselementen

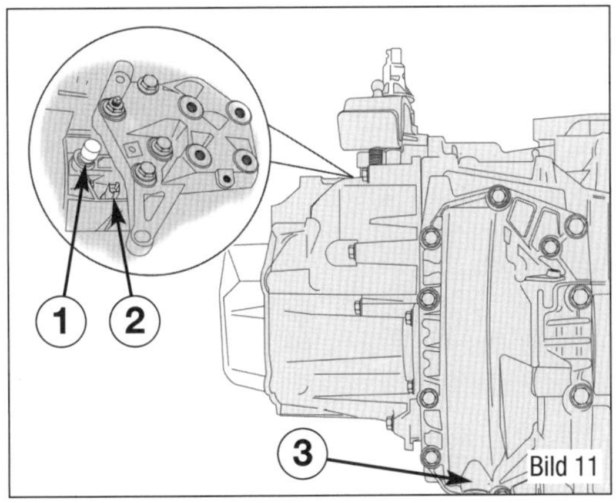

Bild 11
Ölwechsel für 5- und 6-Gangschaltgetriebe 2,2- und 2,3-l-Motoren.
1 Entlüftung und Einfüllstutzen
2 Rückwärtsgangschalter
3 Ablassschraube am Differenzialgehäuse

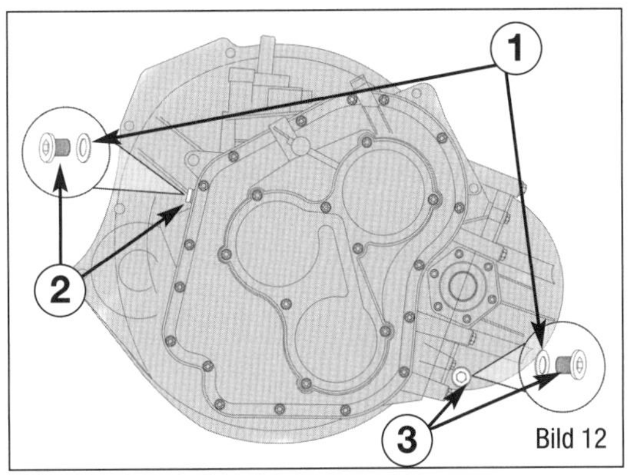

Bild 12
Ölwechsel für 6-Gangschaltgetriebe bei den 3,0-l-Motoren.
1 Dichtring
2 Öleinfüllschraube
3 Ölablassschraube

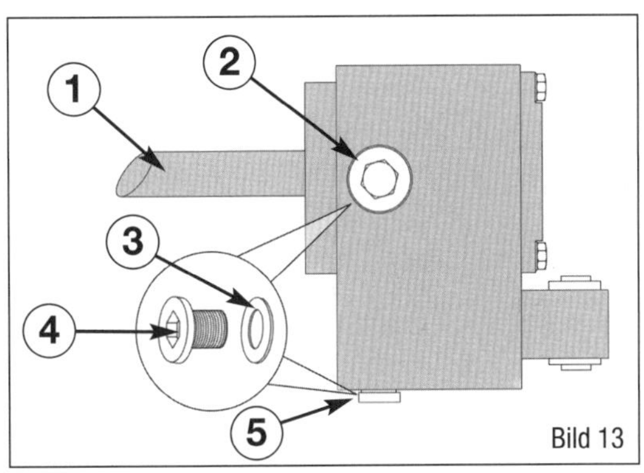

Bild 13
Ölwechsel für das Dangel-Verteilergetriebe der Vorderachse (Ansicht von links).
1 Antriebswelle vom Schaltgetriebe
2 Einfüllschraube
3 Dichtscheibe
4 Schraube
5 Ablassschraube

Schutzplatten für den Offroadeinsatz verbaut sein. Diese Platten sollten für die Wartung demontiert werden. Prüfen Sie die Aufhängungen und die Platten auf Schäden und Korrosion.

■ Demontieren Sie die verbauten Schutzplatten und Bügel unter den Achsgetrieben.

Verteilergetriebe vorne (Bild 13):

■ Reinigen Sie den Bereich um die Einfüllschraube (2) und die Ablassschraube (5) gründlich.
■ Drehen Sie die Einfüllschraube (2) heraus.
■ Drehen Sie die Ablassschraube (5) heraus.

Bild 14
Ölwechsel für das Dangel-Verteilergetriebe der Hinterachse (Ansicht von hinten).
1 Einfüllschraube
2 Dichtring
3 Ölschraube
4 Abtriebswelle zum Achsgetriebe
5 Ablassschraube

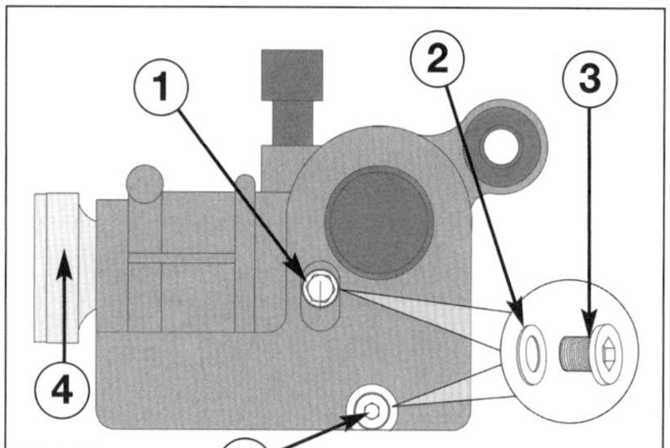

Bild 14

Bild 15
Ölwechsel für das Dangel-Achsgetriebe der Hinterachse (Ansicht von links).
1 Einfüllschraube
2 Dichtring
3 Ölschraube
4 Ablassschraube
5 Aufhängung vorne

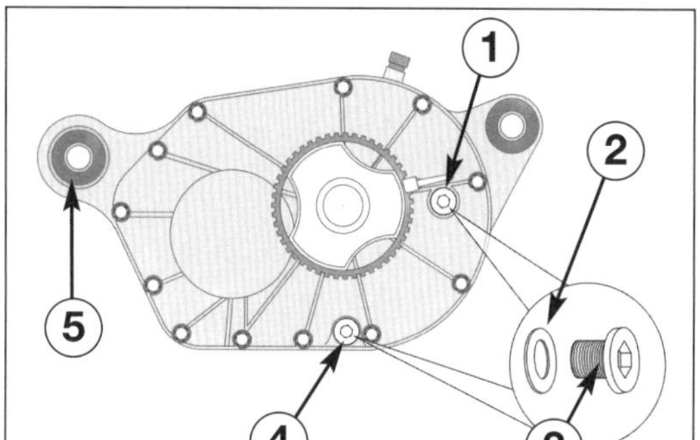

Bild 15

- Nachdem das Getriebeöl ausgelaufen ist, Ölablassschraube (5) wieder hineinschrauben und mit 20 Nm anziehen.
- Erneuern Sie den Dichtring (3).
- Getriebeöl auffüllen. Die Füllmenge entnehmen Sie der Tabelle am Anfang dieses Kapitels. Es gibt keine Kontrollbohrung und keinen Peilstab. Es muss genau die richtige Ölmenge eingefüllt werden.
- Öleinfüllschraube (2) hineinschrauben und mit 20 Nm anziehen oder den Stopfen wieder aufdrücken.
- Falls vorhanden, Geräuschdämpfung oder/und Unterfahrschutz an das Getriebe und unterhalb Motor/Getriebe anbauen.

Verteilergetriebe hinten (Bild 14):
- Reinigen Sie den Bereich um die Einfüllschraube (1) und die Ablassschraube (5) gründlich.
- Drehen Sie die Einfüllschraube (1) heraus.
- Drehen Sie die Ablassschraube (5) heraus.
- Nachdem das Getriebeöl ausgelaufen ist, Ölablassschraube (5) wieder hineinschrauben und mit 20 Nm anziehen.
- Erneuern Sie jeweils den Dichtring (2).
- Getriebeöl auffüllen. Die Füllmenge entnehmen Sie der Tabelle am Anfang dieses Kapitels. Es gibt auch hier keine Kontrollbohrung und keinen Peilstab. Es muss genau die richtige Ölmenge eingefüllt werden.
- Öleinfüllschraube (2) hineinschrauben und mit 20 Nm anziehen oder den Stopfen wieder aufdrücken.
- Falls vorhanden, Geräuschdämpfung oder/und Unterfahrschutz an das Getriebe und unterhalb Motor/Getriebe anbauen.

Achsgetriebe hinten (Bild 15):
- Reinigen Sie den Bereich um die Einfüllschraube (1) und die Ablassschraube (4) gründlich.
- Erneuern Sie die Dichtringe (2).
- Drehen Sie die Einfüllschraube (1) heraus.
- Drehen Sie die Ablassschraube (4) heraus.
- Nachdem das Getriebeöl ausgelaufen ist, Ölablassschraube (4) wieder hineinschrauben und mit 20 Nm anziehen.
- Getriebeöl auffüllen. Die Füllmenge entnehmen Sie der Tabelle am Anfang dieses Kapitels. Es gibt keine Kontrollbohrung und keinen Peilstab. Es muss genau die richtige Ölmenge eingefüllt werden.
- Öleinfüllschraube (2) hineinschrauben und mit 20 Nm anziehen oder den Stopfen wieder aufdrücken.
- Falls vorhanden, Geräuschdämpfung oder/und Unterfahrschutz an das Getriebe und unterhalb Motor/Getriebe anbauen.

Die Kupplung

Der Kraftfluss vom Motor zum Achsantrieb muss nach Wunsch hergestellt und unterbrochen werden können. Das ist erforderlich, wenn Sie das Fahrzeug starten, mit laufendem Motor fahrbereit stehen oder die Gänge wechseln wollen. Dieses Ankoppeln und Trennen übernimmt bei Fahrzeugen mit Schaltgetriebe die Kupplung. Sie ermöglicht auch ruckfreies Anfahren, indem sie die unterschiedlichen Drehzahlen von Kurbelwelle und Antriebswelle des Getriebes ausgleicht. Kernstück des hydraulischen Systems Kupplung ist die Mitnehmerscheibe. Transporter mit Schaltgetriebe haben eine hydraulisch betätigte Einscheiben-Trockenkupplung mit asbestfreien Belägen und Zweimassen-Schwungrad.

Fahrzeuge mit Automatik-Getriebe arbeiten mit der gleichen Kupplung, die aber automatisch betätigt wird. Kupplungen sind komplizierte Konstruktionen. Ihr Verschleißteil, die Mitnehmerscheibe, ist nicht ohne Weiteres zugänglich. Dazu muss das Getriebe vom Motor getrennt und nach unten ausgebaut werden. Diese Arbeit erfordert Know-how und Spezialwerkzeuge. Nun ist aber auch jede Kupplung so gut wie wartungsfrei, weil das System den Verschleiß selbsttätig ausgleicht. Die Mitnehmerscheibe ist gewöhnlich erst nach mehr als 200.000 – 300.000 Kilometern zu erneuern. Allerdings hängt ihr Verschleiß von Belastung (zum Beispiel Anhängerbetrieb) und sehr wesentlich von der Fahrweise ab.

Die wichtigsten Teile der Kupplung

Je nach Getriebebauweise und Motorisierung weichen die Kupplungen in konstruktiven Details voneinander ab. Im Wesentlichen aber arbeitet jede Kupplung mit den gleichen Komponenten:

- Das Schwungrad (Motorschwungscheibe) ist fest mit der Kurbelwelle verbunden. Das Zweimassen-Schwungrad reduziert mit seinem Feder- und Dämpfersystem die Weitergabe von Motorschwingungen an das Getriebe.
- Die Kupplungsscheibe (Mitnehmerscheibe) sitzt auf der Getriebeeingangswelle. Auf beiden Seiten sind Beläge aufgenietet.
- Die Druckplatte ist mit dem Schwungrad fest verschraubt. Beim Tritt aufs Kupplungspedal löst sich über Kupplungshydraulik und Ausrückplatte die Kupplungsscheibe gegen die Kraft der Tellerfeder (Membranfeder) von der Schwungscheibe. Druckplatten sind korrosionsgeschützt und gefettet. Sie dürfen nur an der Anlauffläche gereinigt werden, sonst wird die Lebensdauer der Kupplung verringert.

Das hydraulische System

Geberzylinder am Kupplungspedal und Nehmerzylinder am Getriebe sind über eine hydraulische Leitung verbunden. In ihr fließt Bremsflüssigkeit. Ein Defekt in der Kupplungsbetätigung kann daher einen sinkenden Pegel im Bremsflüssigkeitsbehälter verursachen. Ein ausreichender Flüssigkeitsrest für die Bremse ist allerdings immer garantiert. Beim Einkuppeln drückt die Tellerfeder der Druckplatte die Mitnehmerscheibe langsam gegen das Motorschwungrad, bis sie sich mit der gleichen Drehzahl dreht. So werden die Kräfte sanft übertragen. Dabei schleifen die Anlageflächen kurze Zeit aufeinander, ehe die Reibung wieder so groß ist, dass die Motorleistung vollständig auf das Getriebe übertragen wird. Wenn Sie das Kupplungspedal treten, überwindet das Ausrücklager die Kraft der Tellerfeder. Die Druckplatte wird entlastet und bei völlig durchgetretenem Pedal zurückgezogen. Die Mitnehmerscheibe kann nun im Raum dazwischen frei umlaufen. Das Kupplungsspiel sorgt dafür, dass das Ausrücklager nicht ständig unter Druck steht. Es verringert sich mit der Abnutzung der Beläge. Die Druckplatte nähert sich dem Ausrücklager. Liegt das Lager ohne Spiel am Ausrückhebel an, stützt sich die Tellerfeder der Druckplatte gegen das Ausrücklager ab. Die Feder wird entlastet und die Kupplung rutscht durch.

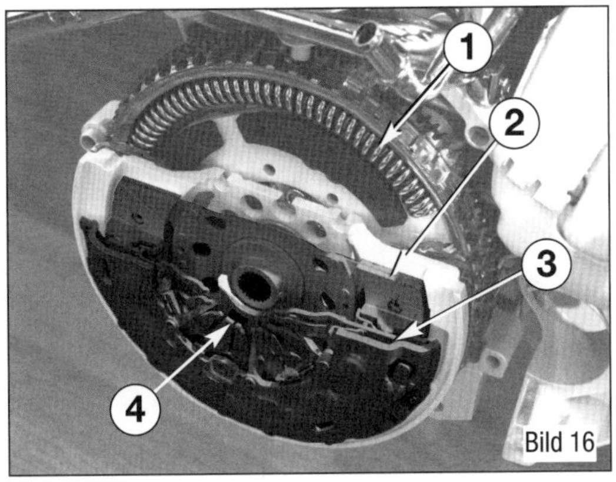

Bild 16

Bild 16
Kupplung.
1 Zweimassenschwungrad
2 Kupplungsscheibe
3 Druckplatte
4 Membranfeder

Kupplung prüfen

- Schleift nach Ihrem Eindruck die Kupplung, wenn Sie Ihr Fahrzeug im höchsten Gang beschleunigen, dreht der Motor also hoch, ohne dass die Fahrgeschwindigkeit zunimmt, sollten Sie einmal kurz die Funktion der Kupplung prüfen. Unternehmen Sie diese Probe allerdings wirklich nur gelegentlich!
- Ziehen Sie die Handbremse an, die natürlich in Ordnung sein muss.
- Starten Sie den Motor.
- Legen Sie den 3. Gang ein; dann langsam einkuppeln und Gas geben.
- Bei einwandfreier Kupplung wird der Motor dadurch abgewürgt.

Trennen der Kupplung prüfen

- Treten kratzende oder krachende Geräusche beim Schalten auf, trennt meistens die Kupplung nicht mehr richtig. Machen Sie deshalb eine Probe, und zwar mit dem nicht synchronisierten Rückwärtsgang, damit Sie die mögliche Ursache der Geräusche durch ein defektes Getriebe ausschließen.

- Lassen Sie den Motor im Leerlauf drehen.
- Kupplungspedal voll durchtreten, etwa drei Sekunden warten, dann Rückwärtsgang einlegen. Wenn Sie jetzt das kratzende Geräusch hören, läuft die Mitnehmerscheibe nicht ganz frei. Dann trennt die Kupplung nicht sauber.
- Kontrollieren Sie die Funktion der hydraulischen Übertragungselemente. Eventuell muss die Kupplungsbetätigung entlüftet werden.
- Teile der Kupplungsbetätigung auf Undichtigkeiten untersuchen.
- Prüfen Sie, ob das Zweimassenschwungrad in Ordnung ist. Zu viel Spiel verursacht schnell ein zu hohes Arbeitsspiel und damit reicht der Betätigungsweg der Kupplungshydraulik nicht mehr aus.

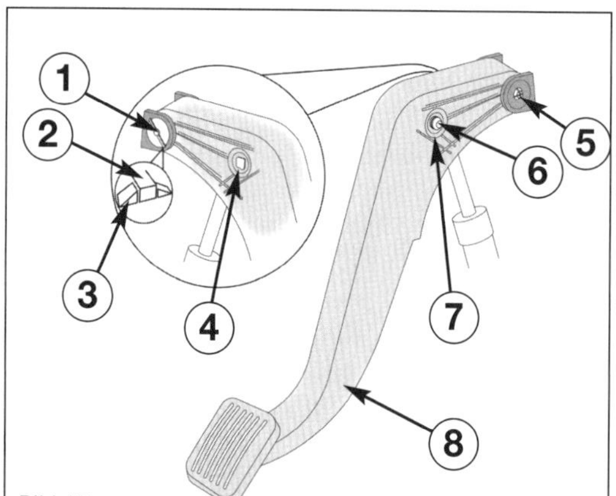

Bild 17

Bild 17
Kupplungspedal und Kupplungsbetätigung.
1 Sicherungsbolzen
2 Verdrehsicherung des Sicherungsbolzens
3 Rastnasen zur Verdrehsicherung
4 Steckbolzen Kupplungsgeberzylinder
5 Spreizer am Sicherungsbolzen
6 Sicherungsbolzen
7 Sicherungsclip
8 Kupplungspedal

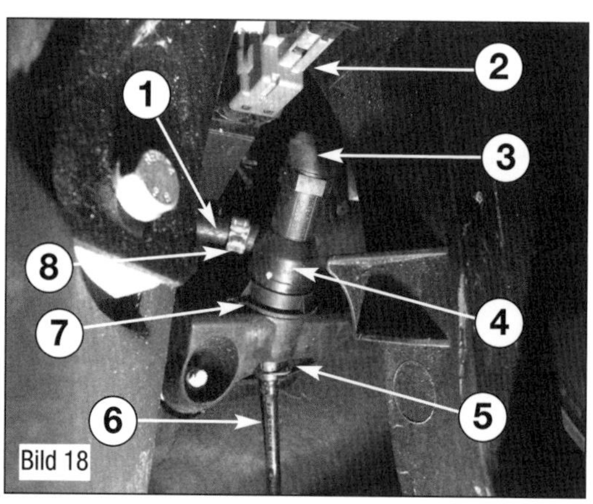

Bild 18

Bild 18
Kupplungsgeberzylinder.
1 Schlauch
2 Kupplungsschalter mit elektrischem Anschluss
3 Staubschutz und Kolbenstange
4 Kupplungsgeberzylinder
5 Sicherungsklammer
6 Druckleitung zum Nehmerzylinder
7 Anschlagsnase und Verdrehsicherung
8 Schelle

Montagearbeiten am Kupplungspedal

Demontage des Kupplungspedals
Grundsätzlich müssen die untere Armaturenbrettverkleidung und die Lenksäule demontiert werden. Die Kunststoffteile sind leider in diesem Bereich einteilig ausgelegt. Mit etwas Geschick, viel Licht und Geduld lässt sich das Pedal aber durchaus auch ohne diese aufwendigen Vorarbeiten entfernen.

- Lösen Sie den Sicherungskasten in der Armaturentafel im Kniebereich und legen Sie ihn angeschlossen zur Seite.
- Bauen Sie den Kupplungsschalter (2 im Bild 18) aus.
- Entfernen Sie den Sicherungsclip (7 im Bild 17) am Sicherungsbolzen für den Kupplungsgeberzylinder.
- Schieben Sie den Sicherungsbolzen (1) nach links heraus.
- Schieben Sie die Schalldämpfung im Fußraum etwas zur Seite.
- Drücken Sie den Spreizer (5) zusammen und schieben Sie den Sicherungsbolzen (1) nach links heraus.
- Nehmen Sie das Kupplungspedal heraus.

Die Montage erfolgt sinngemäß in umgekehrter Reihenfolge.

- Achten Sie darauf, dass die Bolzen für den Geberzylinder und die Pedallagerung richtig einsitzen. Die Lagerbolzen (1 und 4) können nur in einer Richtung eingesetzt werden.
- Schmieren Sie die Lagerstellen mit einem säurefreien Fett.
- Achten Sie darauf, dass der Sicherungsclip (7) und der Spreizer (5) richtig sitzen.

Demontage des Kupplungsschalters
Sie finden den Kupplungsschalter (2 im Bild 18) links neben dem Kupplungspedal.

- Entsichern Sie den Steckkontakt und ziehen Sie ihn ab.
- Drehen Sie den Kupplungsschalter nach links und nehmen Sie ihn heraus.

Die Montage erfolgt sinngemäß in umgekehrter Reihenfolge.

- Prüfen Sie, ob der Schalter oder seine Befestigung Schäden aufweisen.

■ Prüfen Sie die Funktion über den Diagnosetester. Er ist wichtig für die Funktion des Tempomaten »Cruise-Control».
■ Prüfen Sie, ob die Rückholfeder des Kupplungspedals noch ausreichend gefettet ist.
■ Achten Sie auf den richtigen Sitz der Rückstellfeder.

Zylinder der Kupplungshydraulik aus- und einbauen

Die hydraulische Anlage zur Kupplungsbetätigung besteht aus einem Geber- und einem Nehmerzylinder und den dazugehörigen Leitungen und Schläuchen. Wir beschreiben das prinzipielle Vorgehen beim Aus- und Einbau der Zylinder.

Kupplungsgeberzylinder beim Schaltgetriebe aus- und einbauen

⚠ Vermeiden Sie Augen- und Hautkontakt. Tragen Sie Schutzhandschuhe und geeigneten Augenschutz.
■ Bremsflüssigkeit aus dem Vorratsbehälter (2 im Bild 20) so weit absaugen, dass keine Bremsflüssigkeit mehr in den Schlauch (3) nachlaufen kann.
■ Kupplungspedalschalter (2) entriegeln und durch eine Drehung herausdrehen.
■ Die Schlauchschelle (8 im Bild 18) öffnen.
■ Fangen Sie austretende Bremsflüssigkeit mit einem Lappen auf.
■ Nachlaufschlauch (1) am Bremsflüssigkeitsbehälter abziehen und Öffnung gegen Auslaufen von Bremsflüssigkeit verschließen.
■ Sicherungsklammer (3) herausziehen.
■ Druckleitung (6 im Bild 18) herausziehen.
■ Entfernen Sie den Sicherungsclip (7 im Bild 17) am Sicherungsbolzen für den Kupplungsgeberzylinder.
■ Schieben Sie den Sicherungsbolzen (1) nach links heraus.
■ Fangen Sie auch hier austretende Bremsflüssigkeit mit einem Lappen auf.
■ Lösen Sie den Rastring (4 im Bild 19) durch Verdrehen.
■ Nehmen Sie den Geberzylinder nach oben heraus.

Die Montage erfolgt sinngemäß in umgekehrter Reihenfolge.

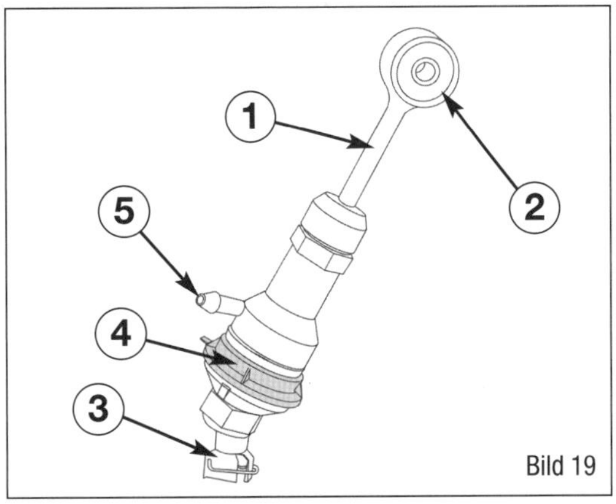

Bild 19
Kupplungsgeberzylinder.
1 Kolbenstange
2 Befestigungspunkt oben
3 Halteclip Druckleitung
4 Rastring
5 Zulaufanschluss vom Bremsflüssigkeitsbehälter

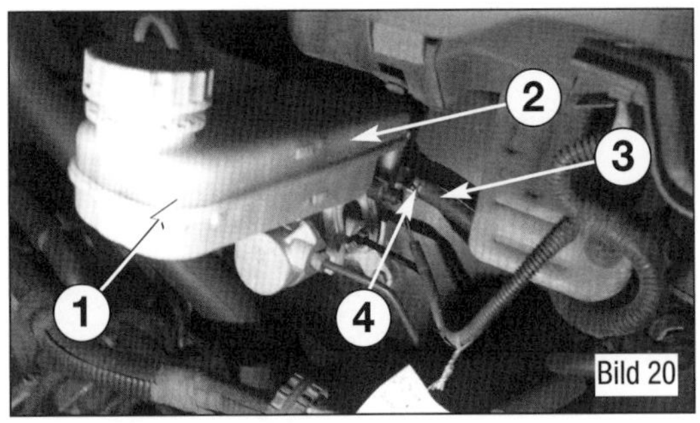

Bild 20
Vorratsbehälter.
1 Deckel
2 Vorratsbehälter
3 Zufuhrschlauch zum Geberzylinder
4 Schelle

■ Achten Sie darauf, dass die Bolzen für den Geberzylinder richtig einsitzen. Die Lagerbolzen (1) können nur in einer Richtung eingesetzt werden.
■ Schmieren Sie die Lagerstellen mit einem säurefreien Fett.
■ Achten Sie darauf, dass der Sicherungsclip (7) richtig sitzt.
■ Achten Sie darauf, dass der Rastring (4 im Bild 19) richtig einrastet.

Kupplungsnehmerzylinder beim Schaltgetriebe aus- und einbauen

Es sind zwei unterschiedliche Systeme der Kupplungsnehmerzylinder im Ducato verbaut. Ein System betätigt die Kupplung mit einem externen Zylinder. Dieser kann ohne Ausbau des Getriebes gewechselt werden. Bei den Motoren ab 2,3 l sind Zentralausrücksysteme verbaut. Für den Wechsel muss das Getriebe ausgebaut werden.

Dezentraler Nehmerzylinder:
■ Einen nicht fasernden Lappen unter den Nehmerzylinder legen, um damit die austropfende Bremsflüssigkeit aufzufangen.
■ Öffnen Sie den Deckel des Bremsflüssigkeitsvorratsbehälters (1 im Bild 20) und verschließen Sie den Behälter luftdicht, um bei der Demontage das Nachlaufen der Bremsflüssigkeit zu verhindern.

Bild 21
Kupplungsnehmerzylinder (Externer Zylinder).
1 Entlüftungsschraube
2 Nehmerzylinder
3 Kolbenstange zum Ausrückhebel
4 Staubschutzbalg
5 Sicherungsclip
6 Hochdruckanschluss

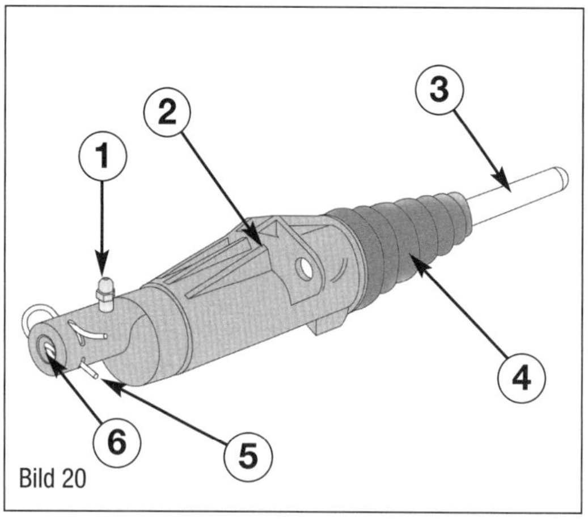

Bild 20

Bild 22
Kupplungsnehmerzylinder (Zentralausrücker).
1 Entlüftungsschraube
2 Sicherungssplint
3 Hochdruckanschluss
4 Schrauben
5 Staubschutzbalg
6 Nehmerzylinder

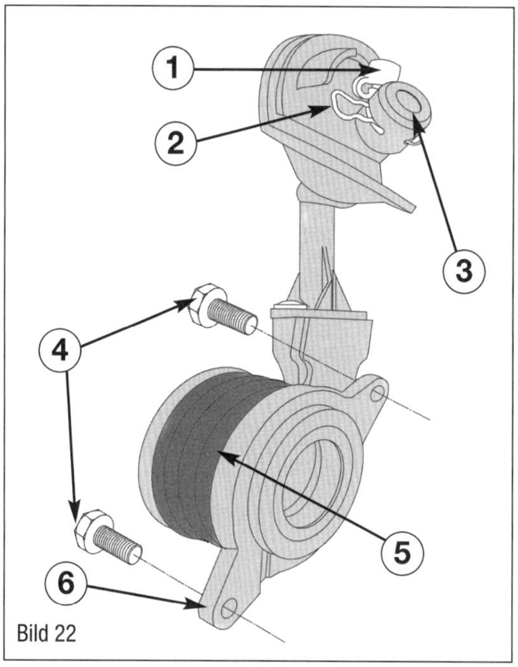

Bild 22

- Abdeckung des Entlüftungsnippels (1 im Bild 21) entfernen.
- Sicherungsclips (5) mit einem Schraubendreher aus dem Hydraulikzylinder ausclipsen.
- Hydraulikleitung abziehen.
- Die beiden Schrauben des Hydraulikzylinders am Getriebe herausdrehen.

☞ Um das Auslaufen von Bremsflüssigkeit zu verhindern, verschließen Sie die abgezogene Hydraulikleitung mit der Verschlusskappe des Bremsentlüftungsventils.

- Den Nehmerzylinder vom Getriebe abnehmen.

Der Einbau erfolgt sinngemäß in umgekehrter Reihenfolge.

- Die Anlagestelle am Ausrückhebel mit einem Molybdänsulfid-Schmierfett fetten.
- Entlüften Sie die Kupplungsbetätigung.

Zentral ausrückender Zylinder:

- Legen Sie einen nicht fasernden Lappen unter den Nehmerzylinder, um damit die austropfende Bremsflüssigkeit aufzufangen.
- Öffnen Sie den Deckel des Bremsflüssigkeitsvorratsbehälters (1 im Bild 20) und verschließen Sie den Behälter luftdicht, um bei der Demontage das Nachlaufen der Bremsflüssigkeit zu verhindern.
- Abdeckung des Entlüftungsnippels (1 im Bild 22) entfernen.
- Sicherungsclip (2) mit einem Schraubendreher aus dem Hydraulikzylinder ausclipsen.
- Hydraulikleitung abziehen.
- Bauen Sie das Getriebe aus. Die Arbeitsschritte hierzu werden wir am Ende dieses Kapitels beschreiben.
- Drehen Sie die beiden Schrauben (4) heraus.
- Hebeln Sie den Gummischutz aus der Getriebeglocke heraus.
- Nehmen Sie den Kupplungsnehmerzylinder (Zentralausrücker) von der Getriebeeingangswelle ab.

Der Einbau erfolgt sinngemäß in umgekehrter Reihenfolge.

- Die Führungshülse wird im Bereich des Ausrücklagers, der Ausrückhebel im Bereich der Anlagestelle am Kugelzapfen und das Lager im Bereich der Anlagestellen an den Ausrückhebel mit Molybdänsulfid-Schmierfett gefettet.
- Bauen Sie das Getriebe ein.
- Entlüften Sie die Kupplungsbetätigung.

Kupplungsnehmerzylinder beim automatisierten Schaltgetriebe aus- und einbauen

Das automatisierte Schaltgetriebe basiert auf dem manuellen Schaltgetriebe. Die Betätigung der Kupplung und der Schaltung erfolgt elektrohydraulisch. Die Vorgehensweise für den Wechsel der Zentralausrückung unterscheidet sich bei den Schaltgetriebetypen nur geringfügig. In einem zusätzlichen Vorratsbehälterblock sind die Flüssigkeit für die Kupplungsbetätigung (DOT4) und die Flüssigkeit für die Schaltungsbetätigung untergebracht. Der eigentliche Wechsel der Zentralausrückung

erfolgt wie bereits beim manuellen Schaltgetriebe beschrieben.
■ Legen Sie einen nicht fasernden Lappen um den Anschluss des Nehmerzylinders, um damit die austropfende Bremsflüssigkeit aufzufangen.
■ Öffnen Sie den Deckel des Kupplungsflüssigkeitsvorratsbehälters (sitzt hinter dem Luftfilter in Richtung Spritzwand) und verschließen Sie den Behälter luftdicht, um bei der Demontage das Nachlaufen der Bremsflüssigkeit zu verhindern.
■ Abdeckung des Entlüftungsnippels (1 im Bild 22) entfernen.
■ Sicherungsclip (2) mit einem Schraubendreher aus dem Hydraulikzylinder ausclipsen.
■ Hydraulikleitung abziehen.
■ Bauen Sie das Getriebe aus. Die Arbeitsschritte hierzu werden wir am Ende dieses Kapitels beschreiben.
■ Drehen Sie die beiden Schrauben (4) heraus.
■ Hebeln Sie den Gummischutz aus der Getriebeglocke heraus (2,3-l-Motoren).
■ Nehmen Sie den Kupplungsnehmerzylinder (Zentralausrücker) von der Getriebeeingangswelle ab.

Der Einbau erfolgt sinngemäß in umgekehrter Reihenfolge.
■ Die Führungshülse wird im Bereich des Ausrücklagers, der Ausrückhebel im Bereich der Anlagestelle am Kugelzapfen und das Lager im Bereich der Anlagestellen an den Ausrückhebel mit Molybdänsulfid-Schmierfett gefettet.
■ Bauen Sie das Getriebe ein.
■ Entlüften Sie die Kupplungsbetätigung.

Kupplungshydraulik entlüften

Tipp: Ausgetretene Bremsflüssigkeit sofort aufnehmen und mit Bremsenreiniger abspülen.

Achtung: Vermeiden Sie Augen- und Hautkontakt. Tragen Sie Schutzhandschuhe und geeigneten Augenschutz.

Tipp: Das Entlüften der Anlage ohne ein Entlüftungsgerät ist nicht zu empfehlen. Die Leitungsführung und das geringe Fördervolumen der Zylinder machen eine Druckentlüftung oder ein Absaugen über den Entlüftungsnippel erforderlich. Beim Absaugen muss dringend darauf geachtet werden, dass der Vorratsbehälter nicht leergesaugt wird und der Geberzylinder keine Luft zieht.

■ Geeignetes Bremsenfüll- und Entlüftungsgerät anschließen. Zum Entlüften ist ein Entlüfterschlauch zu verwenden.
■ Entlüfterschlauch dann mit der Auffangflasche des Bremsenentlüftungsgeräts verbinden.
■ Abdeckung des Entlüftungsnippels entfernen.
■ Entlüfterschlauch auf den Entlüfter des Nehmerzylinders stecken.
■ System mit dem Entlüftungsgerät am Vorratsbehälter mit einem Druck von 1-2 bar beaufschlagen.
■ Entlüftungsventil ca. 1/4 Umdrehung öffnen.
■ Ca. 100 cm^3 Bremsflüssigkeit ausströmen lassen.
■ Entlüftungsventil schließen.

Fahrzeuge mit manueller Kupplung:
■ Kupplungspedal 15- bis 20-mal sehr schnell von Anschlag zu Anschlag bewegen.
■ Entlüftungsventil ca. 1/4 Umdrehung öffnen.
■ Ca. 50 cm^3 Bremsflüssigkeit ausströmen lassen.
■ Entlüftungsventil schließen.
■ Nach Beendigung des Entlüftungsvorgangs, wenn der Druck von 2 bar abgebaut ist, das Kupplungspedal bitte noch 10-mal mit dem Fuß treten.

Fahrzeuge mit automatisiertem Schaltgetriebe:
Die Ansteuerung der Kupplungsbetätigung kann je nach Tester und dem Softwarestand über den Stellgliedtest erfolgen. Oftmals ist aber eine leere Ein- und Auskupplung nur über das Gangeinlegen bei laufendem Motor möglich. Eine Entlüftung ist aber auch ohne diesen Arbeitsschritt möglich.

Weiter für alle Fahrzeuge:
■ Prüfen Sie die Funktion der Kupplung.
■ Machen Sie eine Probefahrt.

Kupplung demontieren

Im Ducato finden sich zwei unterschiedliche Kupplungssysteme. Zum einen eine konventionelle Einscheiben-Trockenkupplung

Sichtprüfung   Messen

mit Tellerfeder und eine SAC-Kupplung (Self-Adjust-Clutch). Wir beschreiben die Vorgehensweise für beide Systeme. Selbstnachstellende Kupplungssysteme sind von LUC und auch von Sachs erhältlich. Weiterhin findet sich, wie bei allen modernen Dieseln, ein Zweimassenschwungrad zur Schwingungsdämpfung auf der Kurbelwelle. Betrachten wir die Prüfung und den Wechsel etwas genauer.

Prüfung des Zweimassenschwungrades
Bei jedem Kupplungswechsel sollten Sie das Zweimassenschwungrad überprüfen, um es als Ursache für den Kupplungsschaden oder für einen erneuten Kupplungsschaden auszuschließen.

Optische Prüfung:
- Untersuchen Sie die Reibflächen des Zweimassenschwungrades auf Verfärbungen oder Rissbildung.
- Achten Sie auf austretendes Fett oder sogar Rostspuren.
- Kontrollieren Sie auch die Getriebeglocke auf metallischen Abrieb und herausstehende Teile.

Verdrehung:
Der Arbeitsweg kann am eingebauten Schwungrad überprüft werden.
- Der Leerhub sollte auch bei gebrauchten Zweimassenrädern etwa 2-3 Zähne betragen.
- Von der Ruhelage in der Mitte sollte sich das Zweimassenschwungrad mit dem gleichen Kraftaufwand nach links oder rechts zum jeweiligen Anschlag bewegen lassen.
- Geräusche, Klemmen und/oder unterschiedlicher Kraftaufwand weisen auf Schäden in der Mechanik hin.

Bild 23
Ausbau des Zweimassenschwungrades: Die Fixierung über den Zahnkranz ist sehr wichtig, um Schäden am Geberrad oder am Zweimassenschwungrad (ZMS) zu vermeiden.

- Ein sehr kleiner Bewegungsspielraum könnte auch auf eine Fettverhärtung im Inneren hinweisen.

Kippen:
- Um den Zustand der Lagerung zu prüfen, kippen Sie das Schwungrad radial mit etwa 10 Nm seitlich an.
- Das Kippspiel darf bis etwa 0,25 mm betragen. Wiederholen Sie die Messung zwei Mal, jeweils um 120° versetzt.

Ausbau des Zweimassenschwungrades
- Bauen Sie das Getriebe wie auf Seite 151 beschrieben aus.
- Prüfen Sie den Zustand des Zweimassenrades wie bereits beschrieben.
- Demontieren Sie die Kupplung.
- Fixieren Sie das Zweimassenschwungrades mit einem Feststeller/Gegenhalter.
- Lösen Sie die Befestigungsschrauben.
- Demontieren Sie den Feststeller/Gegenhalter.
- Nehmen Sie die Befestigungsschrauben heraus und nehmen Sie die Schwungscheibe ab.

Der Einbau erfolgt sinngemäß in umgekehrter Reihenfolge.
- Prüfen Sie den Zustand des Kurbelwellensimmerrings.
- Setzen Sie das Schwungrad an und richten Sie es entsprechend der Bohrungen aus.

Das Schwungrad passt nur in einer Stellung auf die Gewinde der Kurbelwelle.

- Drehen Sie die Schrauben handfest ein.
- Fixieren Sie das Zweimassenschwungrades mit einem Feststeller/Gegenhalter.
- Ziehen Sie die Schrauben der Schwungscheibe in der ersten Stufe mit 30 Nm an und im zweiten Schritt mit 90° nach.
- Demontieren Sie den Feststeller/Gegenhalter.

De- und Montage einer selbst nachstellenden Kupplung
Die selbst nachstellende Kupplung gleicht die dünner werdenden Kupplungsreibbeläge durch einen Nachtstellmechanismus aus. Für die Demontage und die Montage muss die Druckplatte vorgespannt werden, um eine Beschädigung des Verstellmechanis-

mus durch ungleichmäßige Belastung zu vermeiden.

■ Bauen Sie das Getriebe wie auf Seite 151 beschrieben aus.

■ Drehen Sie drei der sechs Befestigungsschrauben (2 im Bild 25) der Druckplatte heraus.

■ Montieren Sie die Stehbolzen (1) der Spannvorrichtung in den nun freien Bohrungen.

■ Montieren Sie einen passenden Zentrierdorn (Bild 25) und spannen Sie ihn in der Verzahnung der Kupplungsscheibe ein.

■ Setzen Sie das Druckstück (2 im Bild 27) mit dem Spindelträger (3) auf die Stehbolzen auf.

■ Setzen Sie die Rändelmuttern (3 im Bild 26) auf und drehen Sie sie so weit ein, dass die Rändelmutter (3) bündig mit dem Stehbolzen (2) sitzt.

■ Drehen Sie die Spindel (2) des Druckstückes so weit an, bis die Druckplatte spürbar von der Kupplungsscheibe abhebt.

■ Demontieren Sie die drei verbliebenen Befestigungsschrauben (2 im Bild 25) der Druckplatte im Zweimassenschwungrad.

■ Drehen Sie die Spindel des Druckstückes los, um die Tellerfeder wieder zu entspannen.

■ Wenn die Tellerfeder komplett entspannt ist, die Rändelmuttern und das Druckstück entfernen.

■ Die Stehbolzen herausschrauben und Kupplungsdruckplatte abnehmen.

■ Ziehen Sie den Zentrierdorn mit Kupplungsscheibe aus der Schwungscheibe heraus.

■ Demontieren Sie den Zentrierdorn aus der Schwungscheibe.

Die Montage erfolgt sinngemäß in umgekehrter Reihenfolge.

■ Prüfen Sie vor der Montage der Kupplung den Zustand des Zweimassenschwungrades.

■ Reinigen Sie die Reibflächen mit einem fettlösenden Reiniger und etwas Schleifpapier.

■ Ziehen Sie die Schrauben des Kupplungsautomaten an der Schwungscheibe (M8) mit 25 Nm fest.

■ Bei allen Ausrücksystemen mit konventionellem Ausrücklager fetten Sie die Lagerstellen des Ausrückhebels und die Führungshülse.

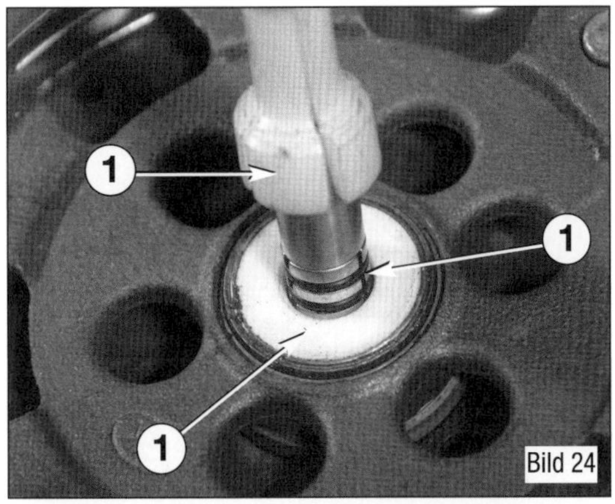

Bild 24
Ansetzen des Zentrierdorns.
1 Klemmstück Mitnehmerscheibe
2 Klemmstück Schwungscheibe
3 Annahme Schwungscheibe

Bild 25
Ansetzen des Spannwerkzeuges.
1 Stehbolzen
2 Schrauben Kupplungsautomat

Bild 26
Ausrichten des Spannwerkzeuges.
1 Spindelträger
2 Stehbolzen
3 Rändelmutter

Bild 27
Vorspannen des Kupplungsautomaten.
1 Schlüssel
2 Druckstück mit Spindel
3 Spindelträger

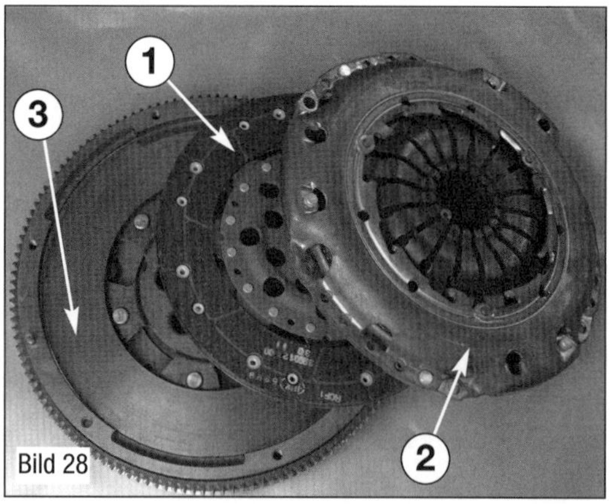

Bild 28
Konventionelles Kupplungsset.
1 Mitnehmerscheibe
2 Druckplatte
3 ZMS (Zwei-Massen-Schwungscheibe)

Bild 29
Zentrierwerkzeug.
1 Pilotstab
2 Passstück im Schwungrad
3 Kurbelwelle

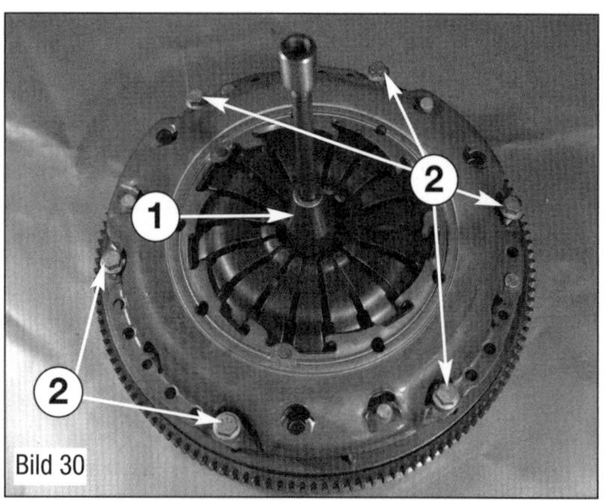

Bild 30
Kupplungsmontage.
1 Zentrierhülse für die Mitnehmerscheibe
2 Schrauben der Druckplatte

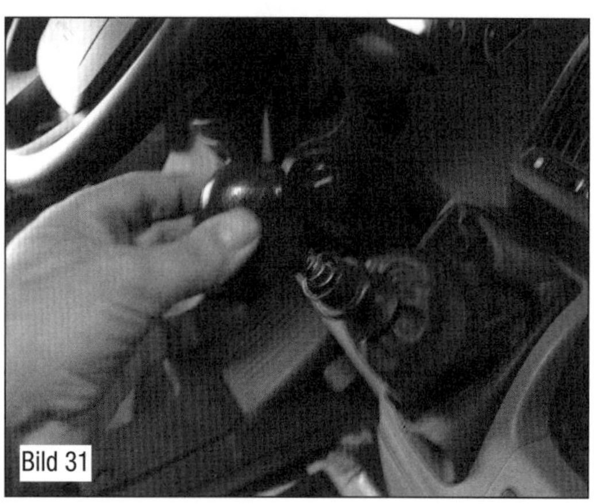

Bild 31
Schalthebel abdrehen.

■ Reinigen Sie die Getriebewelle vor der Montage und fetten Sie sie leicht ein.

De- und Montage einer konventionellen Kupplung

■ Bauen Sie das Getriebe wie auf Seite 151 beschrieben aus.
■ Setzen Sie einen passenden Zentrierdorn in die Zahnung der Kupplungsscheibe (Bild 30) ein.
■ Drehen Sie die sechs Befestigungsschrauben (2) der Druckplatte gleichmäßig in mehreren Schritten heraus.
■ Nehmen Sie die Druckplatte (2 im Bild 28) und die Kupplungsscheibe (1) ab.

Die Montage erfolgt sinngemäß in umgekehrter Reihenfolge.
■ Prüfen Sie vor der Montage der Kupplung den Zustand des Zweimassenschwungrades.
■ Reinigen Sie die Reibflächen mit einem fettlösenden Reiniger und etwas Schleifpapier.
■ Ziehen Sie die Schrauben des Kupplungsautomaten an der Schwungscheibe (M8) mit 25 Nm fest.
■ Bei allen Ausrücksystemen mit konventionellem Ausrücklager fetten Sie die Lagerstellen des Ausrückhebels und die Führungshülse.
■ Reinigen Sie die Getriebewelle vor der Montage und fetten Sie sie leicht ein.

Schaltzüge und Betätigung

Die gewünschten Gänge des Schaltgetriebes werden über die Schaltbetätigung gewählt und eingelegt. Mit dem Schalthebel wählen Sie bei den verschiedenen Getrieben den gewünschten Gang. Knopf und Manschette des Schalthebels sollten nicht voneinander getrennt und im Reparaturfall immer gemeinsam ersetzt werden. Zwei Gestängeteile im Getriebe, die Schaltstange und die Schubstange übertragen die Bewegung des Schalthebels über Seilzüge auf Getriebeschalthebel und Umlenkhebel am Getriebe. Die am Schalthebel eingeleitete Wahlbewegung (rechts/links) wird über den Wählhebel auf das Gestänge in Vor- und Rückbewegung übertragen. Diese Bewegung wiederum wird durch die äußere Mechanik in eine Auf-/Ab-Bewegung der Schaltwelle umgesetzt.

Bild 32
Schaltsack mit Schaft abnehmen.

Alle Betätigungs- und Übertragungselemente sowie Getriebe, Kupplung und Kupplungsbetätigung müssen einwandfrei, die Schaltbetätigung leichtgängig sein.

Schaltzüge wechseln

Es gibt unterschiedliche Schaltseilausführungen. Achten Sie darauf, dass Sie die aufgedruckten Ersatzteilnummern auf den Schaltseilen bei der Bestellung der neuen Schaltzüge vergleichen können.

- Bringen Sie das Getriebe in Leerlaufstellung.
- Hebeln Sie die Kugelköpfe der beiden Schaltseile (Schaltzüge) von den Betätigungshebeln am Getriebe (1 und 2 im Bild 36) ab.
- Demontieren Sie die Verkleidung unter dem Handschuhfach in der Mitte unten.
- Demontieren Sie das mittlere Handschuhfach (Bild 34).
- Drehen Sie den Schaltknauf ab und nehmen Sie den Schalthebelsack ab.
- Schneiden Sie an der im Bild 37 gekennzeichneten Stelle den Bodenbelag (3) ein und klappen ihn zur Seite (oder herausnehmen).
- Ziehen Sie das Kondensatablaufrohr (1) (soweit verbaut) oben heraus.
- Drehen Sie die Schrauben der Abdeckplatte (2) heraus.
- Hängen Sie die Züge am Getriebe (3 im Bild 36) aus.
- Klipsen Sie die Schaltseile (1 und 3 im Bild 33) am Schalthebel ab.
- Demontieren Sie die Schrauben der Halterung (2) und im Bild 35 (1)
- Nehmen Sie die Schaltzüge (1 und 3) aus dem Halter heraus.
- Nehmen Sie die beiden Schaltzüge mit der Abdeckplatte (Bild 37) heraus.

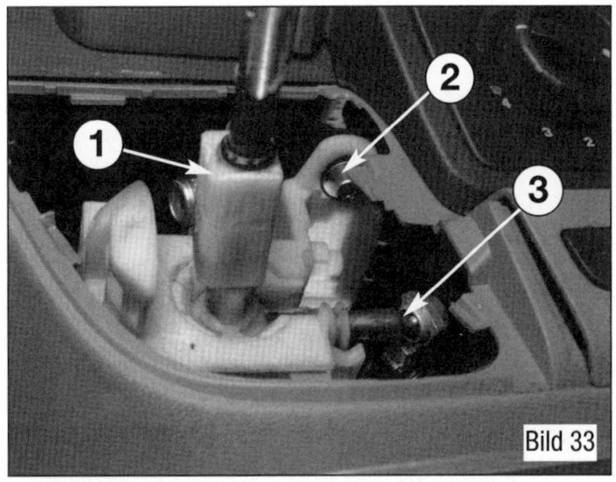

Bild 33
Schaltbetätigung.
1 Schaltzug (Weg)
2 Befestigungsschraube
3 Hubzug (Bahn)

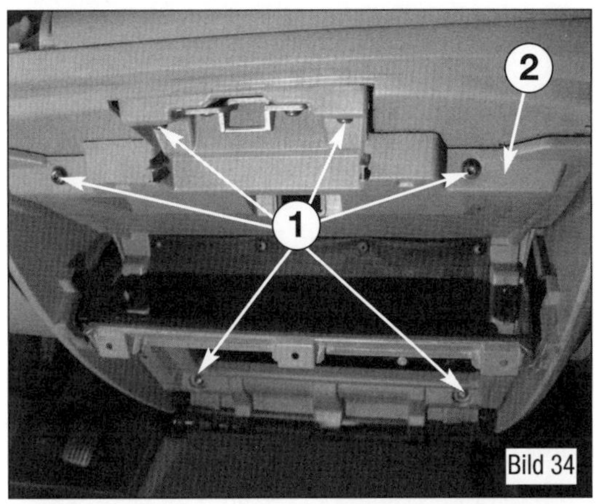

Bild 34
Handschuhfach Mitte.
1 Schrauben
2 Handschuhfach

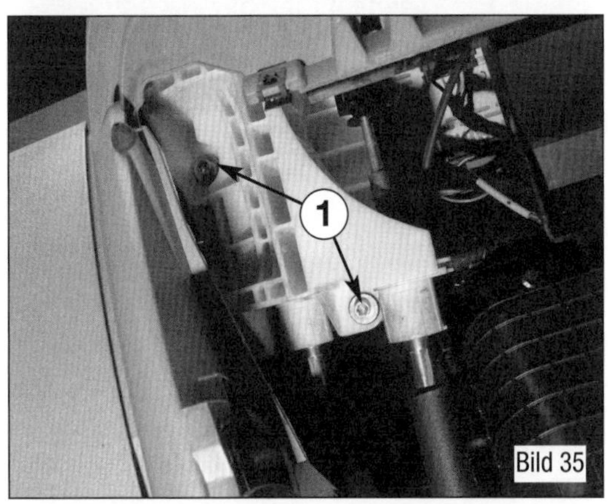

Bild 35
Schaltbetätigung von unten.
1 Befestigungsschrauben

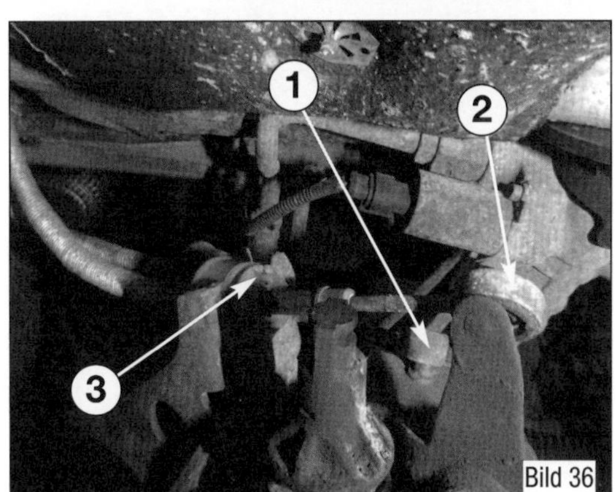

Bild 36
Schaltzüge am Getriebe.
1 Schaltzug (Weg)
2 Hubzug (Bahn)
3 Halterung Schaltzüge

Bild 37
Schaltzugdurchgang am Boden (von innen).
1 Kondensatablauf
2 Schrauben
3 Trennstelle Fahrzeugbodenbelag
4 Schaltzüge

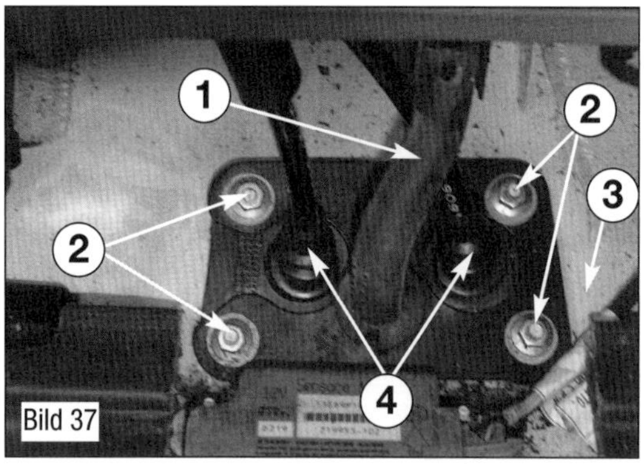

Die Montage erfolgt sinngemäß in umgekehrter Reihenfolge.

- Reinigen Sie die Anlagestelle der Anlageplatte gründlich.
- Schaltung auf einwandfreie Funktion prüfen.
- Die Kugelgelenke an Schalthebel und Getriebe der Anlagestelle am Kugelzapfen mit Molybdänsulfid-Schmierfett fetten.

Achs- und Achsgelenkwellen

Der Serien-Ducato ist eigentlich ein frontgetriebenes Fahrzeug. Es kommen für Antriebswellen zum Einsatz, die radseitig mit einem Kugelgleichlaufgelenk und getriebeseitig mit einem Tripoidgelenk ausgerüstet sind. Das getriebeseitige Gelenk übernimmt den Längenausgleich beim Ein- oder Ausfedern.

Achswellen prüfen
Es gibt eigentlich nur drei Gründe eine Achsgelenkwelle zu zerlegen. Zuerst einmal möchten wir den Hintergrund für diese Arbeiten genauer beleuchten:

Spiel an den Gelenken (Bild 38):
Halten Sie den Lageraußenring (2) mit der Hand fest und verdrehen Sie die Achswelle (1). Sie sollten möglichst kurze schnelle Bewegungen machen (einfach schnell hin- und herdrehen). So bemerken Sie ein mögliches Lagerspiel in den Achswellen sehr schnell. Spiel an den Gelenken sollte immer nachgegangen werden.

Bild 38
Spiel an den Gelenken der Achswellen prüfen.
1 Gelenkwelle
2 Gelenkwellentopf (Lageraußenring)

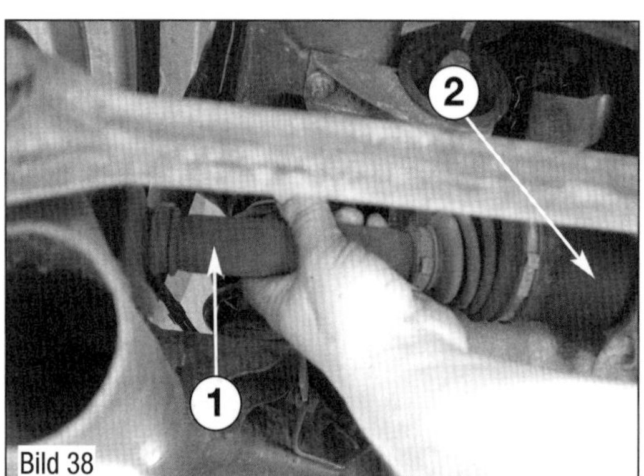

Denken Sie daran, dass Ihr Fahrzeug beim Anheben einen anderen Winkel der Achswelle bewirkt. Die Prüfungen sollten immer am Boden stattfinden. Zumindest sollte das Fahrzeug auf dem Boden stehen. Eine Grube in der Garage oder eine Mutterbühne ist hier sehr hilfreich. Stellen Sie übermäßiges Spiel fest, sollte die Gelenkwelle erneuert oder zerlegt und repariert werden. Zumeist zeigen sich bei der Demontage erhebliche Schäden an Lagerflächen oder Kugeln. Wird das Spiel zu groß (mehr als 2 mm Spiel in der Verdrehung) kann die Antriebswelle »auseinanderfliegen« und sorgt dann im günstigsten Fall für eine Panne. Im schlimmsten Fall kann die Achswelle weitere Schäden verursachen, wenn sie aus den Führungen herausrutscht.

Geräusche:
Die Prüfung der Achsgelenkwellen auf diese Schäden erfolgt in der Regel bei einer Probefahrt. Es sollten hier enge Radien gefahren werden können (z. B. Supermarktparkplatz) und auch der Lastwechsel vom Beschleunigen zum Schiebebetrieb (Gefahren vermeiden! Auf den Verkehr achten!) simuliert werden. Geräusche an den Achswellen lassen sich leider nur für das radseitige Gelenk sicher orten. Die Getriebeseite wird oftmals als »Getriebeschaden« wahrgenommen. Sollten also Geräusche beim Lastwechsel entstehen, nehmen Sie auch die Antriebswellen einmal genauer unter die Lupe. Ein deutliches »Klackern« oder durchaus schon »Schläge« gerade beim Kurvenfahren in engen Radien weisen auf einen Achswellenschaden hin. Je lauter diese Geräusche werden, umso dringender besteht Handlungsbedarf. Auch hier sind oft an den zerlegten Wellen sehr gut sichtbare Schäden vorhanden.

Manschette beschädigt (Bild 39):
Das Ende der Lagerungen einer Achswelle wird natürlich schneller erreicht, wenn Schmutz, Wasser und Straßendreck durch eine defekte Manschette eindringen können.

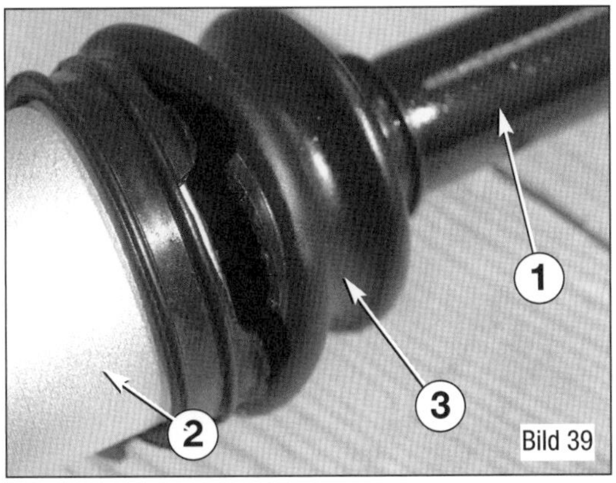

Bild 39

Bild 39
Beschädigte Achswellenmanschette.
1 Gelenkwelle
2 Gelenkwellentopf
3 Achswellenmanschette

Kontrollieren Sie die Lenkmanschetten und die Gelenkmanschetten regelmäßig. Bei Schäden führt an einer Reinigung des Gelenkes und dem Ersatz der Manschette kein Weg vorbei. Achten Sie auch auf kleine Fettspritzer im Radlaufbereich oder an den Bremsteilen.
Oftmals zeichnen schon kleinste Schäden an der Manschette deutliche Spuren. Durch die hohe Drehzahl wird das Fett im Gelenk sehr schnell in der Landschaft verteilt. Daraufhin läuft das Gelenk trocken und wird mit der Unterstützung des eindringenden Schmutzes ein erhebliches Verschleißverhalten entwickeln.

Achswellen überholen
Die Antriebswellen beim Ducato unterliegen natürlich auch dem Verschleiß, und auch die Manschetten können beschädigt werden. Grundsätzlich sollten Sie beim Zerlegen von Achsgelenken die Übertragungsteile wie die Kugeln oder Lager wieder in die gleiche Position einbauen, in der sie vor der Demontage gewesen sind.
Sie können die Bauteile mit einem Lackstift oder wasserfesten Filzstift markieren. Hilfreich ist es aber auch eine Ablage aus Pappe zur Ablage der Einzelteile vorzubereiten (Bild 43).

Wechsel der radseitigen Manschette:
Die beiden radseitigen Gelenke sind Kugelgelenkwellen. Die Montagearbeit ist identisch.

- Bauen Sie die entsprechende Antriebswelle wie auf Seite 148 beschrieben aus.
- Entfernen Sie die beiden Klemmbänder auf der entsprechenden Manschette.
- Schneiden Sie die Achsmanschette (1 im Bild 40) mit einem Cuttermesser auf und nehmen Sie sie ab.

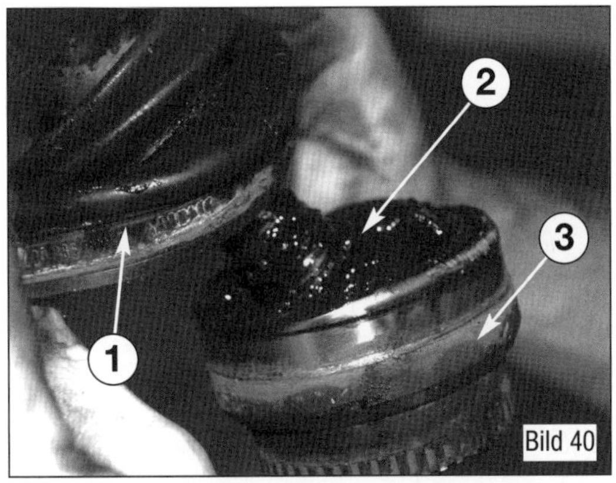

Bild 40

Bild 40
Gelenkmanschette anheben.
1 Manschette
2 Innenring des Gelenks
3 Gelenktopf

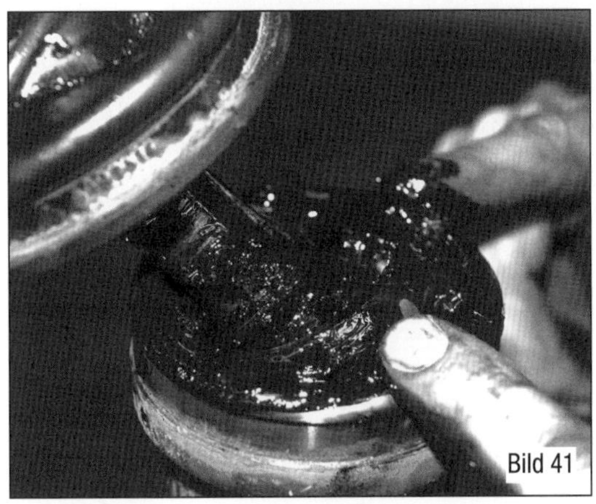
Bild 41

Bild 41
Gelenk abwischen, um es besser erkennen zu können.

Bild 42

Bild 42
Gelenk von der Welle mit einem Kunststoffhammer abschlagen.

Bild 43

Bild 43
Teile einer Gelenkwelle mithilfe eines Stück Pappe vertauschungssicher ablegen.

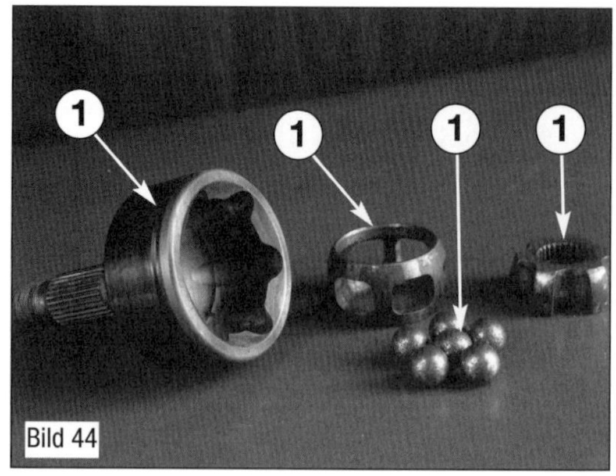

Bild 44
Radseitiges Gelenk der Achswelle.
1 Gelenktopf
2 Kugelkäfig
3 Kugeln
4 Innenring

Bild 45
Kugelkäfig hochkant in den Gelenktopf einsetzen.

- Wischen Sie das Fett am Rand des Gelenktopfes (3) ab, damit Sie den Innenring (2) des Gelenks erkennen können.
- Klappen Sie den Gelenkinnenring von der Achswelle ab und schlagen Sie das Gelenk von der Achswelle herunter (Bild 42).
- Nehmen Sie das Gelenk von der Achswelle ab.
- Kippen Sie den Innenring zur Seite und nehmen Sie eine Kugel nach der anderen, wie im Bild 48 gezeigt heraus.
- Verdrehen Sie den Gelenkinnenring so weit, dass Sie ihn wie im Bild 46 gezeigt herausnehmen können.
- Verdrehen Sie den Kugelkäfig so weit, dass Sie ihn über die Aussparungen (Bild 45) vom Gelenkwellenkopf abnehmen können.
- Achten Sie darauf, dass die Kugeln nicht auf den Boden fallen.
- Reinigen Sie alle Bauteile gründlich und untersuchen Sie sie nach Schäden oder Verschleißspuren.

⚠ Sind Schäden oder Verschleiß erkennbar, muss das Gelenk erneuert werden. Es sind beide Gelenke als Ersatzteil lieferbar.

Die Montage erfolgt sinngemäß in umgekehrter Reihenfolge.

- Stecken Sie die kleine Schelle auf die Manschette auf.
- Stecken Sie die neue Manschette auf die Achswelle auf.
- Tragen Sie etwas Fett auf die Laufbahnen der Kugeln und auf die Kugeln auf.
- Montieren Sie das Kugelgelenk.
- Geben Sie den Rest des Fettes in das Kugelgelenk hinein.
- Stecken Sie die Achswelle in das Innengelenk ein.

Bild 46
Zusammenbau: Gelenkinnenring in den Kugelkäfig einfädeln.

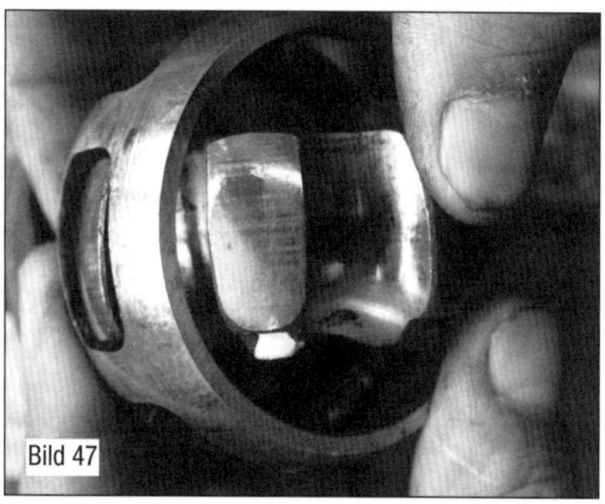

Bild 47
Im Detail: Gelenkinnenring in den Kugelkäfig einfädeln.

Bild 48
Kugeln in den angekippten Kugelkäfig und den noch etwas stärker angekippten Innenring einlegen.

■ Schlagen Sie das Gelenk mit einem Kunststoffhammer auf die Welle auf.
■ Positionieren Sie die Achswellenmanschette so, dass sie beim Bewegen des Gelenkes nicht zu straff gespannt wird. Sie könnte sonst vom Gelenktopf rutschen.
■ Montieren Sie die beiden neuen Klemmbänder (Schellen) auf der entsprechenden Manschette.
■ Die Klemmbänder werden mit einer speziellen Zange zugebogen. Mit etwas Geschick gelingt das auch mit einer Beißzange (1 im Bild 49).

Biegen Sie die Klemmbänder (1 im Bild 50) über einer Spraydose (2) vor. So lassen sie sich leichter montieren.

Wechsel der getriebeseitigen Manschette:
Der Aufbau der Antriebswelle ist nicht bei allen Wellenherstellern genau gleich. Die folgende Montageanweisung lässt sich aber durchaus universell verwenden.
■ Bauen Sie die entsprechende Antriebswelle wie auf Seite 148 beschrieben aus.
■ Entfernen Sie die beiden Klemmbänder (6 und 7 im Bild 51) auf der entsprechenden Manschette (4).
■ Schneiden Sie die Achsmanschette (4) mit einem Cuttermesser auf und nehmen Sie sie ab.
■ Ziehen Sie die Achswelle (5) zusammen mit dem Tripoidlagerträger (8) aus dem Gelenktopf heraus.
■ Demontieren Sie den vorderen Sicherungsring (3).
■ Ziehen Sie den Tripoidlagerträger (8) ab.
■ Demontieren Sie den hinteren Sicherungsring (3).

Bild 49
Klemmbänder montieren.
1 Beißzange
2 Klemmband
3 Spannblock auf dem Klemmband
4 Gelenkwellmanschette

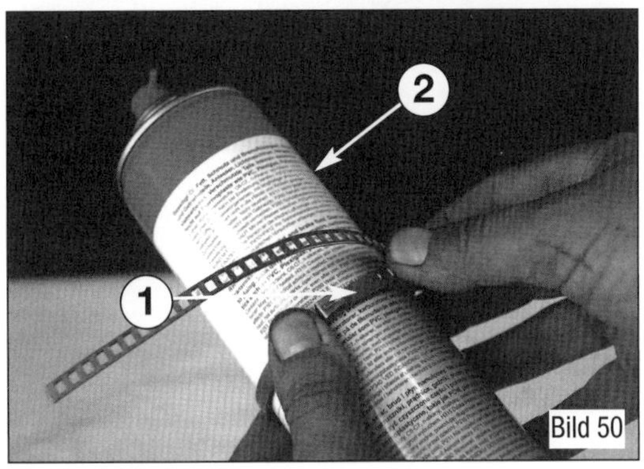

Bild 50
Klemmband vorbiegen.
1 Klemmband
2 Spraydose

■ Ziehen Sie den Ausgleichsring vom Lagertopf ab.
■ Reinigen Sie alle Bauteile des Gelenkes gründlich.
■ Prüfen Sie die Bauteile auf eventuelle Schäden.

Sind Schäden oder Verschleiß erkennbar muss, das Gelenk erneuert werden. Es sind beide Gelenke als Ersatzteil lieferbar.

Die Montage erfolgt sinngemäß in umgekehrter Reihenfolge.
■ Stecken Sie die kleine Schelle auf die Manschette auf.

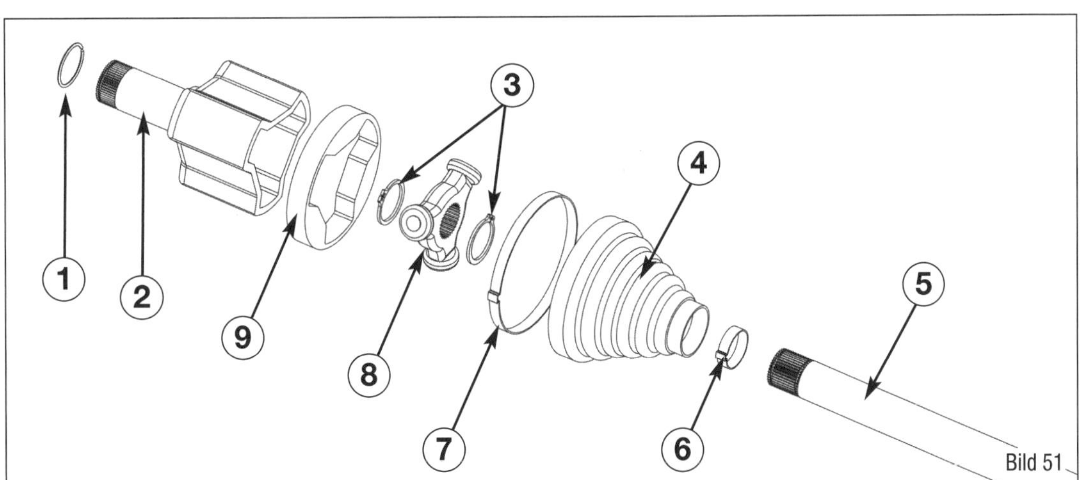

Bild 51
Tripoidgelenk (getriebeseitig).
1 Sprengringe
2 Lagertopf
3 Sicherungsring
4 Manschette
5 Antriebswelle
6 Klemmschelle
7 Klemmschelle
8 Tripoidlagerträger
9 Ausgleichsring

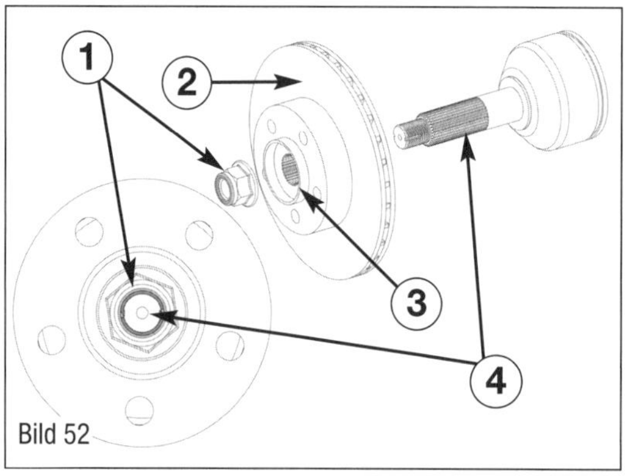

Bild 52

Verschraubung radseitig.
1 Achsmutter
2 Bremsscheibe
3 Radnabe
4 Achswelle

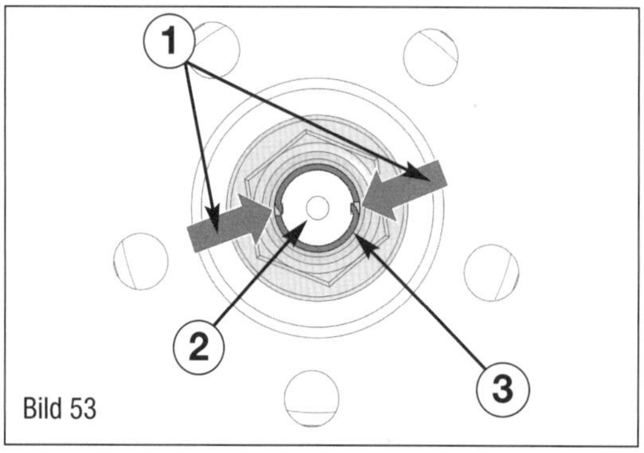

Bild 53

Achsmutter sichern.
1 Schlagrichtung des Randes der Achsmutter
2 Achswelle mit Aussparungen
3 Innerer Rand der Achsmutter

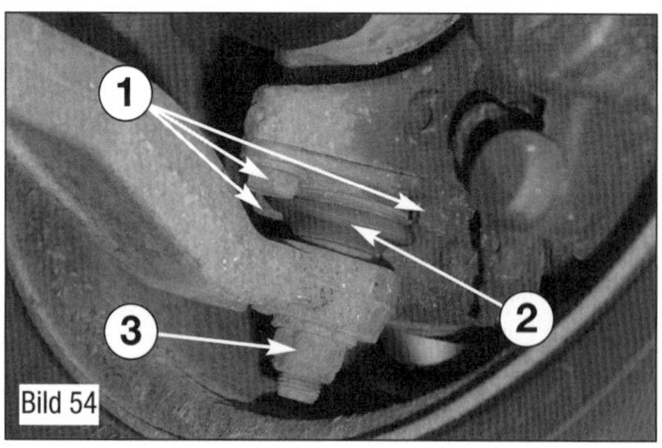

Bild 54

Traggelenkbolzen.
1 Schrauben am Achsschenkel
2 Traggelenkbolzen
3 Mutter

■ Stecken Sie die neue Manschette auf die Achswelle auf.
■ Montieren Sie den hinteren Sicherungsring (3).
■ Schieben Sie den Tripoidlagerträger (8) auf und montieren Sie den vorderen Sicherungsring (3).
■ Montieren Sie den Ausgleichsring (9) auf dem Lagertopf.
■ Tragen Sie etwas Fett auf die Laufbahnen auf.
■ Geben Sie den Rest des Fettes in das Tripoidgelenk (Gelenktopf) hinein.
■ Schieben Sie den Tripoidlagerträger etwa mittig in den Lagertopf ein.
■ Befestigen Sie die vordere Klemmschelle (7).
■ Verrutschen Sie die Manschette (4) auf der Achswelle (5) so weit, dass sie im mittleren Bereich entspannt und kurz vor dem Auseinanderziehen des Gelenkes straff sitzt.
■ Befestigen Sie die hintere Klemm'schelle (6).

Biegen Sie die Klemmbänder (1 im Bild 50) über einer Spraydose (2) vor. So lassen sie sich leichter montieren.

■ Reinigen Sie die Achsgelenkwelle und bauen Sie sie wieder ein.

Achswellen ausbauen

Die linke Achswelle unterscheidet sich kaum zu den Achswellen in anderen Fahrzeugen. Für die rechte Achsgelenkwelle gibt es eine Besonderheit, die sich schon seit Jahrzehnten in der PSA-Gruppe bewährt hat. Die Gelenkwelle wird über ein Zwischenlager (3 im Bild 55) geführt, das am Motorblock verschraubt ist.

Gelegentlich kommt es vor, dass die Achswelle im Differenzial festklemmt oder angerostet ist. Hebeln Sie zwischen Lagertopf und Getriebegehäuse beziehungsweise zwischen Lagertopf und Zwischenlagerbock die Achswelle heraus.

■ Lassen Sie das Getriebeöl wie beschrieben ab.
■ Erneuern Sie den Dichtring und ziehen Sie die Ablassschraube wieder an.

Achswelle links aus- und einbauen:

■ Bauen Sie das linke Rad ab und bocken Sie das Fahrzeug auf der entsprechenden Seite auf.
■ Schlagen Sie mit einem Durchschlag die Sicherungen der Achsmutter (3) zurück.
■ Lösen Sie die Achsmutter (1 im Bild 52) und drehen Sie sie ab.
■ Drehen Sie die Lenkung ganz nach rechts.
■ Drehen Sie die drei Schrauben (1 im Bild 54) des Traggelenkbolzens heraus.
■ Hebeln Sie den Traggelenkbolzen (2) aus dem Achsschenkel heraus.
■ Ziehen Sie den Achsschenkel vorsichtig nach außen und schlagen sie hierbei mit einem Kunststoffhammer oder Dorn die Achswelle (4 im Bild 52) aus der Radnabe (3) heraus.
■ Hebeln Sie die Achswelle aus dem Differenzial heraus.
■ Nehmen Sie die Achswelle (4) heraus.

Die Montage erfolgt sinngemäß in umgekehrter Reihenfolge.

■ Reinigen Sie die Anlagestelle der Wellendichtringe und die Anlagestellen an der Achswelle gründlich.
■ Reinigen Sie die Verzahnungen von Achswelle und Radnabe gründlich und fetten Sie sie leicht ein.
■ Achten Sie darauf, dass die Achswelle beim Einschieben in das Differenzial vollständig einsitzt und einrastet.
■ Ziehen Sie die Achsmutter mit 150 Nm in der ersten Stufe vor und mit 35° nach.
■ Füllen Sie das Getriebeöl wieder auf.

Achswelle rechts aus- und einbauen:
■ Bauen Sie das rechte Rad ab und bocken Sie das Fahrzeug auf der entsprechenden Seite auf.
■ Schlagen Sie mit einem Durchschlag die Sicherungen (1 im Bild 53) der Achsmutter (3) zurück.
■ Lösen Sie die Achsmutter (1 im Bild 52) und drehen Sie sie ab.
■ Schlagen Sie die Lenkung ganz nach links ein.
■ Drehen Sie die drei Schrauben (1 im Bild 54) des Traggelenkbolzens heraus.
■ Hebeln Sie den Traggelenkbolzen aus dem Achsschenkel heraus.
■ Ziehen Sie den Achsschenkel vorsichtig nach außen und schlagen hierbei mit einem Kunststoffhammer oder Dorn die Achswelle (4 im Bild 52) aus der Radnabe (3) heraus.
■ Lösen Sie die Schrauben (1 im Bild 55) und nehmen Sie die Halter (2) vom Motorblock ab.
■ Hebeln Sie die Achswelle aus dem Differenzial heraus.
■ Nehmen Sie die Achswelle (4) heraus.

⚠ Achten Sie darauf, die Achswelle nicht auseinanderzuziehen oder zu überstrecken. Sie kann leicht beschädigt werden.

Die Montage erfolgt sinngemäß in umgekehrter Reihenfolge.
■ Reinigen Sie die Anlagestelle der Wellendichtringe und die Anlagestellen an der Achswelle gründlich.
■ Reinigen Sie die Verzahnungen von Achswelle und Radnabe gründlich und fetten Sie sie leicht ein.
■ Achten Sie darauf, dass die Achswelle beim Einschieben in das Differenzial vollständig einsitzt und einrastet.

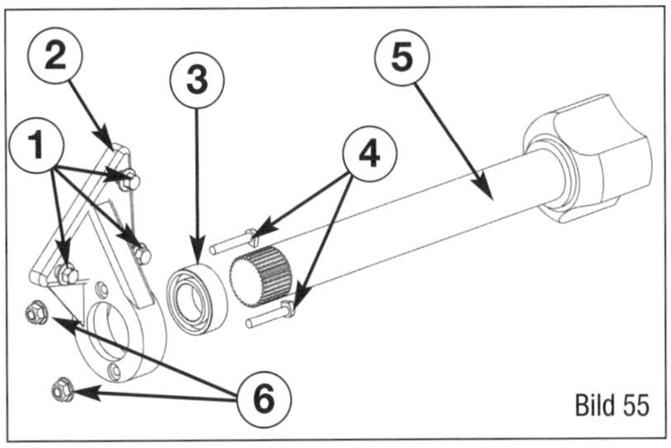

Bild 55

Bild 55
Gelenkwelle rechts.
1 Schrauben am Motorblock
2 Zwischenlagerbock
3 Zwischenlager
4 Hakenschrauben
5 Achswelle
6 Muttern

■ Füllen Sie das Getriebeöl wieder auf.
■ Ziehen Sie die Schrauben am Zwischenlagerbock zum Motorblock mit 12 Nm an.
■ Ziehen Sie die Achsmutter mit 150 Nm in der ersten Stufe vor und mit 35° nach.

Zwischenlager auf der Achswelle demontieren:
■ Bauen Sie die rechte Achswelle wie bereits beschrieben aus.
■ Lösen Sie die beiden Muttern (6 im Bild 55) und nehmen Sie die Schrauben (4) heraus.
■ Schlagen Sie den Lagerträger (2) vorsichtig mit einem Kunststoffhammer von der Achswelle oder dem Zwischenlager (je nachdem was sich löst) herunter.
■ Schlagen Sie das Lager von der Achswelle oder aus dem Zwischenlager (je nachdem was sich löst) herunter.
■ Reinigen Sie die Anlageflächen auf der Achswelle und im Lagerträger gründlich.
■ Montieren Sie das neue Zwischenlager vorsichtig mit einem Rohr, welches über die Achswelle passt.
■ Schieben Sie den Lagerträger auf das neue Lager auf.
■ Verschrauben Sie die Hakenschrauben (4) wieder und ziehen die Muttern mit 10 Nm an.

4x4-Ducato von Dangel
Dangel liefert und montiert ein Allradsystem, das einen eigentlich serienmäßigen Ducato in ein allradgetriebenes Fahrzeug verwandelt. Beim Ducato kommen zwei Antriebswellen für die hinteren Räder, zwei Zwischenwellen vom Getriebe vorne zum Achsgetriebe und vom Kardan zum Achsgetriebe hinten hinzu. Wichtig ist auch die zweiteilige Kardanwelle zwischen den beiden Verteilergetrieben. Diese ist nach der Viscokupplung mit einem Zwischenlager aufgehängt und ist mit zwei Längenausgleichelementen (6 in Bild 56) ausgerüstet.

Sichtprüfung Messen

Bild 56
Getriebe und Wellen beim Dangel 4x4-Ducato.
1 Schaltgetriebe
2 Schaltbetätigung
3 Achswelle rechts vorne
4 Zwischenlager
5 Zwischenwelle vorne
6 Manschette Längenausgleichselement
7 Verteilergetriebe hinten
8 Zwischenwelle hinten
9 Achswelle rechts hinten
10 Achsgetriebe hinten
11 Achswelle links hinten
12 Kardan hinten
13 Zwischenlager
14 Viscokupplung
15 Verteilergetriebe vorne
16 Achswelle links vorne

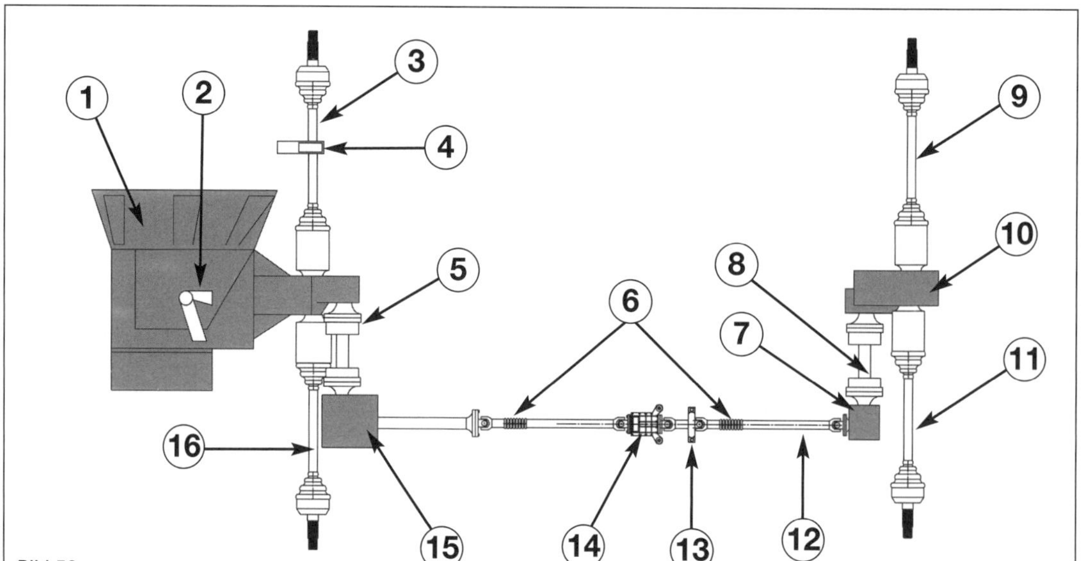

Bild 56

Grundregeln zum Umgang mit Kardanwellen und mehrteiligen Wellen

Die Kardanwelle mit einem zweiten Monteur aus- und einbauen. Vor dem Ausbauen die Position aller Teile zueinander kennzeichnen. Alle Teile in gleicher Stellung zusammenbauen. Andernfalls können Unwuchten entstehen, die Schäden an der Lagerung und Brummgeräusche verursachen.

Die Kardanwelle nicht knicken, sondern nur gestreckt lagern und transportieren.

Je nach Ausstattung ist eine Gelenkscheibe an der Kardanwelle verbaut, die beim Ausbau an der Kardanwelle verbleibt.

Prüfen der Kardanwellen und Lager

Natürlich unterliegen auch Kardanwellen und Zwischenwellen dem Verschleiß. Entsprechend sollten Sie die Wellen regelmäßig genauer unter die Lupe nehmen. Die Kontrolle kann durch Drücken und Ziehen von Hand, aber auch vorsichtig mit einem Schraubendreher erfolgen.

- Heben Sie alle Räder frei (auf einer Hebebühne) und drehen Sie die Kardanwelle langsam durch.
- Achten Sie auf Beschädigungen und einen runden Lauf.
- Achten Sie auf den Zustand des Zwischenlagers (13 im Bild 56).
- Längenausgleichselemente (6) müssen spiel- und kippelfrei arbeiten. Die Manschette muss unbeschädigt sein. Es darf kein Fett austreten.
- Achten Sie auf spielfreie Kreuzgelenke (4 und 2 im Bild 57). Die Dichtringe zu den Lagern (2) innen müssen intakt sein, Rostspuren oder Verfärbungen weisen auf einen Lagerschaden hin.
- Kontrollieren Sie, ob die Verschraubungen an den Flanschen und den Getriebehalterungen noch fest angezogen sind.

Bild 57
Kreuzgelenk am Kardan.
1 Welle
2 Lagerbuchse mit Dichtring
3 Flansch
4 Kreuzgelenk

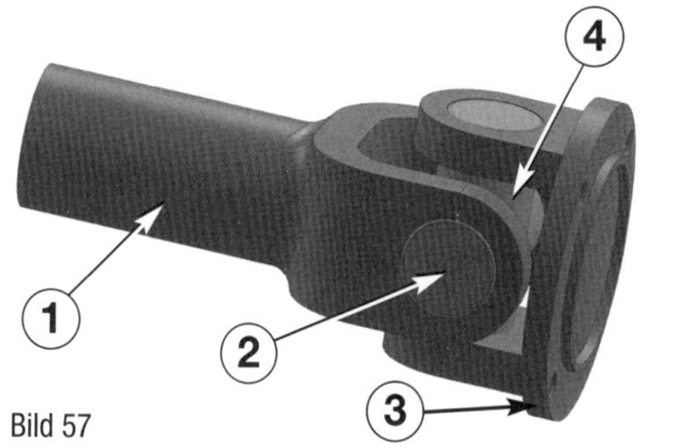

Bild 57

De- und Montage der Kardanwelle vorne am Dangel 4x4-Ducato

- Die Stellung der Kardanwelle zum Kardanwellenflansch (Verteilergetriebe vorne und Viscokupplung) kennzeichnen.
- Kardanwelle bzw. die Gelenkscheibe am Kardanwellenflansch des Getriebes (3 im Bild 57) bzw. der Viscokupplung 14 im Bild 56) lösen und bis auf jeweils eine Schraube abschrauben.
- Die verbliebene Schraube im vorderen Flansch herausdrehen.
- Das Längenausgleichselement etwas zu-

sammenschieben und die Kardanwelle vom vorderen Flansch abnehmen.

■ Die verbliebene Schraube im hinteren Flansch herausdrehen.

■ Die Kardanwelle am hinteren Flansch abnehmen.

■ Legen Sie die ausgebaute Kardanwelle auf einer Werkbank ab.

Die Montage erfolgt sinngemäß in umgekehrter Reihenfolge.

⚠ Wenn Sie die Kardanwelle zerlegen wollen, markieren Sie die Stellung der Einzelteile zueinander mit Körnerschlägen oder einem wasserfesten Stift.

■ Kontrollieren Sie die Kreuzgelenke und Längenausgleichselemente und ihre Abdichtungen auf Schäden.

■ Erneuern Sie die Fettfüllung an den Schmierstellen.

De- und Montage der Kardanwelle hinten am Dangel 4x4-Ducato

■ Die Stellung der Kardanwelle zum Kardanwellenflansch (Viscokupplung und Verteilergetriebe hinten) kennzeichnen.

■ Kardanwelle bzw. die Gelenkscheibe am Kardanwellenflansch der Viscokupplung (14 im Bild 56) bzw. dem Verteilergetriebe hinten (7 im Bild 56) lösen und bis auf jeweils eine Schraube abschrauben.

■ Die Verschraubungen des Zwischenlagers (13) lösen.

■ Die verbliebene Schraube im vorderen Flansch an der Viscokupplung herausdrehen.

■ Die Verschraubungen des Zwischenlagers (13) herausdrehen und die Kardanwelle abfangen (eventuell mit einer zweiten Person festhalten).

■ Das Längenausgleichselement etwas zusammenschieben und die Kardanwelle vom vorderen Flansch abnehmen.

■ Die verbliebene Schraube im hinteren Flansch herausdrehen.

■ Die Kardanwelle am hinteren Flansch abnehmen.

■ Legen Sie die ausgebaute Kardanwelle auf einer Werkbank ab.

Der Einbau erfolgt sinngemäß in umgekehrter Reihenfolge.

⚠ Wenn Sie die Kardanwelle zerlegen wollen, markieren Sie die Stellung der Einzelteile zueinander mit Körnerschlägen oder einem wasserfesten Stift.

■ Kontrollieren Sie die Kreuzgelenke und Längenausgleichselemente und ihre Abdichtungen auf Schäden.

■ Erneuern Sie die Fettfüllung an den Schmierstellen.

■ Zwischenlager spannungsfrei ausrichten.

De- und Montage der Zwischenwellen am Dangel 4x4-Ducato

■ Lösen Sie die Schrauben der Zwischenwelle am Radgetriebe und am Verteilergetriebe.

■ Lösen Sie das entsprechende Verteilergetriebe. Das Getriebe kann eingebaut bleiben.

■ Drehen Sie die Schrauben (2 in Bild 58) der Zwischenwelle am Radgetriebe und am Verteilergetriebe heraus.

■ Nehmen Sie die entsprechende Zwischenwelle heraus.

Die Montage erfolgt sinngemäß in umgekehrter Reihenfolge.

⚠ Wenn Sie die Kardanwelle zerlegen wollen, markieren Sie die Stellung der Einzelteile zueinander mit Körnerschlägen oder einem wasserfesten Stift.

Getriebe aus- und einbauen

Die Getriebe werden prinzipiell nach unten ausgebaut. Benötigt werden Abfangvorrichtung, Motor- und Getriebeheber, diverse Adapter und Zusatzhaken für die Anhängevorrichtung. Für den Ausbau des Getriebes muss der Motor mit ausgebaut oder zumindest so weit abgesenkt werden, dass der Ausbau kaum Mehrarbeit verursacht. Reparaturen an ausgebauten Getrieben gehören allerdings in die darauf spezialisierte Fachwerkstatt.

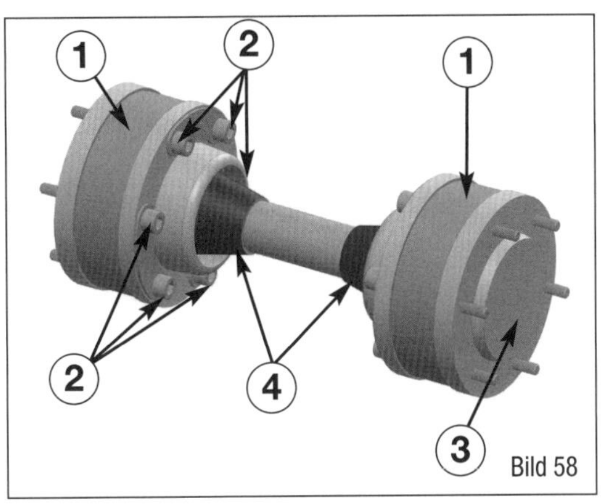

Bild 58
Zwischenwelle am Dangel 4x4-Ducato.
1 Welle
2 Schrauben
3 Staubschutzdeckel
4 Manschette

Schaltgetriebeausbau beim Ducato
Die Montagearbeiten zwischen den manuell geschalteten Getrieben und den automatisch geschalteten Getrieben unterscheiden sich nur geringfügig. Wir werden die Besonderheiten gesondert in dieser Beschreibung hervorheben.

Die Verschraubungen rund um den vorderen Stoßfänger unterliegen im Frontbereich unter dem Einfluss von Spritzwasser durchaus starker Korrosion. Die Gewindeklammern und vergossenen Gewindestücke lassen sich oft nicht oder nur sehr schwer öffnen. Sprühen Sie alle Verschraubungen im Motorraum gründlich mit Rostlöser ein und lassen Sie ihn ausreichend einwirken.

- Falls im Fahrzeug ein Radiogerät mit Sicherungscode eingebaut ist, muss die Antidiebstahlcodierung abgefragt und notiert werden.
- Die Zündung ausschalten.
- Das Masseband der Batterie abklemmen.
- Das Fahrzeug anheben und das Fahrzeug auf der Hebebühne sichern.
- Lösen Sie die Muttern der Antriebswellen rechts und links.
- Beide Vorderräder demontieren.
- Bauen Sie das Magnetventil für die Abgasrückführung ab.
- Bauen Sie die Luftzufuhr zum Gebläsekasten aus.
- Bauen Sie das Frontgitter und den Schlossträger oben aus.
- Den Unterfahrschutz komplett demontieren.
- Stoßfänger vorne (rechts, Mitte und links), wie auf Seite 70 beschrieben, demontieren.
- Den Haltebügel des Stoßfängers unten demontieren.
- Lassen Sie die Klimaanlage evakuieren und bauen Sie den Klimakühler aus. Verschließen Sie die Anschlüsse, um das Eindringen von Verschmutzungen zu verhindern.

⚠ Für die Evakuierung der Klimaanlage sind spezielle Geräte erforderlich und Sie sollten diese Arbeitsschritte nur dann angehen, wenn Sie die Sachkunde für Arbeiten an der Klimaanlage besitzen. Näheres dazu haben wir bereits auf der Seite 8 beschrieben.

- Lassen Sie das Kühlwasser wie bereits beschrieben ab.
- Demontieren Sie die Anschlüsse am Kühlmittelausgleichsbehälter und bauen Sie ihn aus.
- Klemmen Sie die Anschlüsse zum Heizungskühler ab.
- Bauen Sie den Wasserkühler zusammen mit dem Ladeluftkühler aus.
- Bauen Sie den unteren Querträger aus.
- Das Getriebeöl ablassen.
- Klemmen Sie den Anschluss der Servopumpe ab und lassen Sie die Servoflüssigkeit ablaufen.
- Klemmen Sie die Anschlüsse der elektrischen Anlage am Motor, am Sicherungskasten vorne und am Getriebe ab.
- Klemmen Sie das Masseband vom Rahmen zum Getriebe ab.
- Klemmen Sie die Unterdruckanschlüsse zum Bremskraftverstärker ab.
- Die Antriebswellen links und rechts ausbauen.

Allradfahrzeuge:
- Die Gelenkwelle zum Verteilergetriebe vorne ausbauen.

Weiter für alle Fahrzeuge:
- Bauen Sie den Flexschlauch der Abgasanlage aus.
- Klemmen Sie die Kraftstoffzufuhrleitungen am Schnellverschluss hinter dem Motor ab.
- Bauen Sie den Luftfilterkasten komplett aus.
- Verschließen Sie die Anschlussschläuche zum Motor mit einem fusselfreien Lappen, um das Eindringen von Fremdstoffen zu verhindern.
- Die Bremsflüssigkeit aus dem Vorratsbehälter absaugen.

Fahrzeuge mit manueller Schaltung:
- Die Schaltzüge am Getriebe ausclipsen und abbauen.
- Die Sicherungsklammer ausbauen, Kupplungsleitung abbauen und mit einem geeigneten Verschlussstopfen verschließen.

Fahrzeuge mit automatisiertem Schaltgetriebe:
- Klemmen Sie die elektrischen Anschlüsse am Schaltsystem auf dem Getriebe ab.

■ Verschließen Sie die Ausgleichsbehälter luftdicht, indem Sie unter den jeweiligen Deckel eine Folie einlegen.

Weiter für alle Fahrzeuge:
■ Prüfen Sie, ob alle Anschlüsse und Verbindungen zwischen Antriebseinheit (Motor und Getriebe) und Karosserie demontiert worden sind.
■ Hängen Sie den Motor mit Ösen und einem Ausgleichsbalken (5 im Bild 59) am Motorheber (2) ein.
■ Demontieren Sie die Pendelstütze (4 im Bild 60) hinten am Motor.
■ Zur Entlastung der Motorlager Motor und Getriebe leicht anheben.
■ Das linke Aggregatelager vom Getriebe abschrauben.
■ Das rechte Aggregatelager vom Motor abschrauben.
■ Die Antriebseinheit (Motor und Getriebe) nach unten ablassen, aus dem Fahrzeug herausnehmen.

Dazu muss eventuell das Fahrzeug mit der Hebebühne etwas angehoben werden.

■ Die Ansaugrohre zum Luftmassenmesser und zum Turbolader abbauen (soweit noch nicht geschehen).
■ Der Starter (Anlasser) demontieren.
■ Das Getriebe vom Motor abbauen.

Der Einbau erfolgt sinngemäß in umgekehrter Reihenfolge.
■ Die Kupplungsbetätigung entlüften.
■ Den Bremsflüssigkeitsstand im Bremsflüssigkeitsvorratsbehälter prüfen, ggf. richtigstellen.
■ Das Getriebeöl einfüllen.
■ Kühlmittel einfüllen und das System entlüften.
■ Kupplung und Schaltung auf Funktion prüfen.
■ Probefahrt durchführen und den Fehlerspeicher mit dem Diagnosegerät auslesen.

Die Anzugsdrehmomente haben wir Ihnen im Kapitel 17 zusammengestellt.

Verteilergetriebe aus- und einbauen
Das Verteilergetriebe ist nur bei den Allradvarianten (Dangel 4x4) verbaut. Wir stellen Ihnen auch hier eine allgemeingültige Anweisung zur Verfügung.

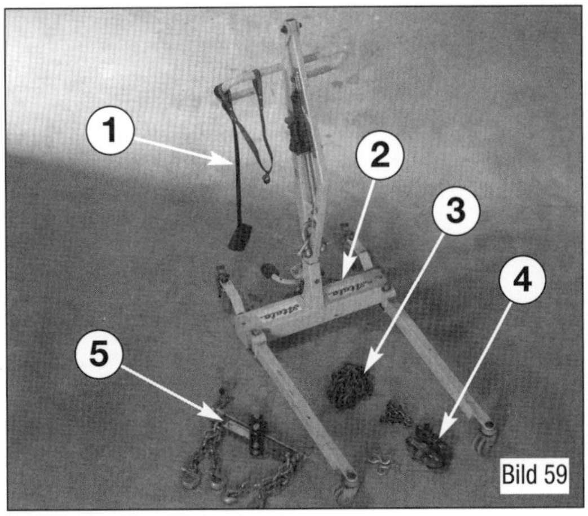

Bild 59
Motor- und Getriebeheber.
1 Hebegurt
2 Motorheber
3 Hebeketten
4 Spanngurte
5 Ausgleichsbalken verstellbar

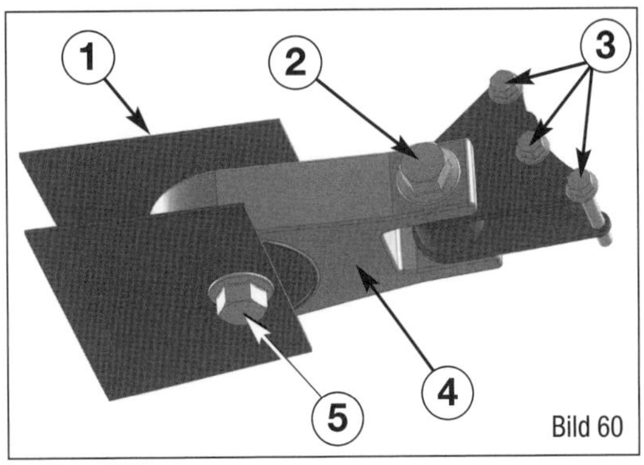

Bild 60
Pendelstütze zwischen Antriebseinheit und Achsträger vorne.
1 Achsträger vorne
2 Schraube
3 Schrauben im Getriebe
4 Pendelstütze
5 Schraube im Achsträger

Verteilergetriebe vorne:
■ Demontieren Sie die beiden Vorderräder.
■ Das Fahrzeug anheben.
■ Das Fahrzeug auf Hebebühne sichern.
■ Lösen Sie die Verschraubungen der Pendelstütze (5 und 2 im Bild 60), demontieren die Muttern, ziehen aber die Schrauben noch nicht heraus.
■ Drehen Sie die Verschraubungen des Lenkgetriebes heraus.
■ Sichern Sie das Lenkgetriebe mit langen Kabelbindern am Fahrzeugaufbau.
■ Drehen Sie die Befestigungsschellen des Stabilisators los und sichern Sie den Stabilisator mit Kabelbindern am Aufbau.
■ Demontieren Sie die vordere Zwischenwelle.
■ Demontieren Sie die vordere Kardanwelle.
■ Lösen Sie die Traggelenkbolzen aus den Querlenker.
■ Stellen Sie einen Getriebeheber unter den Achsträger vorne und senken Sie ihn etwas ab.
■ Demontieren Sie das vordere Verteilergetriebe und nehmen Sie es heraus.

Der Einbau erfolgt sinngemäß in umgekehrter Reihenfolge.

Bild 61
Radlagerschutz zum Abstellen oder Bewegen ohne Achswellen.
1 Radnabe
2 Radlager
3 Mutter
4 Unterlagscheibe
5 Bremsscheibe
6 Schraube

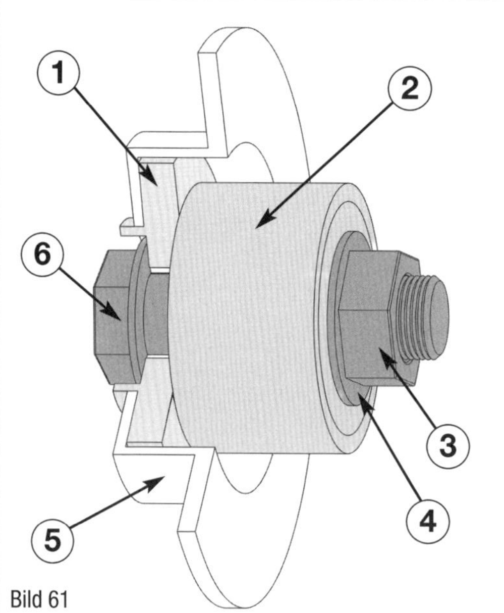

Bild 61

■ Prüfen Sie den Zustand der Verschraubungen.
■ Kontrollieren Sie den Zustand der Stabilisatorlagerung.

Die Anzugsdrehmomente haben wir Ihnen im Kapitel 17 zusammengestellt.

Verteilergetriebe hinten:
■ Heben Sie das Fahrzeug an.
■ Das Fahrzeug auf Hebebühne sichern.
■ Demontieren Sie die hintere Zwischenwelle.
■ Demontieren Sie die hintere Kardanwelle.
■ Demontieren Sie das hintere Verteilergetriebe und nehmen Sie es heraus.

Der Einbau erfolgt sinngemäß in umgekehrter Reihenfolge.
■ Prüfen Sie den Zustand der Verschraubungen.

Die Anzugsdrehmomente haben wir Ihnen im Kapitel 17 zusammengestellt.

Achsgetriebe aus- und einbauen
Das vordere Achsgetriebe ist im Schaltgetriebe verbaut und entspricht dem Serienzustand. Eine Reparatur ist nur mit der Identifizierung über die Zusatzfahrzeugplakette und das Typenschild möglich. Das hintere Achsgetriebe ist über einen Hilfsrahmen am Heckrahmen verschraubt. Es ist von unten gut zugänglich.

■ Demontieren Sie die Unterfahrschutzplatten hinten (soweit verbaut).
■ Lösen Sie die Zentralmutter der Hinterachswellen links und rechts.
■ Heben Sie das Fahrzeug an.
■ Demontieren Sie die hintere Zwischenwelle zum hinteren Achsgetriebe.
■ Bauen Sie die beiden hinteren Antriebswellen (Achswellen) aus. Legen Sie die Achswellen auf der Werkbank ab.

⚠ Wenn das Fahrzeug ohne die Antriebswellen bewegt werden soll, müssen die Radlager mit einer Schraube verschraubt werden, damit sie nicht beschädigt werden (siehe Bild 61).

■ Fangen Sie das Achsgetriebe hinten mit einem Getriebeheber ab.
■ Drehen Sie die Befestigungsschrauben am Hilfsrahmen heraus.
■ Lassen Sie das Achsgetriebe hinten ab und nehmen Sie es heraus.

Der Einbau erfolgt sinngemäß in umgekehrter Reihenfolge.
■ Wechseln Sie das Getriebeöl im Achsgetriebe. Der Ölstand kann nicht geprüft werden. Es muss die volle Menge neu eingefüllt werden.
■ Probefahrt durchführen und den Fehlerspeicher mit dem Diagnosegerät auslesen.

Die Anzugsdrehmomente haben wir Ihnen im Kapitel 17 zusammengestellt.

11 Fahrwerk

Arbeiten am Fahrwerk

Bei der Instandsetzung von tragenden und radführenden Bauteilen, zum Beispiel an Unfall-Fahrzeugen, können Schäden am Fahrwerk unentdeckt bleiben. Diese unentdeckten Schäden führen unter Umständen im späteren Fahrbetrieb zu schweren Folgeschäden. Bei Unfall-Fahrzeugen auf jeden Fall müssen deshalb die im Folgenden aufgeführten Bauteile in der beschriebenen Weise und Reihenfolge kontrolliert werden. Wichtig ist immer auch eine Vermessung des Fahrwerks. Werden dabei keine Abweichungen von den Sollwerten festgestellt, liegen auch keine Verformungen am Fahrwerk vor.

Sicht und Funktionsprüfung für das Lenksystem

- Sichtprüfung auf Verformung und Risse.
- Spielprüfung der Spurstangengelenke und des Lenkgetriebes.
- Sichtprüfung auf defekte Falten- und Fettbälge.
- Elektrische und hydraulische Leitungen, Schläuche auf Scheuer-, Schnitt- und Knickstellen untersuchen.
- Hydraulische Leitungen, Verschraubungen und Lenkgetriebe auf Dichtheit kontrollieren.
- Lenkgetriebe und Leitungen auf Festsitz überprüfen.
- Einwandfreie Funktion über den gesamten Lenkeinschlag prüfen, indem die Lenkung von Anschlag zu Anschlag betätigt wird. Dabei muss das Lenkrad mit gleichbleibender Betätigungskraft, ohne zu haken, drehbar sein.

Sicht- und Funktionsprüfung für das Fahrwerk

- Alle in den Montageübersichten dargestellten Bauteile auf Verformung, Risse und sonstige Beschädigungen überprüfen.
- Beschädigte Teile ersetzen.
- Fahrzeug auf einem von Fiat freigegebenen Achsmessstand vermessen lassen.
- Räder und Reifen auf Rundlauf und Unwucht untersuchen.
- Reifen auf Einschnitte und Stoßverletzungen im Profil und an den Flanken überprüfen.
- Bereifung auf Fülldruck (Angaben in der Tankklappe), Zustand, Reifenlaufbild und Profiltiefe prüfen.
- Bei Beschädigungen am Scheibenrad und/oder am Reifen ist der Reifen zu ersetzen. Dies gilt auch, wenn ein Unfallhergang und Schäden am Fahrzeug auf eine mögliche, wenngleich nicht sichtbare Beschädigung schließen lassen.
- Reifen sollten nicht älter als 6 Jahre sein.

Elektronische Fahrzeugsysteme

Sicherheitsrelevante Systeme wie zum Beispiel ABS/ESP, Airbag, elektromechanische Lenk- und sonstige Fahrerassistenzsysteme müssen mit einem Fahrzeugdiagnose-, Mess- und Informationssystem (FI-COM) auf eventuell gespeicherte Fehlermeldungen abgefragt werden. Wurden in den Fehlerspeichern der genannten Systeme Fehler gespeichert, sind diese entsprechend den Vorgaben von Fiat instand zu setzen. Nach erfolgter Reparatur sind die jeweils betroffenen Systeme nochmals auf Fehlerspeichereinträge zu prüfen, um sicher zu sein, dass die Funktion wieder gewährleistet ist.

Die Regelsysteme ESP und ABS

Alle Ducato 250 erhalten ab der ersten Stunde serienmäßig die neueste ESP-Generation. Dass die Bremse nicht nur zum Anhalten gedacht ist, wird in den heutigen Systemen eigentlich schon erwartet. Als Überblick möchten wir Ihnen die Nebenfunktionen vorstellen, die in dieses Thema »das Fahrwerk« eingreifen. Die Details zu diesen Systemen werden wir im Kapitel 13 genauer betrachten.

EBD:

Die Integration des elektronischen Bremskraftverteilers EBD (Elektronik-Brakeforce Distribition) ist im ABS-System integriert und optimiert die Bremskraftverteilung im Vergleich zu den alten mechanischen Systemen des Typs Ventil- und Bremskraftregelung. Die Systemfunktion basiert auf der Schlupfmessung der Vorder- und Hinterräder und passt die Bremskraft so an, dass der hintere Schlupf immer niedriger als der vordere Schlupf ist. Basierend auf der unterschiedlichen Raddrehzahl kann das System

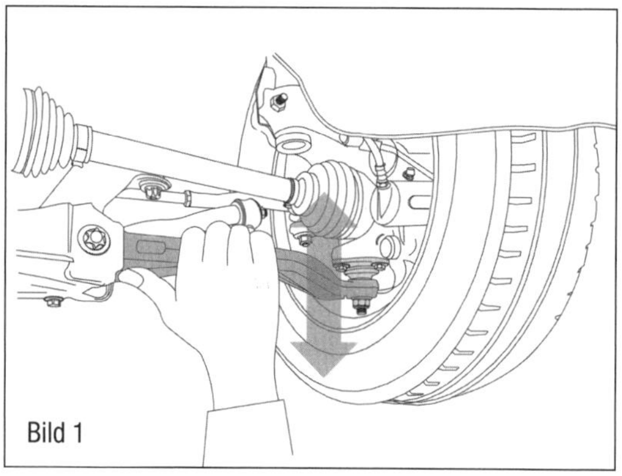
Bild 1
Axialspiel prüfen.

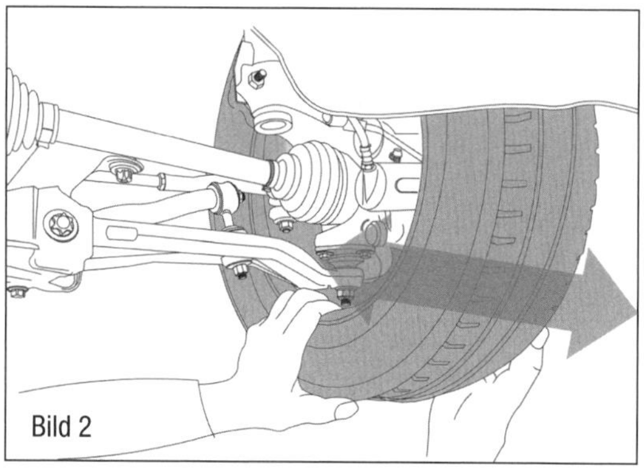
Bild 2
Radialspiel des Traggelenkbolzens prüfen.

die tatsächliche Bodenhaftung automatisch zur Druckanpassung infolge veränderter Ladezustände, Straßenneigung und Effizienzschwankungen durch den Straßenbelag (Reibung) des Reibungsmaterials des Fahrzeuges nutzen.

Hinweise und Vorschriften

⚠ Schweiß- und Richtarbeiten an tragenden und radführenden Bauteilen der Radaufhängung sind nicht zulässig.

■ Selbstsichernde Muttern sowie korrodierte Schrauben und Muttern müssen immer ersetzt werden.

■ Gummimetalllager haben einen begrenzten Verdrehbereich. Ziehen Sie deshalb die Schraubverbindungen an den Bauteilen mit Gummimetalllagern erst dann fest, wenn das Radlagergehäuse angehoben ist (siehe »Radlagerung in Leergewichtslage heben«).

Prüfungen an der Achslagerung

Achsgelenke und Achslager: Sichtprüfung

■ Bitte prüfen Sie die Dichtungsbälge der Achsgelenke auf Undichtigkeiten und Beschädigungen.

■ Weiterhin prüfen Sie die Achslager: Es darf kein Spiel vorhanden sein, das vulkanisierte Gummilager darf keine Risse und poröse Stellen aufweisen.

Achsgelenk prüfen

Es darf bei beiden Prüfungen kein fühl- oder sichtbares »Spiel« vorhanden sein. Während der Prüfungen das Achsgelenk beobachten. Eventuell vorhandenes Radlagerspiel oder »Spiel« im Federbeinlager oben berücksichtigen. Gummibalg auf Beschädigung prüfen, ggf. Achsgelenk ersetzen.

Axialspiel prüfen:

■ Achslenker kräftig in Pfeilrichtung (Bild 1) nach unten ziehen und wieder hochdrücken.

Radialspiel prüfen:

■ Rad unten kräftig in (Pfeilrichtung) nach innen und außen drücken (Bild 2).

Radlagerung in Leergewichtslage heben

Alle Schrauben an Fahrwerksteilen mit Gummimetalllagern müssen grundsätzlich in Leergewichtslage (unbeladener Zustand) festgezogen werden. Gummimetalllager haben einen begrenzten Verdrehbereich. Achsbauteile mit Gummimetalllagern müssen deshalb vor dem Festziehen in eine Position gebracht werden, die der Position im Fahrbetrieb entspricht (Leergewichtslage). Anderenfalls wird das Gummimetalllager verspannt, eine geringere Lebensdauer wäre dann die Folge. Durch Anheben der entsprechenden Radaufhängung mit einem Motor- und Getriebeheber und einer passenden Aufnahme (2 im Bild 3) kann diese Position auf der Hebebühne simuliert werden. Bevor die entsprechende Radaufhängung angehoben wird, muss das Fahrzeug auf beiden Fahrzeugseiten an den Tragarmen der Hebebühne mit Spanngurten verzurrt werden.

⚠ Wird das Fahrzeug nicht verzurrt, besteht die Gefahr, dass das Fahrzeug von der Hebebühne abrutschen kann!

■ Radnabe so weit drehen, bis eine der Bohrungen für Radschrauben oben steht.

■ Aufnahme (2 im Bild 3) mit Radschraube an die Radnabe anbauen.

■ Das Festziehen der betroffenen Schrauben/Muttern darf nur dann erfolgen, wenn das Maß (1) zwischen der Radnabenmitte und der Unterkante Radhaus erreicht ist.

■ Das Maß (1) ist abhängig von der Standhöhe des eingebauten Fahrwerks. Aufgrund der Vielfältigkeit von Nutzung, Ausrüstung gibt es kein sinnvoll vorgegebenes Maß.
■ Messen Sie vor Beginn der Arbeiten, wenn das Fahrzeug noch auf den Rädern steht, das Maß (1) von Radmitte bis Unterkante am Radhaus. Das Messen muss in Leergewichtslage (unbeladener Zustand) erfolgen.
■ Notieren Sie sich den gemessenen Wert. Dieser wird zum Festziehen der Schrauben/Muttern benötigt.
■ Radlagergehäuse mit einem Motor- und Getriebeheber oder einem anderen geeigneten Heber so weit anheben, bis das eben gemessene Maß erreicht ist.

⚠ Fahrzeug nicht anheben oder ablassen, wenn der Motor/Getriebeheber unter dem Fahrzeug steht. Den Motor- und Getriebeheber nicht länger als erforderlich unter dem Fahrzeug stehenlassen.

■ Betroffene Schrauben/Muttern festziehen.
■ Radlagergehäuse ablassen.
■ Den Motor- und Getriebeheber unter dem Fahrzeug wegziehen.
■ Aufnahme auf der Radnabe abbauen.

Die weitere Montage erfolgt sinngemäß in umgekehrter Reihenfolge zur Demontage.

Achsgelenk aus- und einbauen

Das Achsgelenk/Traggelenk ist in den Achsschenkel eingesetzt und mit drei Schrauben verschraubt. Es kann einzeln ersetzt werden. Der Preis im Zubehörhandel liegt bei unter 30 Euro.
■ Lösen Sie die Achswellenmutter auf der entsprechenden Seite.
■ Bocken Sie das Fahrzeug vorne komplett auf.

Tipp: Durch den verbauten Querstabilisator erschweren Sie sich die Montage erheblich, wenn Sie lediglich eine Seite des Fahrzeugs anheben.

■ Fahrzeug anheben und verzurren.
■ Demontieren Sie das Rad auf der entsprechenden Seite.
■ Lösen Sie die Verschraubung (5 im Bild 6) am Stabilisator (6).

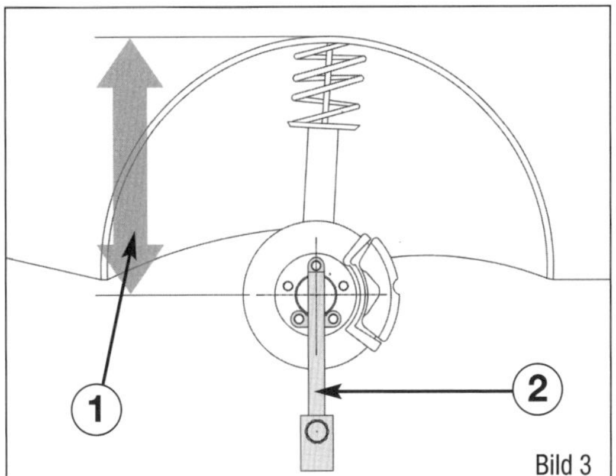

Bild 3

Bild 3
Leergewichtslage herstellen.
1 Abstand von Radmitte zum Radlauf als Ruhemaß
2 Adapter auf einem Getriebeheber

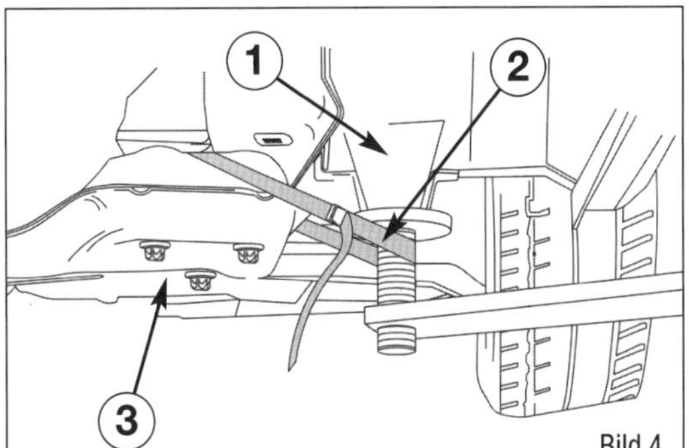

Bild 4

Bild 4
Spanngurt zum Sichern an der Vorderachse.
1 Aufnahmepunkt
2 Spanngurt
3 Vorderachsträger

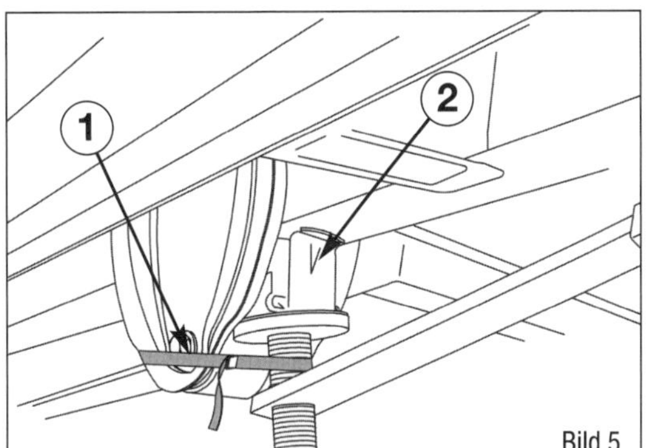

Bild 5

Bild 5
Spanngurt zum Sichern an der Hinterachse.
1 Spanngurt
2 Aufnahmepunkt

■ Drücken Sie den Traggelenkbolzen (3) vom Querlenker ab.
■ Ziehen Sie die Querlenker vorsichtig nach unten und nehmen Sie das Achsgelenk (Traggelenkbolzen) aus dem Querlenker heraus.

Tipp: Drücken Sie die Achswelle aus dem Radlager heraus. So verhindern Sie, dass die Achswelle versehentlich auseinandergezogen wird.

■ Lösen Sie die Schrauben (2) und drehen Sie sie heraus.
■ Schlagen Sie den Traggelenkbolzen (Achsgelenk) mit einem großen Schraubendreher oder einem Meißel aus dem Achsschenkel heraus.

Bild 6
Achsgelenk und Querlenker.
1 Schubstange Querstabilisator
2 Verschraubungen des Traggelenkbolzens (Achsgelenk) im Querlenker
3 Traggelenkbolzen (Achsgelenk)
4 Mutter
5 Mutter
6 Querstabilisator

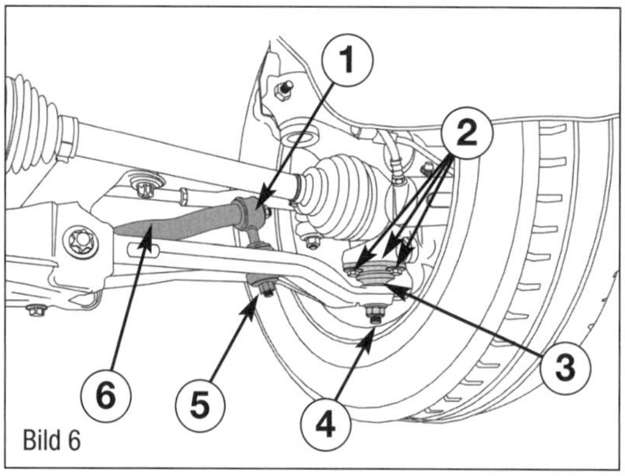

Bild 6

Bild 7
Querlenker.
1 Querstabilisator mit Schubstange
2 Traggelenkbolzens (Achsgelenk)
3 Mutter
4 Mutter
5 Schraube Querlenker vorne
6 Schraube Querlenker hinten

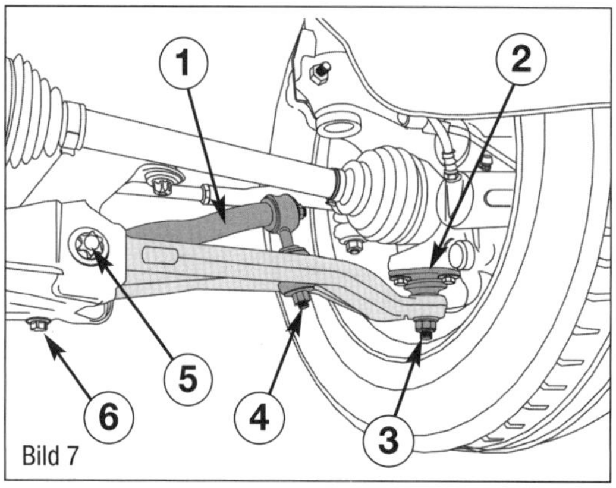

Bild 7

Der Einbau erfolgt sinngemäß in umgekehrter Reihenfolge.

- Reinigen Sie die Anlagebereiche des Traggelenkbolzens (Achsgelenk) gründlich und fetten Sie es leicht ein.
- Montieren Sie die Schrauben (2) und ziehen Sie sie mit 120 Nm an.
- Montieren Sie den neuen Traggelenkbolzen (Achsgelenk) im Querlenker und ziehen Sie die Schrauben mit 150 Nm (16 mm) an.

⚠ Auf beschädigungsfreien und nicht verdrillten Dichtbalg achten.

- Setzen Sie die Zugstrebe des Stabilisators wieder ein und ziehen Sie die Schrauben mit 50 Nm (12 mm) an.

Querlenker aus- und einbauen

☞ Gummimetalllager haben einen begrenzten Verdrehbereich. Deshalb die Schraubverbindungen an den Bauteilen mit Gummimetalllagern erst dann festziehen, wenn das Radlagergehäuse in Leergewichtslage wie beschrieben angehoben ist.

Der Wechsel der Gummi-Metalllager
Es ist zwar grundsätzlich möglich, die Gummi-Metalllager zu tauschen, wirtschaftlich ist das aber nicht wirklich sinnvoll. Hierfür ist aber ein Pressensatz erforderlich. Die Gummi-Metalllager sind im Zubehör erhältlich und kosten etwa 30 Euro. Der Preis im Zubehörhandel für einen kompletten Querlenker liegt bei unter 100 Euro. Es sollte der komplette Achslenker ersetzt werden. Aufgrund der unterschiedlichen Gummihärten zwischen altem und neuen Achslenker besser sogar auf beiden Seiten. Wir beschreiben Ihnen im Folgenden den Austausch der Achslenker.

Aus- und Einbau des Achslenkers (Querlenkers)

- Leergewichtslage feststellen und notieren.
- Fahrzeug anheben und verzurren.

⚠ Wird das Fahrzeug nicht verzurrt, besteht die Gefahr, dass das Fahrzeug von der Hebebühne abrutschen kann!

- Bocken Sie das Fahrzeug vorne komplett auf.

☞ Durch den verbauten Querstabilisator erschweren Sie sich die Montage erheblich, wenn Sie lediglich eine Seite des Fahrzeugs anheben.

- Das entsprechende Rad abbauen.
- Geräuschdämpfung ausbauen.
- Die Schraubverbindungen (5 und 6 im Bild 7) des Querlenkers (Achslenkers) am Aggregateträger nur lösen, um die Vorspannung aus den Gummilagern des Achslenkers zu nehmen.
- Lösen Sie die Verschraubung (5 im Bild 6) am Stabilisator (6).
- Drücken Sie den Traggelenkbolzen (3) vom Querlenker ab.
- Ziehen Sie die Querlenker vorsichtig nach unten und nehmen Sie das Achsgelenk (Traggelenkbolzen) aus dem Querlenker heraus.

☞ Drücken Sie die Achswelle aus dem Radlager heraus. So verhindern Sie, dass die Achswelle versehentlich auseinandergezogen wird.

- Nehmen Sie die Schrauben (5 und 6 im Bild 7) des Querlenkers (Achslenkers) am Aggregateträger heraus.
- Nehmen Sie den Querlenker (Achslenker) aus dem Achsträger heraus.

Der Einbau erfolgt sinngemäß in umgekehrter Reihenfolge.

⚠ Auf beschädigungsfreien und nicht verdrillten Dichtbalg achten.

■ Rad anbauen und festziehen.
■ Montieren Sie den neuen Traggelenkbolzen (Achsgelenk) im Querlenker und ziehen Sie die Schrauben mit 150 Nm (16 mm) an.

Aus- und Einbau der Zugstrebe (Koppelstange) des Stabilisators
Der Ausbau der Koppelstange ist problemlos auch auf einem Wagenheber zu bewerkstelligen. Für die Montage auf einer Hebebühne muss ein Getriebeheber eingesetzt werden, um den Stabilisator zu entlasten.
■ Fahrzeug anheben und verzurren.
⚠ Wird das Fahrzeug nicht verzurrt, besteht die Gefahr, dass das Fahrzeug von der Hebebühne abrutschen kann!
■ Das entsprechende Rad abbauen.
■ Den Getriebeheber unter den Querlenker, am besten unter den Bolzen des Traggelenkes (Achsgelenkes) stellen und gerade so weit anheben, dass die Zugstrebe (Koppelstange, 1 im Bild 8) entlastet wird.
■ Die Mutter (4) abbauen.
■ Die untere Scheibe (5) abnehmen.
■ Den unteren Gummipuffer (3) abnehmen.
■ Lassen Sie den Getriebeheber so weit ab, bis die Koppelstange frei hängt.
■ Drehen Sie die Mutter (2) ab.
■ Nehmen Sie die Koppelstange vom Stabilisator ab.

Der Einbau erfolgt sinngemäß in umgekehrter Reihenfolge.
■ Erneuern Sie die Gummipuffer (3) und die Muttern (2 und 4).
■ Setzen Sie die Koppelstange auf den Stabilisator auf und verschrauben Sie ihn.
■ Heben Sie den Getriebeheber so weit an, bis Sie den unteren Gummipuffer (3), die Scheibe unten (5) und die Mutter (4) aufsetzen können.
■ Ziehen Sie die Muttern der Koppelstange mit 50 Nm an (12 mm Gewinde).

Radlagereinheit aus- und einbauen

Radlagereinheit der Vorderachse
Verbaut sind beim Ducato die klassischen Radlager mit einem Sicherungsring. Die Radlagereinheiten können mit Spezialwerkzeug aus dem Radlagergehäuse herausgepresst werden. Der Einsatz von Radlager-Ausziehwerkzeug ist auch recht problemlos möglich.

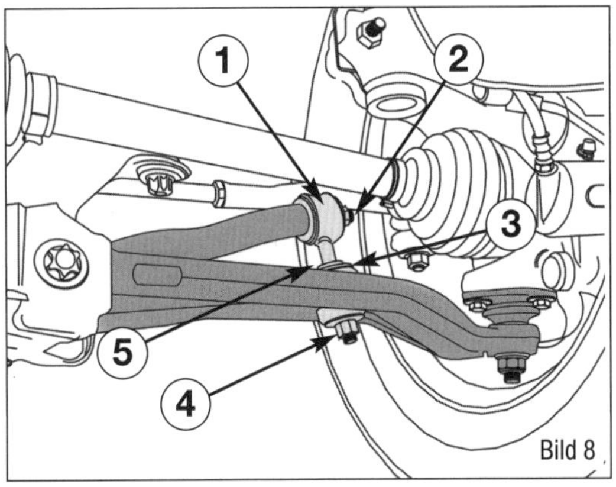

Bild 8
Koppelstange am Stabilisator.
1 Koppelstange
2 Mutter
3 Gummipuffer
4 Mutter
5 Scheiben

■ Fahrzeug anheben und verzurren.
⚠ Wird das Fahrzeug nicht verzurrt, besteht die Gefahr, dass das Fahrzeug von der Hebebühne abrutschen kann!

Montage mit einem hydraulischen Pressensatz:
■ Lösen Sie die Achswellenmutter auf der entsprechenden Seite.
■ Das entsprechende Rad abbauen.
■ Bauen Sie den Achsschenkel aus.
■ Bauen Sie den ABS-Sensor aus.
■ Legen Sie den Achsschenkel so auf eine hydraulische Presse auf, dass Sie die Radnabe (1 im Bild 9) auspressen können.
■ Pressen Sie die Radnabe aus.
■ Demontieren Sie den Sicherungsring (2).
■ Pressen Sie das Radlager (4) aus dem Achsschenkel (3) aus.
■ Reinigen Sie Radlagergehäuse im Achsschenkel gründlich mit Schleifpapier.
■ Fetten Sie die Bohrung für das Radlager und den ABS-Sensor leicht ein.

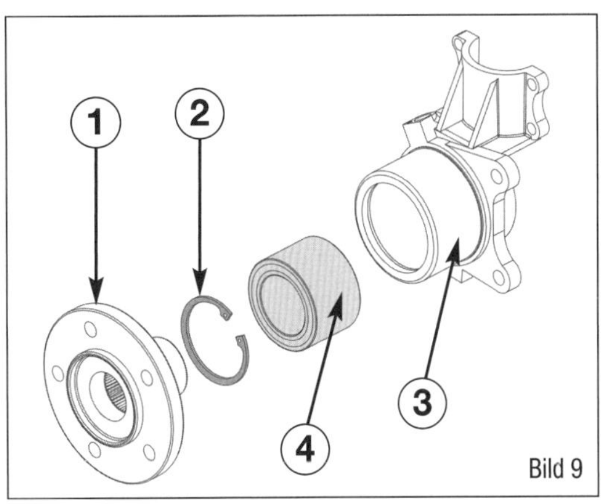

Bild 9
Radlager im Achsschenkel.
1 Radnabe
2 Sicherungsring
3 Achsschenkel
4 Radlager

Sichtprüfung Messen

Bild 10
Radlager einpressen.
1 Sicherungsring
2 Radlager
3 Radlagergehäuse im Achsschenkel

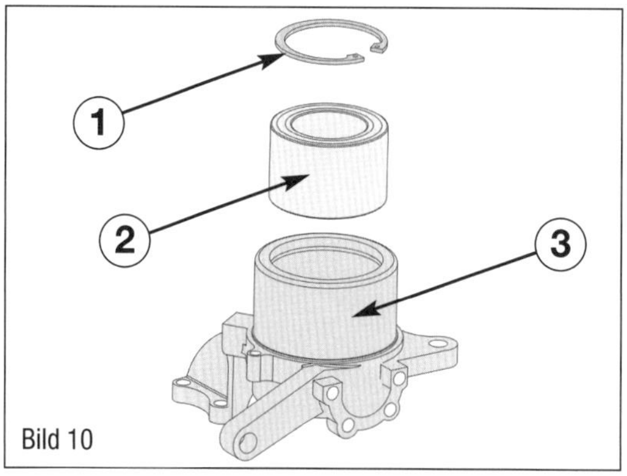

Bild 10

Bild 11
Radlager einpressen.
1 Radlagergehäuse im Achsschenkel
2 Radnabe

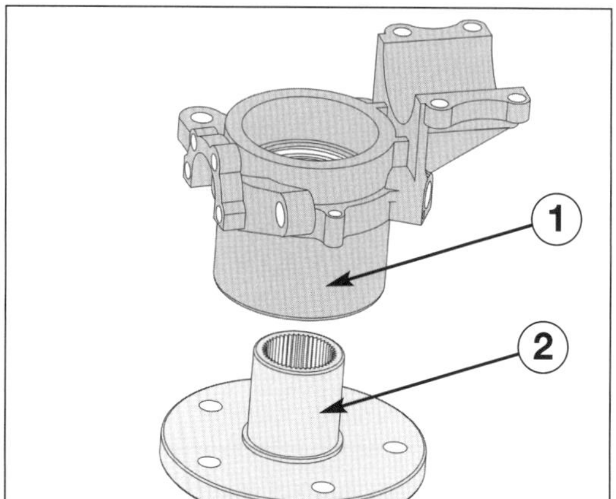

Bild 11

■ Pressen Sie das Lager über den Außenring bis zur Anlage am Gehäuse in das Radlagergehäuse im Achsschenkel ein.
■ Setzen Sie den neuen Sicherungsring (1 im Bild 10) in das Radlagergehäuse über dem Radlager ein.
■ Wählen Sie ein Rohrstück aus, das etwas größer als der Durchmesser der Lageraufnahme der Radnabe ist, aber auf den Innenring des Radlagers passt.
■ Pressen Sie über den Innenring des Radlagers mithilfe des Rohrstückes das Radlager zusammen mit dem Achsschenkel (1 im Bild 11) auf den Lagersitz der Radnabe (2) bis zur Anlage auf.

Der weitere Einbau erfolgt sinngemäß in umgekehrter Reihenfolge.

Montage mit einem Radlagerausziehsatz: Die Vorgehensweise ist grundsätzlich auch vom Hersteller des Ausziehgerätes abhängig. Lesen und beachten Sie in jedem Fall die Bedienungsanleitung des Ausziehgerätes. Im Wesentlichen sind zwei unterschiedliche Systeme auf dem Markt. Ob das Ausdrücken mit hydraulischer Betätigung oder mit Gewindespindeln ausgeführt wird, ist auch eine Frage des Preises. Funktionieren werden beide Systeme.
■ Lösen Sie die Achswellenmutter auf der entsprechenden Seite.
■ Das entsprechende Rad abbauen.
■ Bauen Sie den ABS-Sensor aus.
■ Demontieren Sie die Bremsscheibe und den Bremssattel.
■ Bremssattel mit Draht befestigen, damit das Gewicht des Bremssattels den Bremsschlauch nicht belastet bzw. beschädigt.
■ Bauen Sie die Achswelle aus dem Sitz in der Radnabe aus und legen Sie sie zur Seite.
■ Sichern Sie die Achswelle gegen herausrutschen.
■ Ziehen Sie die Radnabe (1 im Bild 9) mit dem Ausziehwerkzeug aus dem Radlagergehäuse heraus.
■ Demontieren Sie den Sicherungsring (2).
■ Ziehen Sie die Radnabe (1 im Bild 9) mit dem Ausziehwerkzeug aus dem Radlagergehäuse heraus.
■ Ziehen Sie das Radlager (4 im Bild 9) mit dem Ausziehwerkzeug aus dem Radlagergehäuse heraus.
■ Reinigen Sie Radlagergehäuse im Achsschenkel gründlich mit Schleifpapier.
■ Fetten Sie die Bohrung für das Radlager und den ABS-Sensor leicht ein.
■ Pressen Sie das Lager über den Außenring bis zur Anlage am Gehäuse in das Radlagergehäuse im Achsschenkel ein.
■ Setzen Sie den neuen Sicherungsring (1 im Bild 10) in das Radlagergehäuse über dem Radlager ein.
■ Pressen Sie die Radnabe (1 im Bild 9) mit dem Ausziehwerkzeug in das Radlagergehäuse bis zur Anlage hinein.
Der weitere Einbau erfolgt sinngemäß in umgekehrter Reihenfolge.

Radlagereinheit Hinterachse (Frontgetriebe-Fahrzeuge)
Im Zubehör sind für die Radlagerreparatur auf der Hinterachse vom Radlagerset solo über Radnabensätze mit bereits verpressten Lagern bis hin zu kompletten Radstummeln mit Abweiserblech lieferbar. Aufgrund der geringen Preisunterschiede macht es durchaus Sinn, eine verpresste Radnabe oder sogar ein Set für beide Seiten zu verbauen. Sind Abweiserblech oder der Achsdorn auch in einem schlechten Zustand, sollten Sie ein Nabenset verbauen. Die Kosten

hierfür liegen bei etwa 150 Euro. Ein Radlagerset ist schon für etwa 60 Euro zu haben. Wie bei vielen Fahrzeugherstellern ist auch beim Ducato die Handbremse in der Bremsscheibe verbaut.

- Fahrzeug anheben und verzurren.

⚠ Wird das Fahrzeug nicht verzurrt, besteht die Gefahr, dass das Fahrzeug von der Hebebühne abrutschen kann!
- Lösen Sie die Handbremse.
- Das entsprechende Rad abbauen.
- Drehzahlfühler vorn rechts beziehungsweise vorn links ausbauen.
- Demontieren Sie den Staubschutzdeckel (1 im Bild 14) auf der Radnabe.
- Drehen Sie die Sicherungsschraube für die Bremsscheibe heraus.
- Stellen Sie Bremsscheibeneinstellung (Ratsche) so weit zurück, dass die Bremsscheibe frei dreht.
- Demontieren Sie die Bremsscheibe und den Bremssattel.
- Bremssattel mit Draht befestigen, damit das Gewicht des Bremssattels den Bremsschlauch nicht belastet bzw. beschädigt.
- Lösen Sie die Zentralmutter (6) auf dem Achsstummel.
- Drehen Sie die Zentralmutter (6) ab und nehmen Sie sie mit der Radnabe (2) vom Achsstummel ab.

Ausbau aus der Radnabe (bei Einzellagern):
- Hebeln Sie den Wellendichtring (4) aus der Nabe (2) heraus.
- Demontieren Sie, soweit verbaut, den Sicherungsring (5). Nehmen Sie die beiden Lager heraus.
- Schlagen Sie mit einem Durchschlag die äußeren Lagerringe aus der Nabe gerade (immer 120° versetzt ansetzen) heraus. Der Einbau erfolgt sinngemäß in umgekehrter Reihenfolge.
- Reinigen Sie den Achsstummel und die Anlagefläche des Wellendichtrings (4) auf dem Achsstummel gründlich.
- Prüfen Sie den Zustand des Wellendichtrings (4).
- Sichern Sie die Achsmutter gegen Verdrehen (Bild 15).

Radlagereinheit Hinterachse (DANGEL-Allrad-Fahrzeuge)

Im Zubehör sind für die Radlagerreparatur auf der Hinterachse der Dangel 4x4 kaum

Bild 12

Bild 12
Ausziehen der Radnabe mit einem Radlagerauszieher.

Bild 13

Bild 13
Ausziehen des Radlagers mit einem Lagerauszieher.

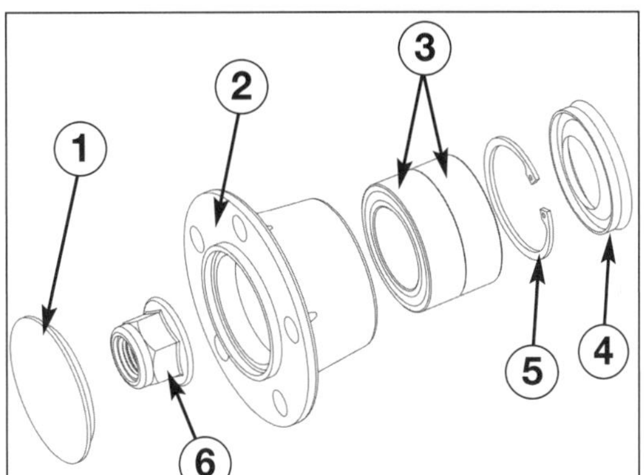

Bild 14

Bild 14
Radlagerset beim frontangetriebenen Ducato hinten.
1 Staubschutzdeckel
2 Radnabe (Lagergehäuse)
3 Radlager (Set)
4 Wellendichtring mit Lippe
5 Sicherungsring
6 Mutter (Zentralmutter)
(Positionen 2–5 sind im Radlagerset oft bereits montiert)

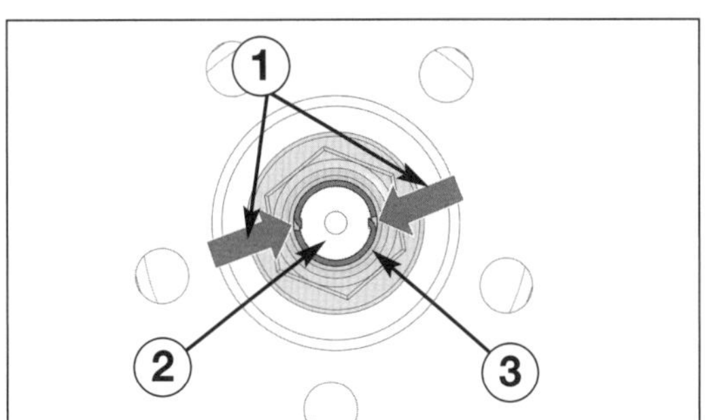

Bild 15

Bild 15
Achsmutter sichern.
1 Schlagrichtung des Randes der Achsmutter
2 Achswelle mit Aussparungen
3 innerer Rand der Achsmutter

Lagerreparatursätze zu finden. Hier wenden Sie sich an Ihren FIAT-Händler oder an den DANGEL-Importeur De Bondt in Hamm/Westfalen.

⚠ Die Montage ist nur mit einem Radlagerausziehwerkzeug durchführbar.

Sichtprüfung Messen

Bild 16
Radlager beim DANGEL-Allrad hinten.
1 Radlager
2 Sicherungsring
3 Radnabe
4 Hinterachse

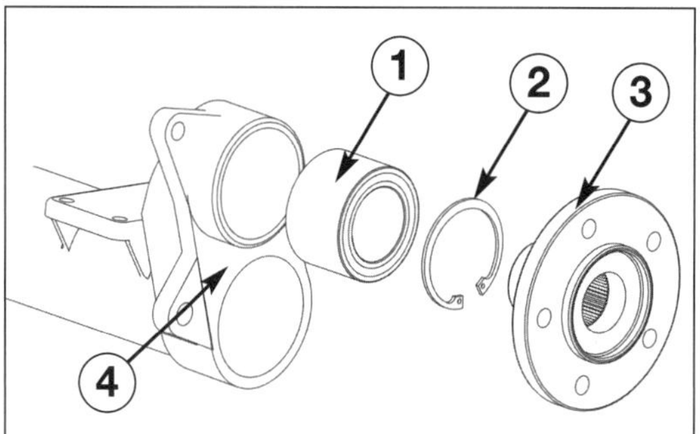

Bild 16

Bild 17
Stoßdämpfer vorne.
1 Schraube zum Achsschenkel
2 Feder
3 Staubschutz mit Anschlagpuffer
4 Mutter
5 Schrauben zum Dämpferdom
6 Domlager
7 Stoßdämpfer
8 Mutter

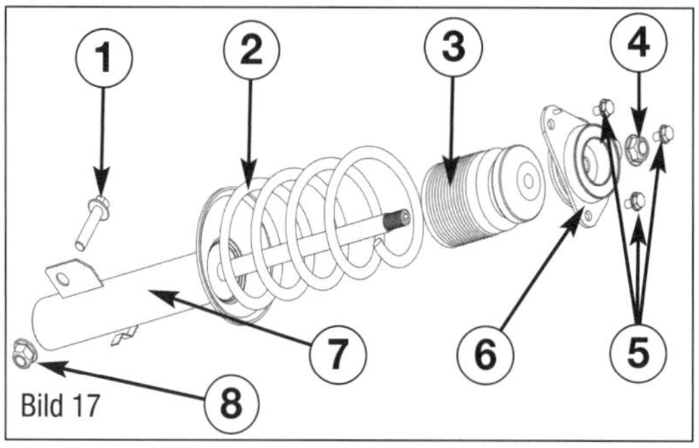

Bild 17

Bild 18
Stoßdämpferaufnahme vorne.
1 Stoßdämpfer
2 Meißel oder Schraubendreher
3 Verschraubung mit Unterlegscheibe und Gummipuffer

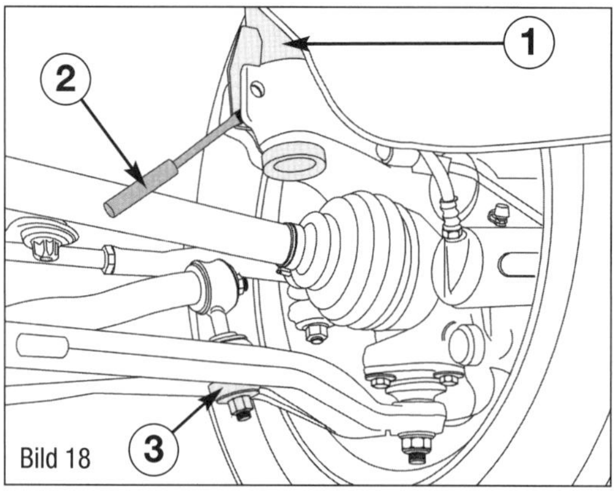

Bild 18

Die Vorgehensweise ist grundsätzlich auch vom Hersteller des Ausziehgerätes abhängig. Lesen und beachten Sie in jedem Fall die Bedienungsanleitung des Ausziehgerätes. Im Wesentlichen sind zwei unterschiedliche Systeme auf dem Markt. Ob das Ausdrücken mit hydraulischer Betätigung oder mit Gewindespindeln ausgeführt wird, ist auch eine Frage des Preises. Funktionieren werden beide Systeme.

- Lösen Sie die Achswellenmutter auf der entsprechenden Seite.
- Das entsprechende Rad abbauen.
- Bauen Sie den ABS-Sensor aus.
- Lösen Sie die Handbremse.
- Demontieren Sie die Bremsscheibe und den Bremssattel.
- Den Bremssattel mit Draht am Aufbau befestigen, sodass das Gewicht des Bremssattels den Bremsschlauch nicht belastet, bzw. beschädigt.
- Bauen Sie die entsprechende Achswelle aus und legen Sie sie auf der Werkbank ab.
- Ziehen Sie die Radnabe (3 im Bild 16) mit dem Ausziehwerkzeug aus dem Radlagergehäuse heraus.
- Demontieren Sie den Sicherungsring (2).
- Ziehen Sie das Radlager (1) mit dem Ausziehwerkzeug aus dem Radlagergehäuse heraus.
- Reinigen Sie Radlagergehäuse im Achsschenkel gründlich mit Schleifpapier.
- Fetten Sie die Bohrung für das Radlager und den ABS-Sensor leicht ein.
- Pressen Sie das Lager über den Außenring bis zur Anlage am Gehäuse in das Radlagergehäuse im Achsschenkel ein.
- Setzen Sie den neuen Sicherungsring (2) in das Radlagergehäuse über dem Radlager ein.
- Pressen Sie die Radnabe (3) mit dem Ausziehwerkzeug in das Radlagergehäuse bis zur Anlage hinein.

Der weitere Einbau erfolgt sinngemäß in umgekehrter Reihenfolge.

- Ziehen Sie die Schrauben und Muttern mit dem richtigen Anzugsdrehmoment an.
- Sichern Sie die Achsmutter gegen verdrehen (Bild 15).

Dämpfer vorne aus- und einbauen

Ob nun allrad- oder frontgetriebener Ducato: Die Federsysteme sind identisch. Allerdings sollten Sie darauf achten, ob Ihr Fahrzeug höhergelegt wurde und ob eventuell verstärkte Federn verbaut wurden. Neben den Maxi-Fahrzeugen gibt es auch Federn und Dämpfersysteme, die sowohl in der Höhenlage als auch Federrate anders ausgelegt sind.

☞ Aufgrund des Verschleißes macht es keinen Sinn, einen Dämpfer einzeln auszutauschen. Tauschen Sie die Stoßdämpfer immer paarweise aus.

Da auf dem Montageweg sowohl die Feder als auch das Domlager und der Faltenbalg (Protection-Kit) demontiert werden, stellen wir die Arbeiten in genau diesen Einzelschritten vor.

Ausbau des Federbeins vorne

■ Fahrzeug anheben und verzurren.

⚠ Wird das Fahrzeug nicht verzurrt, besteht die Gefahr, dass das Fahrzeug von der Hebebühne abrutschen kann!

■ Bocken Sie das Fahrzeug vorne komplett auf.

☞ Durch den verbauten Querstabilisator erschweren Sie sich die Montage erheblich, wenn Sie lediglich eine Seite des Fahrzeugs anheben.

■ Beide Räder vorne abbauen.
■ Drehen Sie die Befestigungsmuttern (3 im Bild 18) an beiden Radseiten des Stabilisators ab und entfernen Sie den Gummipuffer mit der Unterlegscheibe.
■ Drehen Sie die Befestigungsmutter am Achsschenkel (8 im Bild 17) heraus.

Linke Seite:
■ Bauen Sie den Deckel des Sicherungskastens ab.
■ Demontieren Sie die untere Armaturenbrettverkleidung.
■ Lösen Sie die Befestigungsschrauben des Sicherungskastens und legen Sie ihn angeschlossen aus dem Arbeitsbereich heraus.
■ Lösen Sie die Befestigungsschrauben des Stoßdämpfers am Dom (5 im Bild 17).

Rechte Seite:
■ Bauen Sie das Handschuhfach aus.
■ Lösen Sie die Befestigungsschrauben des Stoßdämpfers am Dom (5 im Bild 17).
■ Ziehen Sie die Befestigungsschraube am Achsschenkel (1 im Bild 17) heraus.
■ Weiten Sie den Spalt im Achsschenkel etwas auf, indem Sie einen kleinen Meißel (2) vorsichtig in den Spalt einschlagen.
■ Nehmen Sie das Federbein (1) nach oben heraus.

Demontage des Domlagers

■ Demontieren Sie das Federbein wie bereits beschrieben.
■ Spannen Sie die Feder mit einem Federspanner (Bild 19) so weit vor, dass das Domlager entlastet ist.
■ Lösen Sie die Mutter (4 im Bild 17) mit einer Hohlratsche oder einem passenden gekröpften Ringschlüssel und einem Innensechskantschlüssel.
■ Nehmen Sie die Mutter, das Domlager und, soweit verbaut, die Scheibe darunter ab.

Demontage der Feder

■ Demontieren Sie das Federbein wie bereits beschrieben.
■ Bauen Sie das Domlager (6 im Bild 17) wie bereits beschrieben ab.
■ Entspannen Sie die Federspanner (2 im Bild 19).
■ Nehmen Sie die Feder vom Dämpfer ab.

Demontage des Staubschutzsatzes (Protection Kit)

■ Demontieren Sie das Federbein wie bereits beschrieben.
■ Bauen Sie das Domlager wie bereits beschrieben ab.
■ Entspannen Sie die Federspanner.
■ Nehmen Sie die Feder vom Dämpfer ab.
■ Ziehen Sie den Staubschutz mit Anschlagpuffer von der Kolbenstange des Dämpfers ab.

Demontage des Stoßdämpfers

Der Stoßdämpfer hat auch Radführungsaufgaben. Es ist sehr wichtig, auf seinen Zustand zu achten.

■ Demontieren Sie das Federbein wie bereits beschrieben.
■ Bauen Sie das Domlager wie bereits beschrieben ab.
■ Demontieren Sie den Staubschutz mit Anschlagpuffer wie bereits beschrieben.

⚠ Die Stoßdämpfereinheit steht unter Druck. Sie darf nicht angebohrt oder gesägt werden. Sie wird über den Metallschrott entsorgt.

Stoßdämpfer hinten aus- und einbauen

■ Unterbauen Sie das Fahrzeug zumindest unter der hinteren Wagenheberaufnahme (2 im Bild 22) der entsprechenden Seite.
■ Heben Sie das Fahrzeug so weit an, dass die Blattfeder (1) gerade so entlastet ist. Die Räder sollten weiterhin am Boden stehen bleiben.
■ Drehen Sie die beiden Befestigungsschrauben (1) des Stoßdämpfers heraus.
■ Nehmen Sie den Stoßdämpfer (2) heraus.
■ Montieren Sie den neuen Stoßdämpfer am Rahmen und an der Hinterachse. Ziehen Sie die Schrauben aber noch nicht an.

Sichtprüfung Messen

Bild 19
Fahrwerksfeder mit Gewindespannern spannen.
1 Feder
2 Gewindestange
3 Halteklaue
4 Ratsche mit passender Stecknuss

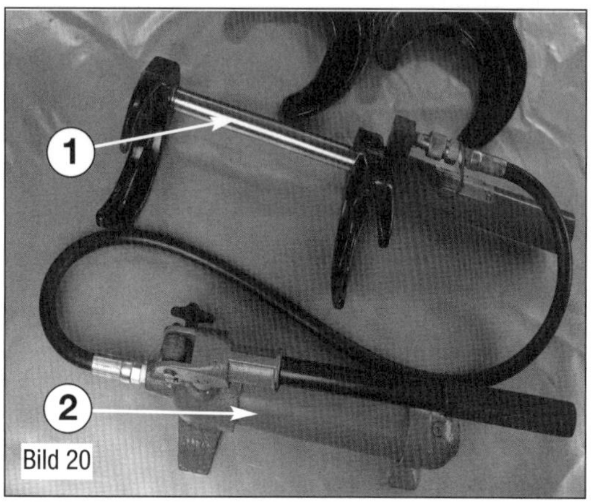

Bild 20
Hydraulischer Federspanner.
1 Zylinder mit Spannbacken
2 Handpumpe

Bild 21
Hydraulischer Federspanner.
1 Federspanner
2 Feder
3 Kolbenstange
4 Domlager

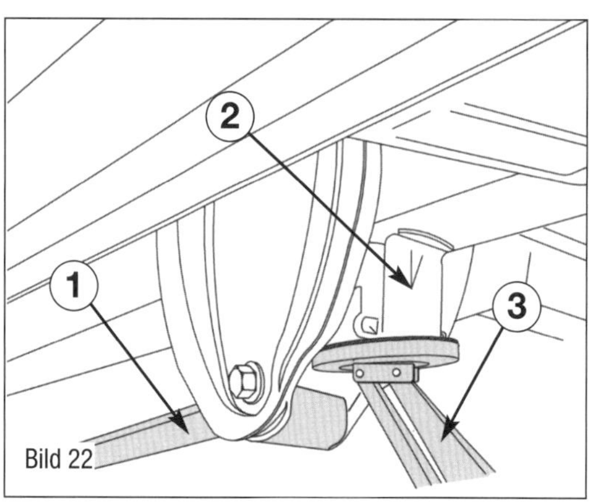

Bild 22
Anspannen der Blattfeder hinten.
1 Blattfeder
2 Wagenheberaufnahme hinten
3 Wagenheber

Gummimetalllager haben einen begrenzten Verdrehbereich. Deshalb die Schraubverbindungen an den Bauteilen mit Gummimetalllagern erst dann festziehen, wenn die Hinterachse auf das vorgesehene Niveau ausgerichtet ist

- Lassen Sie den Wagenheber ab, bis er entlastet ist.
- Ziehen Sie die Schrauben des Stoßdämpfers mit 140 Nm an.

Blattfeder an der Hinterachse

Blattfeder hinten ausbauen

- Fahrzeug anheben und verzurren.

⚠ Wird das Fahrzeug nicht verzurrt, besteht die Gefahr, dass das Fahrzeug von der Hebebühne abrutschen kann!

- Räder hinten abbauen.
- Mit einem Wagenheber die Achse, auf der die Blattfeder ausgebaut werden soll, so weit anheben, dass der Stoßdämpfer entlastet wird.
- Die untere Stoßdämpferschraube (3 im Bild 23) herausdrehen.
- Drehen Sie die Mutter (3 im Bild 24) der hinteren unteren Verschraubung der Federlasche (10) ab. Lassen Sie die Schraube (1) aber noch stecken.
- Lösen Sie die obere Schraube der Federlasche.
- Drehen Sie die Mutter (6) der vorderen Verschraubung der Feder ab. Lassen Sie die Schraube (8) aber noch stecken.
- Drehen Sie die Muttern (9) der Haltebügel (5) ab.
- Nehmen Sie die Haltebügel (5) heraus.
- Nehmen Sie die Schraube (8) vorne heraus.
- Nehmen Sie die Schraube (1) heraus.
- Clipsen Sie die Halteklammer für das Bremsseil von der Blattfeder ab (soweit verbaut).
- Nehmen Sie die Blattfeder (4) heraus. Achten Sie darauf, dass Sie keine Bremsleitungen, Handbremszüge oder elektrische Leitungen beschädigen.

Blattfeder und Lagerungen prüfen

Auch die Blattfeder unterliegt dem Verschleiß. Nicht nur, dass im Laufe der Zeit die Federkraft nachlässt; die Lagerungen in den Augen können wie alle Gelenkverbindungen verschleißen. Die Lagerhülsen sind im Zubehörhandel einzeln lieferbar.

■ Prüfen Sie, ob die Lagergummis in den Blattfederaugen Risse aufweisen.
■ Prüfen Sie, ob die Lagergummis ausgeschlagen sind.

Lagerungen der Blattfedern wechseln
Grundsätzlich ist der Wechsel der Lagerung auch im eingebauten Zustand möglich. Allerdings müssen Sie dann auch hier alle Verschraubungen lösen und für die Montage die Höhenlage der Achsen, die wir zum Blattfeder-Einbau beschrieben haben, beachten.
■ Bauen Sie die Blattfeder aus.
■ Schlagen Sie mit einem Meißel seitlich die Lagerbuchsen (2 und 7 im Bild 24) aus den Federaugen heraus.
■ Reinigen Sie die Anlageflächen der Buchsen (2 und 7) gründlich und fetten Sie sie leicht ein.
■ Setzen Sie ein passendes Rohrstück auf den äußeren Rand der Lagerbuchse auf.
■ Pressen Sie die Lagerbuchse in das Federauge wieder ein.
Achten Sie darauf, dass Sie beim Einpressen der zweiten Buchse eine Unterlage schaffen, damit die Buchse innen auf der anderen Seite nicht aufliegt.

Blattfeder hinten einbauen
Gummimetalllager haben einen begrenzten Verdrehbereich. Das gilt auf für Blattfedern. Deshalb die Schraubverbindungen an den Bauteilen mit Gummimetalllagern erst dann festziehen, wenn die Hinterachse auf das vorgesehene Niveau ausgerichtet ist.

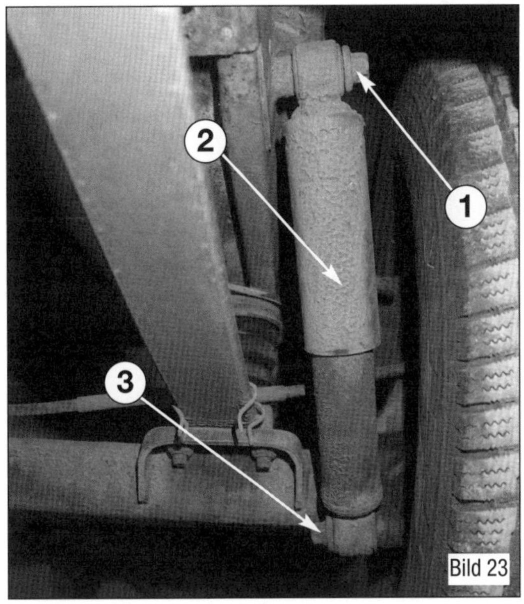

Bild 23
Stoßdämpferaufnahme hinten.
1 Stoßdämpferschraube oben
2 Stoßdämpfer
3 Stoßdämpferschraube unten

■ Führen Sie die Blattfeder vorsichtig ein.
■ Stecken Sie zuerst die Schraube (8 im Bild 24) in die Rahmenaufhängung und das vordere Federauge ein.
■ Stecken Sie die Schraube (1) in die Laschen und das hintere Federauge ein.
■ Montieren Sie die Haltebügel (5) und positionieren Sie die Achse genau.
■ Verwenden Sie neue Muttern (9) und ziehen Sie sie mit 140 Nm an.
■ Heben Sie mit einem Hydraulikheber die Achse so weit an, bis das Maß »A« (3 im Bild 25) erreicht ist (siehe Tabelle).

Fahrzeugbauform	Maß A
Heavy und Light	248 mm
Camper und Kasten	300 mm

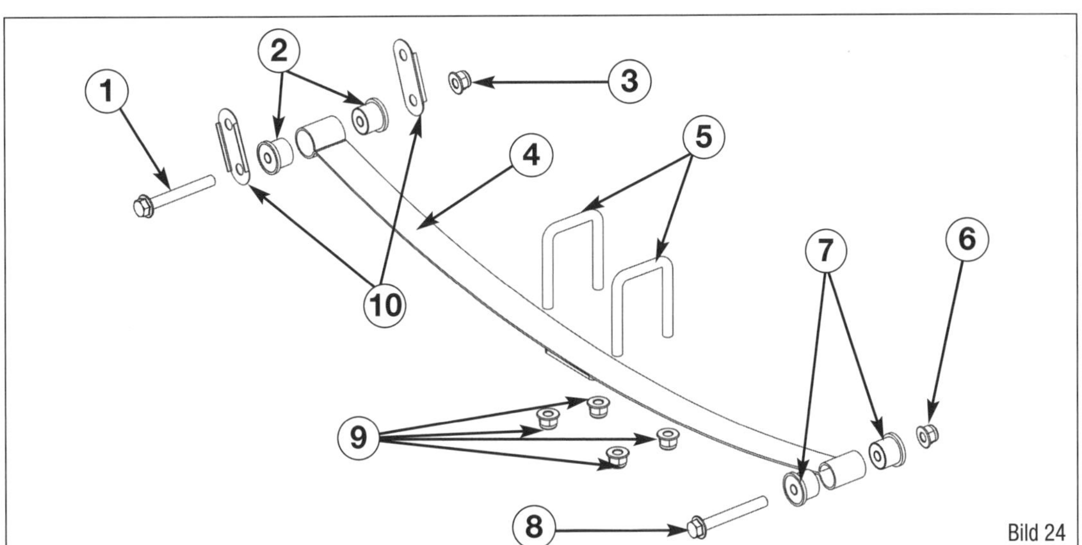

Bild 24
Blattfeder hinten.
1 Schraube
2 Lagerhülsen
3 Mutter
4 Blattfeder
5 Haltebügel
6 Mutter
7 Lagerhülsen
8 Schraube
9 Muttern
10 Laschen

Sichtprüfung Messen

Bild 25
Höhenlage der Hinterachse.
1 Blattfeder
2 Federauge mit Lager
3 Höhenlage (A)
4 Achsrohr

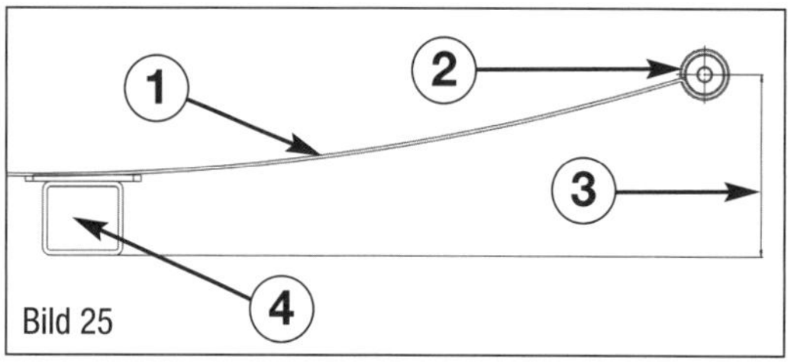

Bild 25

Bild 26
Stoßdämpferlage.
1 Höhenmaß (B)
2 Seitenmaß (C)
3 Dämpferauge oben
4 Dämpferauge unten

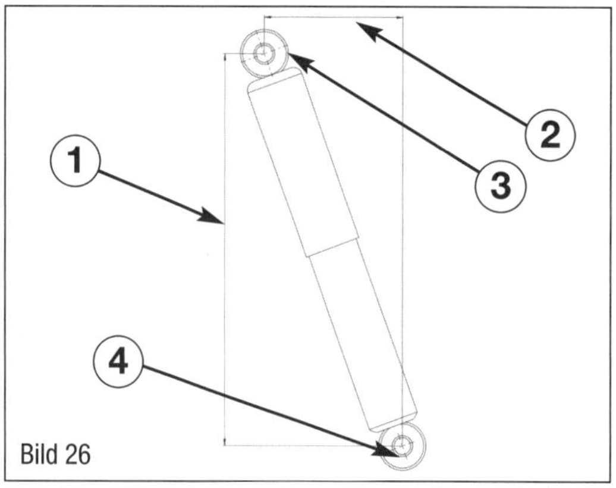

Bild 26

Bild 27
Anschlagpuffer hinten.
1 Gewinde im Rahmen
2 Rahmen
3 Gewindestück am Puffer
4 Anschlagpuffer
5 Metallring zum Verdrehen mit einem Hakenschlüssel oder zum Losschlagen mit einem Schraubendreher

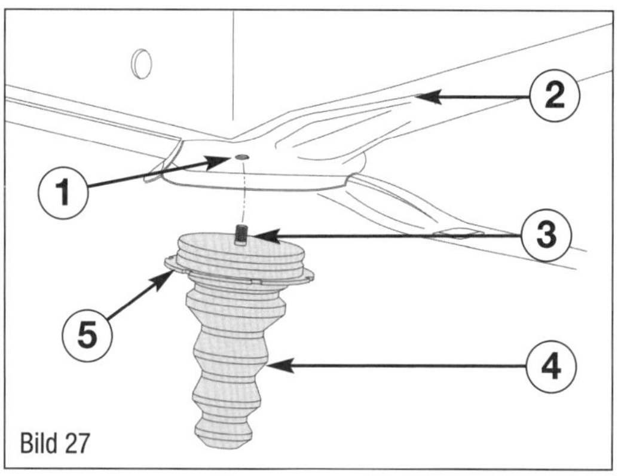

Bild 27

Bild 28
Zusatzluftfeder für die Hinterachse.
1 Halterung oben
2 Luftbalg
3 Halter für die Haltebügel der Blattfedern

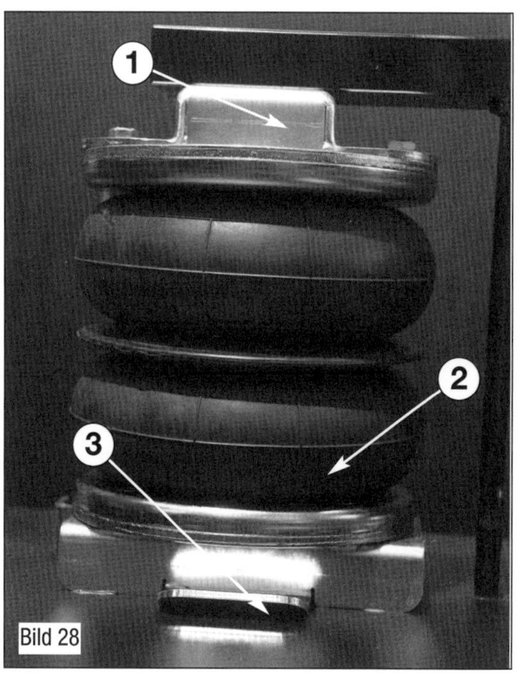

Bild 28

■ Ziehen Sie die Verschraubungen der Blattfeder an der Lasche (10 im Bild 24) mit 145 Nm an.
■ Ziehen Sie die Verschraubungen der Blattfeder am Rahmen (8) mit 185 Nm an.
■ Richten Sie den Stoßdämpfer nach folgender Tabelle (1 und 2 im Bild 26) aus.

Fahrzeugbauform	Maß B	Maß C
Heavy und Light	259,5 mm	238 mm
Camper und Kasten	312 mm	238 mm
Breite Spur hinten	224 mm	238 mm

■ Ziehen Sie die Verschraubungen des Stoßdämpfers oben und unten mit 145 Nm an.
■ Montieren Sie die Hinterräder und lassen Sie das Fahrzeug auf den Boden.

Bei Federn mit unterschiedlich großen Federaugen, muss das größere Federauge immer in Fahrtrichtung nach vorn zeigen.

Anschlagpuffer wechseln

Der Anschlagpuffer verhindert das Durchschlagen der Federung. Er ist nicht als Ergänzung der Federkraft gedacht. Wenn Sie Ihr Fahrzeug überladen, wird dieser Kunststoffschaumanschlag schnell kaputt gehen.
■ Heben Sie das Fahrzeug hinten so weit an, dass die Räder geradeso entlastet sind.
■ Bauen Sie das Reserverad aus.
■ Drehen Sie mit einem Hakenschlüssel den Anschlagpuffer gegen den Uhrzeigersinn heraus. Sie können den Metallring mit einem Meißel oder Schraubendreher losschlagen.
■ Drehen Sie den Anschlagpuffer ab.

Die Montage erfolgt sinngemäß in umgekehrter Reihenfolge.
■ Ziehen Sie den Anschlagpuffer mit 30 Nm an.

Zusatzfedern und Bälge

Wechselnde Beladung

Unterschiedliche Beladungssituationen bedeuten auch immer eine unterschiedlich starke Einfederung. Die Wahl der passenden Fahrwerksfeder ist alles andere als einfach. Schlägt die Federung auf der Hinfahrt bei vollgeladenem Fahrzeug schon fast durch, ist sie auf der Rücktour mit leerem Laderaum deutlich zu straff und unkomfortabel.

Statische Veränderung
Die einfachste Variante ist, die Federn durch den Ersatz durch verstärkte Federn etwas straffer zu gestalten. Günstiger wird es, zusätzliche Federn zu dem originalen Federsystem nachzurüsten.
Beide Varianten ergeben allerdings eine Veränderung, die sich nicht individuell anpassen lässt. Der schon beschriebe Effekt eines »bockharten« Fahrwerks bei leerem Fahrzeug gehört dann eben zu dem neuen Kompromiss.

Luftfederbälge zur Ergänzung
Deutlich aufwendiger ist die Nachrüstung von Luftfederbälgen. Neben der Bedieneinheit für den Fahrer wird ein kleiner Luftpresser nachgerüstet, der bei Bedarf die Federbälge mit Druckluft befüllt oder ablässt. So kann nicht nur die Höhenlage des Fahrzeugs beeinflusst werden, sondern auch die Federkraft. Die Federbälge werden ersatzweise für die Anschlagspuffer auf der Hinterachse verbaut und wirken parallel zur Blattfeder.

Bild 29
Luftbalg in der Feder:
Die Federung und die Höhenlage des Fahrzeugs ist abstimmbar.

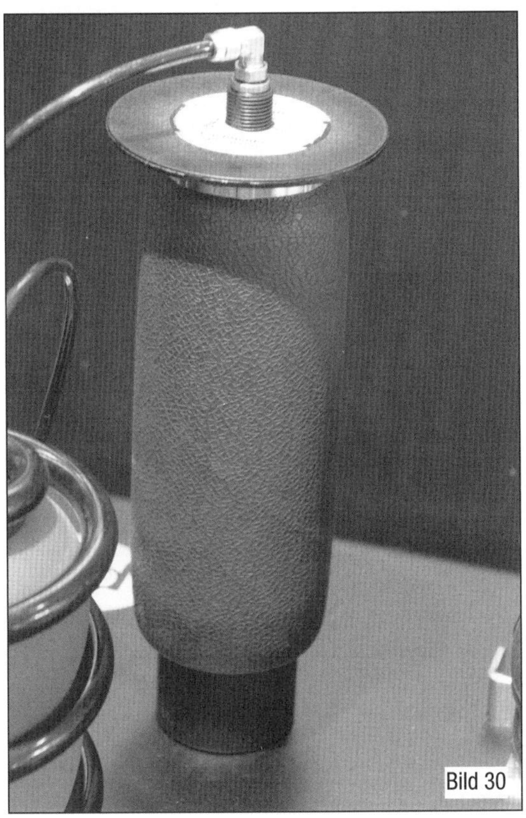

Bild 30
Luftbalg in der Feder:
Zusatzfedern lassen sich auch für die Vorderachse nachrüsten

Bild 31
Federung mit Doppelfedern:
Das Fahrzeug wird Straffer

12 Servolenkung

Die servounterstützte Zahnstangenlenkung Ihres Transporters zeichnet sich durch besonders geringe Bedienungskräfte bei hoher Lenkpräzision aus. Servolenkungen erleichtern durch Hilfskraft erheblich die Lenkarbeit. Sie sorgen für größtmöglichen Komfort beim Rangieren und für präzises Lenkgefühl bei schnellen Autobahnfahrten. Die Möglichkeit, mit geringem Kraftaufwand am Lenkrad eine relativ direkte Lenkung zu erreichen, guten Kontakt zur Fahrbahn zu halten und dennoch den Fahrer relativ unbehelligt von den Fahrbahnstößen zu lassen, wird mithilfe eines hydraulischen Systems aus Pumpe, Ölvorratsbehälter und Hydraulikleitungen realisiert.
Als Hochdruck-Ölpumpe findet wegen ihrer gleichmäßig hohen und kontinuierlichen Förderrate eine doppelt wirkende Flügelpumpe Verwendung. Sie wird über den Keilrippenriemen vom Fahrzeugmotor angetrieben.
Das Drucköl wirkt auf Arbeitszylinder zu beiden Seiten der Zahnstange. Diese unterstützen mit ihrem Druck über ein Steuerteil die Lenkbewegung. Je nach Drehrichtung des Lenkrads wird jeweils der Arbeitszylinder angesteuert, der die Lenkung unterstützt.
Eine Besonderheit ist das verbaute Regelsystem von TRW, das eine geschwindigkeitsabhängige Lenkkraftunterstützung realisiert. Bis etwa 70 km/h wird durch ein pulsweites moduliertes Signal am Steuerventil der Strom von 0,65 bis zu 0 Ampere linear abgeregelt.

Prüfungen an der Lenkung

Bei den Einstell- und Wartungsarbeiten ist die wohl häufigste Tätigkeit die regelmäßige Kontrolle des Ölstandes im Vorratsbehälter. Umfangreiche Reparaturen an der Servolenkung sind eine Sache für die Werkstatt. Nur so lassen sich Schäden an den Bauteilen und Folgeschäden mit dann erst recht teuren Reparaturen verhindern. Denn bei fehlerhafter Instandsetzung kann die Servounterstützung beim Lenken ausfallen. Die Lenkung ist aber eine Baugruppe, von der die Fahrsicherheit besonders stark abhängt. Defekte, falsche Einstellungen und fehlerhafte Reparaturarbeiten können fatale Auswirkungen haben. Nach einem Unfall und bei Beschädigung der Vorderachse können verschiedene Lenkungsteile ersetzt werden. Als Instandsetzung an der Servolenkung ist aber nur das Ersetzen der Faltenbälge sowie der Spurstangen und Spurstangenköpfe üblich. Für bestimmte Arbeiten kann es nötig sein, die Lenkzwischenwelle aus- und einzubauen, die das Kreuzgelenk unten an der Lenksäule mit dem Kreuzgelenk des Lenkritzels am Lenkgetriebe verbindet.

Lenkungsspiel prüfen

■ Die Räder geradeaus stellen. Von außen durchs geöffnete Fenster greifen und das Lenkrad kurz hin und her drehen.

Auf die Felge achten: Bewegt sich das Vorderrad wie erforderlich sofort mit? Eine Hilfsperson kann die Spurstangenköpfe umfassen und das Lagerspiel bei Lenkbewegung fühlen oder in Extremfällen sogar beobachten.

■ Falls Spiel bemerkt wird, muss das Nachstellen in der Werkstatt erfolgen. Wenn die Lenkung um die Geradeausstellung kein Spiel hat, aber bei stärkerem Einschlag spürbar klemmt, ist die Zahnstange verschlissen. Das dürfte zwar erst nach einer gehörigen Fahrstrecke der Fall sein, aber dann muss das Lenkgetriebe ausgetauscht werden!

Manschetten der Lenkzahnstange prüfen

Mit einer Taschenlampe die Gummimanschetten ableuchten, mit denen die aus ihrem Gehäuse austretende Zahnstange links und rechts geschützt wird. Gründlich auch auf kleinste Verschleißspuren prüfen. Dringen durch einen rissigen oder beschädigten Faltenbalg Schmutz und Feuchtigkeit ein, verbinden sie sich mit dem Fett des Lenkgetriebes zu einer zerstörerischen Schleifpaste.

■ Die Lenkung voll nach rechts oder links einschlagen. Um Risse in den Falten zu erkennen, muss der Faltenbalg Stück um Stück auseinandergezogen werden. Eine verschlissene Manschette sollte man sofort austauschen. Sie kann bei eingebautem Lenkgetriebe ersetzt werden.

■ Klemmschellen müssen fest auf der Manschette sitzen. Zum Wechseln des Faltenbalgs wird daher eine spezielle Schlauchbinderzange empfohlen.

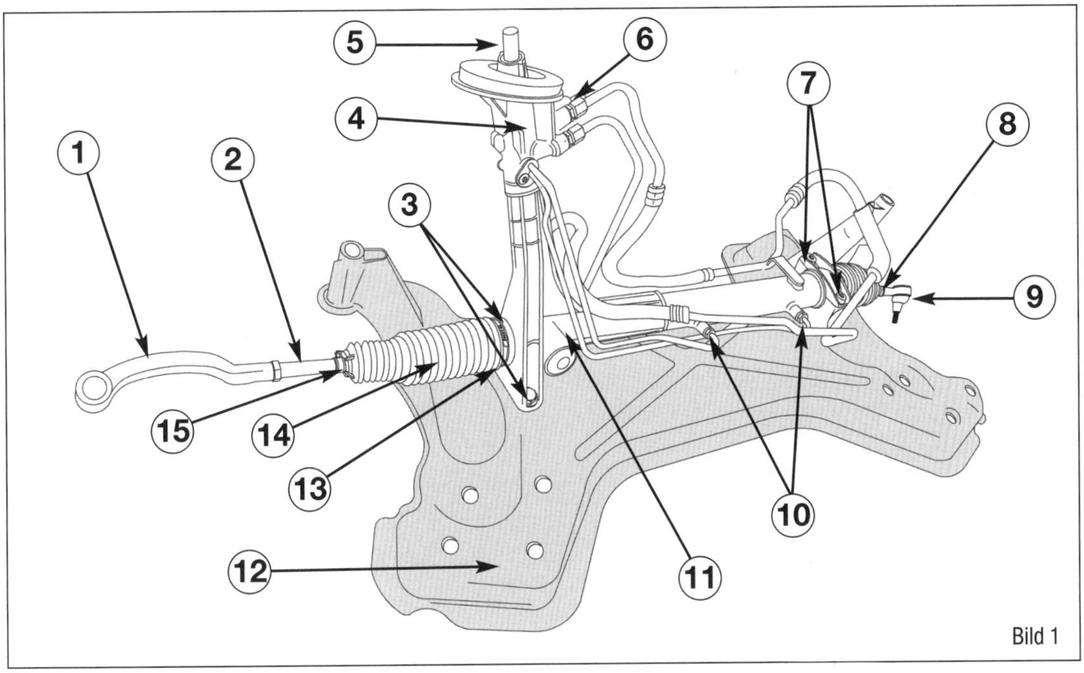

Bild 1

Bild 1
Lenkgetriebe auf dem Achsträger.
1 Spurstange links
2 Kontermutter
3 Befestigungsschrauben am Achsträger
4 Steuerventile
5 Lenksäulenanschluss
6 elektrisches Steuerventil
7 Befestigungsschrauben am Achsträger
8 Staubschutzmanschette rechts
9 Spurstangenkopf rechts
10 Anschlüsse Arbeitszylinder
11 Lenkgetriebe
12 Achsträger
13 Klemmschelle Staubschutzmanschette
14 Staubschutzmanschette links
15 Federbandschelle

Lenksäule überprüfen

■ Wenn an der Lenksäule gearbeitet wurde, muss danach auf sichtbare Schäden und Funktion geprüft werden. Lässt sich die Säule, ohne zu haken und ohne Schwergängigkeit drehen? Lässt sie sich in Längsrichtung und in der Höhe leicht verstellen?

■ Lässt sich das Rohr der Säule deutlich nach vorn und hinten oder seitlich bewegen? Dann ist etwas faul, die Lenksäule muss ausgetauscht werden.

Arbeiten an der Lenkung

Spurstangenkopf aus- und einbauen

■ Fahrzeug anheben und verzurren.

⚠ Wird das Fahrzeug nicht verzurrt, besteht die Gefahr, dass das Fahrzeug von der Hebebühne abrutschen kann!

■ Das entsprechende Rad abbauen.

■ Mutter (3 im Bild 2) von Spurstangenkopf lösen, aber noch nicht abschrauben. Die Mutter zum Schutz des Gewindes einige Umdrehungen auf dem Zapfen lassen.

■ Den Spurstangenkopf vom Radlagergehäuse mit einem Kugelgelenkabzieher abdrücken. Die Mutter (3) jetzt abschrauben.

⚠ Beim Abdrücken die Gummitülle und das Gewinde nicht beschädigen.

■ Die Kontermutter (2) lösen.

■ Die Position vom Spurstangenkopf (1) auf der Spurstange kennzeichnen.

■ Den Spurstangenkopf von der Spurstange abdrehen. Hierzu die Schlüsselflächen am

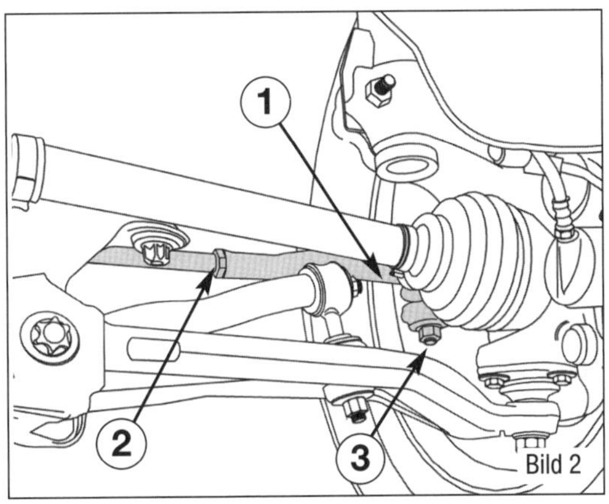

Bild 2

Bild 2
Spurstange (Ansicht von vorne).
1 Spurstange
2 Kontermutter
3 Mutter Spurstange

Spurstangenkopf und an der Spurstange nutzen.

Der Einbau erfolgt sinngemäß in umgekehrter Reihenfolge.

■ Den Spurstangenkopf bis zur angebrachten Markierung auf die Spurstange drehen.

■ Spurstangenkopf mit der Kontermutter sichern.

■ Spurstangenkopf mit neuer Mutter verschrauben.

■ Rad anbauen und mit Anzugsdrehmoment festziehen.

■ Fahrzeugvermessung durchführen (lassen).

Aus- und Einbau der Spurstangen

■ Fahrzeug anheben und verzurren.

⚠ Wird das Fahrzeug nicht verzurrt, besteht die Gefahr, dass das Fahrzeug von der Hebebühne abrutschen kann!

Sichtprüfung Messen

■ Das Vorderrad abbauen.
■ Geräuschdämpfung ausbauen.
■ Die Mutter (3 im Bild 2) vom Spurstangenkopf lösen, diese aber noch nicht ganz abschrauben. Die Mutter (3) zum Schutz des Gewindes noch einige Umdrehungen auf dem Gewinde des Spurstangenkopfs lassen.
■ Den Spurstangenkopf vom Radlagergehäuse mit einem Kugelgelenkabzieher abdrücken.
■ Die Mutter (3) abschrauben.

Beim Abdrücken des Spurstangenkopfs die Gummitülle nicht beschädigen.

■ Die Klemmschelle (13 im Bild 1) öffnen. Den Faltenbalg (14) vom Lenkgetriebegehäuse herunter schieben.
■ Die Federbandschelle (15) vom Faltenbalg lösen und auf die Spurstange schieben.

Linke Spurstange:
■ Das Lenkgetriebe, in Fahrtrichtung gesehen, bis zum Anschlag nach rechts drehen.

Rechte Spurstange:
■ Das Lenkgetriebe, in Fahrtrichtung gesehen, bis zum Anschlag nach links drehen.

Fortsetzung für beide Seiten:

Die Schlüsselweite (1 im Bild 3) an der Spurstange wurde von SW 41 auf SW 40 geändert. Bitte das entsprechende Maul-Einsteckwerkzeug auswählen und verwenden.

■ Die Spurstange von der Zahnstange der Lenkung abschrauben.

Der Einbau erfolgt in umgekehrter Reihenfolge.

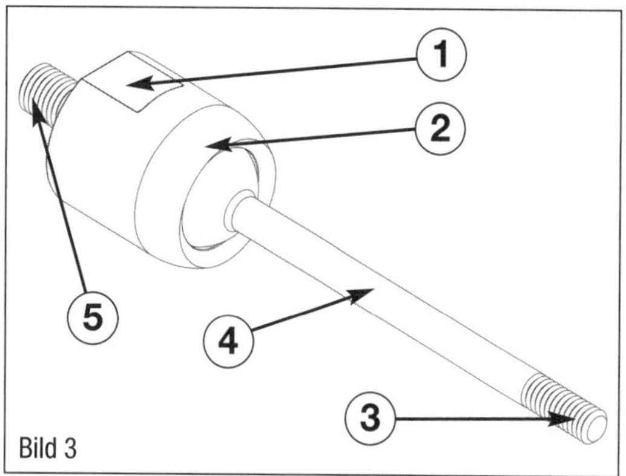

Bild 3

Bild 3
1 Abflachung für Schraubenschlüssel
2 Gelenkpfanne
3 Spurstangengewinde
4 Spurstange
5 Spurstangenkopf

■ Die Spurstange an der Zahnstange festziehen.
■ Den Faltenbalg (14 im Bild 1) mit neuer Klemmschelle (13) auf das Lenkgetriebegehäuse aufschieben.
■ Klemmschelle mit einer speziellen Klemmzange befestigen.
■ Die Federbandschelle (15) auf die Manschette aufsetzen.

Spurstange ersetzen

Wird die Spurstange ersetzt, sollten Sie die Einbaulänge der alten Spurstange mit verschraubtem Spurstangenkopf messen und dieses Maß dann wieder durch das Einschrauben des Spurstangengewindes (3 im Bild 3) erreichen.

■ Den Spurstangenkopf mit neuer Mutter auf der Spurstange verschrauben.
■ Den Spurstangenkopf mit neuer Mutter am Radlagergehäuse anschrauben.

Wurde der Spurstangenkopf von der Spurstange gelöst, muss nach dem Einbau das Fahrzeug vermessen werden.

Faltenbalg aus- und einbauen

Bei defektem Faltenbalg dringt Feuchtigkeit und Schmutz in das Lenkgetriebe. Im Bereich der Verzahnung auf der Zahnstange muss ein fühlbarer Schmierfilm vorhanden sein (Bild 4). Ist der Schmierfilm nicht vorhanden, muss das Lenkgetriebe ersetzt werden. Auch bei Korrosion, einer Beschädigung oder Abnutzung der Zahnstange ist das Lenkgetriebe zu ersetzen.

■ Das Lenkrad in Geradeausfahrt drehen.
■ Das entsprechende Rad abbauen.
■ Das Lenkgetriebe außen im Bereich vom Faltenbalg reinigen.

Dabei darf kein Schmutz durch den defekten Faltenbalg in das Lenkgetriebe gelangen.

■ Den Spurstangenkopf wie bereits beschrieben ausbauen.
■ Federbandschelle (15 im Bild 1) von Faltenbalg lösen und auf die Spurstange schieben.
■ Schelle (13) öffnen, und Faltenbalg (14) von der Spurstange abziehen.
■ Klemmschelle (15) abbauen und Faltenbalg (14) vom Lenkgetriebegehäuse abziehen.
■ Den Faltenbalg mit Federbandschelle von der Spurstange abziehen.

Der Einbau erfolgt sinngemäß in umgekehrter Reihenfolge.

■ Die Zahnstange im Bereich (1 im Bild 4) mit dem Fett bestreichen. Dazu die Lenkung nacheinander zu beiden Seiten bis zum Anschlag drehen.

⚠ Nur das im Reparatursatz beiliegende Fett verwenden.

■ Lenkrad in Geradeausfahrt drehen.
■ Faltenbalg (14 im Bild 1) auf die Spurstange und das Lenkgetriebe schieben. Den Faltenbalg mit neuer Schelle (13) befestigen.
■ Federbandschelle (15) auf Faltenbalg setzen.
■ Den Spurstangenkopf wie beschrieben einbauen.
■ Die Kontermutter (2) wieder anziehen.
■ Das Rad wieder anbauen und mit Anzugsdrehmoment festziehen.
■ Eine Fahrzeugvermessung durchführen (lassen).

Instandsetzen des Lenkgetriebes
Eine Instandsetzung des Lenkgetriebes ist nicht vorgesehen. Es muss bei Beanstandungen komplett ausgetauscht werden.

Ausbau des Lenkgetriebes

⚠ Folgende Hinweise sind bei Arbeiten am Lenkgetriebe zu beachten:

■ Bei Arbeiten an der Servolenkung ist größte Sauberkeit erforderlich. Die Verbindungsstellen und deren Umgebung sind vor dem Lösen gründlich zu reinigen.
■ Ausgebaute Teile auf einer sauberen Unterlage ablegen und abdecken, wenn die Reparatur nicht umgehend weiter ausgeführt wird.
■ Keine fasernden Lappen verwenden.
■ Geöffnete Bauteile sorgfältig abdecken bzw. verschließen, wenn die Reparatur nicht umgehend weiter ausgeführt wird.
■ Ersatzteile erst unmittelbar vor dem Einbau aus der Verpackung entnehmen.
■ Nur originalverpackte Teile verwenden.
■ Bei geöffneter Anlage nicht mit Druckluft arbeiten.
■ Das Fahrzeug nicht bewegen.
■ Fahrzeug anheben und verzurren.

⚠ Wird das Fahrzeug nicht ordentlich verzurrt, besteht die Gefahr, dass das Fahrzeug von der Hebebühne abrutschen kann!

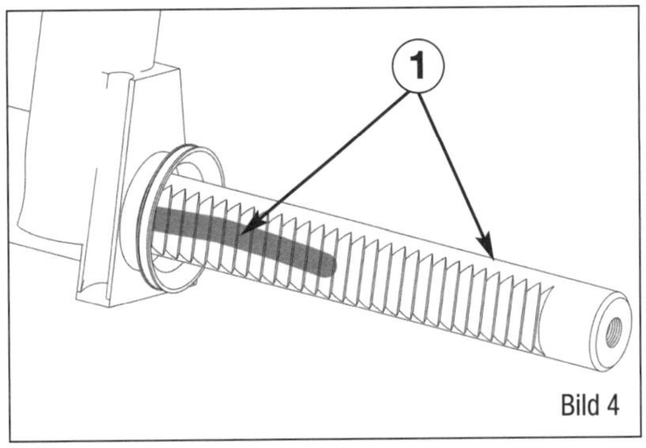

Bild 4
Bereiche (1), an denen säurefreies Lagerfett aufgetragen werden soll.

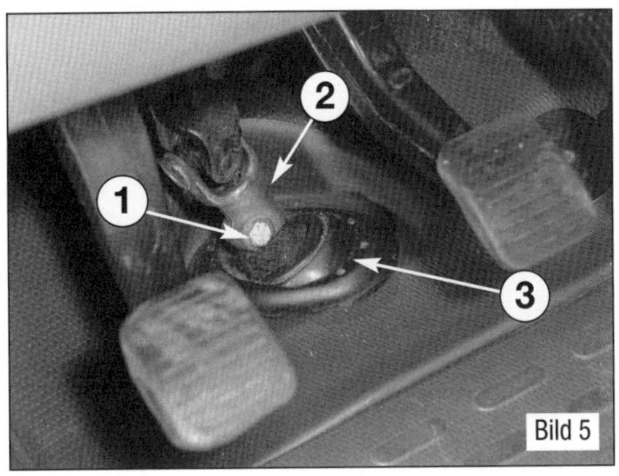

Bild 5
1 Schraube im Kreuzgelenk
2 Kreuzgelenk
3 Schutzmanschette

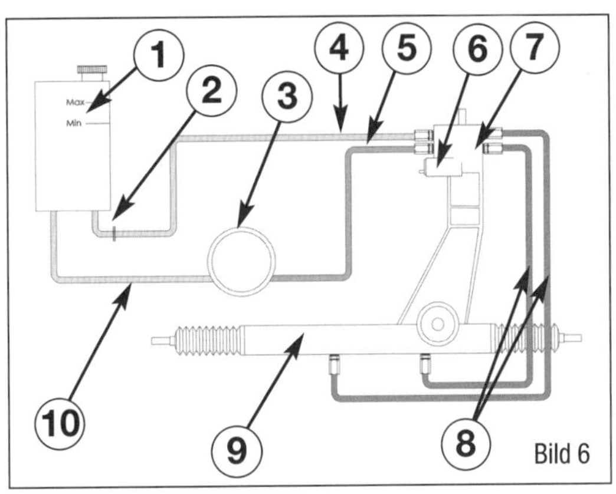

Bild 6
Aufbau der Servolenkung.
1 Vorratsbehälter
2 Schnellverschluss
3 Servopumpe
4 Rücklaufleitung
5 Hochdruckleitung
6 Magnetventil
7 Servosteuerung
8 Steuerleitungen
9 Servolenkung
10 Zulaufleitung auf der Zahnstange der Lenkung muss Fett aufgetragen werden.

■ Räder vorn abbauen.
■ Batterie abklemmen.
■ Batterie und Batteriekasten ausbauen.
■ Geräuschdämpfung unter dem Motor rechts, links und in der Mitte ausbauen.
■ Das Flexrohr der Auspuffanlage ausbauen.
■ Bauen Sie den Stabilisator vorne aus.
■ Bauen Sie das mittlere Wärmeleitblech am Fahrzeugboden vorne aus.
■ Demontieren Sie das Wärmeschutzblech über der Lenkung.
■ Stellen Sie das Lenkrad gerade und blockieren Sie es gegen Verdrehen.

☞ Darauf achten, dass während der Montagearbeiten das Lenkrad in dieser Stellung bleibt. Dadurch wird gewährleistet, dass sich die Wickelfeder für Airbag und Rückstellring mit Schleifring nicht verdreht.

■ Demontieren Sie beide Spurstangenköpfe, wie bereits beschrieben.
■ Lösen Sie die Befestigungsschraube (1 im Bild 5) im Kreuzgelenk der Lenksäule unten (2).
■ Nehmen Sie die Schutzmanschette (3) über dem Lenkgetriebe ab.
■ Klemmen Sie den elektrischen Anschluss des Steuerventils (6 im Bild 6) vom Motorraum aus ab.

⚠ Reinigen Sie den Bereich um den Schnellverschluss zum Vorratsbehälter für Servoflüssigkeit und den Bereich um den Hochdruckanschluss an der Servopumpe gründlich.

■ Öffnen Sie die Schnellkupplung (2) des Rücklaufschlauches (4) zum Servoflüssigkeitsbehälter und lassen Sie die Servoflüssigkeit ablaufen.
■ Demontieren Sie die Hochdruckleitung (5) an der Servopumpe (3) zur Servolenkung.

☞ Legen Sie immer Lappen unter die Verschraubungen der Leitungen, um austretendes Restöl aufzufangen.

■ Offene Leitungen/Anschlüsse verschließen oder abdecken.
■ Lösen Sie die Befestigungsschrauben des Lenkgetriebes (3 und 7 im Bild 1)
■ Führen Sie das Lenkgetriebe nach unten (hinten) heraus.
■ Legen Sie das Lenkgetriebe auf der Werkbank ab.

☞ Je nachdem, wie das neue Lenkgetriebe ausgerüstet ist, muss das Magnetventil (6 im Bild 1 und im Bild 6) umgebaut werden. Auch hier müssen das Gehäuse und das Umfeld gründlich gereinigt werden.

Der Einbau erfolgt in umgekehrter Reihenfolge. Dabei ist Folgendes zu beachten:
■ Das Lenkgetriebe in den Aggregateträger einsetzen.
■ Das Kreuzgelenk auf das Lenkritzel stecken (Bild 5).
■ Lenkgetriebe am Aggregateträger festschrauben (Schrauben 3 und 7 im Bild 1).
■ Schraube für das Kreuzgelenk (1 im Bild 5) anbauen und festziehen.
■ Dichtringe an der Druckleitung (Servopumpe) ersetzen.
■ Rücklaufleitung am Vorratsbehälter anschließen.
■ Spurstangenköpfe wieder einbauen.
■ Geräuschdämpfung einbauen.
■ Servolenkungsanlage wie nachfolgend beschrieben entlüften und den Ölstand der Servolenkung prüfen.
■ Räder vorn anbauen.
■ Die Radschrauben mit dem Drehmomentschlüssel anziehen.
■ Das Fahrzeug vermessen (lassen) und den Lenkwinkelsensor eventuell neu anlernen.

Servolenkung entleeren, befüllen und entlüften

Das System muss entlüftet werden, wenn Teile der Hydraulik demontiert wurden.
■ Zuerst den Hydraulikölstand prüfen. Ggf. muss Hydrauliköl ATF DEXTRON III (Tutela Car GI/E) nachgefüllt werden.
■ Motor nicht laufenlassen. Heben Sie das Fahrzeug so weit an, dass beide Vorderräder frei sind. Bringen Sie die Vorderräder in Geradeausstellung.
■ Eine Auffangwanne für Hydrauliköl unterstellen.
■ Öffnen Sie den Schraubdeckel des Vorratsbehälters für Hydrauliköl.
■ Die Hydraulikleitungen unten vom Vorratsbehälter abziehen und Öl anschließend auslaufen lassen.
■ Die Restmenge des Hydrauliköls herausdrücken, indem die Lenkung zehnmal von Anschlag zu Anschlag gedreht wird.
■ Schließen Sie die Hydraulikleitungen wieder an und senken Sie das Fahrzeug ab. Das abgelassene Öl wird nicht wiederverwendet, sondern den Vorschriften entsprechend wie Altöl entsorgt.

☞ Befüllt wird ein leeres Hydrauliksystem nur bei kaltem Motor. Füllen Sie den Vorratsbehälter (Verschluss mit Messstab herausschrauben) mit ATF DEXTRON III (Tutela Car GI/E) bis zum Erreichen der MIN-Markierung am Messstab auf. Das gesamte System ist mit etwa 1,5 Liter befüllt.

■ Fahrzeug wieder so weit anheben, bis die Vorderräder frei sind. Stellen Sie die Räder geradeaus.
■ Drehen Sie bei abgestelltem Motor das

Lenkrad zehnmal von Anschlag zu Anschlag durch. Prüfen Sie den Ölstand und füllen Sie ggf. nach.

- Schrauben Sie den Deckel des Vorratsbehälters für Hydrauliköl auf. Senken Sie das Fahrzeug ab.
- Starten Sie den Motor. Das Lenkrad zehnmal von Anschlag zu Anschlag drehen.
- Den Motor abstellen. Wieder den Hydraulikölstand prüfen und ggf. nachfüllen.
- Deckel des Vorratsbehälters handfest zuschrauben.
- Drücken Sie die Schutzkappe auf den Ausgleichsbehälter auf.

Jetzt eventuell noch im System verbliebene Restluft entweicht im Fahrbetrieb nach 10 bis 20 Kilometern von selbst.

Ölstand der Servolenkung prüfen

Wenn das Hydraulik-Öl kalt ist, nicht den Motor laufenlassen. Sie können die Prüfung auch bei kaltem Öl vornehmen.

- Die Räder in Geradeausstellung bringen.

Den Hydraulikölstand mit dem Ölmessstab des Verschlussdeckels (Schraubdeckel) prüfen:

- Deckel abschrauben, Messstab mit einem sauberen Lappen abwischen und den Deckel wieder handfest einschrauben. Es gilt nur der Ölstand bei vorher voll eingeschraubtem Verschlussdeckel.

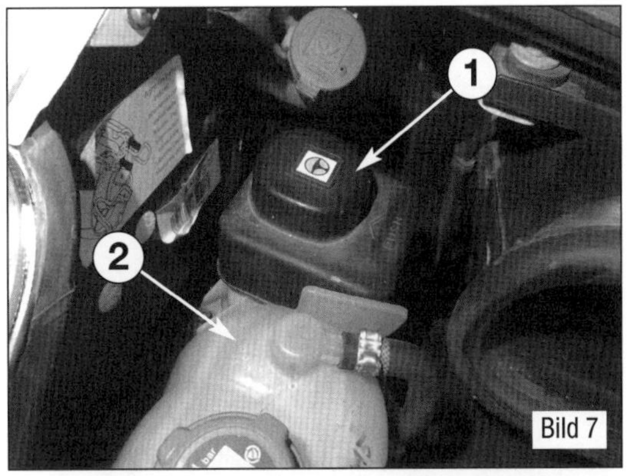

Bild 7
Servobehälter mit Abdeckung im Motorraum rechts.
1 Abdeckung
2 Vorratsbehälter

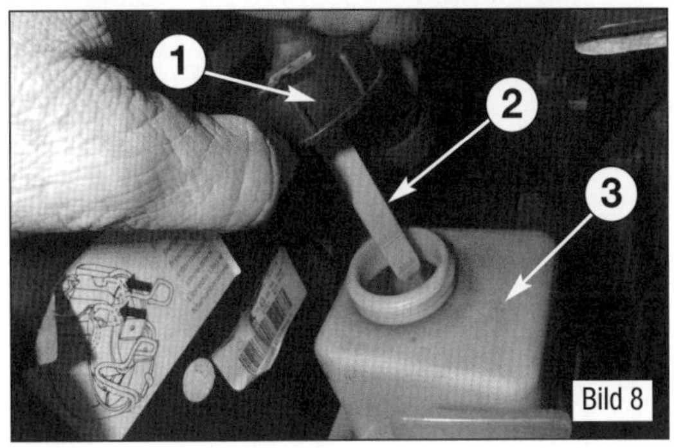

Bild 8
Peilstab am Verschlussdeckel.
1 Verschlussdeckel
2 Peilstab
3 Vorratsbehälter

- Deckel wieder abschrauben, Ölstand prüfen: Er muss 2 mm über oder unter der MIN-Markierung liegen. Ist das Hydrauliköl betriebswarm (ab 50 °C), soll sich der Ölstand zwischen den MIN- und MAX-Markierungen befinden.
- Wenn das System kontrolliert oder das Lenkgetriebe aus- und eingebaut wurde, muss ggf. Öl nachgefüllt werden.

13 Bremsanlage

Die Bremsen des Fiat Ducato

Der Bus wird kraftvoll und sicher über ein Hydraulik-Zweikreis-Bremssystem mit rundum Scheibenbremsen verzögert. Die vorderen Scheibenbremsen sind innenbelüftet, die Bremsscheiben hinten sind derzeit durchweg für alle Motorisierungen massiv. Die als Trommelbremse ausgeführte Feststellbremse wirkt im Topf der Scheibenbremse auf die Hinterräder. Die Bremsunterstützung erfolgt pneumatisch durch Vakuumbremskraftverstärker. In ihnen wird der hydraulische Druck, der dann an den Bremsen wirkt, mehr als verdoppelt. Auf diese Weise werden etwa 60% der wirkenden Bremskraft aufgebracht. Das Vakuum für den Unterdruck im Bremskraftverstärker wird dem Saugrohr entnommen oder mit einer Vakuumpumpe erzeugt. Je nach Motorisierung werden unterschiedliche Bremsenmodelle eingesetzt.
Welche Bremsen in einem bestimmten Fahrzeug verbaut sind und/oder welche Abmessungen erfasst werden können, wird in der nachstehenden Tabelle gegenübergestellt.

Bremsscheiben
Über die Produktionsjahre und die Ausstattungsvarianten wurden unterschiedliche Varianten der Bremsanlage verbaut. Notieren Sie sich die Abmessungen der Bremsscheiben Ihres Fahrzeugs am besten im Serviceheft oder zu den technischen Daten in diesem Buch.

Bremsscheiben vorne					
Nutzlast	–	–	–	–	–
Lastcode	–	–	–	–	–
Bemerkung	–	–	–	–	ab 03/14
Durchmesser	280 mm	280 mm	300 mm	300 mm	280 mm
Höhe	65,5 mm	66 mm	65,5 mm	66 mm	71,5 mm
Bremsscheibendicke	24 mm	24 mm	24 mm	24 mm	28 mm
Mindestdicke	21,9 mm	22 mm	21,9 mm	22 mm	25,9 mm
Lochanzahl	5	5	5	5	5
Lochkreis					
Zentrierungsdurchmesser	73 mm	73 mm	80 mm	80 mm	73 mm
Innendurchmesser	–	–	–	–	–

Bremsscheiben vorne					
Nutzlast	–	1,7 t	1,1 t - 1,5 t	1,7 t	2,0 t
Lastcode	–	(17Q)	(11Q/15Q)	(17Q)	(20Q)
Bemerkung	–	für erhöhte Nutzlast		Nicht für erhöhte Nutzlast	
Durchmesser	300,0 mm	300,0 mm	280,0 mm	280,0 mm	300,0 mm
Höhe	73,5 mm	65,5 mm	67,6 mm	71,5 mm	73,5 mm
Bremsscheibendicke	32 mm	24,0 mm	24,0 mm	28,0 mm	32,0 mm
Mindestdicke	26 mm	21,9 mm	21,9 mm	25,9 mm	29,9 mm
Lochanzahl	5	5	5	5	5
Lochkreis		130 mm	118 mm	118 mm	130 mm
Zentrierungsdurchmesser	80 mm	80,0 mm	73,0 mm	–	80,0 mm
Innendurchmesser	–	–	142,0 mm	–	161,0 mm

Bremsscheiben hinten					
Nutzlast ab [kg]	1100 kg	–	1700 kg	–	–
Nutzlast bis [kg]	1700 kg	2000 kg	für erhöhte Nutzlast	2000 kg	1100 kg
Lastcode	–	–	–	Nutzlast 20Q	11Q/15Q/ leicht 17Q
Bemerkung	–	–	–	–	–
Felgengröße	15 Zoll	–	16 Zoll	–	–
Durchmesser	280 mm	300 mm	280 mm	300 mm	280 mm
Höhe	80 mm	80 mm	80 mm	80,0 mm	82,0 mm
Bremsscheibendicke	16 mm	16 mm	16 mm	16,0 mm	16,0 mm
Mindestdicke	14,2 mm	14,2 mm	14,2 mm	14,2 mm	14,2 mm
Lochanzahl	5	5	5	5	5
Zentrierungsdurchmesser	72,0 mm	79,0 mm	79,0 mm	79,0 mm	72,0 mm
Innendurchmesser	–			172,0 mm	172,0 mm

Bremsscheiben hinten					
Nutzlast ab [kg]	1700 kg	–	–	–	–
Nutzlast bis [kg]	für erhöhte Nutzlast	–	–	–	–
Lastcode	Nutzlast schwer 17Q	–	–	–	–
Bemerkung	–	Mit Stahlfelge	Leicht-metallfelge	Leicht metallfelge	Stahlfelge
Felgengröße [Zoll]	–	–	–	–	–
Durchmesser	280 mm	280 mm	280 mm	280 mm	280 mm
Höhe	82,0 mm	80 mm	80 mm	80 mm	80 mm
Bremsscheibendicke	16,0 mm	16 mm	16 mm	16 mm	16 mm
Mindestdicke	14,2 mm	14,2 mm	14,2 mm	14,2 mm	14,2 mm
Lochanzahl	5	5	5	5	5
Zentrierungsdurchmesser	79 mm	79 mm	72 mm	72 mm	79 mm
Innendurchmesser	172,0 mm	–	–	–	–

Hauptbremszylinder und Bremskraftverstärker

Bauteil	Einheit	Durchmesser
Hauptbremszylinder ohne ESP	Ø in mm	25,4 mm
Hauptbremszylinder ohne ESP	Ø in mm	27,0 mm
Hauptbremszylinder mit ESP	Ø in mm	25,4 mm
Hauptbremszylinder mit ESP	Ø in mm	27,0 mm (12-mm-Bolzen)
Bremskraftverstärker	Ø in Zoll	10/10

Der Hauptbremszylinder wurde in unterschiedlichen Varianten verbaut.
Achten Sie auf die Abmessungen und den Kolbendurchmesser.

Bremsbeläge für Betriebs- und Handbremse
Auch hier wird das Heraussuchen über ein Teilesuchsystem nicht automatisch zum Erfolg führen. Wie schon bei den Bremsscheiben sollten Sie die Belagstärke erfassen und im Serviceheft oder unter den technischen Daten in diesem Buch entsprechend vermerken. So entfällt bei Bedarf der erneute Kampf mit den genauen Abmessungen und eventuell nicht passenden Teilen.

Antiblockiersystem (ABS)
Der Ducato verfügt serienmäßig über ein Antiblockiersystem. Die Bremsanlage des ABS ist diagonal aufgeteilt. Die Bremskraftverstärkung erfolgt pneumatisch durch den

Vakuumbremskraftverstärker. Fahrzeuge mit dem ABS haben keinen mechanischen Bremskraftregler. Eine speziell abgestimmte Software im Steuergerät übernimmt die Bremskraftverteilung für die Hinterachse. Störungen am ABS haben Einfluss auf die Bremsanlage und die Verstärkung. Es muss mit einem veränderten Bremsverhalten gerechnet werden. Nach Aufleuchten der Kontrollleuchte für ABS und Kontrollleuchte für Bremsanlage können die Hinterräder beim Bremsen frühzeitig blockieren! Hydraulikeinheit und Steuergerät (47-polig) bilden eine Einheit. Eine Trennung ist nur im ausgebauten Zustand möglich. Neue Steuergeräte aus dem Ersatzteilbereich sind nicht codiert. Sie sind nach dem Einbau zu codieren. Die Kontrollleuchte für ABS und die Kontrollleuchte für ESP und ASR blinken, solange das Steuergerät für ABS nicht codiert ist.

Informationen zum Bremssystem

Die im Hydrauliksystem zirkulierende Flüssigkeit ist auch bei Fiat eine Bremsflüssigkeit nach dem Standard »FMVSS 116 DOT 4«, wovon auch die Weiterentwicklung »DOT 4 plus« erhältlich ist.

⚠ Bremsflüssigkeit auf keinen Fall mit mineralölhaltigen Flüssigkeiten (Öl, Benzin, Reinigungsmittel) in Verbindung bringen. Mineralöle beschädigen die Dichtungen und Gummitüllen der Bremsanlage!

- Bremsflüssigkeit ist giftig. Sie darf wegen ihrer ätzenden Wirkung auch nicht mit Lack in Berührung kommen. Eventuell ausgetretene Bremsflüssigkeit mit viel Wasser abspülen!
- Bremsflüssigkeit ist hygroskopisch, das heißt, sie nimmt aus der umgebenden Luft Feuchtigkeit auf und ist darum stets in luftdicht verschlossenen Behältern aufzubewahren.

Störungen am ABS haben keinen Einfluss auf Bremsanlage und Bremskraftverstärkung. Die herkömmliche Bremsanlage bleibt auch ohne ABS funktionsfähig. Es muss jedoch mit einem veränderten Bremsverhalten gerechnet werden. Nach Aufleuchten der ABS-Kontrollleuchte können die Hinterräder beim Bremsen frühzeitig blockieren.

Bremsflüssigkeitsstand (abhängig vom Belagverschleiß) prüfen

Der Stand der Bremsflüssigkeit ist an den Markierungen des Bremsflüssigkeitsbehälters abzulesen.

- Der Bremsflüssigkeitsstand (Menge) ist stets in Abhängigkeit vom Bremsbelagverschleiß zu beurteilen. Im Fahrbetrieb sinkt durch Abnutzung und automatische Nachstellung der Bremsbeläge der Flüssigkeitsstand geringfügig ab.
- Bei einem Flüssigkeitsstand an der »MIN«-Markierung und etwas darüber ist kein Nachfüllen erforderlich, wenn die Bremsbelagverschleißgrenze nahezu erreicht ist.
- Sind die Bremsbeläge neu bzw. weit von der Belagverschleißgrenze entfernt, muss der Flüssigkeitsstand zwischen der »MIN«- und der »MAX«-Markierung liegen.
- Die »MAX«-Markierung darf jedoch nicht überschritten werden, damit die Flüssigkeit nicht aus dem Bremsflüssigkeitsbehälter austritt.
- Ist der Flüssigkeitsstand unter die »MIN«-Markierung abgesunken, muss das ganze Bremssystem überprüft werden, bevor Bremsflüssigkeit ergänzt wird. Ggf. sind Reparaturen einzuleiten.

Bremsanlage auf Undichtigkeiten und Beschädigungen prüfen

Sichtprüfung

Folgende Bauteile müssen auf Undichtigkeiten und Beschädigungen überprüft werden:

- Hauptbremszylinder,
- Bremskraftverstärker,
- Hydraulikeinheit,
- Bremssättel.

Weiterhin sind zu prüfen:

- das Vorhandensein der Staubkappen an den Entlüftungsventilen für Bremsflüssigkeit,
- dass die Bremsschläuche nicht verdreht sind und dass sie beim maximalen Lenkeinschlag keine Fahrzeugbauteile berühren.
- dass Bremsschläuche nicht porös und brüchig sind,

- dass Bremsschläuche und Bremsleitungen keine Scheuerstellen aufweisen,
- dass Bremsanschlüsse und Befestigungen richtig sitzen, nicht undicht und frei von Korrosion sind.

Festgestellte Mängel sind unbedingt durch entsprechende Reparaturmaßnahmen zu beseitigen.

Dichtigkeitsprüfung unter Druck
Diese Prüfung erfordert ein Prüfgerät für Bremssysteme mit Adapter. Prüfvoraussetzung ist, dass Funktion und Dichtheit der Bremsanlage gewährleistet sind.

- Entlüftungsventil an einem der vorderen Bremssättel herausschrauben. Das Prüfgerät für Bremssysteme anschließen und entlüften.
- Bremspedal belasten, bis das Druckmanometer 50 bar Überdruck anzeigt. Während der Prüfdauer von 45 Sekunden darf der Druckabfall nicht mehr als 4 bar betragen. Bei größerem Druckabfall Hauptbremszylinder ersetzen.

Bremsanlage mit Gerät entlüften

Normale Entlüftung
Den Arbeitsablauf zum Entlüften der Bremsanlage genau einhalten.

- Bremsenfüll- und Entlüftungsgerät anschließen, d. h. Adapter statt Verschlussdeckel auf Bremsflüssigkeitsbehälter aufschrauben, Druck einstellen und Befüllschlauch des Gerätes an den Adapter anschließen.
- Abdeckkappen von den Entlüftungsventilen abziehen (Bild 3), Schlauch der Entlüfterflasche aufstecken und dann Entlüftungsventile mit einem passenden Schlüssel in folgender Reihenfolge öffnen und jeweiligen Radbremszylinder/Bremssättel entlüften:

1. Bremssattel hinten links.
2. Bremssattel vorn links.
3. Bremssattel vorn rechts.
4. Bremssattel hinten rechts.

- Entlüftungsventil bei aufgestecktem Schlauch der Entlüfterflasche so lange geöffnet lassen, bis blasenfreie Bremsflüssigkeit ausströmt.

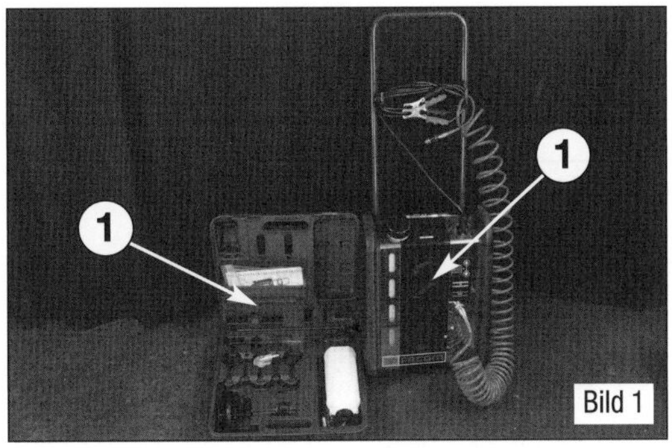

Bild 1

Bild1
Automatisches Entlüftungsgerät.
1 Entlüftungsgerät mit Batterieanschlüssen und Vorratstank
2 Adapterset für unterschiedliche Vorratsbehälter am Fahrzeug

Geeigneten Entlüfterschlauch verwenden. Er muss straff auf dem Entlüftungsventil sitzen, damit keine Luft in die Bremsanlage gelangen kann!

Vorentlüftung
Wenn bei Fahrzeugen mit EDS, EDS/ASR oder EDS/ASR/ESP eine Kammer des Bremsflüssigkeitsbehälters komplett leergelaufen ist (z. B. bei Undichtigkeiten der Bremsanlage), muss zuerst eine Vorentlüftung erfolgen.

- Bremssattel vorn links und vorn rechts gleichzeitig zusammen entlüften.
- Bremssattel hinten links und hinten rechts gleichzeitig zusammen entlüften.
- Entlüftungsventile bei aufgesteckten Schläuchen der Entlüfterflasche so lange geöffnet lassen, bis blasenfreie Bremsflüssigkeit ausströmt.
- Anschließend muss über die Funktion »Grundeinstellung« mit dem Diagnosetester FI-COM die Hydraulikeinheit nochmals entlüftet werden. Grundeinstellung einleiten (zum Entlüften der Bremsanlage).
- FI-COM anschließen und Funktion anwählen. Zum Entlüften der Hydraulikeinheit ist ein Vordruck von 2 bar nötig.
- Danach die Bremsanlage normal entlüften (siehe oben).

Bremsanlage ohne Gerät entlüften

Steht kein Bremsenfüll- und Entlüftungsgerät zur Verfügung, muss die Bremsanlage mit einfachen Mitteln entlüftet werden. Nötig dafür sind neue Bremsflüssigkeit und ein geeigneter, möglichst durchsichtiger Kunststoffschlauch, wie ihn Baumärkte im Sortiment haben. Er muss straff auf der Entlüfterschraube Radbremszylinder/Bremssattel sitzen, damit keine Luft in die Bremsanlage gelangt.

■ Wenn erforderlich, die Entlüftungsventile einige Stunden vor der Arbeit mit Rostlöser einsprühen. Das mindert das Risiko, dass die Ventile beim Lösen abgerissen werden.

■ Entlüftungsreihenfolge wie bei »Entlüftung normal«.

■ Staubkappe vom Entlüftungsventil abziehen, Ventilnippel säubern, den Kunststoffschlauch auf den Nippel schieben und das freie Schlauchende in einen teilweise mit Bremsflüssigkeit gefüllten Auffangbehälter stecken.

■ Entlüftungsschraube mit einem Ringschlüssel maximal eine Umdrehung lösen. Ein Helfer tritt das Bremspedal langsam bis zum Boden, damit die Bremsflüssigkeit und die darin eingeschlossene Luft herausgepumpt werden.

☞ Auf Schlauch und Auffangbehälter achten: die Luftbläschen müssen zu sehen sein.

■ Das Bremspedal am Boden halten.

■ Nun die Entlüftungsschraube schließen, erst dann das Bremspedal zurücknehmen.

■ Diesen Vorgang so lange wiederholen, bis keine Luftbläschen mehr aufsteigen, es ist dann keine Luft mehr im System. Dabei aber ständig den Stand der Bremsflüssigkeit im Ausgleichsbehälter beobachten. Bei Bedarf nachfüllen, aber nur so viel, dass der vorherige Stand im Bremsflüssigkeitsbehälter nicht überschritten wird. Dadurch wird verhindert, dass bei einem späteren Wechsel der Bremsbeläge zu viel Bremsflüssigkeit im System ist und der Behälter beim Zurückdrücken der Bremskolben überläuft.

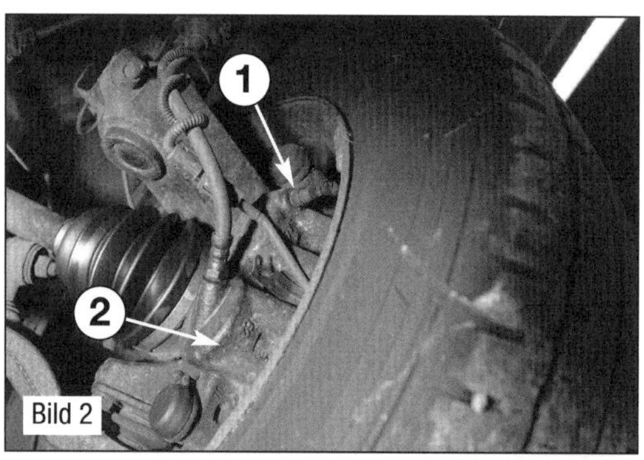

Bild 2

Bild 2
Entlüftungsventil am Bremssattel vorne.
1 Entlüftungsventil
2 Bremssattel

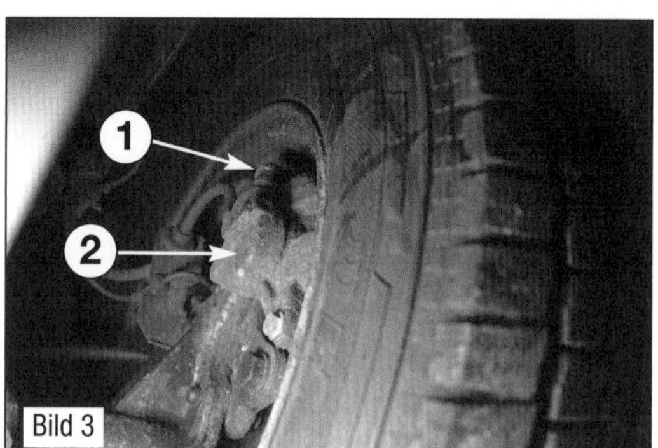

Bild 3

Bild 3
Entlüftungsventil am Bremssattel hinten.
1 Entlüftungsventil
2 Bremssattel

■ Nach dem letzten Durchgang muss der Helfer das Bremspedal wieder am Boden halten, bis das Entlüftungsventil endgültig geschlossen ist (Schraube nicht anknallen).

■ Die Arbeit an den anderen Entlüftungsventilen wiederholen.

■ Lässt sich die Bremse nach vorgenannter Methode nicht vollständig entlüften, alle Entlüftungsventile schließen, den Motor starten und mehrfach die Bremse betätigen. Dann nochmals einen Entlüftungsdurchgang vornehmen.

■ Zum Schluss noch einmal alle Bremsleitungen, Entlüftungsventile (angezogen?), den Stand im Bremsflüssigkeitsbehälter und die Funktion der Bremsen bei einer (vorsichtigen) Probefahrt prüfen. Dabei einmal so stark bremsen, dass die ABS-Regelung greift.

Bremsflüssigkeit wechseln

■ Verschlussdeckel vom Bremsflüssigkeits-Vorratsbehälter abschrauben. Das Sieb darf nicht aus dem Behälter entfernt werden!

■ Mit dem Saugschlauch vom Bremsenfüll- und Entlüftungsgerät so viel Bremsflüssigkeit wie möglich absaugen. Abgesaugte Bremsflüssigkeit darf nicht wiederverwendet werden.

■ Adapter (aus dem Bremsenentlüftungswerkzeug) auf den Bremsflüssigkeits-Vorratsbehälter schrauben, den richtigen Druck am Bremsenfüll- und Entlüftungsgerät einstellen (Bedienungsanleitung des Gerätes beachten) und den Befüllschlauch des Geräts an den Adapter anschließen.

■ Abdeckkappe des Entlüftungsventils am Bremssattel vorn links abziehen und Entlüfterschlauch der Auffangflasche auf das Ventil stecken, Entlüftungsventil öffnen und die entsprechende Bremsflüssigkeitsmenge (siehe folgende Tabelle) ausfließen lassen. Entlüftungsventil mit 10 Nm schließen. Abdeckkappe am Entlüftungsventil des Bremssattels vorn links wieder aufstecken.

■ Diesen Arbeitsablauf an der rechten Fahrzeugseite vorn wiederholen.

■ Schrauben Sie ggf. beide Räder an der Hinterachse ab, um nun dort an die Entlüftungsventile zu gelangen. Abdeckkappe am Entlüftungsventil des Bremssattels hinten links abziehen und Entlüfterschlauch der Auffangflasche auf das Entlüftungsventil hinten links stecken, Entlüftungsventil öffnen und die entsprechende Bremsflüssigkeitsmenge (siehe folgende Tabelle) ausfließen lassen. Entlüftungsventil mit 10 Nm schließen. Abdeckkappe (Staubkappe) am Entlüftungsventil des Bremssattels hinten links unbedingt wieder aufstecken.

■ Diesen Arbeitsablauf an der rechten Fahrzeugseite hinten wiederholen.

Ausfließende Bremsflüssigkeitsmengen

Reihenfolge Entlüftungsventile	Bremsflüssigkeits mengen
Bremssattel vorn links	0,20 Liter
Bremssattel vorn rechts	0,20 Liter
Bremssattel hinten links	0,30 Liter
Bremssattel hinten rechts	0,30 Liter
Kupplungsnehmerzylinder	0,15 Liter

Bremslichtschalter aus- und einbauen

Der Bremslichtschalter ist unter der Armaturenbrettverkleidung mittig über dem Bremspedal verbaut. Er ist ohne die Demontage weiterer Bauteile erreichbar. Der Schalter über dem Kupplungspedal ist der Kupplungsschalter.

■ Die Steckerraste entsichern und Stecker (1 im Bild 4) vom Bremslichtschalter (3) abziehen.

■ Bremslichtschalter gegen den Uhrzeigersinn drehen und herausziehen.

Der Einbau erfolgt sinngemäß in umgekehrter Reihenfolge.

■ Weitere Einstellarbeiten sind nicht notwendig.

Hauptbremszylinder aus- und einbauen

■ Ausreichend nicht fasernde Lappen im Bereich des Hauptbremszylinders auslegen.

■ So viel Bremsflüssigkeit wie möglich mit dem Bremsen-Füll- und Entlüftungsgerät oder einer Absaugvorrichtung aus dem Bremsflüssigkeitsbehälter absaugen.

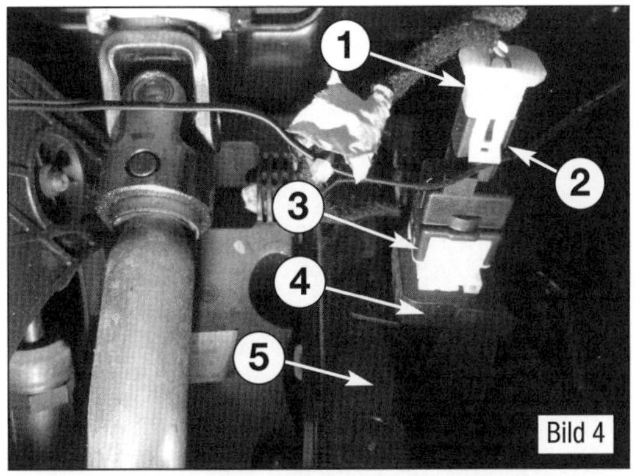

Bild 4
Bremslichtschalter
1 Steckkontakt
2 Steckerraste
3 Bremslichtschalter
4 Halter am Pedalträger
5 Bremspedal

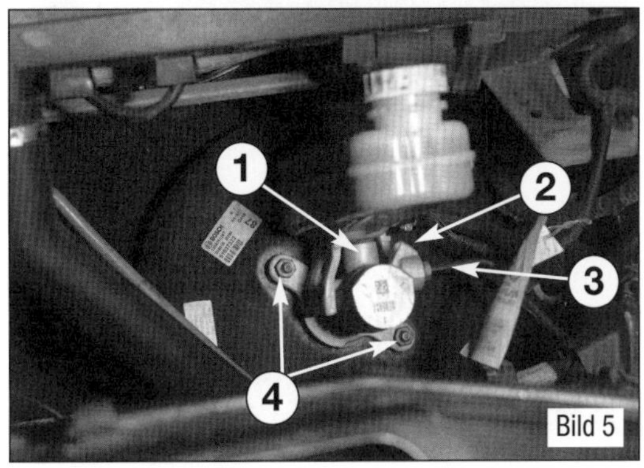

Bild 5
Hauptbremszylinder.
1 Zulauf von Vorratsbehälter
2 Stecker
3 Bremsleitungen
4 Muttern

■ Nachlaufschlauch für Kupplungsgeberzylinder vom Bremsflüssigkeitsbehälter abziehen und hochbinden.

■ Die Steckerraste entsichern und Stecker (2 im Bild 5) vom Bremsflüssigkeitssensor abziehen.

■ Bremsleitungen (3) am Hauptbremszylinder abschrauben.

■ Die Bremsleitungen mit Verschlussstopfen aus verschließen.

■ Muttern (4) vom Hauptbremszylinder (1) abschrauben.

■ Hauptbremszylinder vorsichtig aus dem Bremskraftverstärker herausnehmen.

Der Einbau erfolgt sinngemäß in umgekehrter Reihenfolge.

⚠ Beim Zusammensetzen des Hauptbremszylinders mit dem Bremskraftverstärker auf richtigen Sitz der Druckstange im Hauptbremszylinder achten. Darauf achten, dass der Dichtring zwischen Hauptbremszylinder und Bremskraftverstärker ordnungsgemäß eingebaut ist.

■ Bremsanlage entlüften. Eventuell den Kupplungsgeberzylinder entlüften.

Sichtprüfung Messen

Funktion des Bremskraftverstärkers prüfen

■ Bremspedal bei stehendem Motor mehrere Male kräftig durchtreten (dadurch wird der im Gerät vorhandene Unterdruck abgebaut).
■ Bremspedal jetzt mit mittlerer Fußkraft in Bremsstellung halten und Motor starten. Bei einem einwandfrei funktionierenden Bremskraftverstärker gibt das Bremspedal dabei unter dem Fuß spürbar nach (Verstärkung wird wirksam). Senkt sich das Pedal nicht, liegt eine Störung vor.

Diese kann in der Unterdruckversorgung (Leitung, Pumpe, Anschluss) oder am Bremskraftverstärker selbst zu finden sein. In diesem Fall muss er ersetzt werden. Reparaturen an diesem Bauteil sind nicht vorgesehen.

Bremskraftverstärker aus- und einbauen

■ Bei Fahrzeugen mit codiertem Radio die Codierung beachten, ggf. erfragen.
■ Batterie abklemmen.
■ Klemmen Sie die Bremsleitungen am Hauptbremszylinder ab.

Bild 6
1 Muttern
2 Bremskraftverstärker
3 Bremsflüssigkeitsbehälter
4 Hauptbremszylinder
5 Muttern
6 Gelenkkopf
7 Raste und Lagerung

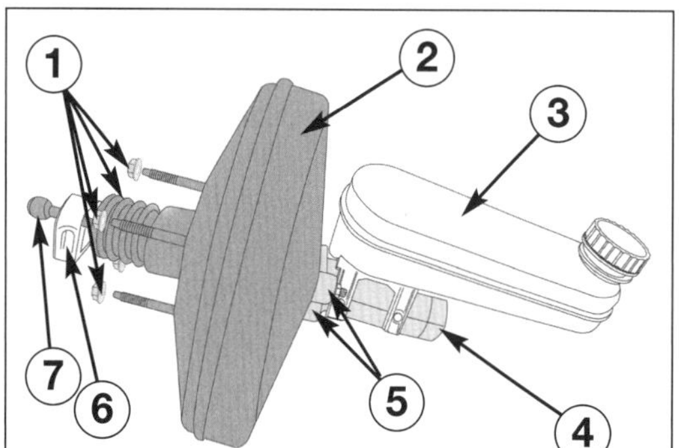

Bild 6

Bild 7
1 Halteclip
2 Rastnasen
3 Bremskraftverstärker
4 Bremspedal

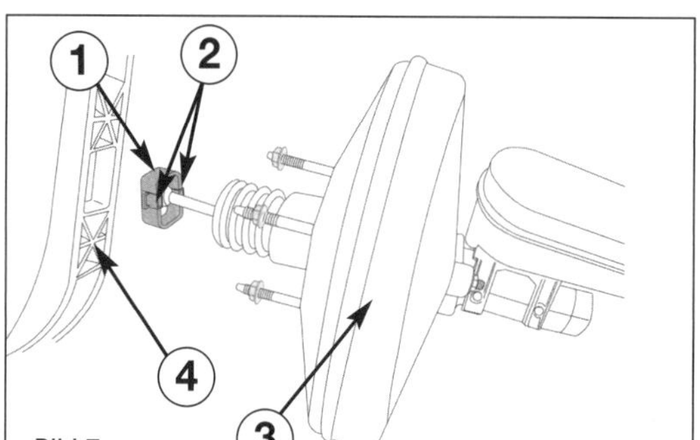

Bild 7

■ Die Bremsleitungen mit Verschlussstopfen verschließen.
■ Die Steckerraste entsichern und Stecker (2 im Bild 5) vom Bremsflüssigkeitssensor abziehen.
■ Nachlaufschlauch für Kupplungsgeberzylinder vom Bremsflüssigkeitsbehälter abziehen und hochbinden.
■ Die Unterdruckleitung zum Bremskraftverstärker am Bremskraftverstärker abziehen.
■ Drücken Sie die Rastnasen (2 im Bild 7) zusammen und ziehen Sie das Bremspedal etwas zurück.
■ Drehen Sie die Befestigungsmuttern (1 im Bild 6) vom Innenraum aus ab.
■ Nehmen Sie den Bremskraftverstärker zusammen mit dem Hauptbremszylinder aus dem Motorraum heraus.
■ Wenn erforderlich, demontieren Sie den Hauptbremszylinder vom Bremskraftverstärker ab.

Der Einbau erfolgt sinngemäß in umgekehrter Reihenfolge.
■ Hauptbremszylinder einbauen.
■ Bremskraftverstärker einbauen.
■ Bremspedal mit Bremskraftverstärker verclipsen.
■ Bremsanlage entlüften. Eventuell den Kupplungsgeberzylinder entlüften.
■ Wenn erforderlich Radio codieren.

Bremspedal aus- und einbauen

Zwar empfiehlt Fiat für die Demontage des Bremspedals den Ausbau des gesamten Pedalwerks, wir möchten aber gerade das aufgrund der aufwendigen Arbeitet vermeiden. Die Platzverhältnisse sind sehr beengt.
■ Verkleidung Lenksäule ausbauen.
■ Bremslichtschalter vom Lagerbock wie beschrieben abbauen.
■ Clipsen Sie das Bremspedal am Bremskraftverstärker aus, indem Sie die beiden Rastnasen (2 im Bild 7) zusammendrücken und das Bremspedal etwas zurückziehen.
■ Drücken Sie die Dämmung und eventuell vorhandene Verkabelung so weit zur Seite, dass Sie den Lagerbolzen des Bremspedals nach rechts drücken können.
■ Drücken Sie den Clip des Lagerbolzens etwas zusammen und schieben Sie den Lagerbolzen so weit nach rechts, dass Sie das Bremspedal herausnehmen können.

■ Nehmen Sie das Bremspedal heraus.

Die Montage erfolgt sinngemäß in umgekehrter Reihenfolge.

■ Achten Sie darauf, dass der Clip für den Bremskraftverstärker und die Pedallagerung richtig einsitzt. Der Lagerbolzen kann nur in einer Richtung eingesetzt werden.

■ Schmieren Sie die Lagerstellen mit einem säurefreien Fett.

Bremsscheiben und Beläge

Bremsbelagdicke und Bremsscheiben prüfen

Bremsbeläge vorn

■ Zur besseren Beurteilung der Restbelagdicke einen Prüfspiegel benutzen und das Rad auf der Seite abnehmen, auf der die Bremsbelagverschleißanzeige verbaut ist. Ggf. Radschraubenkappen abziehen und die Stellung des Rades zur Bremsscheibe kennzeichnen.

■ Radschrauben herausdrehen und Rad abnehmen.

■ Dicke des äußeren und inneren Belages messen. Bei der Belagdicke 1,5 mm (ohne Rückenplatte) haben die Bremsbeläge ihre Verschleißgrenze erreicht und sind zu ersetzen.

■ Rad in der gekennzeichneten Position wieder anschrauben. Radbefestigungsschrauben über Kreuz mit 120 Nm anziehen, ggf. Radschrauben und -kappen aufstecken.

Bremsbeläge hinten

Mit einer Taschenlampe durch einen Durchbruch in der Felge leuchten. Dicke des äußeren Belages durch Sichtprüfung ermitteln. Mit einer Taschenlampe inneren Belag anleuchten und Spiegel anhalten. Dicke des inneren Belages durch Sichtprüfung ermitteln. Auch diese Bremsbeläge haben bei einer Dicke von 1,5 mm ohne Rückenplatte ihre Verschleißgrenze erreicht und sind zu ersetzen.

■ Die Bremssysteme mit innen liegender Trommelbremse müssen zur Kontrolle der Beläge für die Handbremse zerlegt werden.

Bremsscheiben prüfen

Wenn die Scheibenbremsbeläge ersetzt werden müssen, sind unbedingt auch die Bremsscheiben auf Verschleiß zu prüfen. Fehlerbilder sind: Risse, Riefen, Rost und Grat am Bremsscheibenrand.

■ Ggf. Bremsscheiben ersetzen (grundsätzlich achsweise).

Vorderradbremse

Bremsbeläge vorne wechseln

Weiter zu verwendende Bremsbeläge beim Ausbau kennzeichnen. Die Beläge an gleicher Stelle wieder einbauen, sonst kann ungleichmäßige Bremswirkung entstehen!

Die Montagearbeit unterscheidet sich für die unterschiedlichen Bremssysteme nur unwesentlich.

■ Fahrzeug anheben und verzurren.

Wird das Fahrzeug nicht verzurrt, besteht die Gefahr, dass das Fahrzeug von der Hebebühne abrutschen kann!

■ Räder abbauen.

■ Steckverbindung für Bremsbelagverschleißanzeige (4 im Bild 8) trennen.

■ Abdeckkappen (10) abnehmen und Schrauben für Bremssattelbefestigung (1) herausschrauben.

■ Mit dem Schraubendreher die Führungsbuchsen im Bremssattel etwas zurückdrücken.

■ Bremssattel abnehmen, dabei Leitung für Bremsbelagverschleißanzeige durch die Öffnung im Bremssattel führen.

■ Bremssattel so mit Draht befestigen, dass das Gewicht des Bremssattels den Bremsschlauch nicht belastet bzw. beschädigt.

■ Bremsbeläge (9) seitlich aus dem Bremsträger (6) herausnehmen.

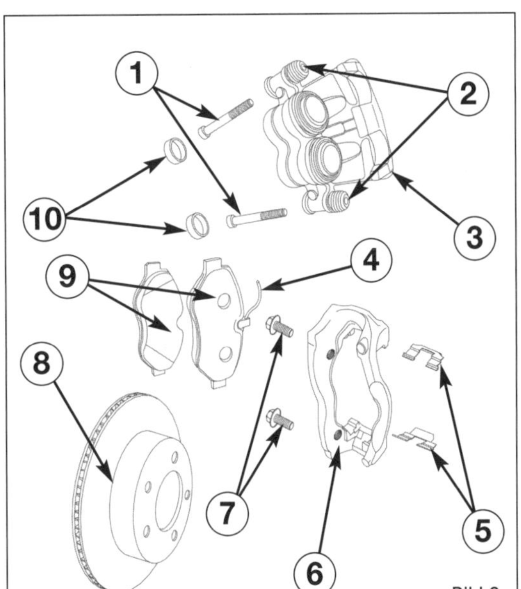

Bild 8

Bild 8
Bremssattel vorne.
1 Schraube
2 Schwimmlager Bremssattel
3 Bremssattel
4 Bremsbelagverschleißanzeige
5 Belaghalteblech
6 Bremsträger
7 Schraube
8 Bremsscheibe
9 Bremsbeläge
10 Schutzkappe

■ Bremssattelgehäuse reinigen.

Für das Reinigen des Bremssattelgehäuses ist ausschließlich Spiritus zu verwenden.

Einbauen:

Vor dem Zurückdrücken mit einer Entlüfterflasche Bremsflüssigkeit aus dem Bremsflüssigkeitsbehälter absaugen. Sonst kann, wenn zwischenzeitlich Bremsflüssigkeit nachgefüllt wurde, Bremsflüssigkeit auslaufen und zu Schäden führen.

■ Vor Einsetzen neuer Bremsbeläge müssen die Kolben mit einer Kolbenrücksetzvorrichtung (1 im Bild 9) in den Zylinder gedrückt werden.

■ Bremsbeläge (9 im Bild 8) einsetzen.

Darauf achten, dass die Bremsbeläge (9) in den Belaghalteblechen (5) sitzen.

■ Prüfen Sie, ob die Schwimmlager der Bremssättel sich leichtgängig und spielfrei verschieben lassen.

■ Bremssattelgehäuse einsetzen.

■ Neue Befestigungsschrauben (1) mit vorgeschriebenem Anzugsdrehmoment festziehen.

■ Abdeckkappen (10) einsetzen.

■ Steckverbindung für Bremsbelagverschleißanzeige (4) verbinden.

■ Räder anbauen.

Nach Ersetzen von Bremsbelägen, Bremspedal im Stand mehrmals kräftig durchtreten, damit die Bremsbeläge ihren dem Betriebszustand entsprechenden Sitz einnehmen.

Nach dem Bremsbelagwechsel den Bremsflüssigkeitsstand prüfen.

Bremsscheiben vorne wechseln

Weiter zu verwendende Bremsscheiben und Bremsbeläge beim Ausbau kennzeichnen. Die Beläge und Scheiben an gleicher Stelle wieder einbauen, sonst kann ungleichmäßige Bremswirkung entstehen.

■ Fahrzeug anheben und verzurren.

Wird das Fahrzeug nicht verzurrt, besteht die Gefahr, dass das Fahrzeug von der Hebebühne abrutschen kann!

■ Räder abbauen.

■ Steckverbindung für Bremsbelagverschleißanzeige (4 im Bild 8) trennen.

■ Abdeckkappen (10) abnehmen und Schrauben für Bremssattelbefestigung (1) herausschrauben.

■ Mit dem Schraubendreher die Führungsbuchsen im Bremssattel etwas zurückdrücken.

■ Bremssattel abnehmen, dabei Leitung für Bremsbelagverschleißanzeige durch die Öffnung im Bremssattel führen.

■ Bremssattel so mit Draht befestigen, dass das Gewicht des Bremssattels den Bremsschlauch nicht belastet bzw. beschädigt.

■ Bremsbeläge (9) seitlich aus dem Bremsträger (6) herausnehmen.

■ Drehen Sie die beiden Schrauben (7) heraus und nehmen Sie den Sattelträger (6) ab.

■ Drehen Sie die Sicherungsschraube der Bremsscheibe vorsichtig heraus (sie rostet gerne fest) und nehmen Sie die Bremsscheibe ab.

Gerade bei älteren Scheiben kann Rostbildung das Abnehmen der Scheibe erschweren. Hier wird die Bremsscheibe dann durch wechselnde Schläge mit einem Hammer entfernt und muss anschließend zwingend ersetzt werden.

Die Montage erfolgt sinngemäß in umgekehrter Reihenfolge.

■ Reinigen Sie den Sattelträger gründlich.

■ Reinigen Sie die Anlagefläche der Bremsscheibe auf der Radnabe gründlich.

Die Anlagefläche muss metallisch blank sein. Ablagerungsreste können zu rubbelnden Bremsscheiben führen.

■ Bestreichen Sie die Anlagefläche auf der Radnabe dünn mit Kupferpaste, um die erneute Korrosionsbildung etwas zu verzögern.

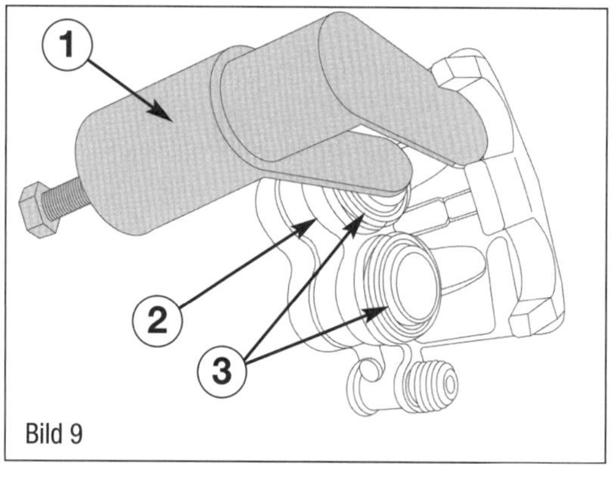

Bild 9

Bild 9
1 Kolbenrücksetzvorrichtung
2 Bremssattel
3 Bremskolben

Hinterradbremse

Die Hinterradbremse ist ähnlich aufgebaut wie schon die Bremse bei vielen Van-

Modellen von Mercedes und Volkswagen. Innerhalb der Bremsscheibe der hinteren Bremse arbeitet die Handbremse in Form einer Trommelbremse. Sie muss ab und an nachgestellt werden. Das erfolgt an der Einstellschraube und nicht am Hebelwerk.

Bremsbeläge hinten wechseln Scheibenbremse

Die beiden Bremssysteme unterscheiden sich für den Wechsel der Betriebsbremsbeläge nur unwesentlich. Wir haben Ihnen den Ablauf für beide Systeme angepasst.

Weiter zu verwendende Bremsbeläge beim Ausbau kennzeichnen. Die Beläge an gleicher Stelle wieder einbauen, sonst kann ungleichmäßige Bremswirkung entstehen!

- Räder abbauen.
- Steckverbindung für Bremsbelagverschleißanzeige (8 im Bild 10) trennen.
- Schrauben für Bremssattelbefestigung (1) herausschrauben.
- Bremssattel abnehmen, dabei die Leitung für die Bremsbelagverschleißanzeige durch die Öffnung im Bremssattel führen.
- Den Bremssattel so mit Draht befestigen, dass das Gewicht des Bremssattels den Bremsschlauch nicht belastet bzw. beschädigt.
- Bremsbeläge seitlich aus dem Bremsträger herausnehmen.
- Bremsträger und Bremssattel reinigen.

Für das Reinigen des Bremssattelgehäuses ist ausschließlich Spiritus zu verwenden.

Der Einbau erfolgt sinngemäß in umgekehrter Reihenfolge.

Vor Einsetzen neuer Bremsbeläge müssen die Kolben mit der Kolbenrücksetzvorrichtung in den Zylinder gedrückt werden (siehe Bild 9). Vor dem Zurückdrücken mit einer Entlüfterflasche Bremsflüssigkeit aus dem Bremsflüssigkeitsbehälter absaugen. Wenn zwischenzeitlich Bremsflüssigkeit nachgefüllt wurde, kann Bremsflüssigkeit auslaufen und zu Schäden führen.

- Kolben mit der Kolbenrücksetzvorrichtung »T10145« (1 im Bild 9) zurückdrücken.
- Bremsbeläge (9 im Bild 10) einsetzen. Darauf achten, dass die Bremsbeläge in den Belaghalteblechen (6 im Bild 10) sitzen.

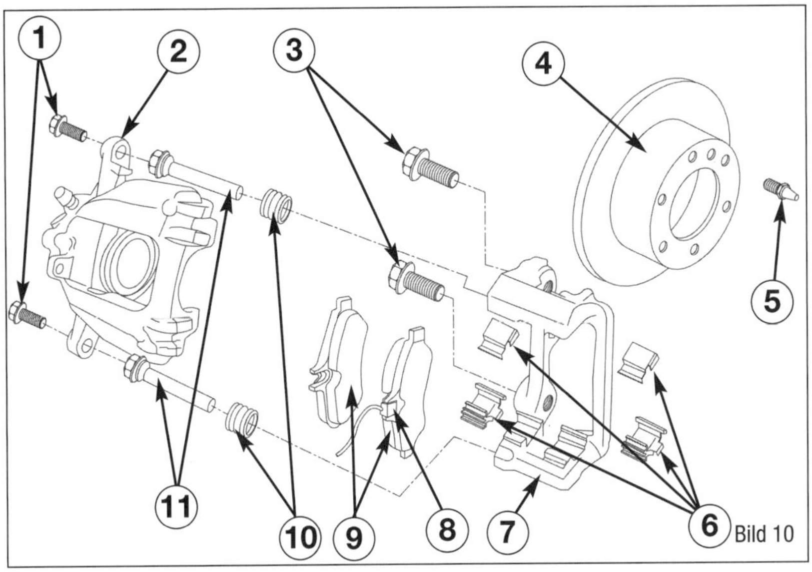

Bild 10
Scheibenbremse hinten.
1 Schraube
2 Bremssattel hinten
3 Schraube
4 Bremsscheibe
5 Sicherungsschraube
6 Haltebleche
7 Sattelträger
8 Verschleißsensor
9 Bremsbelag
10 Staubschutzbalg
11 Führungsbolzen

- Bremssattelgehäuse einsetzen.
- Neue Befestigungsschrauben (3 im Bild 10) mit dem vorgeschriebenem Anzugsdrehmoment festziehen.
- Steckverbindung für Bremsbelagverschleißanzeige (8) verbinden.
- Räder anbauen.

Bremsscheiben hinten wechseln

Weiter zu verwendende Bremsscheiben und Bremsbeläge beim Ausbau kennzeichnen. Die Beläge und Scheiben an gleicher Stelle wieder einbauen, sonst kann ungleichmäßige Bremswirkung entstehen.

- Fahrzeug anheben und verzurren.

Wird das Fahrzeug nicht verzurrt, besteht die Gefahr, dass das Fahrzeug von der Hebebühne abrutschen kann!

- Räder abbauen.
- Steckverbindung für Bremsbelagverschleißanzeige (8 im Bild 10) trennen.
- Schrauben für Bremssattelbefestigung (1) herausschrauben.
- Bremssattel abnehmen, dabei die Leitung für die Bremsbelagverschleißanzeige durch die Öffnung im Bremssattel führen.
- Den Bremssattel so mit Draht befestigen, dass das Gewicht des Bremssattels den Bremsschlauch nicht belastet / beschädigt.
- Bremsbeläge seitlich aus dem Bremsträger herausnehmen.
- Demontieren Sie die Haltebleche (6).
- Drehen Sie die Schrauben (3 heraus und nehmen Sie den Sattelträger (7) ab.
- Bremsen zurückstellen, um die Bremsscheibe abbauen zu können.

■ Drehen Sie die Sicherungsschraube (5 im Bild 10) der Bremsscheibe (4) vorsichtig heraus (sie rostet gerne fest) und nehmen Sie die Bremsscheibe ab.

Gerade bei älteren Scheiben kann Rostbildung das Abnehmen der Scheibe erschweren. Hier wird die Bremsscheibe dann durch wechselnde Schläge mit einem Hammer entfernt und muss anschließend zwingend ersetzt werden.

Der Einbau erfolgt sinngemäß in umgekehrter Reihenfolge.

■ Reinigen Sie den Sattelträger (7) gründlich.

■ Reinigen Sie die Anlagefläche der Bremsscheibe (4) auf der Radnabe gründlich.

Die Anlagefläche muss metallisch blank sein. Ablagerungsreste können zu rubbelnden Bremsscheiben führen.

■ Bestreichen Sie die Anlagefläche auf der Radnabe dünn mit Kupferpaste, um die erneute Korrosionsbildung etwas zu verzögern.

Bremsbeläge hinten wechseln Trommelbremse (Handbremse)

■ Fahrzeug anheben und verzurren.

Wird das Fahrzeug nicht verzurrt, besteht die Gefahr, dass das Fahrzeug von der Hebebühne abrutschen kann!

■ Räder abbauen.

■ Bremssattel mit Bremsträger abbauen und so mit Draht befestigen, dass das Gewicht des Bremssattels den Bremsschlauch nicht belastet, bzw. beschädigt.

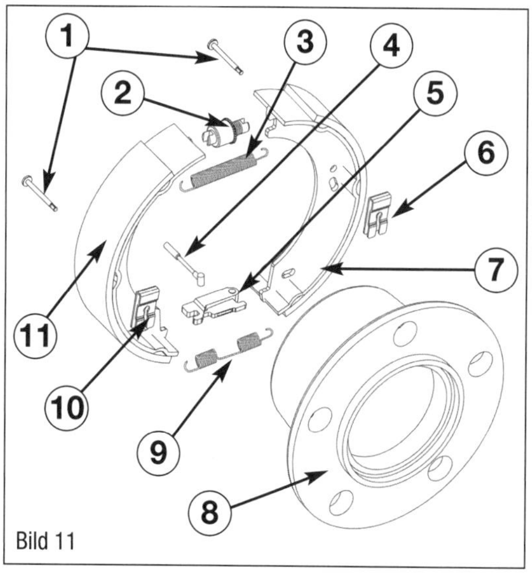

Bild 11

Bild 11
Handbremse hinten, je nach Variante ist die Einbauposition verdreht verbaut.
1 Stift
2 Nachsteller
3 Feder
4 Handbremsseil
5 Spreizer
6 Haltebleche
7 Sattelträger
8 Verschleißsensor
9 Bremsbelag
10 Staubschutzbalg
11 Führungsbolzen

■ Bremsen zurückstellen, um die Bremsscheibe abbauen zu können. Dazu einen Schraubendreher durch die Bohrung in der Bremsscheibe auf das Einstellritzel für Bremsbacken (Bilder 12 und 13) aufsetzen.

■ Einstellritzel für Bremsbacken nach unten drehen, indem Sie mit dem Schraubendreher die Zähne des Nachstellers bewegen.

■ Die Bremsscheiben wie beschrieben ausbauen.

■ Die hinteren Handbremsseile an der Mutter auf dem Zugbolzen (3) zurückstellen.

■ Rückzugfeder (3 im Bild 11) mit einem Federhaken oder einer Federzange aushängen.

■ Haltebleche (6) von den Stiften schieben und die Stifte auf der Rückseite des Abdeckblechs herausnehmen.

■ Den Nachsteller (2) herausnehmen.

■ Die Bremsbacken herausnehmen.

Der Einbau erfolgt sinngemäß in umgekehrter Reihenfolge.

■ Drehen Sie den Nachsteller komplett zurück. Prüfen Sie hierbei, ob er sich leicht verdrehen lässt.

■ Prüfen Sie, ob der Umlenkhebel (Bild 15) sich leichtgängig bewegen lässt und durch die Rückzugsfeder auf Anschlag gezogen wird.

■ Setzen Sie die Bremsscheibe auf und drehen Sie den Nachsteller nach oben, bis die Bremsbeläge die Bremstrommel festhalten.

■ Drehen Sie den Nachsteller 5 Zähne zurück. Wenn dieser Arbeitsschritt erledigt ist, ist die Grundeinstellung der Beläge erfolgt.

■ Stellen Sie nun die Einstellmutter so ein, dass der Zugbolzen gerade so spielfrei anliegt, während der Umlenkhebel vorne (Bild 15) am Anschlag anliegt.

■ Ziehen Sie den Handbremshebel bis zur sechsten Raste an. Die Handbremse sollte nun fest betätigt sein.

■ Ziehen Sie den Handbremshebel mehrfach an und kontrollieren Sie die Einstellung erneut. Eine Nachstellung kann nun an der Einstellschraube des vorderen Zuges erfolgen.

■ Ziehen Sie die Kontermuttern am vorderen Zug und am Zugbolzen (soweit verbaut) fest.

■ Handbremshebel lösen.

■ Prüfen, ob beide Räder frei drehen.

Bremsseil vorn aus- und einbauen

Vorderes Handbremsseil ausbauen:

■ Die Verkleidung vom Handbremshebel abbauen.

■ Der Handbremshebel befindet sich in unterster, nicht betätigter Stellung.

■ Das Handbremsseil (2 im Bild 15) am Umlenkhebel (4) aushängen.

■ Die Sicherungsklammer (1 im Bild 16) abbauen und Sicherungsbolzen für das Handbremsseil aus dem Handbremshebel herausziehen.

■ Die Verschraubung (2) lösen und die Mutter sowie die Scheibe abnehmen.

■ Tülle des Handbremsseils und das Handbremsseil (4) durch den Unterboden drücken.

■ Fahrzeug anheben und verzurren.

⚠ Wird das Fahrzeug nicht verzurrt, besteht die Gefahr, dass das Fahrzeug von der Hebebühne abrutschen kann!

■ Das Handbremsseil (4) vorn durch den Unterboden mit der Gummiabdichtung nach unten herausziehen.

Der Einbau erfolgt sinngemäß in umgekehrter Reihenfolge.

■ Überprüfen Sie die Einstellung der Trommelbremsen hinten.

■ Prüfen Sie, ob der Umlenkhebel (Bild 15) sich leichtgängig bewegen lässt und durch die Rückzugsfeder (1) auf Anschlag gezogen wird.

■ Prüfen Sie nach erfolgter Einstellung, ob beide Räder frei drehen.

Bremsseil hinten aus- und einbauen

■ Je eine Radschraube an den Rädern der Hinterachse herausdrehen.

■ Handbremse lösen.

■ Fahrzeug anheben und verzurren.

⚠ Wird das Fahrzeug nicht verzurrt, besteht die Gefahr, dass das Fahrzeug von der Hebebühne abrutschen kann!

■ Rad so weit drehen, bis das Einstellritzel durch die Bohrung für die Radschraube zu sehen ist.

■ Die Einstellschraube zurückdrehen, um die Bremsbeläge von der Scheibe abzuheben.

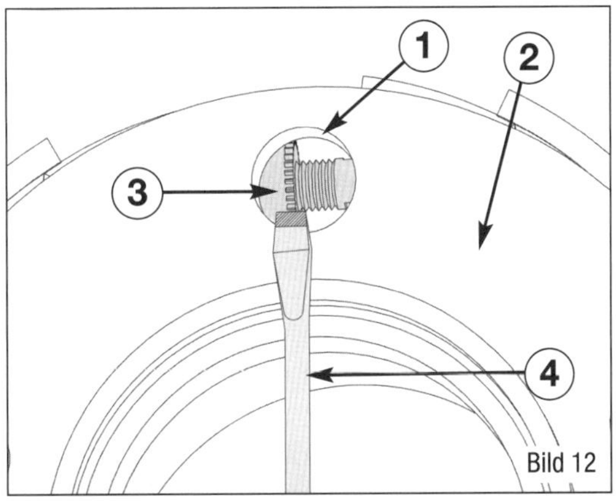

Bild 12
Handbremsverstellung, je nach Variante ist die Einbauposition verdreht verbaut.
1 Bohrung Radschraube
2 Bremsscheibe/Radnabe
3 Rastenrad
4 Schraubendreher

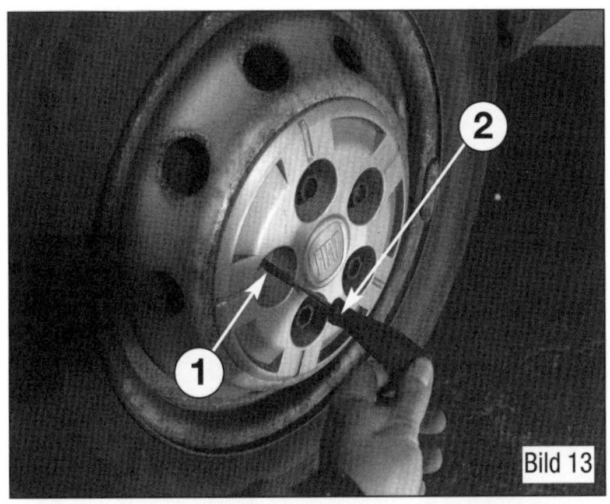

Bild 13
Schraubendreher in der Radschraubenbohrung (hier ist der Steller mit dem Rastenrad links verbaut).
1 Radschraubenbohrung
2 Schraubendreher

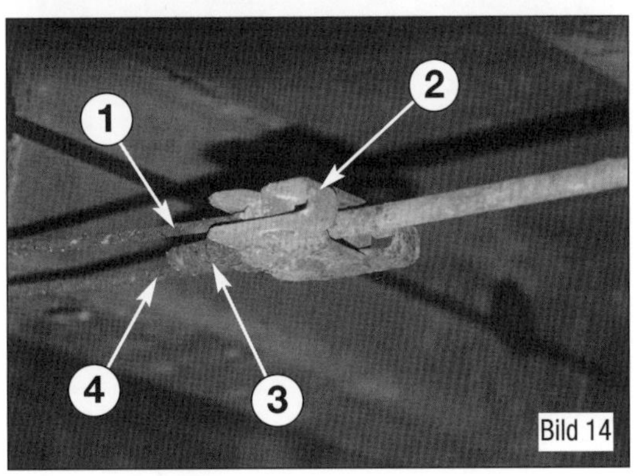

Bild 14
Einstellung am Bremsgestänge.
1 Bremsseil rechts
2 Seilwaage
3 Zugbolzen mit Einstellmutter
4 Bremsseil links

■ Demontieren Sie den Bremssattel und die Bremsscheibe.

■ Demontieren Sie die Rückstellfedern und die Bremsbacken.

■ Lösen Sie die Mutter (3 im Bild 14) und nehmen Sie das entsprechende Bremsseil (1 oder 4) aus der Seilwaage (2) heraus.

■ Nehmen Sie das Bremsseil aus dem Spreizer (5 im Bild 11) heraus. Clipsen Sie das Bremsseil aus dem Halter auf der Blattfeder aus.

■ Ziehen Sie das Bremsseil aus der Ankerplatte heraus.

■ Nehmen Sie das Bremsseil aus dem Halter auf der Hinterachse heraus.

Bild 15
Umlenkhebel zwischen Handbremsseil vorne und Zugstrebe.
1 Rückstellfeder
2 Handbremsseil vorne
3 Einstellschraube am Zug
4 Umlenkhebel
5 Zugstrebe

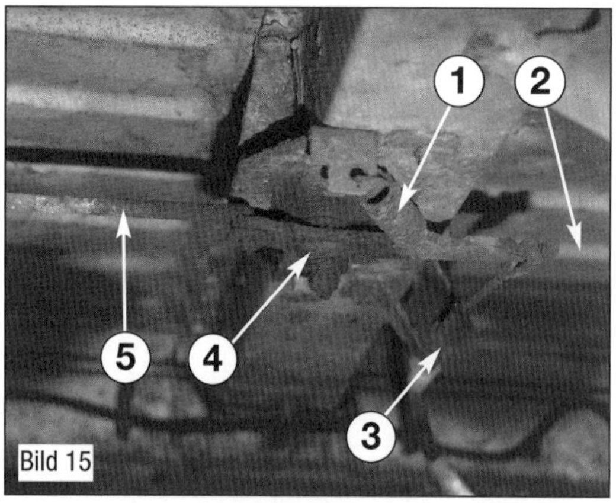

Bild 15

Bild 16
1 Haltebolzen mit Splint
2 Kontermutter
3 Trägerplatte
4 Bremsseil

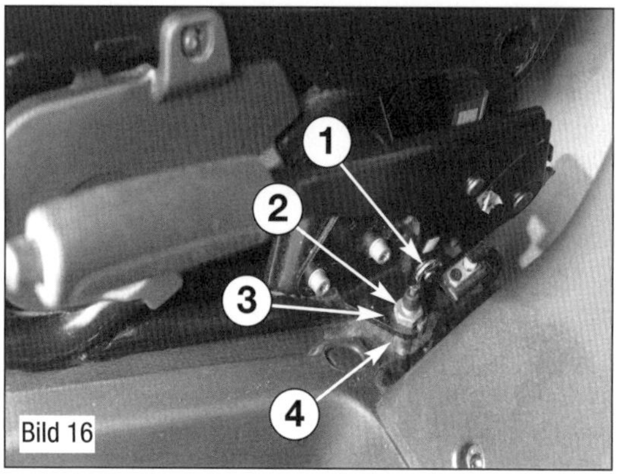

Bild 16

Bild 17
Einstellmöglichkeiten am Handbremsseil.
1 Nachsteller in der Trommel
2 Zugbolzen mit Einstellmutter
3 Einstellschraube am Umlenkhebel

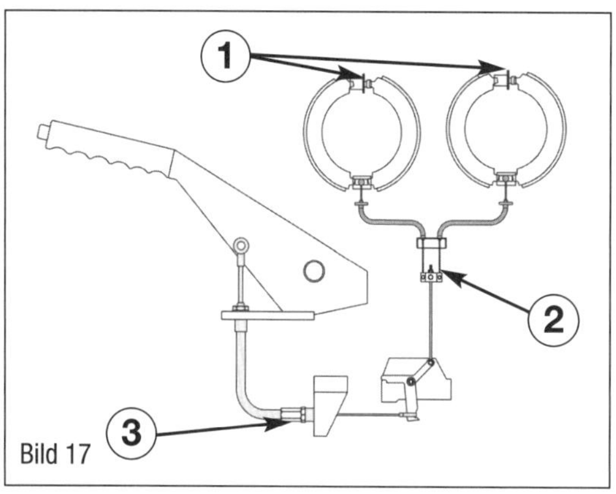

Bild 17

Der Einbau erfolgt sinngemäß in umgekehrter Reihenfolge.
Kontrollieren Sie den Zustand des Bremsseiles, wenn es wieder eingebaut werden soll.
- Überprüfen Sie die Einstellung der Trommelbremsen hinten.
- Prüfen Sie, ob der Umlenkhebel (Bild 15) sich leichtgängig bewegen lässt und durch die Rückzugsfeder (1) auf Anschlag gezogen wird.
- Prüfen Sie, ob nach erfolgter Einstellung beide Räder frei drehen.
- Gelöste Muttern wieder kontern.

Einstellmöglichkeiten am Handbremsseil beim Ducato

Drei unterschiedliche Einstellmöglichkeiten ergeben sich an der Handbremsbetätigung des Fiat Ducatos. Zwar lässt sich überall der Handbremsweg korrigieren, allerdings haben die Einstellmöglichkeiten bestimmte Aufgaben und sollten auch nur entsprechend dafür benutzt werden.
Wir werden Ihnen im Folgenden in einer Tabelle die Einstellungen und die Aufgaben vorstellen.

Nr.	Bezeichnung	Aufgabe
1	Nachsteller	Belagverschleiß ausgleichen
2	Zugstrebe mit Einstellmutter	Zuglänge der hinteren Bremszüge ausgleichen
3	Einstellschraube	Zuglänge der vorderen Bremszüge ausgleichen

Nachsteller (1): Wenn die Handbremse nachgestellt werden muss, verändern Sie nur diese Einstellmöglichkeit zur Grundeinstellung.
Zugstrebe mit Einstellmutter (2): Eine Korrektur ist dann erforderlich, wenn die hinteren Bremsseile erneuert worden sind.
Einstellschraube (3): Eine Korrektur ist dann erforderlich, wenn das vordere Bremsseil erneuert worden ist.

Handbremshebel aus- und einbauen

Betrachten wir beide Varianten zum Ausbau des Handbremshebels.

Beide Varianten:
- Demontieren Sie die Verkleidung vom Handbremshebel hinten.
- Der Handbremshebel befindet sich in unterster, nicht betätigter Stellung.
- Sicherungsklammer abbauen und Sicherungsbolzen (3 in Bild 18) für das Handbremsseil vorn aus dem Handbremshebel herausziehen.

Handbremshebel ausbauen (Bild 18):
- Den Knopf im Handbremshebel zur Entriegelung drücken und gedrückt halten.
- Das Sicherungsblech für den Lagerbolzen

(3 im Bild 18) abnehmen.
■ Den Lagerbolzen (3) herausziehen, den Handbremshebel von der Halterung abnehmen.
Der Einbau erfolgt sinngemäß in umgekehrter Reihenfolge.
■ Fetten Sie die Lagerstellen, die Bolzen und die Raste mit säurefreiem Fett.

Handbremshebel mit Halter ausbauen (Bild 19):
■ Steckverbindung (2 im Bild 19) am Schalter für Handbremskontrolle trennen.
■ Verschraubung (3) für das Handbremsseil vorne lösen.
■ Schrauben (1) herausdrehen und Handbremshebel mit Haltekonsole abnehmen. Dabei das Handbremsseil (3) sowie die Mutter und die Unterlegscheibe herausführen.
Der Einbau erfolgt sinngemäß in umgekehrter Reihenfolge.
■ Fetten Sie die Lagerstellen, die Bolzen und die Raste mit säurefreiem Fett.

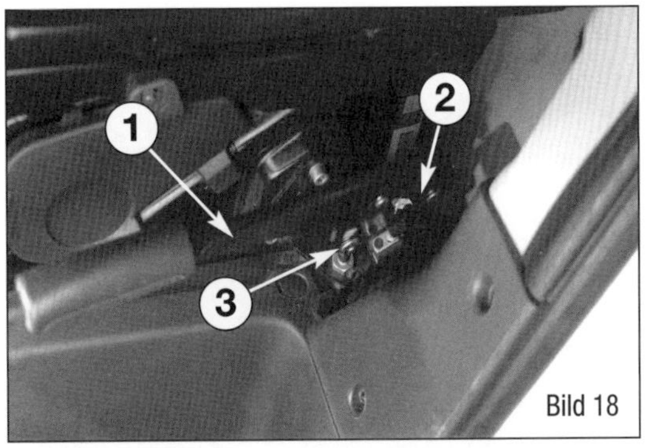

Bild 18

Bild 18
Ausbau des Handbremshebels ohne Konsole.
1 Handbremshebel
2 Lagerbolzen
3 Lagerbolzen mit Clip des vorderen Handbremsseiles

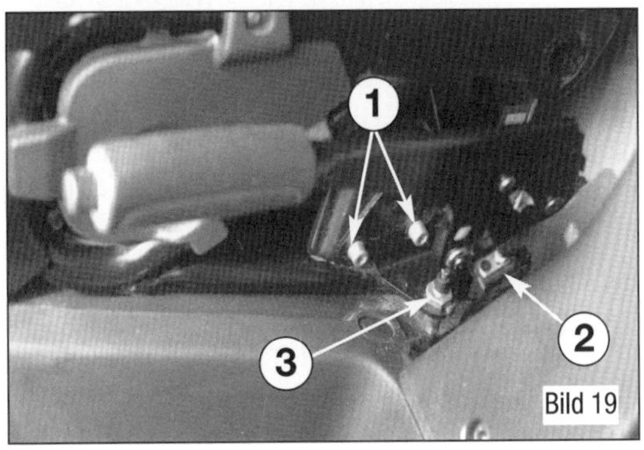

Bild 19

Bild 19
Ausbau des Handbremshebels mit Konsole.
1 Schrauben
2 Handbremskontrollschalter
3 Verschraubung des Handbremsseiles vorne

14 Elektrische Anlage

Schon im Stand, aber erst recht während der Fahrt benötigt der Ducato elektrischen Strom. Motorsteuerung, Lenkung und Kraftstoffeinspritzung müssen mit Elektroenergie versorgt werden. Alle weiteren unbedingt erforderlichen oder für die Sicherheit und Bequemlichkeit eingebauten automatischen Systeme sowie natürlich die gesamte Lichtanlage sind ohne elektrische Energie arbeitsunfähig. Viele Störungen und Funktionsprüfungen gerade in diesem Bereich gehören, ähnlich wie bei anderen Baugruppen, in die Fachwerkstatt. Denn zum genauen Erkennen und Beseitigen der Mängel muss häufig das auch in anderen Kapiteln schon mehrfach erwähnte Fahrzeugdiagnosegerät (FI-COM) angeschlossen und der Fehlerspeicher abgefragt werden. Der Diagnoseanschluss im Fahrzeug (Steckkontakt für das Werkstattsystem) befindet sich, wie inzwischen international festgelegt, im Fußraum Fahrerseite über dem Bremspedal. Nun sind die meisten Innovationen im Kraftfahrzeug heute zwar von immer komplizierterer Elektronik geprägt, Reparaturen an der elektrischen Anlage sind aber durchaus nicht in jedem Fall von ihr verursacht. Oft sitzt nur ein Kabel lose, sind Sicherungen durchgebrannt oder Kontakte korrodiert, oder messtechnisch zu ermittelnde Bauteile sind defekt. Nicht wenige Störungen an der Elektrik lassen sich mit einfachen Mitteln beheben. Natürlich muss man sich etwas auskennen und die Grundbegriffe verstehen.

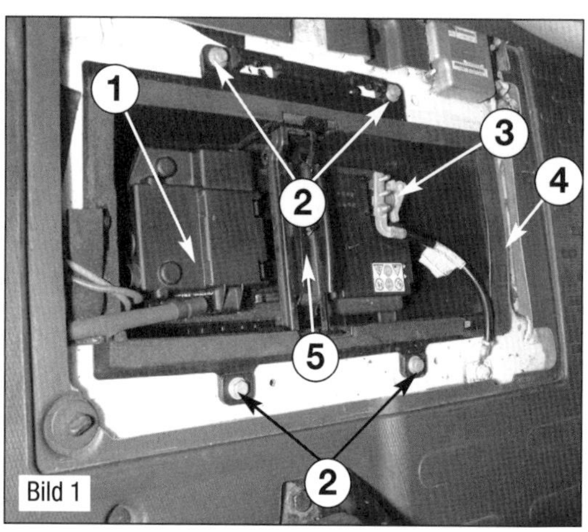

Bild 1
Blick in den Batteriekasten von oben.
1 Plusanschluss mit Vorsicherungen
2 Schrauben
3 Masseanschluss mit Schnellverschluss
4 Batteriekasten
5 Batteriebefestigung

Arbeiten an der Spannungsversorgung

Zu allererst haben wir es im Ducato noch immer mit elektrischen Bauteilen zu tun, die schon die gesamte Entwicklungsgeschichte des Automobils begleiten: Batterie, Anlasser (Starter) und Lichtmaschine (Drehstromgenerator). Sie sind zusammen für die Arbeitsaufnahme des Motors verantwortlich. Um seine Aufgabe zu erfüllen, ist jedes dieser drei Bauteile auf das andere angewiesen. Wir wenden uns hauptsächlich ihnen zu.

Batterie

Batterie an- und abklemmen

Auf das Prüfen (Sichtprüfung, Batterietester) und Laden sowie auf Warnhinweise und allgemeine Sicherheitsregeln bei Arbeiten an der Batterie (Kennzeichnungen auf der Batterie selbst) gehen wir in diesem Ratgeber nur begrenzt ein. Sie sind ausführlich in der Bedienungsanleitung des Fahrzeugs behandelt.
Um Beschädigungen der Batteriepolklemmen und der Batteriepole zu vermeiden, schreibt Fiat vor:

- Die Batteriepolklemmen dürfen nur gewaltfrei von Hand aufgesteckt werden.
- Die Batteriepole dürfen nicht gefettet werden.
- Die Batteriepolklemmen sind so zu montieren, dass der Batteriepol bündig mit der Klemme abschließt oder aus ihr herausragt.
- Nach dem Anziehen der Batteriepolklemmen mit dem vorgeschriebenen Anzugsdrehmoment von 6 Nm dürfen die Verschraubungen nicht nochmals nachgezogen werden.
- Durch das Abschrauben der Batterie-Minuspolklemme (Stromunterbrechung) wird das sichere Arbeiten an der elektrischen Anlage gewährleistet. Das Abschrauben der Batterie-Pluspolklemme ist nur für den Ausbau der Batterie erforderlich. In jedem Fall müssen die Hinweise zum Anklemmen der Batterie beachtet werden.

Abklemmen

- Zündung und alle elektrischen Verbraucher ausschalten, Zündschlüssel abziehen.

■ Den Deckel des Batteriekastens im Fußraum öffnen.
■ Die Befestigungsmutter Batteriepolklemme lösen.
■ Masseleitung lösen und die Minuspolklemme von der Batterie abnehmen.

Falls, wie beim Batterieausbau, die Pluspolklemme auch abgenommen wird: Immer zuerst die Minusklemme abnehmen!

Anklemmen

■ Die Batteriepolklemme Masseleitung in der richtigen Stellung auf den Minuspol der Batterie stecken und den Schnellverschluss umlegen. Dabei auf festen Sitz der Batterieklemme achten.

Falls (wie beim Batterieausbau) die Pluspolklemme auch abgenommen wird: Immer zuerst die Pluspolklemme wieder anklemmen! Erst danach die Masseleitung wie beschrieben anklemmen.

Nach Anklemmen der Batterie und Einschalten der Zündung kann die Kontrollleuchte für ESP und ASR dauerhaft leuchten. Die Kontrollleuchte erlischt automatisch, wenn mit 15 bis 20 km/h eine Wegstrecke geradeaus gefahren wird. Dadurch wird der Geber für Lenkwinkel wieder aktiviert.

Arbeitsschritte nach Anklemmen der Batterie

■ Zündung mit dem Zündschlüssel einschalten und wieder ausschalten.
■ Fehlerspeicher auslesen: »Geführte Fehlersuche« mit dem Fahrzeugdiagnosegerät.
■ Uhrzeiteinstellung prüfen, ggf. nach Bedienungsanleitung neu einstellen.
■ Zündung einschalten und mit Fensterheberschalter alle Fenster bis Endanschlag öffnen und wieder vollständig schließen.
■ Die Taster für die Fensterheber nach oben ziehen und mindestens eine Sekunde lang in dieser Stellung halten.
■ Anschließend bei geschlossenen Fenstern den Fensterheberschalter ziehen, bis das Relais hörbar schaltet.
■ Die Komfortschaltung der Fensterheber prüfen: Das Fenster muss bei betätigter Komfortschaltung ohne Halten des Schalters schließen.
■ Alle elektrischen Verbraucher auf Funktion prüfen.

Batterie aus- und einbauen

■ Batterie wie beschrieben abklemmen.
■ Die Masseleitung an der Verschraubung am Bodenblech abbauen.
■ Die Befestigungsschraube abschrauben und den Befestigungsbügel herausnehmen.
■ Die Griffe nach oben klappen und die Batterie herausnehmen.

Der Einbau erfolgt sinngemäß in umgekehrter Reihenfolge.

Batterie anklemmen:

■ Die Schraubverbindungen mit den geforderten Anzugsdrehmomenten anziehen:

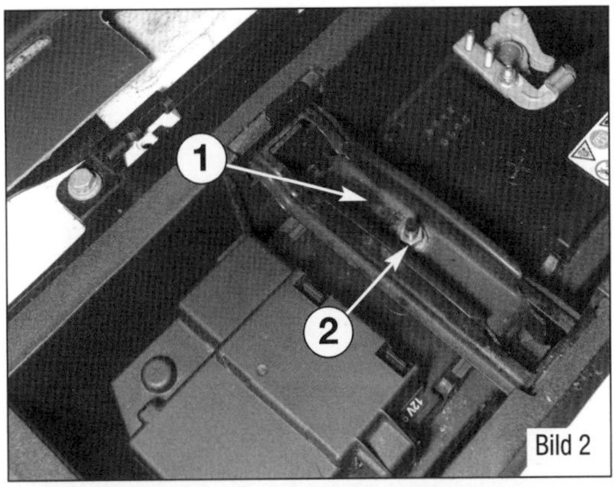

Bild 2
Batteriebefestigung im Batteriekasten.
1 Halter (2 teilig)
2 Befestigungsmutter

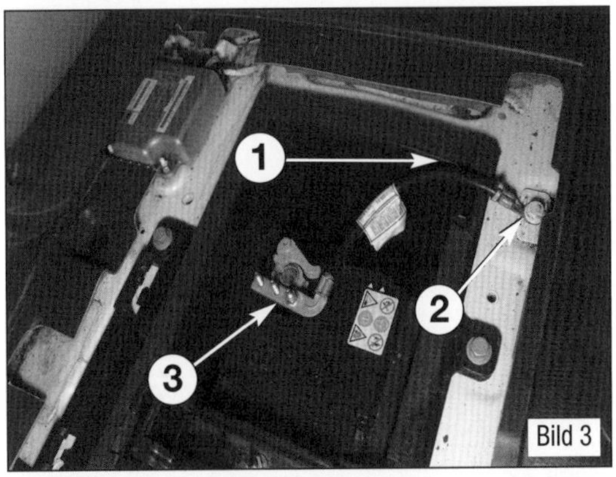

Bild 3
Batterieanschluss Masse.
1 Massekabel zwischen Batterie und Karosserie
2 Verschraubung an der Karosserie
3 Masseanschlussschiene am Minuspol mit Schnellverschluss

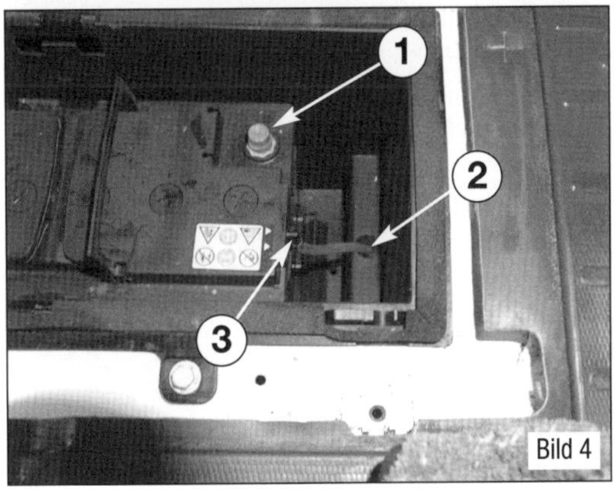

Bild 4
Batterieentlüftung.
1 Masseanschluss der Batterie
2 Ablauf der Batterieentlüftung
3 Anschluss Batterieentlüftung

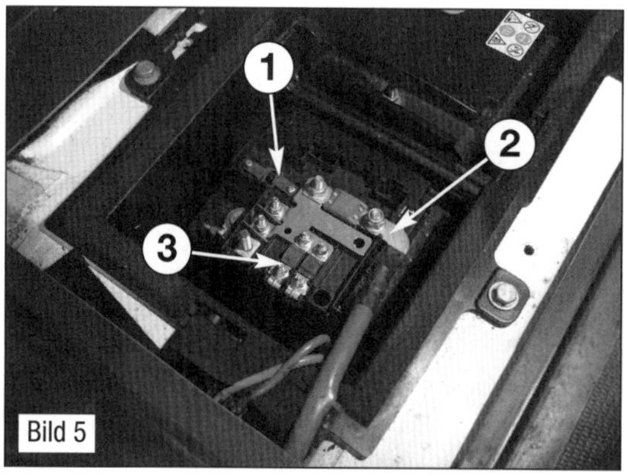

Bild 5

Bild 5
Batterieanschluss Plus.
1 Pluspol
2 Plusleitung
3 Vorsicherung

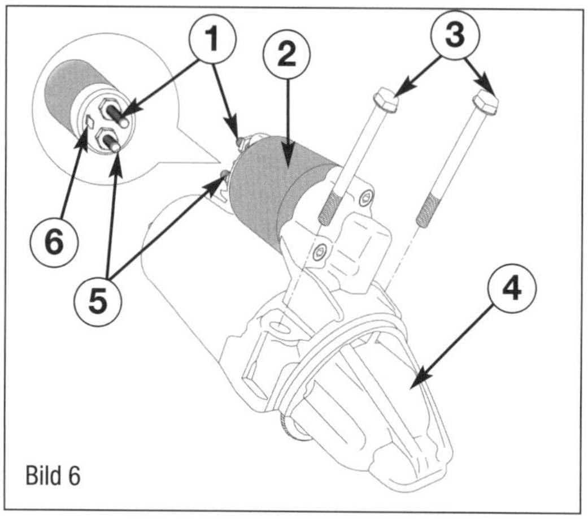

Bild 6

Bild 6
Starter (Anlasser) 2,2-l-Motor.
1 Klemme 30
2 Ausrückschalter
3 Schrauben
4 Starter
5 Feldanschluss Starter
6 Klemme 50

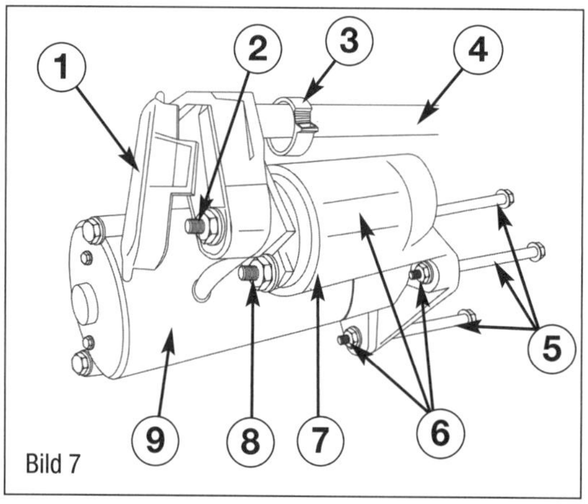

Bild 7

Bild 7
Starter (Anlasser) 2,3- und 3,0-l-Motor.
1 Abdeckung
2 Klemme 30
3 Kabelschelle
4 Zuleitungskabel
5 Schrauben
6 Muttern
7 Ausrückschalter
8 Klemme 50
9 Starter

Muttern an den Polklemmen 6 Nm, M8-Schraube am Klemmbügel 25 Nm.

■ Batterie nach dem Einbau auf festen Sitz prüfen.

⚠ Bei einer lose montierten Batterie bestehen folgende Gefahren: verkürzte Lebensdauer durch Rüttelschäden (Explosionsgefahr!), Schädigung der Gitterplatten, Beschädigung des Batteriegehäuses durch den Befestigungsbügel (möglicher Säureaustritt, hohe Folgekosten) und mangelhafte Crash-Sicherheit.

Anlasser (Starter) aus- und einbauen

⚠ Die Starterbatterie befindet sich im Innenraum des Fahrzeugs. Zum Aus- und Einbau des Anlassers muss die Starterbatterie abgeklemmt werden. Wird stattdessen versehentlich die optional vorhandene Zusatzbatterie im Motorraum abgeklemmt, ist am Anlasser immer noch die volle Spannung der Starterbatterie vorhanden!

De- und Montage am 2,2-l-Diesel-Motor

■ Batterie abklemmen.

■ Falls vorhanden, die Geräuschdämpfung über dem Motor ausbauen.

■ Lösen Sie die Kabelhalter zum Starter und clipsen Sie den Deckel zur Klemme 30 (1 im Bild 6) am Ausrückschalter (2) ab.

■ Klemmen Sie das Anschluss-Kabel 30 (1) am Ausrückschalter (2) ab.

■ Klemmen Sie den Anschluss Klemme 50 (6) ab. Der Anschluss kann als Steckanschluss oder als Schraubanschluss ausgeführt sein.

■ Drehen Sie die beiden Befestigungsschrauben (3) heraus.

■ Nehmen Sie den Anlasser (Starter) (4) heraus.

Der Einbau erfolgt sinngemäß in umgekehrter Reihenfolge.

■ Befestigungsschrauben Anlasser an Getriebe mit 80 Nm festziehen.

■ Befestigungsmutter Plusleitung (Klemme 30) an Magnetschalter mit 15 Nm festziehen.

■ Kontrollieren Sie die Anschlüsse auf Korrosion.

De- und Montage am 2,3-l-und 3,0-l-Motor

■ Batterie abklemmen.

■ Falls vorhanden, die Geräuschdämpfungen über und unter dem Motor ausbauen.

■ Fahrzeug anheben und verzurren.

⚠ Wird das Fahrzeug nicht verzurrt, besteht die Gefahr, dass das Fahrzeug von der Hebebühne abrutschen kann!

■ Lösen Sie die Kabelhalter zum Starter und clipsen Sie den Deckel zur Klemme 30 (1 im Bild 6) am Ausrückschalter (2) ab.

■ Klemmen Sie das Anschlusskabel Klemme 30 (2) und Klemme 50 (8) am Ausrückeschalter (7) ab.
■ Drehen Sie die Befestigungsschrauben (5) heraus und nehmen Sie den Starter (9) heraus.

Der Einbau erfolgt sinngemäß in umgekehrter Reihenfolge.
■ Befestigungsschrauben Anlasser an Getriebe mit 20 Nm festziehen.
■ Befestigungsmutter Plusleitung (Klemme 30) an Magnetschalter mit 15 Nm festziehen.
■ Kontrollieren Sie die Anschlüsse auf Korrosion.

Generator aus- und einbauen

Generator mit Multifunktionsregler
Der Aufbau der Generatoren unterscheidet sich kaum.
Wer allerdings genauer hinschaut, wird schnell feststellen, dass die Anschlüsse des Generators nicht mehr D+ und B+ heißen, sondern sich neben B+ eine Klemme L und eine Klemme DFM befinden. Um die technischen Details genauer darzustellen, listen wir Ihnen die typischen Merkmale eines Drehstromgenerators mit Multifunktionsregler auf:
■ Monolitregler mit integriertem Steuergerät.
■ Der Generator ist diagnosefähig.
■ Unterstützen des Motormanagement.
■ Der Erregerstrom wird direkt von Anschluss B+ bezogen. Es sind keine Erregerdioden verbaut.
■ Die Ladespannung ist temperaturgesteuert.
■ Schutz vor Überlastung und Kurzschluss.
■ Auslastungsüberwachung und eine Batterieüberwachung sind möglich.

⚠ Beim Einbau bereits gelaufener Keilrippenriemen beachten Sie die beim Ausbau gekennzeichnete Laufrichtung! Achten Sie vor dem Einbau des Keilrippenriemens darauf, dass alle Aggregate (Generator, Klimakompressor) festmontiert sind. Beim Auflegen des Riemens auf den korrekten Sitz des Keilrippenriemens in den jeweiligen Riemenscheiben achten!

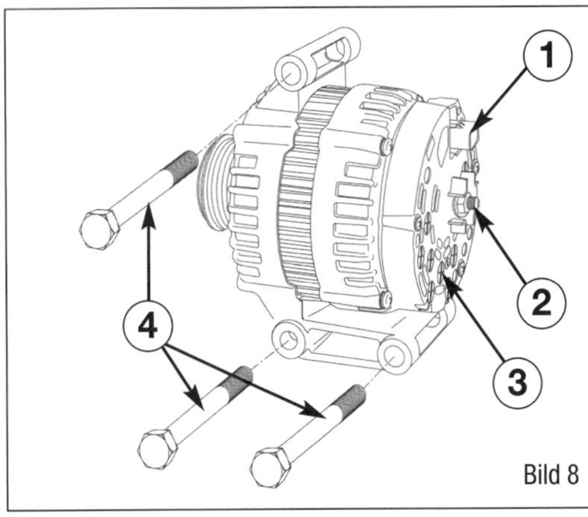

Bild 8

Bild 8
Generator 2,2-l-Motor (Einbauort vorne rechts).
1 Anschlussstecker
2 B+-Anschluss
3 Generator
4 Schrauben

Generator aus- und einbauen beim 2,2-l-Diesel-Motor
Der Generator ist im Motorraum vorne links verbaut und von oben zugänglich.
■ Zündung und alle elektrischen Verbraucher ausschalten und den Zündschlüssel abziehen.
■ Batterie abklemmen.
■ Demontieren Sie den Antriebsriemen, wie wir bereits im Kapitel 4 beschrieben haben.
■ Demontieren Sie den Frischlufteinlass des Luftfilters.
■ Bauen Sie das Haubenschloss und den Querträger aus.
■ Demontieren Sie die Kühlerlüfter zusammen mit der Lüfterzarge. Auch diese Arbeitsschritte haben wir bereits im Kapitel 6 beschrieben.
■ Elektrische Steckverbindung (1) des Generators entriegeln und trennen.
■ Schutzkappe vom B+-Leitungsanschluss (2) abziehen und die Mutter darunter vom Generator abschrauben.
■ Drehen Sie die Schrauben (4) heraus und nehmen Sie den Generator heraus.

Der Einbau erfolgt sinngemäß in umgekehrter Reihenfolge.
■ Kontrollieren Sie den Zustand des Generators und der Riemenscheibe (Freilaufriemenscheibe).
■ Schrauben des Generators mit 45 Nm anziehen.
■ Befestigungsmutter Plusleitung (Klemme B+) mit 15 Nm festziehen.
■ Batterie anklemmen.
■ Motor starten und den Riemenlauf kontrollieren.
■ Motor abstellen.
■ Fehlerspeicher auslesen.

Sichtprüfung Messen

Generator aus- und einbauen beim 2,3-l-Diesel-Motor

Der Generator ist im Motorraum hinten rechts verbaut und von unten zugänglich.

■ Zündung und alle elektrischen Verbraucher ausschalten.
■ Batterie abklemmen.
■ Demontieren Sie die Luftzufuhr zum Lüfterkasten.
■ Demontieren Sie die Motorabdeckung unten Mitte und rechts.
■ Demontieren Sie die Antriebsriemen wie wir bereits im Kapitel 4 beschrieben haben.
■ Bauen Sie das Flexrohr in der Auspuffanlage aus.
■ Bauen Sie den Vorkatalysator aus.
■ Lösen Sie die Kabelschelle (Kabelbinder) am Generatorhalter.
■ Elektrische Steckverbindung des Generators entriegeln und trennen.
■ Schutzkappe vom B+-Leitungsanschluss (2 im Bild 9) abziehen und die Mutter darunter vom Generator abschrauben.
■ Legen Sie Anschlusskabel aus dem Arbeitsbereich heraus.
■ Drehen Sie die Befestigungsschrauben (1 und 6) heraus und nehmen Sie den Generator nach unten ab.

Der Einbau erfolgt sinngemäß in umgekehrter Reihenfolge.

■ Kontrollieren Sie den Zustand des Generators und der Riemenscheibe (Freilaufriemenscheibe).
■ Drücken Sie die Hülse (4) so weit nach außen, dass sich der Generator leicht aufstecken lässt.

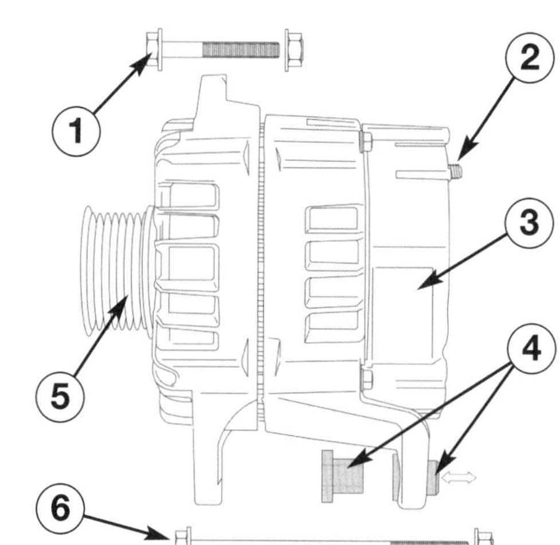

Bild 9

Bild 9 Generator 2,3-l-Motor (Einbauort hinten rechts).
1 Schraube oben
2 B+-Anschluss
3 Generator
4 Hülsen
5 Riemenscheibe
6 Schraube unten

■ Schrauben des Generators mit 50 Nm anziehen.
■ Befestigungsmutter Plusleitung (Klemme B+) mit 15 Nm festziehen und
■ Batterie anklemmen.
■ Motor starten und den Riemenlauf kontrollieren.
■ Motor abstellen und
■ Fehlerspeicher auslesen.

Generator aus- und einbauen beim 3,0-l-Diesel-Motor

Der Generator ist im Motorraum hinten rechts verbaut und von unten zugänglich.

■ Zündung und alle elektrischen Verbraucher ausschalten, dann Batterie abklemmen.
■ Demontieren Sie die Motorabdeckung unten Mitte und rechts.
■ Demontieren Sie den Hitzeschutz über der Servolenkung.
■ Demontieren Sie die Antriebsriemen, wie wir bereits im Kapitel 4 beschrieben haben.
■ Drehen Sie die obere Befestigungsschraube des Generators vom Radkasten aus heraus.
■ Elektrische Steckverbindung des Generators entriegeln und trennen.
■ Legen Sie Anschlusskabel aus dem Arbeitsbereich heraus.
■ Schutzkappe vom B+-Leitungsanschluss (2 im Bild 9) abziehen und die Mutter darunter vom Generator abschrauben.
■ Demontieren Sie die Antriebsriemen, wie wir bereits im Kapitel 4 beschrieben haben.
■ Demontieren Sie die untere Befestigungsschraube des Generators und nehmen Sie den Generator heraus.

Der Einbau erfolgt sinngemäß in umgekehrter Reihenfolge.

■ Kontrollieren Sie den Zustand des Generators und der Riemenscheibe (Freilaufriemenscheibe).
■ Drücken Sie die Hülse (4) so weit nach außen, dass sich der Generator leicht aufstecken lässt.
■ Schrauben des Generators mit 50 Nm anziehen.
■ Befestigungsmutter Plusleitung (Klemme B+) mit 15 Nm festziehen.
■ Batterie anklemmen.
■ Motor starten und den Riemenlauf kontrollieren.
■ Motor abstellen.
■ Fehlerspeicher auslesen.

Generatorfreilauf beim 3,0-l-Diesel-Motor
Nach unserer Recherche kommt beim 3,0-l-Diesel eine besondere Riemenscheibe auf dem Generator zum Einsatz. Das bedeutet allerdings nicht, dass Sie diese Riemenscheibe nicht in anderen Motorvarianten finden werden. Betrachtet man sich die Riemenscheibe des Generators genauer, sieht man zuerst einen Kunststoffdeckel an der Seite, wo die Verschraubung sein müsste. Zieht man diesen ab, findet man keine Mutter, sondern einen Vielzahneinsatz. Steckt man einen Inbus- oder Vielzahnschlüssel in die Aufnahme in der Generatorwelle, stellt man fest, dass der Generator in Drehrichtung frei drehbar ist. Gegen die Drehrichtung hingegen wird der Riementrieb mit bewegt. Die Antriebsscheibe beinhaltet einen Freilauf. Um den technischen Grund für diesen Aufwand zu verstehen, muss man sich die Funktion eines Verbrennungsmotors vorstellen. Gerade im Leerlauf läuft kein Motor richtig rund. Die Zündung verursacht bei jedem Arbeitstakt eine kurze, aber kräftige Beschleunigung der Kurbelwelle und damit auch der durch sie angetriebenen Aggregate. Alle anderen Takte verzögern die Drehgeschwindigkeit des Motors. Hieraus ergeben sich Schwingungen, die durch Flattern des Flachriemens quittiert werden. Um diesem Effekt entgegenzuwirken, wird der Generator als das Gerät mit der größten Masse entkoppelt. Das vermindert die Schwingungen des Flachriemens sehr deutlich. Ein beschädigter Freilauf ist zumeist sichtbar und hörbar. Der Antriebsriemen flattert und gelegentlich ist auch ein leichtes Schlagen hörbar.

Demontage des Generatorfreilaufs:

■ Entspannen Sie den automatischen Flachriemenspanner.

■ Ziehen Sie den Kunststoffdeckel von der Antriebsscheibe des Generators ab.

■ Stecken sie den Freilaufvielzahn in die Freilaufnabe (4) ein.

■ Führen Sie einen guten und genau gearbeiteten Inbus- oder Vielzahnschlüssel in die Generatorwelle (1) ein.

■ Lösen Sie die Verschraubung, indem Sie die Generatorwelle gegen die Drehrichtung des Generators drehen, und halten den Freilauf mit dem Freilaufvielzahn (2) fest.

■ Schrauben Sie den Freilauf von der Generatorwelle ab.

Bild 10
Generatorfreilauf im Schnitt.
1 Riemenscheibe
2 Sperrlager
3 Nabe zum Aufschrauben auf die Generatorwelle

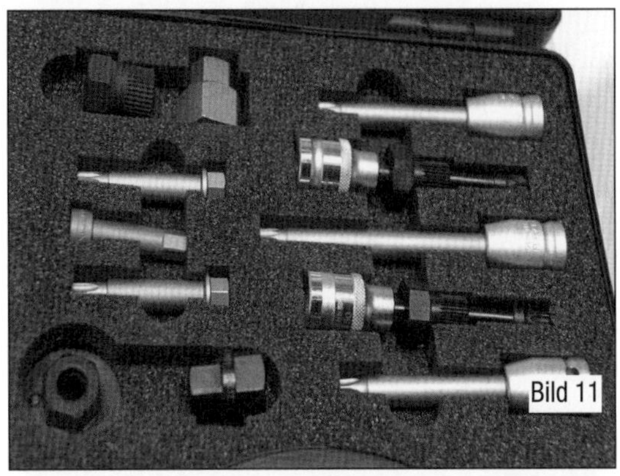

Bild 11
Demontageset für Generatorfreiläufe unterschiedlicher Hersteller: Unterschiedliche Einsätze für die Freilaufnabe und die Generatorwelle ermöglichen den Ausbau auch bei unterschiedlichen Generatorherstellern.

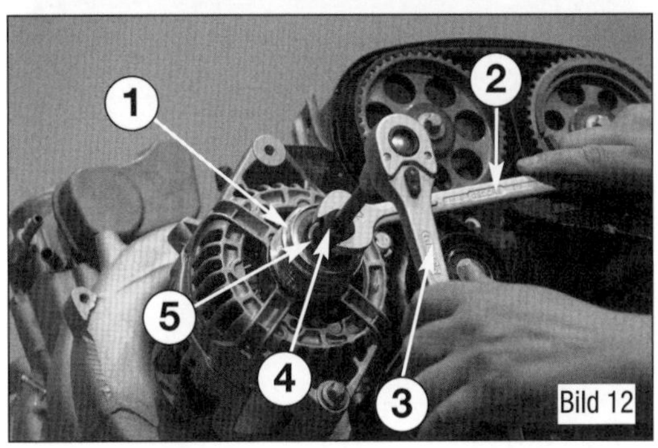

Bild 12
Ausbau des Generatorfreilaufs.
1 Riemenscheibe
2 Schlüssel
3 Ratsche mit passendem Aufsatz für die Generatorachse
4 Einsatz für die Freilaufnabe
5 Freilaufnabe

■ Montieren Sie den neuen Freilauf auf die Generatorwelle.

■ Prüfen Sie den automatischen Riemenspanner.

⚠ Sollten Sie Schäden an der Rolle oder an der Lagerung feststellen oder die Lagerung Geräusche von sich geben, tauschen Sie diese besser gleich mit aus.

Scheinwerfer vorne aus- und einbauen

■ Zündung und alle elektrischen Verbraucher ausschalten und den Zündschlüssel abziehen.

Bild 13
Blende unter dem Scheinwerfer.
1 Schraube
2 Blende

Bild 14
Blende unter dem Scheinwerfer.
1 Clips
2 Blende

Bild 15
Blende über dem Scheinwerfer.
1 Blende
2 Schrauben

Bild 16
Blende über dem Scheinwerfer.
1 Blende
2 Clips

Bild 17
Scheinwerferbefestigung.
1 Clip zum Kotflügel
2 Schrauben
3 Scheinwerfer

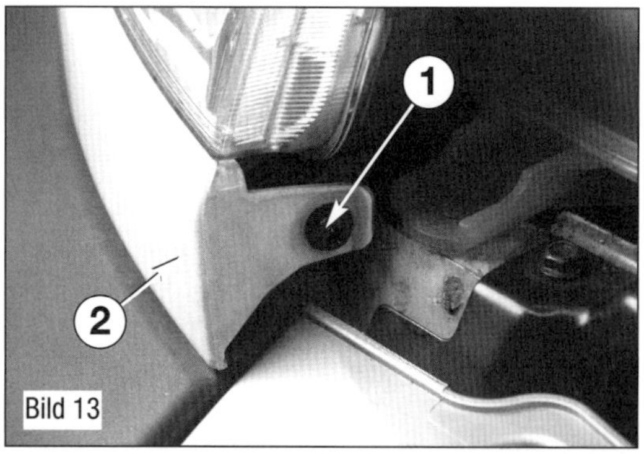

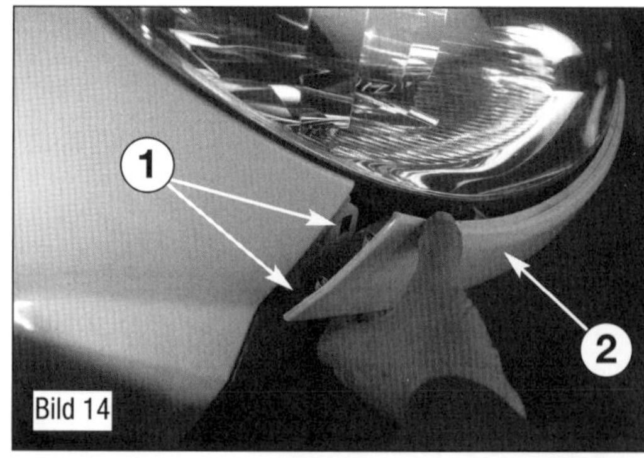

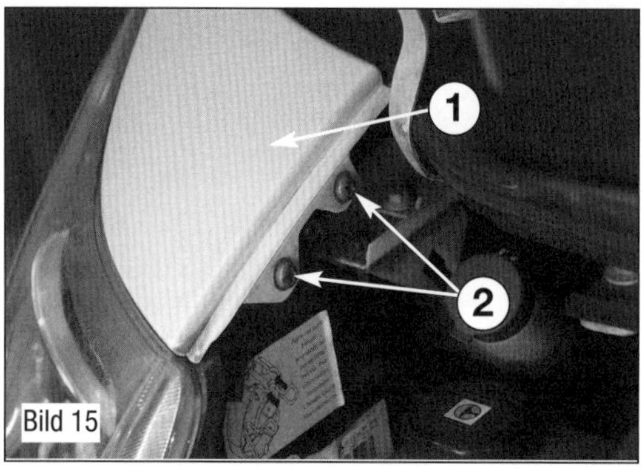

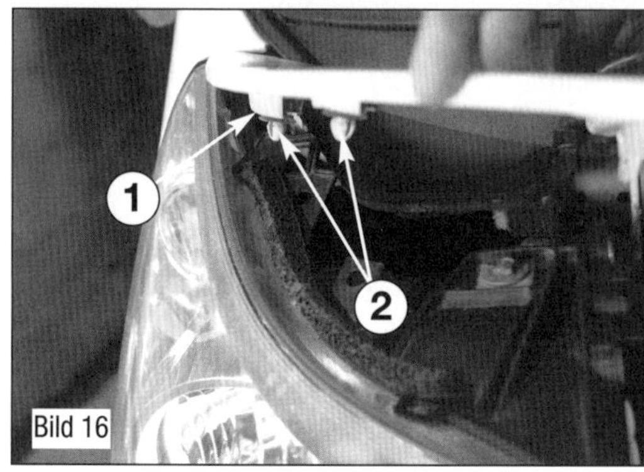

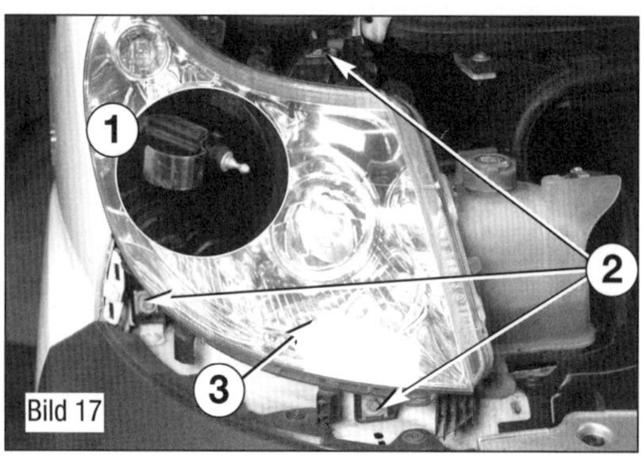

- Motorhaube öffnen.
- Die Schraube (1 im Bild 13) herausdrehen.
- Die Blende (2 im Bild 14) unter dem Scheinwerfer aus den Clips (1) hebeln und ausbauen.
- Die Schrauben (2 im Bild 15) herausdrehen.
- Die Blende (1 im Bild 16) über dem Scheinwerfer aus den Clips (2) hebeln und ausbauen.
- Die Befestigungsschrauben (2 im Bild 17) vom Scheinwerfer herausschrauben.
- Den Scheinwerfer (3) aus dem Clip (1) nach vorne herausziehen.
- Elektrische Steckverbindung hinten am Scheinwerfer entriegeln und trennen.
- Scheinwerfer aus dem Karosserieausschnitt herausnehmen.

Der Einbau erfolgt sinngemäß in umgekehrter Reihenfolge.

- Einbaulage des Scheinwerfers auf gleichmäßige Spaltmaße kontrollieren.
- Funktionen des Scheinwerfers prüfen.

Wird ein Scheinwerfer ausgebaut bzw. an die Karosserie angepasst, ist er nach dem Einbau bzw. nach dem Anpassen immer einzustellen.

Leuchtmittel wechseln Scheinwerfer vorne

Beim Einbau der Abdeckkappe auf den richtigen Sitz achten. Durch Wassereintritt in den Scheinwerfer wird dieser zerstört. Beim Einbau einer Glühlampe nicht den Glaskolben berühren. Die Finger hinterlassen Fettspuren auf dem Glaskolben, die beim Einschalten der Lampe verdampfen und den Glaskolben trüben.

- Zündung und alle elektrischen Verbraucher ausschalten und den Zündschlüssel abziehen.

Abschließend immer:

- Funktionen des Scheinwerfers prüfen.
- Scheinwerfereinstellung prüfen und gegebenenfalls einstellen.

Lampe für Blinklicht wechseln

■ Zündung und alle elektrischen Verbraucher ausschalten und den Zündschlüssel abziehen.
■ Obere Abdeckkappe (3 in Bild 18) gegen den Uhrzeigersinn drehen und abnehmen.
■ Die Lampenfassung (2 im Bild 19) mit der Lampe für Blinklicht (1) gegen den Uhrzeigersinn drehen und, soweit dies die Leitungslängen zulassen, aus dem Scheinwerfer herausnehmen.
■ Lampe für Blinklicht in die Fassung drücken und gegen den Uhrzeigersinn drehen.
■ Lampe für Blinklicht aus der Fassung herausziehen.
Der Einbau erfolgt sinngemäß in umgekehrter Reihenfolge.
■ Lampe für Blinklicht vorn: 12V, 21W (PY21W) (oranger Glaskolben)

Lampe für Standlicht wechseln

■ Mittlere Abdeckkappe in (1 im Bild 20) gegen den Uhrzeigersinn drehen und abnehmen.
■ Lampenfassung (3) mit der Lampe für Standlicht aus dem Scheinwerfer herausziehen, soweit es die Leitungslängen zulassen.
■ Lampe für Standlicht (1 im Bild 21) aus der Lampenfassung (2) herausziehen.

Der Einbau erfolgt sinngemäß in umgekehrter Reihenfolge.
■ Lampe für Standlicht: 12 V, 5W (W5W) (sockelfreier Glaskolben).

Lampe für Abblendlichtscheinwerfer aus- und einbauen

■ Zündung und alle elektrischen Verbraucher ausschalten und den Zündschlüssel abziehen.
■ Untere Abdeckkappe in (5 Bild 18) drehen und abnehmen.
■ Den Anschlussstecker (2 im Bild 22) abziehen.
■ Sicherungsklammern der Lampe für Abblendlichtscheinwerfer (1 im Bild 22) lösen.
■ Die Lampe (3 im Bild 22) aus der Lampenfassung herausziehen.

Der Einbau erfolgt sinngemäß in umgekehrter Reihenfolge.
■ Die Lampe so in die Lampenfassung stecken, dass der Zapfen der Lampe an der Führung der Lampenfassung liegt.

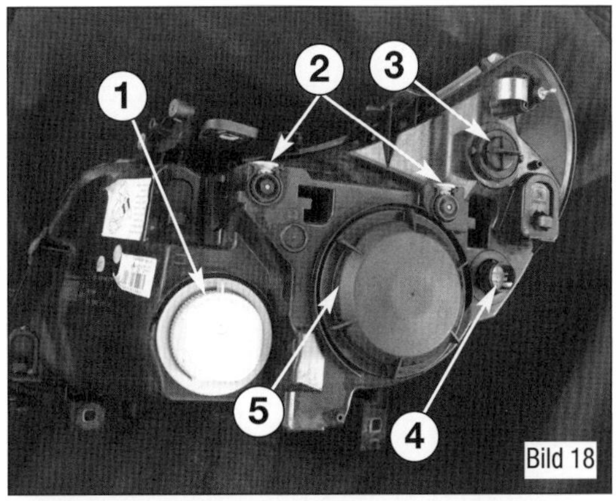

Bild 18
Scheinwerfer von hinten.
1 Deckel zum Fernlicht
2 Einstellschrauben
3 Deckel zum Blinklicht
4 Steckkontakt Scheinwerfer
5 Deckel zum Abblendlicht

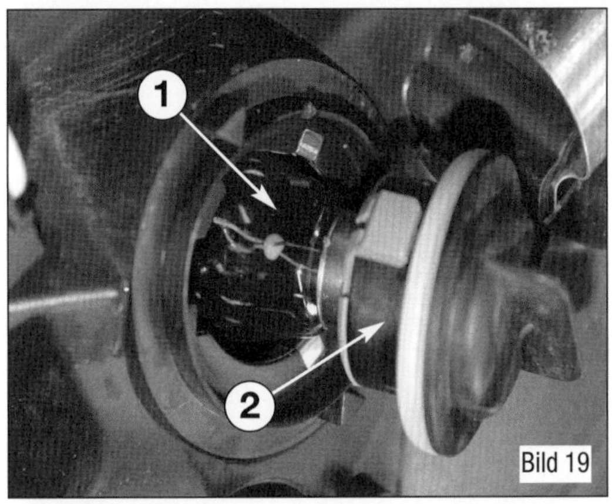

Bild 19
Lampe Blinklicht.
1 PY21W Glühlampe
2 Fassung

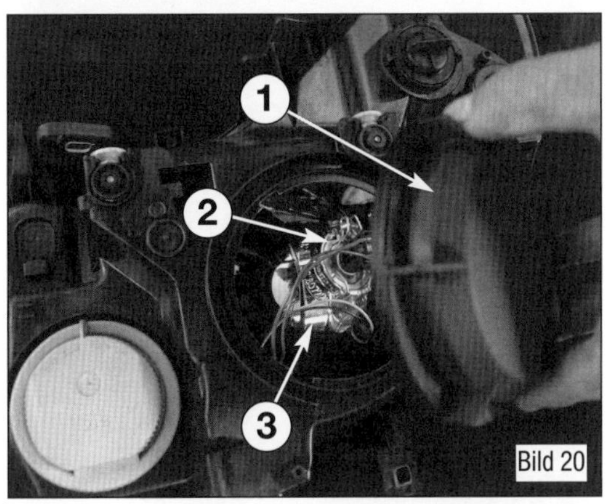

Bild 20
Lampe Abblendlicht und Standlicht.
1 Deckel
2 H7 Glühlampe (Abblendlicht)
3 W5W Glühlampe (Standlicht)

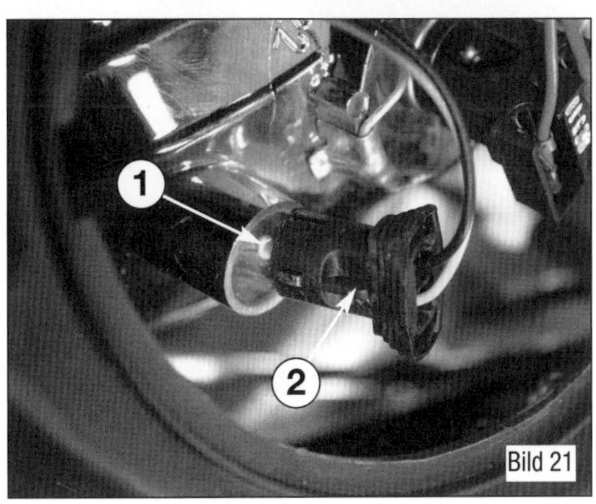

Bild 21
Ausbau des Standlichtes.
1 W5W Glühlampe (Standlicht)
2 Standlichtfassung

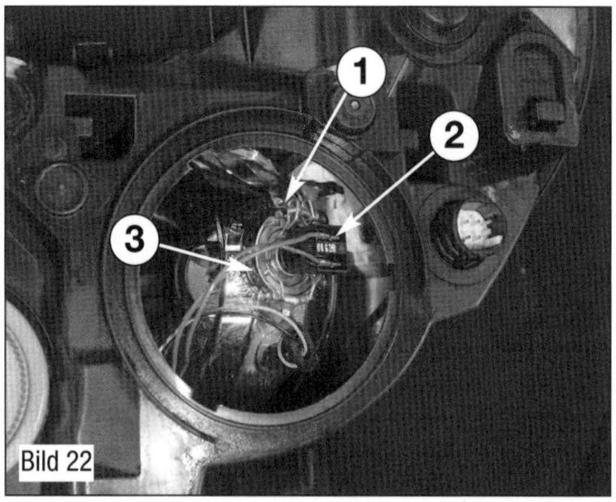

Bild 22
Ausbau des Abblendlichtes.
1 Sicherungsklammern
2 Steckkontakt
3 Lampe für Abblendlicht H7 Glühlampe

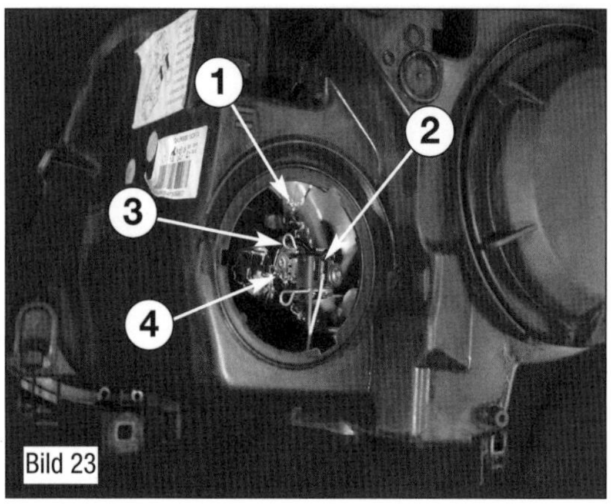

Bild 23
Ausbau des Fernlichtes.
1 Sicherungsklammern
2 Steckkontakt
3 Lampe für Fernlicht H1 Glühlampe
4 Lampenfassung

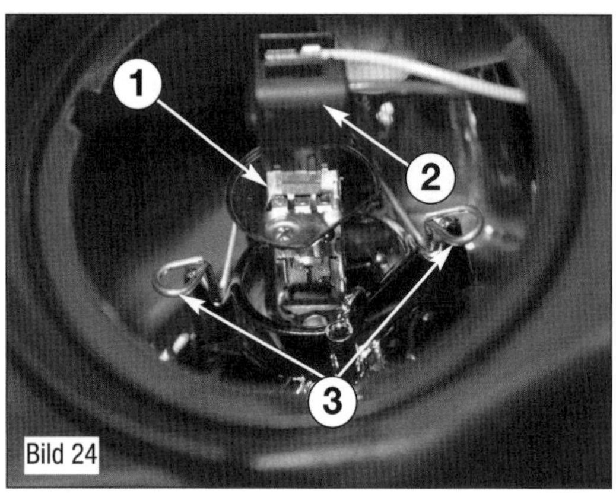

Bild 24
Ausbau des Standlichtes.
1 H1 Glühlampe (Fernlicht)
2 Steckkontakt
3 Sicherungsklammern

- Die Sicherungsklammern der Lampe für Abblendlichtscheinwerfer (1 im Bild 22) einrasten.
- Den Anschlussstecker aufschieben.
- Abdeckkappe aufsetzen und festschrauben.
- Lampe für Abblendlicht: H7, 12 V, 55W

Lampe für Fernlichtscheinwerfer aus- und einbauen

- Untere Abdeckkappe gegen den Uhrzeigersinn drehen und abnehmen.
- Den Anschlussstecker (2 im Bild 23) abziehen.
- Sicherungsklammern der Lampe für Fernlichtscheinwerfer (3) lösen.
- Lampe (1) gerade aus der Lampenfassung herausziehen.

Der Einbau erfolgt sinngemäß in umgekehrter Reihenfolge.

- Die Lampe so in die Lampenfassung stecken, dass der Zapfen der Lampe an der Führung der Lampenfassung liegt.
- Die Sicherungsklammern der Lampe für Abblendlichtscheinwerfer (1 im Bild 22) einrasten.
- Den Anschlussstecker aufschieben.
- Abdeckkappe aufsetzen und festschrauben.
- Lampe für Fernlicht: H1, 12 V, 55W

Stellmotor für Leuchtweitenregelung aus- und einbauen

Der Wechsel der Leuchtweitenregulierung ist bei diesen Scheinwerfermodellen nicht vorgesehen. Der Stellmotor ist im Gehäuse verbaut. Für die Demontage ist ein Zerlegen des Scheinwerfers notwendig. Hiervon möchten wir allerdings abraten. Arbeiten am Scheinwerfer, die das wasserdicht verklebte Gehäuse betreffen, sind werkseitig nicht vorgesehen. Die zum Entfernen der Scheinwerferscheibe erforderliche Temperatur kann ein Verziehen des Scheinwerfers zur Folge haben.

LED-Tagfahrlicht anstatt Nebelscheinwerfer

Ersatzweise können Sie im Zubehörmarkt LED-Tagfahrlichtscheinwerfer nachrüsten. Vertrieben von Hella oder Magneti Marelli sind die Scheinwerfersätze passend für die originalen Aufnahmen im Stoßfänger ausgelegt. Die Sätze liegen mit Einbaumaterial und detaillierter Beschreibung um etwa 50 Euro. Wenn noch kein Nebelscheinwerfer verbaut war, ist oft ein Adapterrahmensatz für den Stoßfänger erforderlich. Fragen Sie beim Kauf der Scheinwerfer explizit nach.

Lampe Nebelscheinwerfer

Nebelscheinwerfer aus- und einbauen

- Zündung und alle elektrischen Verbraucher ausschalten und den Zündschlüssel abziehen.

■ Öffnen Sie die Motorhaube und bauen Sie den Unterfahrschutz Mitte, rechts und links aus.
■ Elektrische Steckverbindung in der Fassung entriegeln.
■ Ziehen Sie den elektrischen Anschlussstecker des entsprechenden Nebelscheinwerfers von Nebelscheinwerfer ab.
■ Drehen Sie die Befestigungsschrauben (1) heraus und nehmen Sie den Nebelscheinwerfer vom Radhaus aus ab.
■ Drehen Sie die beiden Befestigungsschrauben (2) heraus und nehmen Sie den Nebelscheinwerfer aus dem Rahmen heraus.

Der Einbau erfolgt sinngemäß in umgekehrter Reihenfolge.
■ Funktionen der Nebelscheinwerfer prüfen.
■ Nebelscheinwerfereinstellung prüfen und wenn erforderlich einstellen.

Lampe für Nebelscheinwerfer aus- und einbauen
■ Zündung und alle elektrischen Verbraucher ausschalten und den Zündschlüssel abziehen.
■ Öffnen Sie die Motorhaube und bauen Sie den Unterfahrschutz Mitte, rechts und links aus.
■ Deckel des Nebelscheinwerfers (3 im Bild 25) gegen den Uhrzeigersinn drehen und, soweit es die Kabellänge zulässt, abheben. Ziehen Sie den Steckkontakt zur Glühlampe ab. Entsichern Sie die Halteklammern und nehmen Sie die Glühlampe heraus.

Der Einbau erfolgt sinngemäß in umgekehrter Reihenfolge.
■ Lampe für Nebelscheinwerfer: 12V, 55W (H1).
■ Funktionen der Nebelscheinwerfer prüfen.
■ Nebelscheinwerfereinstellung prüfen und wenn erforderlich einstellen.

Scheinwerfer einstellen

Der Reifendruck muss in Ordnung sein. Die Scheinwerferscheiben dürfen weder beschädigt noch verschmutzt sein. Reflektoren und Glühlampen sind intakt. Die Fahrzeugbelastung muss hergestellt sein. Das Fahrzeug muss einige Meter gerollt bzw. vorn und hinten mehrmals durchgefedert werden, damit sich die Federn setzen. Das Fahrzeug und Scheinwerfer-Einstellgerät müssen auf einer ebenen Fläche stehen, eingestellt und ausgerichtet sein.

Belastung
Mit einer Person oder 75 kg auf dem Fahrersitz bei sonst unbelastetem Fahrzeug (Leergewicht). Das Leergewicht ist das Gewicht des betriebsfertigen Fahrzeugs mit mindestens dem teilgefüllten Kraftstoffbehälter (Reserve), einschließlich des Gewichts aller im Betrieb mitgeführten Ausrüstungsteile (z. B. Reserverad, Werkzeug, Wagenheber, Feuerlöscher usw.).

Einstellung Scheinwerfer vorne
Im Gehäuse oberhalb des Scheinwerfers sind Neigungsmaßangaben in »%« eingeprägt (2 im Bild 26). Nach diesen Angaben müssen die Scheinwerfer eingestellt werden. Die Prozentangabe ist auf 10 Meter Projektionsabstand bezogen. Bei einem Neigungsmaß von z. B. 1,8% sind das umgerechnet 18 cm.

Fahrzeuge mit manueller Leuchtweitenregelung
■ Stellen Sie die Leuchtweitenregelung gemäß Ihrer Fahrzeugbedienungsanleitung auf »Null« ein.

Weiter für alle Fahrzeuge:
■ Drehen Sie zuerst zur Höhenverstellung der Hell-Dunkel-Grenze die Einstellschraube (1 im Bild 27).
■ Danach müssen Sie die Seitenverstellung prüfen und gegebenenfalls mit der Einstellschraube (2) korrigieren.

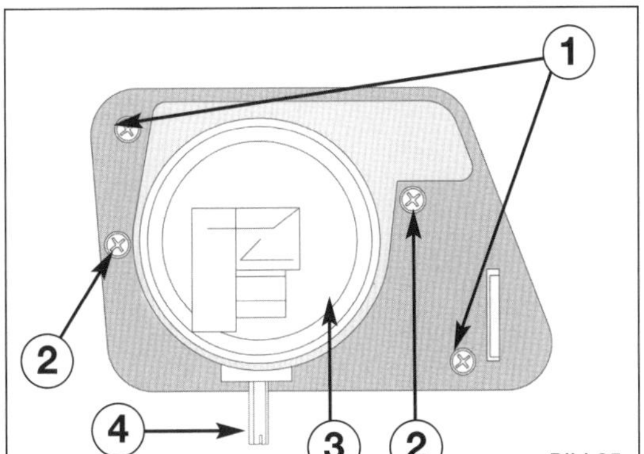

Bild 25

Bild 25
Nebelscheinwerfer von hinten.
1 Befestigungsschrauben Adapterrahmen
2 Befestigungsschrauben Nebelscheinwerfer
3 Deckel Nebelscheinwerfer
4 Einstellschraube

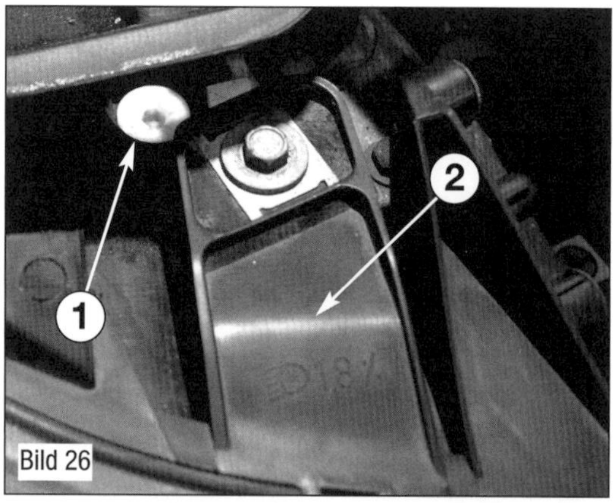

Bild 26
Abblendung auf dem Scheinwerfer.
1 Einstellschraube Abblendung
2 eingeprägter Schriftzug

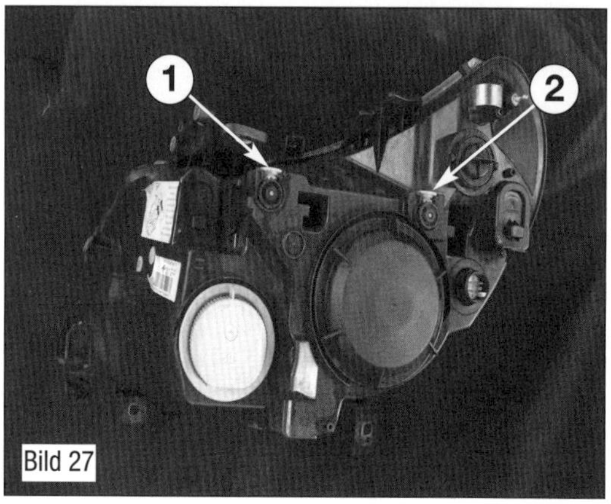

Bild 27
Einstellschrauben am Scheinwerfer.
1 Einstellung für die Abblendung
2 Einstellung für die Seitenverstellung

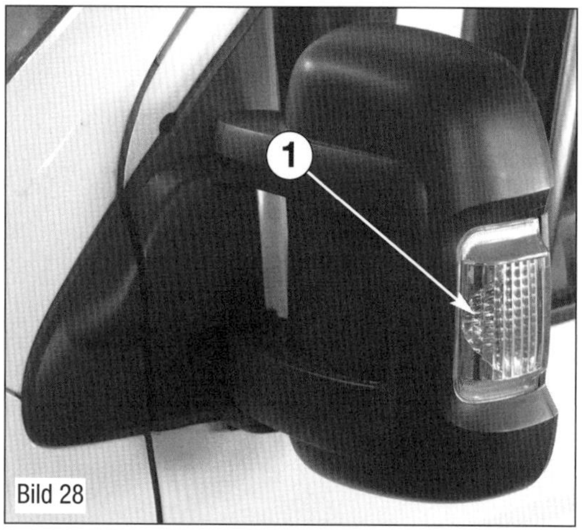

Bild 28
Seitenblinkleuchte.
1 Seitenblinkleuchte im Rückspiegel

Einstellung Nebelscheinwerfer
Das Neigungsmaß für Nebelscheinwerfer beträgt »2,0%«.
■ Drehen Sie zum Verstellen der Leuchtweite die Einstellschraube von unten (4 im Bild 25).
■ Eine Seitenverstellung ist nicht vorgesehen.

Andere Zusatzscheinwerfer
Nachträglich eingebaute Zusatzscheinwerfer anderer Systeme müssen nach den dafür gültigen Richtlinien geprüft bzw. eingestellt werden.

Seitenblinkleuchten

Seitenblinkleuchte im Spiegel
Das Spiegelglas des Seitenspiegels, bei dem die Blinkleuchte demontiert werden soll, ganz nach außen schwenken.
■ Zündung und alle elektrischen Verbraucher ausschalten und den Zündschlüssel abziehen.
■ Die Befestigungsschrauben (1 im Bild 29) herausschrauben.
■ Seitenblinkleuchte in (1 in Bild 30) herausnehmen.
■ Elektrische Steckverbindung (1 im Bild 30) entriegeln und trennen.
■ Die Blinkleuchte abnehmen.
Der Einbau erfolgt sinngemäß in umgekehrter Reihenfolge.
■ Funktionen der Seitenblinkleuchte prüfen.

Lampe für Seitenblinkleuchte im Spiegel aus- und einbauen
■ Zündung und alle elektrischen Verbraucher ausschalten und die Befestigungsschrauben (1 im Bild 29) herausschrauben.
■ Seitenblinkleuchte in (1 in Bild 30) herausnehmen.
■ Lampenfassung (2) ca. 45° nach links drehen und aus dem Gehäuse herausziehen.

Der Einbau erfolgt sinngemäß in umgekehrter Reihenfolge.
■ Lampe für Nebelscheinwerfer: 12 V, 5W (WYW5W oranger Glaskolben).
■ Funktionen der Seitenblinkleuchte im Spiegel prüfen.

Lampe für hochgesetzte Seitenblinkleuchte aus- und einbauen
☞ Da die hochgesetzten Seitenblinkleuchten oben auf dem Dach angebaut sind, muss je nach Fahrzeugausführung eine Leiter benutzt werden, um die Leuchten zu erreichen.
■ Zündung und alle elektrischen Verbraucher ausschalten und den Zündschlüssel abziehen.
■ Befestigungsschrauben aus der Seitenblinkleuchte ausschrauben und Abdeckkappe abnehmen.

■ Lampe für hochgesetzte Seitenblinkleuchte aus der Fassung herausdrehen.

Der Einbau erfolgt sinngemäß in umgekehrter Reihenfolge.
■ Lampe für hochgesetzte Seitenblinkleuchte: 12 V, 21W.
■ Funktionen der hochgesetzten Blinkleuchte prüfen.

Rückleuchten

Schlussleuchte aus- und einbauen, Kasten- oder Kombifahrzeug
■ Zündung und alle elektrischen Verbraucher ausschalten und den Zündschlüssel abziehen.
■ Heckflügeltüren bis zum Anschlag öffnen.
■ Abdeckung über den Leuchteneinheiten (soweit vorhanden) von innen abbauen.
■ Befestigungsschrauben (1 im Bild 32) herausschrauben.
■ Schlussleuchte abnehmen.
■ Elektrische Steckverbindung entriegeln und trennen.

Der Einbau erfolgt sinngemäß in umgekehrter Reihenfolge.

Die elektrische Steckverbindung im Seitenteil muss beim Aufstecken »hörbar« einrasten.

■ Reinigen Sie die Anlagefläche der Dichtung zur Karosserie gründlich.
■ Schlussleuchte in den Karosserieausschnitt einführen.
■ Die beiden Befestigungsmuttern auf der Rückseite der Lampe anschrauben.

Schlussleuchte aus- und einbauen Pritsche
■ Zündung und alle elektrischen Verbraucher ausschalten und den Zündschlüssel abziehen.
■ Den Schraubverschluss der elektrischen Steckverbindung auf der Rückseite der Rückleuchte gegen den Uhrzeigersinn drehen, die elektrische Steckverbindung wird dabei getrennt.
■ Die beiden Befestigungsmuttern auf der Rückseite der Lampe abschrauben.
■ Schlussleuchte abnehmen.
Der Einbau erfolgt sinngemäß in umgekehrter Reihenfolge.

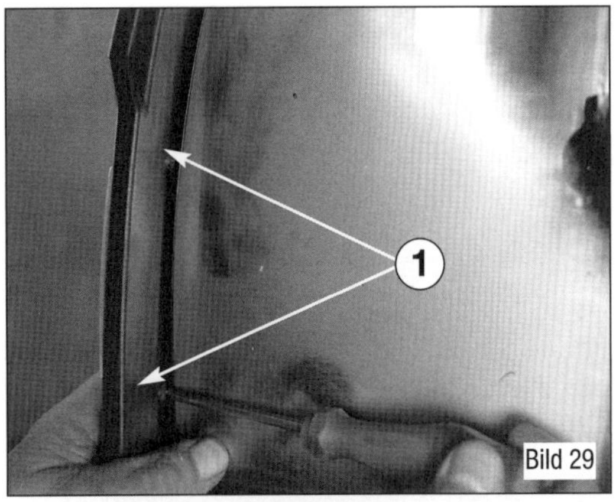

Bild 29
Verschraubungen im Spiegel.
1 Befestigungsschrauben

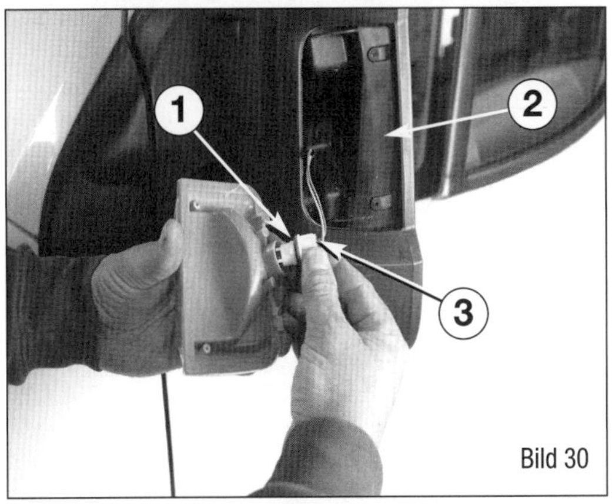

Bild 30
Blinkleuchte im Spiegel.
1 Blinkleuchte
2 Rückspiegel
3 Fassung Lampe

Bild 31
Rückleuchte beim Kombi- oder Kastenfahrzeug: Zum Lampenwechsel muss die Rückleuchte ausgebaut werden.

Lampen für Schlussleuchte aus- und einbauen
Beim Einbau einer Glühlampe nicht den Glaskolben berühren. Die Finger hinterlassen Fettspuren auf dem Glaskolben, die beim Einschalten der Lampe verdampfen und den Glaskolben trüben.
■ Zündung und alle elektrischen Verbraucher ausschalten und den Zündschlüssel abziehen.

Kasten und Kombi:
■ Schlussleuchte ausbauen.
■ Drehen Sie die Befestigungsschrauben des Lampenträgers heraus.

Sichtprüfung Messen

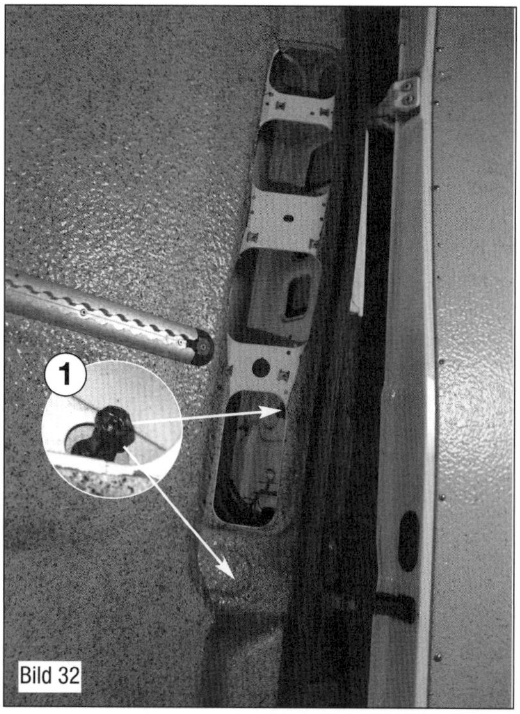

Bild 32
Nebelscheinwerfer von hinten.
1 Befestigungsschrauben Adapterrahmen

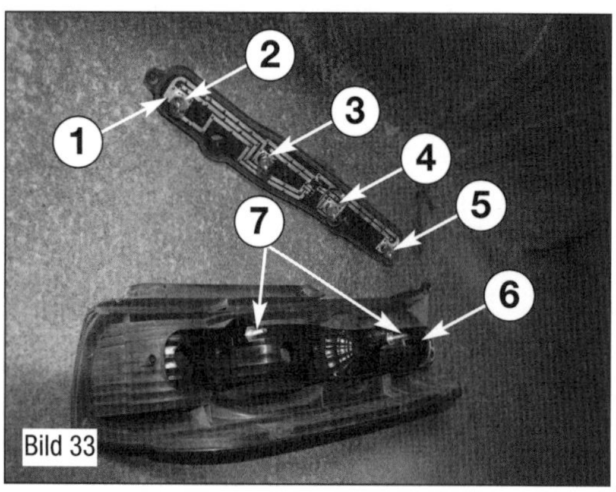

Bild 33
Rückleuchte.
1 Lampenfassung
2 Lampe Bremslicht und Standlicht
3 Lampe Fahrtrichtungsanzeiger
4 Lampe Rückfahrscheinwerfer
5 Nebellschlussleuchte (außer Maxi)
6 Lampengehäuse
7 Befestigungsbolzen

- Nehmen Sie den Lampenträger (1 im Bild 33) aus der Lampe (6) heraus.
- Betreffende Lampe (2 - 5) im Lampenträger (1) ca. 45° nach links drehen und herausnehmen.

Der Einbau erfolgt sinngemäß in umgekehrter Reihenfolge.

- Lampenträger in die Schlussleuchte einsetzen und verschrauben.
- Funktion der Schlussleuchten prüfen.

Funktion	Bezeichnung
Rück-Bremsleuchte	P21/5W
Nebelschlussleuchte	P21W
Rückfahrleuchte	P21W
Blinklicht	PY21W

Lampen für Schlussleuchte aus- und einbauen, Fahrzeuge mit Aufbau Pritsche:

- Die vier Befestigungsschrauben (2 im Bild 34) herausschrauben.
- Streuscheibe (1) abnehmen.
- Betreffende Lampe im Lampenträger ca. 45° nach links drehen und herausnehmen.

Der Einbau erfolgt sinngemäß in umgekehrter Reihenfolge.

- Funktion der Schlussleuchten prüfen.

Hochgesetzte Bremsleuchte

Die hochgesetzte Bremsleuchte ist oberhalb der Heckflügeltüren in die Dachkante eingebaut. Ersatzweise kann aus dem Zubehörbereich auch eine Bremsleuchte mit Kamera eingebaut werden. Diese eignet sich sowohl als Dashcam als auch über einen Bildschirm als Rückfahrkamera.

De- und Montage der hochgesetzten Bremsleuchte

- Zündung und alle elektrischen Verbraucher ausschalten und den Zündschlüssel abziehen.
- Die beiden Befestigungsschrauben (1 im Bild 35) herausschrauben.
- Hochgesetzte Bremsleuchte (2) herausnehmen.
- Elektrische Steckverbindung entriegeln und trennen.

Der Einbau erfolgt sinngemäß in umgekehrter Reihenfolge.

- Funktionen der hochgesetzten Bremsleuchte prüfen.

Wechsel der Leuchtmittel

- Bauen Sie die hochgesetzte Bremsleuchte aus.
- Die Halteklammern entriegeln und den Lampenträger herausnehmen.
- Die Glühlampen (W5W) aus dem Sockel herausziehen.

Der Einbau erfolgt sinngemäß in umgekehrter Reihenfolge.

- Funktionen der hochgesetzten Bremsleuchte prüfen.

Kennzeichenleuchte aus- und einbauen

Leuchteneinheit aus- und einbauen
Kasten und Bus:
Die Kennzeichenleuchte besteht bei den Kasten- und Busvarianten aus der Griffleiste und dem jeweiligen Abdeckglas.

- Zündung und alle elektrischen Verbraucher ausschalten und den Zündschlüssel abziehen.
- Griffleiste in der Rückwandtür ausbauen.
- Verrastung (1 im Bild 36) mit einem geeigneten Schraubendreher vorsichtig drücken und das Kennzeichenleuchtenglas (3) aus der Griffleiste (2) heraushebeln.
- Elektrische Steckverbindung entriegeln und trennen.

Der Einbau erfolgt sinngemäß in umgekehrter Reihenfolge.
- Funktion der Kennzeichenleuchte prüfen.

Pritsche und Aufbaufahrzeuge:
- Elektrische Steckverbindung (4 im Bild 38) entriegeln und trennen.
- Die beiden Muttern (3) lösen und die Kennzeichenleuchte abnehmen.

Der Einbau erfolgt sinngemäß in umgekehrter Reihenfolge.
- Funktion der Kennzeichenleuchte prüfen.

Lampe für Kennzeichenleuchte aus- und einbauen
Kasten und Bus (Bild 36 und 37):
- Zündung und alle elektrischen Verbraucher ausschalten und den Zündschlüssel abziehen.
- Kennzeichenleuchtenglas (3 im Bild 36) ausbauen.
- Lampenglas (3 im Bild 36) entriegeln und aus der Griffleiste (2) herausziehen.
- Glühlampe (Soffitte) aus der Griffleiste herausnehmen.

Der Einbau erfolgt sinngemäß in umgekehrter Reihenfolge.
- Funktion der Kennzeichenleuchte prüfen.
- Lampe für Kennzeichenleuchte: 12 V, C5W.

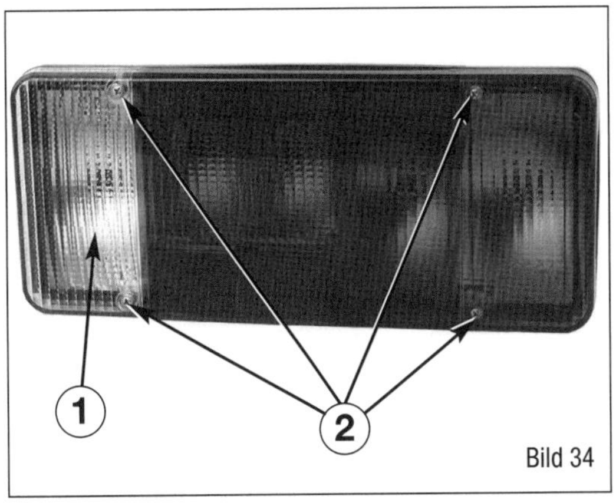

Bild 34
Schlussleuchte Pritsche.
1 Rückleuchtenglas
2 Schrauben

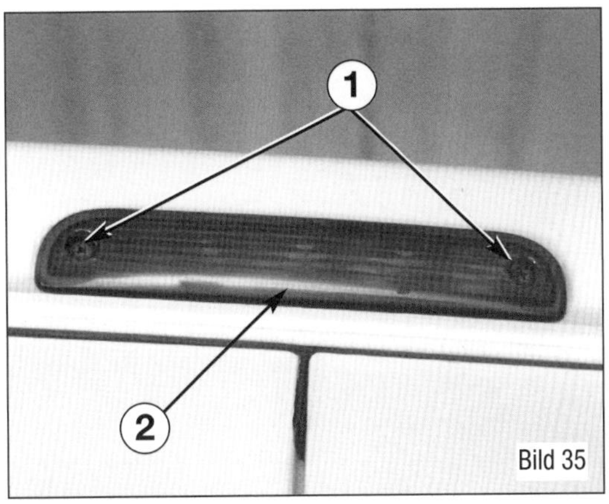

Bild 35
3. Bremsleuchte.
1 Schrauben
2 Bremsleuchtengehäuse

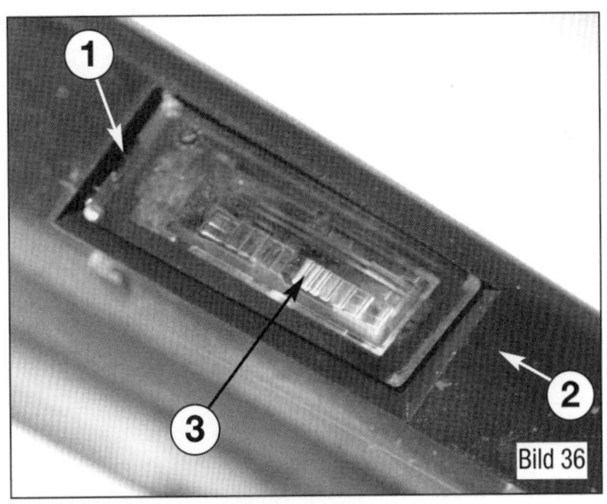

Bild 36
Kennzeichenleuchte.
1 Einstich zum Entriegeln
2 Leiste
3 Kennzeichenleuchtenglas

Bild 37
Kennzeichenleuchte Bus und Kasten.
1 Griffleiste Tür
2 Soffitte (Lampe)

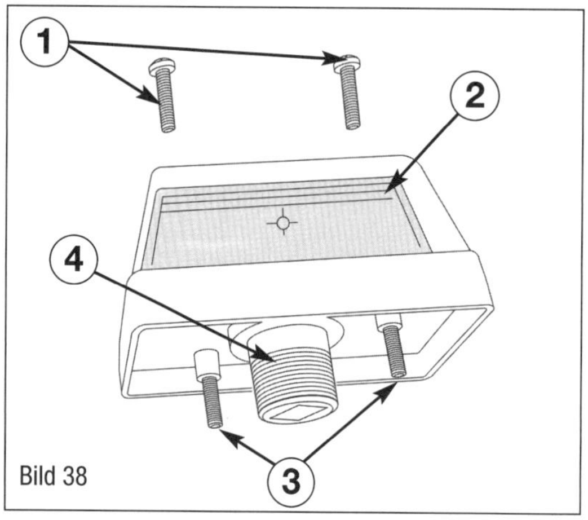

Bild 38
Kennzeichenleuchte Pritsche und Aufbau.
1 Befestigungsschrauben
2 Leuchtenhaube
3 Befestigungsschrauben
4 elektrischer Anschluss

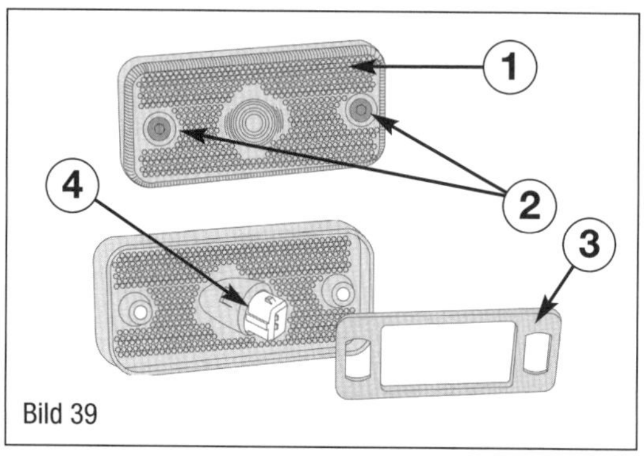

Bild 39
Seitenmarkierungsleuchte.
1 Lichtscheibe
2 Befestigungsschrauben
3 Dichtung
4 Fassung mit Lampe

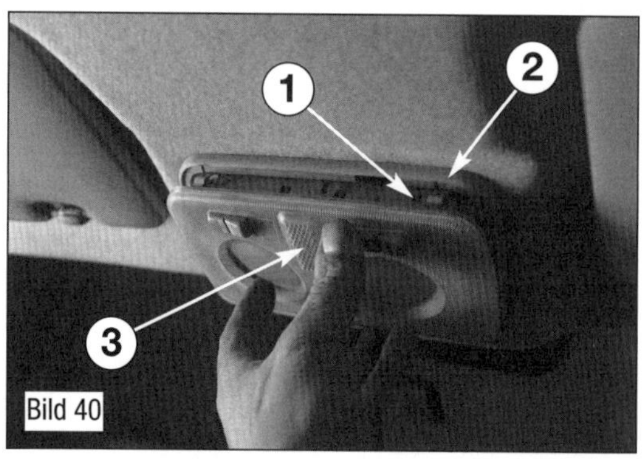

Bild 40
Innenraumleuchte.
1 Clips
2 Montagerahmen im Dachhimmel
3 Leuchteneinheit Innenraumleuchte

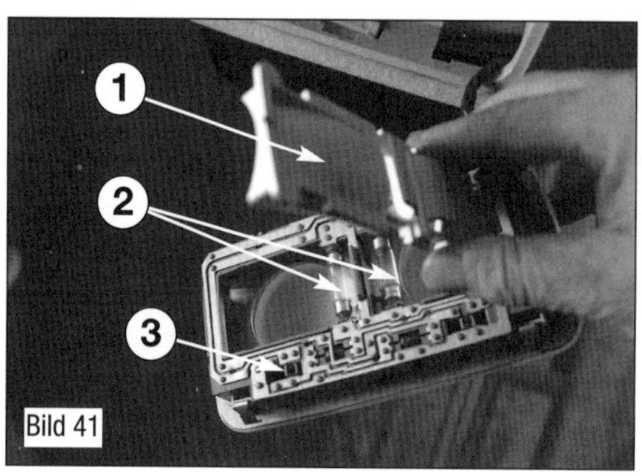

Bild 41
Leuchtmittel in der Innenraumleuchte.
1 Abdeckung
2 Soffitten (Lampen)
3 Leuchteneinheit Innenraumleuchte

Pritsche und Aufbaufahrzeuge (Bild 38):

■ Zündung und alle elektrischen Verbraucher ausschalten und den Zündschlüssel abziehen.

■ Kennzeichenleuchtenhaube (2 im Bild 38) ausbauen.

■ Glühlampe (Soffitte) herausnehmen.

Der Einbau erfolgt sinngemäß in umgekehrter Reihenfolge.

■ Funktion der Kennzeichenleuchte prüfen.

■ Lampe für Kennzeichenleuchte: 12 V, C5W.

Der Einbau erfolgt sinngemäß in umgekehrter Reihenfolge.

■ Funktion der Seitenmarkierungsleuchte prüfen.

Lampe für die Seitenmarkierungsleuchte aus- und einbauen

■ Zündung und alle elektrischen Verbraucher ausschalten und den Zündschlüssel abziehen.

■ Die beiden Befestigungsschrauben (2 im Bild 39) herausschrauben.

■ Die Lichtscheibe (1) der Seitenmarkierungsleuchte und die Dichtung (3) darunter abnehmen.

■ Die Fassung (4) etwas verdrehen und herausziehen.

■ Die Glühlampe aus der Fassung herausziehen.

Der Einbau erfolgt sinngemäß in umgekehrter Reihenfolge.

■ Funktion der Seitenmarkierungsleuchte prüfen.

■ Lampe für Seitenmarkierungsleuchte: 12 V, W5W.

Innenleuchte

Leuchteneinheit aus- und einbauen

■ Zündung und alle elektrischen Verbraucher ausschalten und den Zündschlüssel abziehen.

■ Clipsen Sie die Innenraumleuchte (3 im Bild 40) aus dem Montagerahmen (2) im Dachhimmel aus.

■ Die elektrische Steckverbindung entriegeln und trennen.

■ Die Leuchteneinheit (3) abnehmen.

Der Einbau erfolgt sinngemäß in umgekehrter Reihenfolge.

■ Funktion der Innenraumleuchte (3) prüfen.

Lampe für die Innenraumbeleuchtung aus- und einbauen

■ Zündung und alle elektrischen Verbraucher ausschalten und den Zündschlüssel abziehen.

■ Clipsen Sie die Innenraumleuchte (3 im Bild 40) aus dem Montagerahmen (2) im Dachhimmel aus.

■ Clipsen Sie die Abdeckung der Leuchte (1 im Bild 41) aus.

■ Die defekte Glühlampe (Soffitte) (2) herausnehmen.

Der Einbau erfolgt sinngemäß in umgekehrter Reihenfolge.

■ Funktion der Innenraumleuchte prüfen.

■ Lampe für die Innenraumleuchte: 12V, C5W.

Scheibenwischer

Wischerblattwechsel

■ Scheibenwischer in die Endablage laufen lassen.

■ Zündung und alle elektrischen Verbraucher ausschalten und den Zündschlüssel abziehen.

■ Den Scheibenwischerarm von der Scheibe wegklappen.

Verbiegen von Scheibenwischerarm und Blatt vermeiden. Ein ungewolltes Zurückklappen des Scheibenwischerarms verhindern, damit die Glasscheibe nicht zerstört wird.

■ Drücken Sie die Rastnase (2 im Bild 42) ein und ziehen Sie den Clip am Wischer (3) aus der Halterung am Wischerarm (2) heraus.

■ Das Scheibenwischerblatt abnehmen.

Der Einbau erfolgt sinngemäß in umgekehrter Reihenfolge.

Das längere Scheibenwischerblatt wird auf der Fahrerseite angebaut.

■ Den Clip am Wischer in die Halterung am Wischerarm drücken, bis er vollständig in der Führung sitzt.

■ Den Scheibenwischerarm an die Scheibe zurückklappen.

■ Scheibenwischerblätter-Endablage prüfen und ggf. neu ausrichten.

Scheibenwischerarm ausbauen

Bevor die Scheibenwischerarme ausgebaut werden, sicherstellen, dass sich der Scheibenwischermotor in Endstellung befindet. Nur so lässt sich beim Einbau die Endablage der Scheibenwischerarme korrekt einstellen.

Frontwischerarme de- und montieren:

■ Scheibenwischer in die Endlage laufen lassen.

■ Zündung und alle elektrischen Verbraucher ausschalten und den Zündschlüssel abziehen.

■ Falls vorhanden, Abdeckkappe mit einem Schraubendreher abhebeln.

■ Sechskantmutter (1) lösen, ohne sie ganz abzuschrauben.

■ Scheibenwischerarm hochklappen und durch kippelnde seitliche Bewegungen vom Konus lösen.

■ Befestigungsmutter (1) ganz abschrauben und den Scheibenwischerarm herunternehmen.

Der Einbau erfolgt sinngemäß in umgekehrter Reihenfolge.

■ Die Scheibenwischerarme der Fahrer- und Beifahrerseite in der ungefähren Endablage auf ihre Wellen aufstecken.

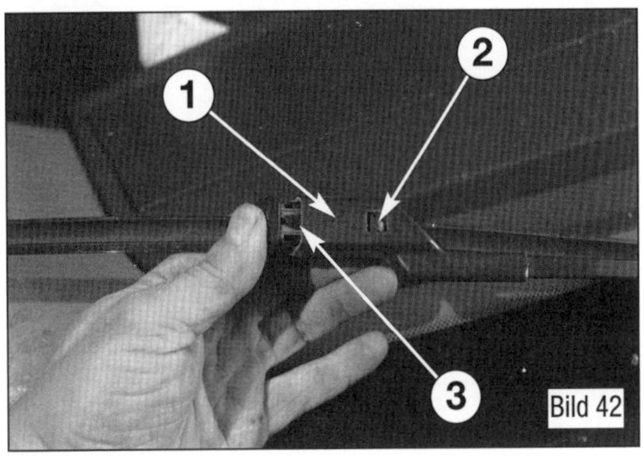

Bild 42
Scheibenwischer vorne.
1 Halterung am Wischerarm
2 Rastnase
3 Clip am Wischer

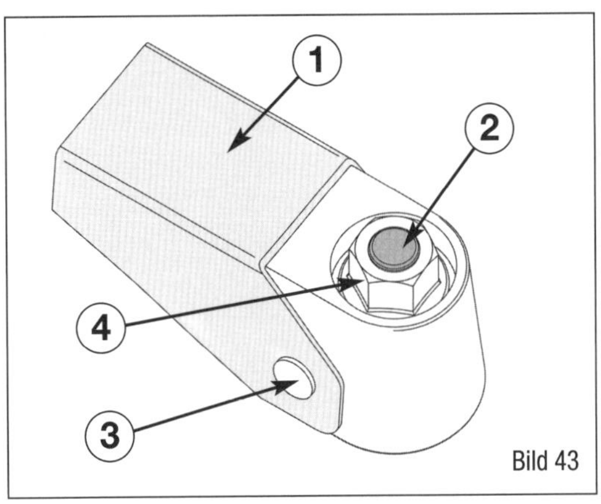

Bild 43
Befestigung Wischerarm.
1 Wischerarm oben
2 Wischerwelle
3 Lagerbolzen
4 Mutter

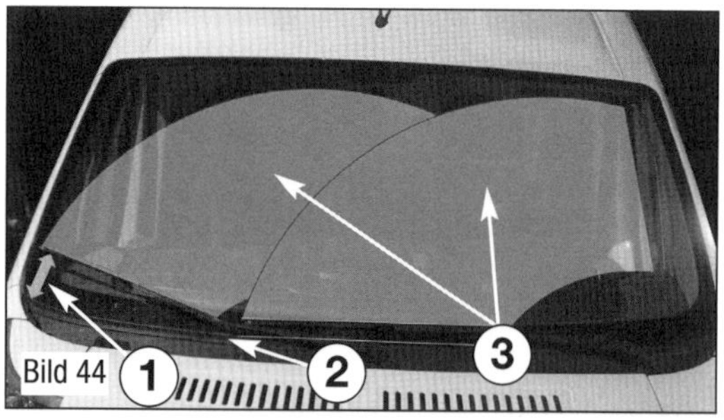

Bild 44
Ruhelage der Scheibenwischer.
1 Abstand etwa 5 – 7 cm von der Scheibenkante
2 parallel zur Scheibenkante
3 Wischbereich

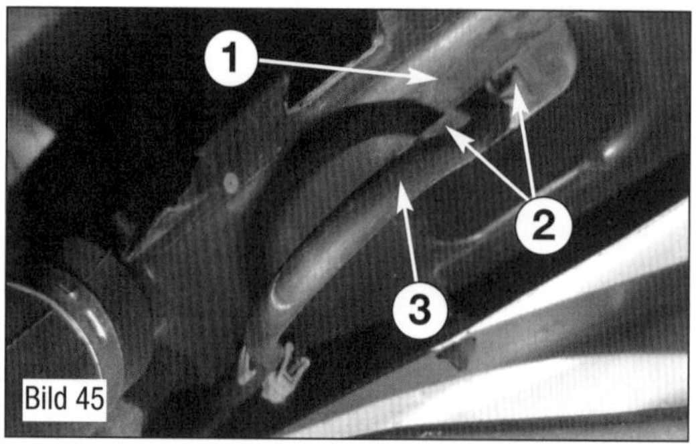

Bild 45
Waschdüse vorne.
1 Wasserablauf vor der Scheibe (Scheibenabschluss)
2 Haltenasen
3 Waschwasserschlauch

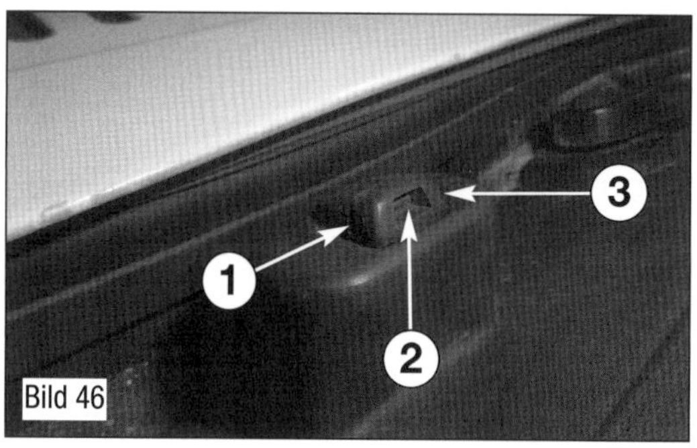

Bild 46
Waschdüse vorne.
1 Verstellwelle
2 Düsenbohrungen
3 Waschdüse

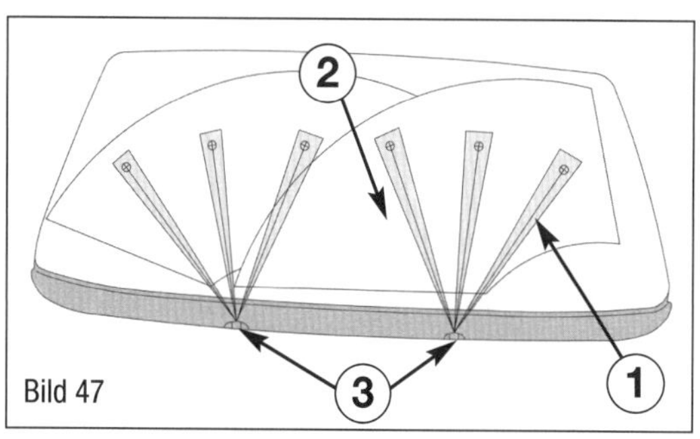

Bild 47
Waschdüseneinstellung.
1 Sprühstrahl
2 Wischfläche
3 Waschdüsen

- Befestigungsmuttern locker auf die Scheibenwischerarmwellen aufschrauben.
- Scheibenwischerblätter-Endablage einstellen.
- Befestigungsmuttern festziehen.
- Funktion der Wischer prüfen.

Endlage der Scheibenwischer

Die Endlage der Wischer ist bei den meisten Scheibenherstellern mit Lagemarkierungen auf der Glasfläche dargestellt. Beim Ducato soll es diese Markierungen auch geben, allerdings haben wir keine einzige ablichten können.

- Der Abstand (1 im Bild 44) zwischen Scheibenwischergummi und Scheibenrahmenabdeckung muss etwa 5–7 cm betragen.
- Gegebenenfalls Endablage durch Versetzen des Scheibenwischerarms einstellen.
- Befestigungsmuttern der Scheibenwischerarme mit 15 Nm festziehen.
- Funktion der Wischer prüfen.

Waschdüsen vorne

Auf die Darstellung der Scheinwerferreinigungsanlage haben wir bewusst verzichtet. Sie fand in dieser Modellreihe keine relevante Anwendung.

Waschdüsen vorne de- und montieren

- Schlauch (3 im Bild 45) von unten von der Spritzdüse abziehen.
- Haltenasen (2) zusammendrücken und die Waschdüse nach oben aus dem Scheibenabschluss (1) drücken.
- Waschdüse abnehmen.

Montage

- Waschdüse nach unten in den Scheibenanschluss drücken.
- Darauf achten, dass die Waschdüse sicher einrastet.
- Spritzbild und Einstellung der Spritzdüsen prüfen und wenn erforderlich einstellen.

Waschdüsen vorne einstellen

Im Falle eines ungleichmäßigen Spritzfelds durch Verunreinigungen in der Spritzdüse bauen Sie die Spritzdüse aus und spülen Sie diese mit Wasser durch. Das anschließende Durchblasen der Spritzdüse mit Druckluft ist in beide Richtungen zulässig. Keine Gegenstände zum Reinigen der Spritzdüsen verwenden!

Die Waschdüse vorne ist voreingestellt. Eine Veränderung der Einstellung ist nicht vorgesehen. Es können aber kleine Höhenunterschiede ausgeglichen (1 im Bild 46) werden.

- Stellen Sie die Spritzdüsen so ein, dass der Wasserstrahl in etwa im oberen Drittel des Wischbereiches (1 im Bild 47) auf die Scheibe auftrifft.

15 Stromlaufpläne

Verwendung von Stromlaufplänen

Liegt ein elektrischer Fehler vor, wird das Geschrei nach Stromlaufplänen sehr oft laut. Es ist aber nicht so, dass der Stromlaufplan die Lösung für die elektrischen Fehler offenbart. Vielmehr stellt er die physikalische Verdrahtung der Systeme dar. Das klassische Kabel-Durchmessen wird in der Praxis aber nur wenig Anwendung finden. Das Wissen über Funktionszusammenhänge im virtuellen Bordnetzsystem und die Spannungsversorgung sind die Schwerpunkte, die im modernen Bordnetzsystem, wie schon in vielen Teilen bei Ihrem Ducato, umgesetzt wurden.

Sicherungen und Sicherungshalter

Damit Sie die Elektrik Ihres Ducato einfach, zuverlässig und sicher nutzen können, gibt es Schaltstellen, Leitungsstränge und Sicherheitsvorkehrungen. Prüfen Sie vor jeder Fehlersuche immer die verbauten Sicherungen (Bild 1). Überprüfen Sie auch, ob die Sicherungsbelegung bei Ihrem Fahrzeug identisch ist (siehe Fahrerhandbuch). Herstellerbedingt werden zwar bestimmte Belegungen ausgewählt, diese aber müssen nicht unbedingt Ihrer Variante entsprechen. Schließlich werden oft genug Ausstattungsvarianten ergänzt und erweitert. In den meisten Fällen erkennen Sie schon an der verbauten Sicherungsstärke, um welche Anschlussvariante es sich handelt. Vergessen Sie nicht, dass viele »Kleinsicherungen« durchaus im Sicherungskasten »A« zusätzlich abgesichert sein können! Solche Sicherungen werden auch »Vorsicherung« genannt. Die freien Sicherungsplätze und ihre Schaltfunktionen können sehr hilfreich bei der Erweiterung der Ausrüstung Ihres Fahrzeuges sein.

Relais und Sicherungsbelegungen
Die genaue Sicherungsbelegung ist von der Fahrzeugausstattung abhängig. Ein Schema ist als Aufkleber oder lose bei den Sicherungshaltern zu finden. Wir verweisen auf die aktuellen Belegungslisten in der Fahrzeugbedienungsanleitung. Sicherungen sind nach Steckplätzen nummeriert. Angegeben sind abgesicherte Verbraucher und der Stromstärke-Wert (in A), durch Farbe markiert. Die Bordelektrik steht wie die Schaltpläne auch im Laufe der Produktion einer

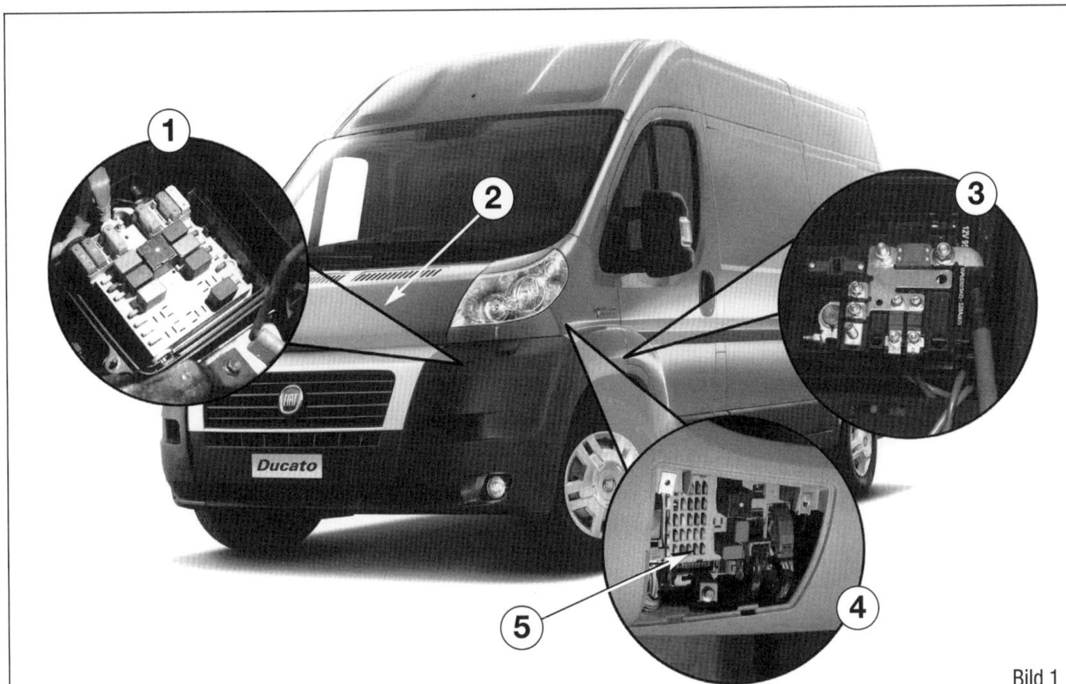

Bild 1

Bild1
1 Relais und Sicherungsträger im Motorraum (A)
2 Relais und Sicherungsträger an der rechten B-Säule (B)
3 Sicherungsträger auf dem Batteriepluspol (Vorsicherungen) (C)
4 Relais und Sicherungsträger in der Armaturentafel (Bordnetzsteuergerät) (D)
5 OBD-Diagnosestecker

stetigen Wandlung bevor. Die Darstellung aller Varianten ist schon aus Aktualitätsgründen nicht möglich. Fiat weist schon zu Redaktionsschluss dieses Buches mehrere Varianten aus, sodass eine übergreifende Darstellung nicht sinnvoll ist. Die Zuordnung ist nur über das herstellereigene Werkstattinformationssystem aktuell und sinnvoll möglich. Wer bei der Arbeit an einer Baugruppe die jeweiligen aktuellen Informationen zugrunde legen möchte, hat folgende Möglichkeiten:

- Die Informationen aus dem Fahrzeugbordbuch entnehmen.
- Den entsprechenden Plan beim freundlichen Fiat-Partner ausdrucken lassen.

Der Relais und Sicherungsträger im Motorraum (A)
Diese E-Box befindet sich neben dem Luftfilter auf der linken Fahrzeugseite im Motorraum. Sie ist mit einem Deckel abgedeckt, der mit zwei Schrauben verschraubt ist. Diese reißen gerne korrosionsbedingt ab. Von unten sind Muttern in das Gehäuse der E-Box eingepresst, die dann vorsichtig nach unten geschlagen werden können. Die eingeschobene Mutter ist eine »normale« M5-Mutter ohne Schraubensicherung. Öffnen Sie die Verschraubung regelmäßig und sprühen sie mit einem wasserabweisenden Sprühfett wie beispielsweise Kettenfett für Motorräder ein.

Der Zusatzsicherungsträger an der Beifahrer B-Säule (B)
Diese E-Box befindet sich im unteren Teil der B-Säule und ist über die geöffnete Beifahrertür gut erreichbar. Über diesen Sicherungskasten werden Zusatzgeräte wie eine Zusatzheizung, aber auch Zusatzbeleuchtungseinrichtungen abgesichert.

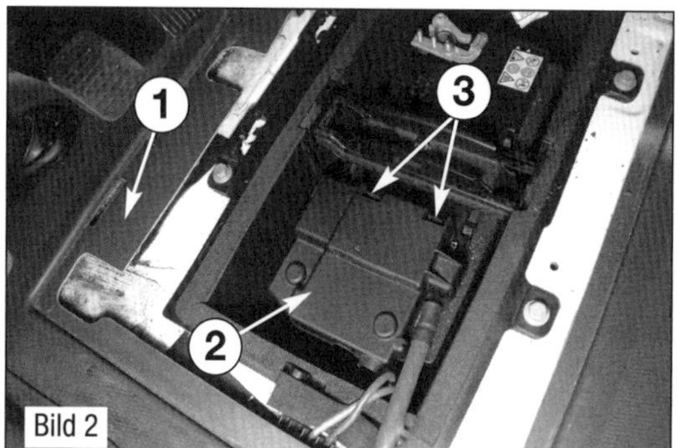

Bild 2
Sicherungsträger C.
1 Batteriekasten
2 Abdeckung
3 Clips (Haltenasen)

Auch hier finden Sie die Belegung in Ihrem Fahrzeugbegleitheft.

Der Sicherungsträger auf dem Batteriepluspol (C)
Der Sicherungsträger befindet sich auf dem Batterie-Plusanschluss. Hierfür muss der Deckel im Fahrzeugboden geöffnet und die Abdeckung auf dem Batteriepol ausgeclipst werden. Hier sind Vorsicherungen verbaut. Auch finden Sie hier Anschlüsse, die Ihnen die Erweiterung der elektrischen Anlage mit sicheren Anschlüssen erlauben. Dafür sind bereits Gewindebolzen vorgesehen.

Die E-Box in der Armaturentafel (D)
Der Relais- und Sicherungsträger (D) ist links unter einem verschraubten Deckel in der Armaturentafel verbaut. Er beinhaltet kleinere Stecksicherungen und einige Relaissteckplätze sowie das Bordnetzsteuergerät. Der Zugang ist nur für Sicherungen (D) recht einfach möglich. Die Stecksicherungen sind recht gut vom Innenraum mit wenig Demontageaufwand zugänglich. Auf dem Steuergerät befindet sich auch der genormte Zugang für die Diagnose (E-OBDII-Stecker)

Kabelfarben und Kabelquerschnitt

Kabelfarbe
Im Schaltplan werden die Informationen über die Kabelfarbe angegeben. Die Farben werden als Kürzel dargestellt. Farbangaben in Kombination stellen Kabelkenn-

Kürzel	Farbe
B (Bianco)	Weiß
N (Nero)	Schwarz
R (Rosso)	Rot
M (Marone)	Braun
V (Verde)	Grün
A (Azzurro)	Blau
H (Grigio)	Grau
S (Rosa)	Rosa
G (Giallo)	Gelb
C (Arancione)	Orange
Z (Viola)	Violett
L (Blu Brillante)	Blau (Hell)
W (Noce scura)	Nussbraun (Dunkel)

zeichnungen mit einer Farblinie dar. Die Kabelbezeichnung N/B ist beispielsweise die Bezeichnung für ein schwarzes Kabel mit einer weißen Linie. Die Grundfarbe des Kabels wird immer zuerst genannt.

Kabelquerschnitt
Auch der Kabel-(Leitungs)querschnitt ist zumeist leider nicht im Schaltplan angegeben. Somit wird es schwieriger die mögliche Belastung der einzelnen Kabel zu bestimmen. Hierzu ist dann eine Strommessung erforderlich. Für die Nachrüstung sollten Sie dann möglichst alle Funktionen unter Last in neuen Kabeln neben dem originalen Kabelbaum umsetzen.

Nennquerschnitt	Dauerstrom	Sicherung
0,5 mm²	6 A	7,5 A
0,75 mm²	8 A	10 A
1 mm²	12 A	15 A
1,5 mm²	16 A	20 A
2,5 mm²	24 A	30 A
4 mm²	40 A	40 A
6 mm²	56 A	50 A
10 mm²	80 A	70 A
16 mm²	100 A	100 A
25 mm²	120 A	125 A

Massepunkte am Fiat Ducato

Die Einbaulage der Massepunkte ist in der Übersicht recht gut zu erkennen. Prüfen Sie die Anschlüsse auf Korrosion und festen Sitz der Anschlusskabel zur Karosserie. Hier entstehen leicht Fehler, die nicht über das Diagnosesystem direkt erfasst werden können.

Massepunkte im Motorraum
Die genaue Positionierung stellen wir Ihnen in der folgenden Tabelle für den Motorraum im Detail vor.

Massepunkt	Bemerkung
C002	Masseband zwischen Rahmen links und Getriebe
C010 (A) (B)	Masseanschlüsse vorne links
C012	Massepunkt am ABS-Steuerblock
C045	Massepunkt am Elektromotor (Ventilator)

Massepunkte im Fahrerraum
Die genaue Positionierung stellen wir Ihnen in der folgenden Tabelle (Seite 208) für den Fahrgastraum vorne im Detail vor.

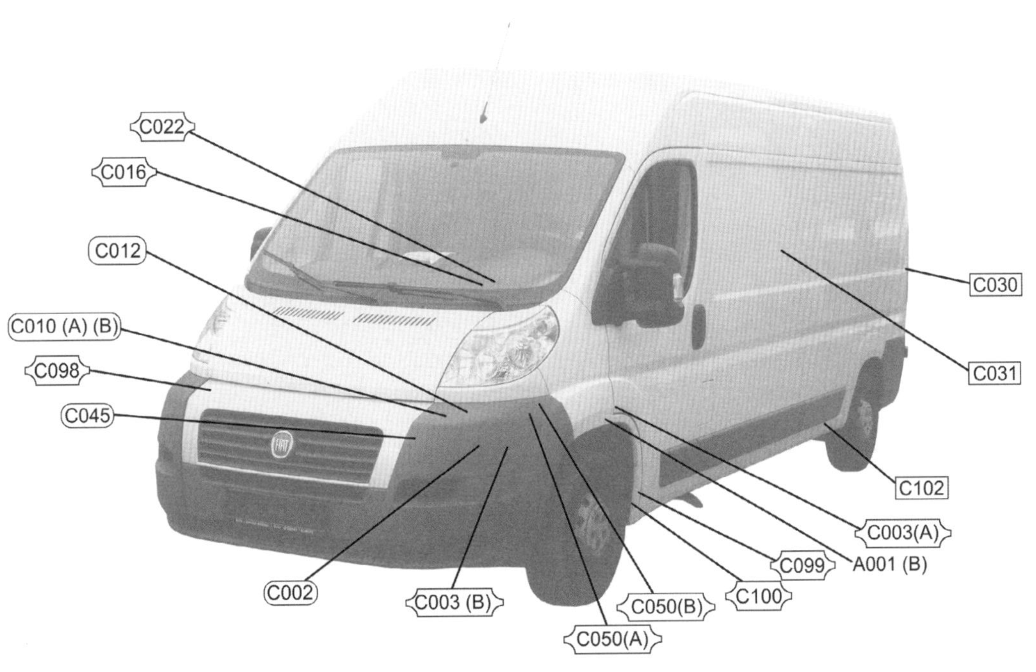

Bild 3

Bild 3
Massepunkte am Ducato.
A001 Masseband Batterie – Aufbau
C002 Masseband zum Motor (Getriebe)
C003 Massepunkt des Massebandes (A001) an der Karosserie
C010 Masseanschlüsse vorne links
C012 Massepunkt am ABS-Steuerblock
C016 Massepunkt Klimaanlage
C022 Massepunkt Armaturenbrett Mitte
C030 Massepunkt an der D-Säule links
C031 Massepunkt an der D-Säule rechts
C045 Massepunkt Elektromotoren Ventilator
C050 Massepunkt Airbagsystem
C098 Massepunkt am Trittbrett rechts
C099 optionaler Massepunkt Fahrerhaus
C100 Massepunkt Fahrerhaus
C102 Massepunkt Hinterachse

Sichtprüfung Messen

Massepunkt	Bemerkung
A001	Minus-Anschluss an der Batterie
C003	Masseband zwischen Bodengruppe und Batterie-Minus (KL31)
C016(A) (B)	Massepunkt an der Klimaanlage (innen)
C022	Masseanschluss am Armaturenbrett Mitte
C050 (a) (B)	Masseanschluss für das Airbagsystem
C098	Masseanschluss am Trittbrett rechts
C099	Optionaler Masseanschluss Fahrerhaus (erweiterte Lüftung)
C100	Masseanschluss Fahrerhaus

Massepunkte Karosserie außen
Die genaue Positionierung stellen wir Ihnen in der folgenden Tabelle für die weitere Karosserie im Detail vor.

Massepunkt	Bemerkung
C030	Masseanschluss in der Lampe hinten links
C 031	Masseanschluss in der Lampe hinten rechts
C102	Masseanschluss an der Hinterachse zum Rahmen

Kabelinstandsetzungsarbeiten

Reparatur von Airbag- und Gurtstrafferleitungen
Das Airbag- und Gurtstraffersystem kann ausfallen. Fehlerhafte Reparaturen am Airbag- und Gurtstrafferleitungsstrang können zur Fehlfunktion des Insassenschutzes führen. Bei Reparaturen am Airbag- und Gurtstrafferleitungsstrang dürfen nur die dafür vorgesehenen Kontakte, Stecker und Leitungen verwendet werden. Leitungen des Airbag- und Gurtstrafferleitungsstrangs dürfen nur mit einem Leitungsstrang-Reparaturset repariert werden.

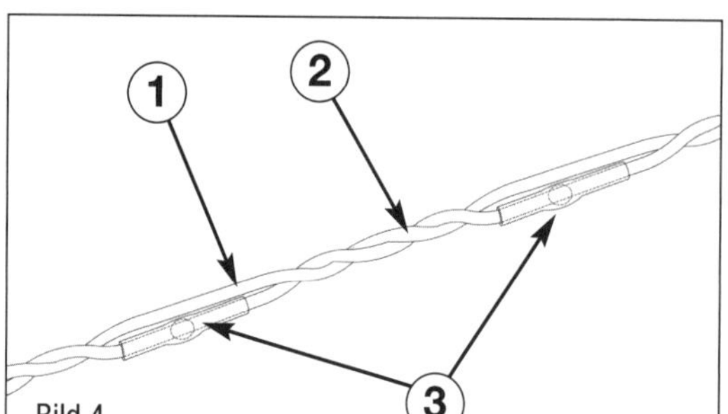

Bild 4

Bild 4
Reparaturstelle: Es dürfen maximal zwei Reparaturstellen ausgeführt werden.
1 CAN High
2 CAN Low
3 Reparaturstelle

⚠ Bei Reparaturen an Leitungen des Airbag- und Gurtstraffersystems dürfen maximal zwei Reparaturstellen ausgeführt werden. Reparaturstellen erhöhen den elektrischen Widerstand in der Leitung und können Fehler in der Eigendiagnose des Systems auslösen. Bei Reparaturen am Airbag- oder Gurtstrafferleitungsstrang müssen die Quetschverbinder grundsätzlich geschrumpft werden, um Korrosion zu verhindern.

☞ Wickeln Sie die Reparaturstelle nicht wieder in den fahrzeugeigenen Leitungsstrang ein und kennzeichnen Sie die Reparaturstelle gut sichtbar mit gelbem Isolierband.

Reparaturen im Bereich von Airbag oder Gurtstraffer sollten maximal 30 cm vom nächsten Kontaktgehäuse entfernt ausgeführt werden. Zusammen mit der Kennzeichnung durch das gelbe Isolierband ermöglicht diese Vorgehensweise einen schnellen Überblick über vorangegangene Reparaturen. Die Leitungen zu den Auslöseeinheiten (Airbags) haben in der Serie die Verdrillung mit der Schlaglänge von etwa 20 mm ±5. Diese Schlaglänge ist für die Serienfertigung über Normteilnummern für die Leitungspaare sichergestellt und muss bei den Reparaturlängen der verdrillten Leitungen zwingend eingehalten werden. Bei Reparaturarbeiten müssen die Leitungen zu den Auslöseeinheiten (Airbags) die gleiche Länge aufweisen. Beim Verdrillen der Leitungen (1) und (2), muss die Schlaglänge von A = 20 mm ±5 zwingend eingehalten werden. Es darf dabei kein Leitungsstück, zum Beispiel im Bereich von Quetschverbindern, größer als B = 100 mm ohne Verdrillung der Leitungen entstehen (Bild 5).

Reparaturmöglichkeiten CAN-Bus
Als CAN-Busleitung wird eine ungeschirmte Zweidrahtleitung (1) und (2) mit einem Quer-

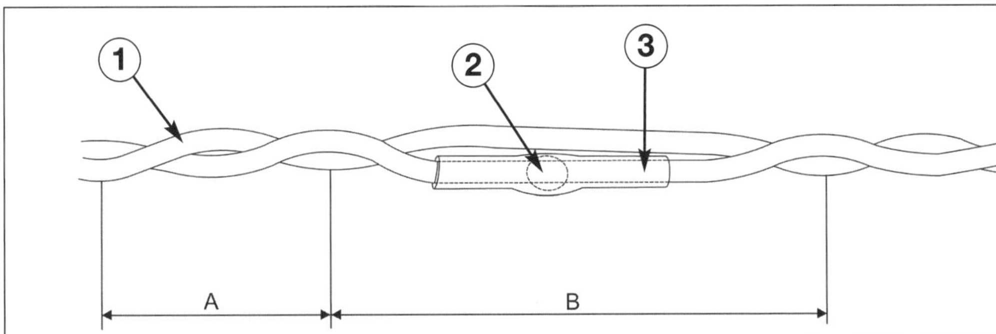

Bild 5

Bild 5
Reparatur CAN-Bus.
1 und 2 Leitungen verdrillt
A Verdrillungslänge 20 mm
B maximale gerade 50 mm

schnitt von 0,35 mm2 oder 0,5 mm2 verwendet. Die Farbcodierungen der CAN-Busleitungen entnehmen Sie der folgenden Tabelle:

CAN-High-Leitung, Antrieb	blau/grün (AV)
CAN-Low-Leitung, Antrieb	blau/braun (AM)
CAN-High-Leitung, Karosserie	schwarz/ rosa (NS)
CAN-Low-Leitung, Karosserie	weiß/rosa (BS)

Die Reparatur von CAN-Busleitungen kann auch mit Reparaturleitungen in passendem Querschnitt ausgeführt werden. Bei Reparaturarbeiten (wie im Bild 5) müssen beide Busleitungen die gleiche Länge aufweisen. Beim Verdrillen der Leitungen (1) und (2), muss die Schlaglänge von A = 20 mm eingehalten werden. Es darf dabei kein Leitungsstück, zum Beispiel im Bereich von Quetschverbindern (2), größer als B = 50 mm ohne Verdrillung der Leitungen entstehen. Versehen Sie die Reparaturstelle mit gelbem Klebeband, um eine vorangegangene Reparatur zu kennzeichnen.

Fehlersuche am CAN-Bus
Fehler im Datenbussystem treten recht selten auf. Sie werden im Regelfall im Fehlerspeicher des Bordnetzsteuergerätes (Fiat: Body-Computer) abgelegt. Bei Totalausfall des Datenbussystems sollten Sie sich die Signalbilder auf einem Oszilloskop ansehen. Die Verbindungsstelle für das schnellere Antriebsbussystem und den langsameren Karosseriedatenbus ist das Bordnetzsteuergerät (Einheit mit dem Sicherungsträger in der Armaturentafel (D).

- Fehlerspeicher aller Steuergeräte auslesen.
- Oszilloskop Kanal 1 auf CAN-High, Kanal 2 auf CAN-Low anschließen. Der Masseanschluss erfolgt auf Karosseriemasse.

Messgeräte und Diagnosetester

Geeignete Messmittel in der Elektrik
Verwenden Sie nur geeignete Messmittel wie Multimeter und Mess- und Prüfsysteme. Prüflampen mit Glühlampe können Schäden in der Elektronik verursachen und können zudem keine Messwerte ausgeben.

Vorgaben zur Diagnose am Fahrzeug
Vor unseren Hinweisen zum Umgang mit den Stromlauf- oder Schaltplänen möchten wir, weil dazu ein enger Zusammenhang besteht, nochmals kurz auf das Fahrzeugdiagnose-, Mess- und Informationssystem eingehen. Wird das Diagnose- und

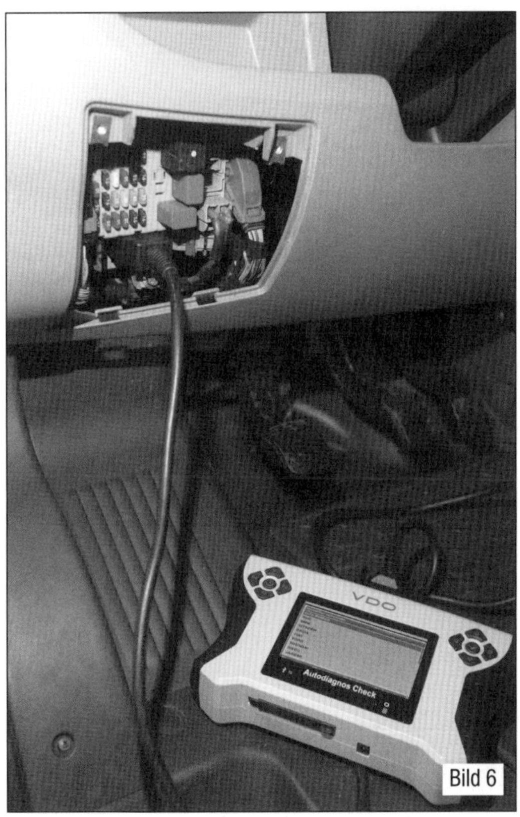

Bild 6

Bild 6
Anschluss an der OBD-Anschlussdose: Der Zugang ist von hier aus auf die einzelnen Steuergeräte möglich.

Informationssystem während einer Prüf- oder Messfahrt im Aktionsbereich eines Airbags deponiert, besteht im Falle einer Airbag-Auslösung das Risiko von schweren bis tödlichen Verletzungen! Deshalb zu Prüf- oder Messfahrten stets einen Helfer mitnehmen, der auf einem Rücksitz das System bedient. Zum Anschließen des Diagnose- und Testsystems schreibt Fiat folgendes Vorgehen vor:

- Die Handbremse anziehen.

Fahrzeug mit einem Erhaltungsladegerät versehen (Batterie laden).

- Bei Fahrzeugen mit Automatikgetriebe den Wählhebel in die Stellung »P« oder »N« bringen.
- Bei Fahrzeugen mit Schaltgetriebe den Schalthebel in die Leerlaufstellung bringen.
- Den Fahrzeugdiagnosetester bei ausgeschalteter Zündung mit der Diagnoseleitung am Diagnoseanschluss des Fahrzeugs anschließen.
- Die Zündung einschalten.
- Alle elektrischen Verbraucher ausschalten.

Schaltpläne

Zum Gebrauch der Stromlaufpläne

Die Bordelektrik wird in Aufbau und Vernetzung durch Stromlaufpläne (auch Schaltpläne genannt) dargestellt, die für den Ducato in gedruckter Form schon in der Grundausführung mehrere hundert Seiten umfassen, also einen Ordner von ganz beträchtlichem Umfang füllen. Das Schaltplanangebot enthält neben den einzelnen Stromlaufplänen für die Basisausstattung, die Elektrik für jeden der einzelnen Motoren bis hin zu Sonderausstattungen (z. B. für Klimaanlage, Einparkhilfe, Rückfahrkamera) auch zeitliche Überarbeitungen. Es macht sachlich wenig Sinn, und der begrenzte Umfang dieses Buches lässt das auch nicht zu, einzelne Stromlaufpläne aus der Fülle herauszugreifen und in diesem Ratgeber darzustellen.

Lastfreie Schalter

Ein deutlicher Unterschied zu den herkömmlichen Schaltungen im Fahrzeug sind die heutigen lastfreien Schaltungen. Der Strom, der zum Betrieb der Funktion fließt, wird nicht durch den Schalter selbst geleitet. War es früher denkbar ein Relais oder einfach nur einen Kabelabgang zu legen, um eine Nebenfunktion wie zum Beispiel den Anschluss von Zusatzfernscheinwerfern zu realisieren, verursacht das Anschließen am Lichtschalter heute lediglich Fehlfunktionen und vielleicht sogar Schäden an Steuergeräten und Schaltern. Betrachten wir uns als nächstes Mal exemplarisch die Schaltung des Lichtschalters (Bild 8) und die Unterscheidung von Steuerkreis und Lastkreis.

Beispiel Lichtschalter im Lenkstockhebel:

Der Lichtschalter ist lediglich der Anwählschalter und übernimmt die Steuerfunktion,

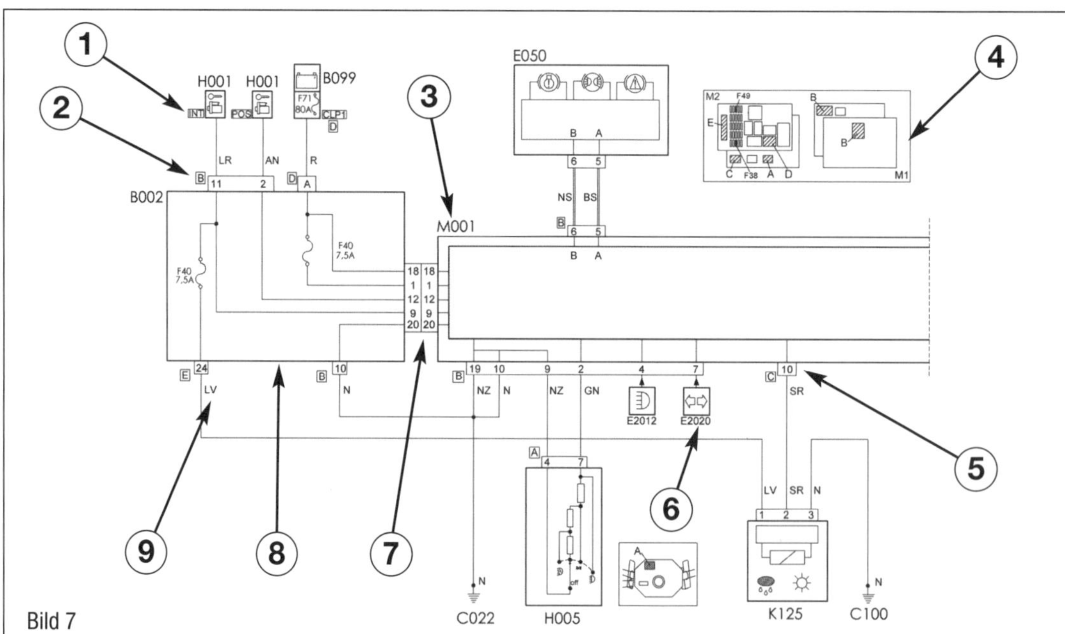

Bild 7

Bild 7
Legende zum Musterschaltplan.

- B002 Sicherungsträger in der Armaturentafel (D)
- B099 Sicherungsträger auf dem Batteriepluspol (C)
- C022 Masseanschluss Armaturenbrett Mitte
- C100 Masse Fahrerhaus links
- E050 Tacho
- E2012 Auf- und Abblendschalter im Lenkstockhebel links
- E2020 Blinkerschalter im Lenkstockhebel links
- F40 Sicherung
- H001 Zündschloss
- H005 Lichtschalter im Lenkstockhebel links
- K125 Licht und Regensensor
- M001 Bordnetzsteuergerät

Schaltplanbestandteile:

1 Anschlussbezeichnung am externen* Bauteil
2 Stecker-Bezeichnung in der Lageskizze (4)
3 Bauteilbezeichnung
4 Lageskizze
5 Anschlusspinnummer bei durch Kabel verbundenen Bauteilen
6 Bauteilbezeichnung bei extern* verbauten Bauteilen
7 Anschlusspinnummer bei durch Stecker gekoppelten Bauteilen
8 Dicker Rahmen = ein Bauteil
9 Kabelfarbcodierung

*Ein Bauteil, das nicht im Detail in diesem Plan dargestellt ist.

also die Steuerbefehle für das Bordnetzsteuergerät in Sachen »Licht«.

Licht aus:

■ Der Schalter steht wie abgebildet auf der Stellung »off«. Auf Pin 4 des Anschlusssteckers 1 ist Masse (KL31) angeschlossen.

■ Die Masse wird über die Widerstände R3, R2 und R1 geleitet. Sie bilden mit dem Messwiderstand im Inneren des Bordnetzsteuergerätes eine Reihenschaltung.

■ Über den Messwiderstand im Bordnetzsteuergerät fällt eine geringere Spannung ab. Anhand des Spannungswertes wird der Schaltzustand erkannt und die Lampen vom Bordnetzsteuergerät über entsprechende Lastrelais auf der E-Box in der Armaturentafel (D) ausgeschaltet.

Tagfahrlicht ein (soweit verbaut):

Wenn kein Tagfahrlicht verbaut ist, kann es nachgerüstet und mittels einer Freischaltung aktiviert werden.

■ Der Schalter steht nun auf der Stellung »Licht A«. Auf Pin 4 des Anschlusssteckers 1 ist Masse (KL31) angeschlossen.

■ Die Masse wird über die Widerstände R2 und R1 geleitet. Sie bilden mit dem Messwiderstand im Inneren des Bordnetzsteuergerätes eine Reihenschaltung.

■ Über den Messwiderstand im Bordnetzsteuergerät fällt eine etwas höhere Spannung als in der Stellung »Licht aus« ab. Anhand des Spannungswertes wird der Schaltzustand erkannt und nur die Lampen der Positionsleuchten vom Bordnetzsteuergerät über entsprechende Lastrelais auf der E-Box in der Armaturentafel (D) eingeschaltet.

Standlicht ein:

■ Der Schalter steht nun auf der Stellung »Standlicht«. Auf Pin 4 des Anschlusssteckers 1 ist Masse (KL31) angeschlossen.

■ Die Masse wird über den Widerstand R1geleitet. Er bildet mit dem Messwiderstand im Inneren des Bordnetzsteuergerätes eine Reihenschaltung.

■ Über den Messwiderstand im Bordnetzsteuergerät fällt nun wiederum eine etwas höhere Spannung als in der Stellung »Tagfahrlicht« ab. Anhand des Spannungswertes wird der Schaltzustand erkannt und alle Standlicht- und Begrenzungsleuchten vom Bordnetzsteuergerät über entsprechende

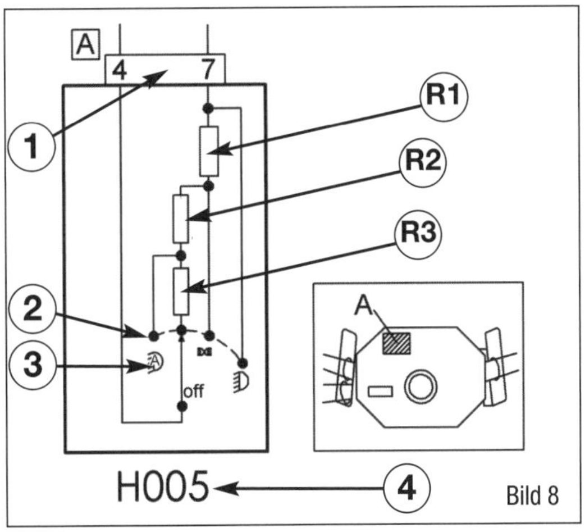

Bild 8

Bild 8
Lichtschalter im Lenkstockhebel links.
1 Anschlussstecker
2 Kontaktpunkt
3 Schalterkontakt
4 Bauteilbezeichnung
R1 Vorwiderstand 1
R2 Vorwiderstand 2
R3 Vorwiderstand 3
A Einbauposition des Steckkontaktes

Lastrelais auf der E-Box in der Armaturentafel (D) eingeschaltet.

■ Das Tagfahrlicht wird abgeschaltet.

■ Im Display wird die Kontrollleuchte für Standlicht eingeschaltet.

Abblendlicht ein:

■ Der Schalter steht nun auf der Stellung »Abblendlicht«. Auf Pin 4 des Anschlusssteckers 1 ist Masse (KL31) angeschlossen.

■ Die Masse wird über den Widerstand R1geleitet. Er bildet mit dem Messwiderstand im inneren des Bordnetzsteuergerätes eine Reihenschaltung.

■ Über den Messwiderstand im Bordnetzsteuergerät fällt nun wiederum eine etwas höhere Spannung als in der Stellung »Tagfahrlicht« ab. Anhand des Spannungswertes wird der Schaltzustand erkannt und alle Standlicht- und Begrenzungsleuchten vom Bordnetzsteuergerät über entsprechende Lastrelais auf der E-Box in der Armaturentafel (D) eingeschaltet.

■ Das Tagfahrlicht wird abgeschaltet.

■ Im Display wird die Kontrollleuchte für Standlicht eingeschaltet.

Umschaltung von Abblend- und Fernlicht:

Auch das Umschalten wird nicht mehr vom Lenkstockhebel umgesetzt. Der Lenkstockhebel ist mit einem zweistufigen Taster ausgerüstet, der in der Lichthupenfunktion die Masse direkt an das Bordnetzsteuergerät weiterleitet. Wird der Lenkstockhebel durchgezogen und die zweite Stufe betätigt, erfolgt die Masseweiterleitung über einen Widerstand.

Das Bordnetzsteuergerät erkennt so den Wunsch des Fahrers, das Fernlicht dauerhaft einzuschalten.

Fehlersuche am Heizungslüfter

Längst nicht alle Systeme im Ducato sind über den Bordnetzrechner gesteuert, obwohl das bei den meisten Herstellern heute schon üblich ist. Ein Beispiel hierfür ist der Gebläsemotor der Heizungsanlage. Hier wird noch ganz ursprünglich die Motordrehzahl über eine Reihe von Heißwiderstände geregelt. Der Motor wird mit den Vorwiderständen in Reihen geschaltet. Je mehr Widerstände der Reihe zugeschaltet werden, umso geringer fällt die Versorgungsspannung für den Gebläsemotor aus.

Fehlerquellen analysieren

Da die Ansteuerung nicht über ein Rechnersystem erfolgt, kann der Fehler nicht softwareseitig vorliegen. Allerdings bestehen auch die Möglichkeiten der Stellglied-Prüfung und der Ablage im Fehlerspeicher nicht.

Als mögliche Fehlerquellen kommen folgende Komponenten in Frage:

- Vorsicherung F70 mit 150 A auf dem Sicherungsträger »C«.
- Sicherung F08 mit 40 A im Sicherungsträger im Motorraum links (Relais und Sicherungsträger A).
- Das Entlastungsrelais T08 im Motorraum links (Relais und Sicherungsträger A).
- Der Gebläsemotor im Gebläsekasten. Er ist über den Beifahrerfußraum zugänglich.
- Der Vorwiderstand für den Gebläsemotor. Er ist neben dem Gebläsemotor verbaut.
- Der Gebläseschalter im Armaturenbrett. Der Ausbau ist am aufwendigsten.
- Der Masseanschluss in der Mitte der Armaturentafel.

Achten Sie auch auf korrodierte Anschlüsse an Steckverbindern und Masseanschlüssen.

Vorbereitung am Fahrzeug

- Legen Sie den Lüftermotor auf der Beifahrerseite frei.
- Demontieren Sie die Abdeckung zum Sicherungsträger der E-Box in der Armaturentafel.
- Demontieren Sie die Abdeckung zum Sicherungsträger im Motorraum links (Relais und Sicherungsträger A).
- Schließen Sie ein Dauerladegerät (Erhaltungsladegerät) an die Batterie an.
- Schließen Sie einen Diagnosetester an und lesen Sie den Fehlerspeicher aller Systeme aus. Gerade Hinweise zur Unter- oder Überspannung können wichtig sein.

Versorgungsspannung prüfen

- Prüfen Sie, ob die Sicherung F31 mit 7,5 A im Sicherungsträger der E-Box in der Armaturentafel in Ordnung ist.

Hier sollten bei eingeschalteter Zündung 12 V anliegen (KL15).

- Prüfen Sie, ob die Sicherung F08 mit 40 A im Sicherungsträger im Motorraum links (Relais und Sicherungsträger A) in Ordnung ist.

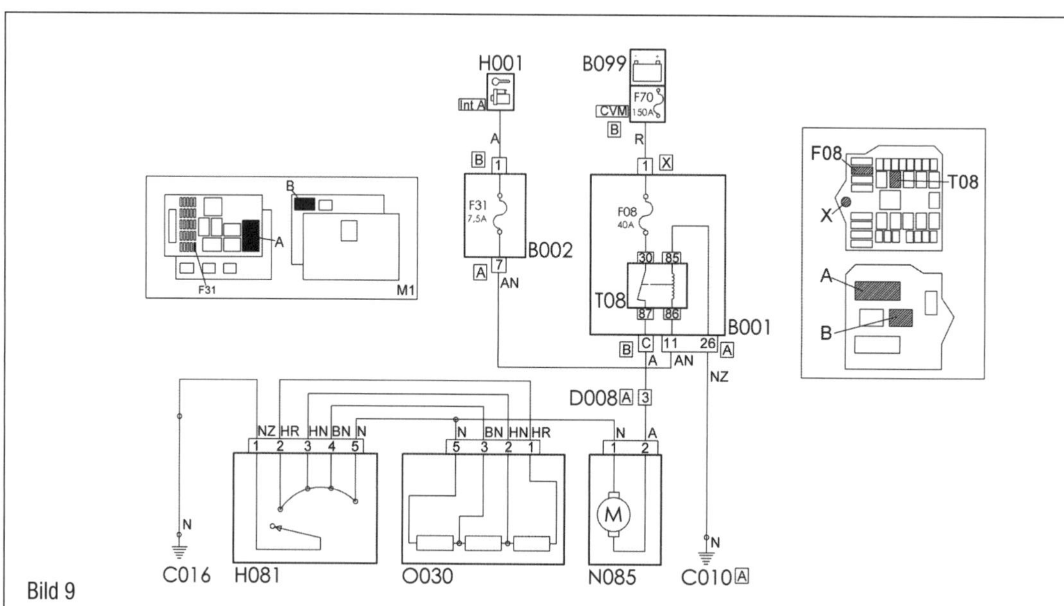

Bild 9

Bild 9
Legende zum Schaltplan Lüftermotor (Heizung).

- B001 Relais und Sicherungsträger im Motorraum (A)
- B002 Sicherungsträger in der Armaturentafel (D)
- B099 Sicherungsträger auf dem Batteriepluspol (C)
- C010 Masseanschluss vorne links
- C016 Massepunkt Klimaanlage
- D008 Verbindungsstecker vorne Klima/Heizung
- F08 Sicherung 8 (Sicherungsträger A)
- F31 Sicherung 31 (Sicherungsträger D)
- H001 Zündschloss
- H081 Gebläseschalter
- M1 Sicherungsträger B002
- N085 Gebläsemotor
- O030 Vorwiderstände Gebläse
- T08 Entlastungsrelais T8 (Sicherungsträger A)

Hier sollten immer 12 V anliegen (KL30). Die entsprechende Vorsicherung ist die F70 mit 100 A auf dem Sicherungsträger »C«.

■ Schalten Sie die Zündung ein.

Messen Sie das blaue Kabel (3 im Bild 10) gegen Masse (1). Es sollten auch bei aufgestecktem Stecker 12 V anliegen. Ist das nicht der Fall, kontrollieren Sie die Funktion des Relais (T08) im Sicherungsträger im Motorraum links (Relais und Sicherungsträger A).

Masseanschluss prüfen

■ Schalten Sie die Zündung ein.
■ Schalten Sie das Gebläse auf die höchste Stufe (Stufe 4).

Messen Sie das blaue Kabel (3 im Bild 10) am Gebläsemotor gegen das schwarze Kabel (3). Liegen hier bei aufgestecktem Stecker 12 V an, ist der Motor defekt oder seine Schleifkohlen verschlissen.

■ Bauen Sie den Motor aus und überprüfen Sie Kohlen und Anschlüsse.

Kontrollieren Sie die Anschlusskabel zum Vorwiderstand genau. Es kommt vor, dass die Kontakte verbrannt sind und der Anschlussstecker verschmort ist. Hier sind aber auch Reparatursätze lieferbar.

Vorwiderstandsdekade unter Last prüfen

Diese Messung wird dann angewendet, wenn das Gebläse gelegentlich aussetzt oder beim Laufen starke Drehzahlunterschiede auftreten. Der Fehler kann beim Motor, aber auch beim Vorwiderstand liegen.

■ Schalten Sie die Zündung ein.
■ Schalten Sie das Gebläse auf die höchste Stufe (Stufe 4). Hier wird die Masse durchgeschaltet.

Spannungsversorgung plusseitig:

Messen Sie das blaue Kabel (3 im Bild 10) am Gebläsemotor gegen Masse (3). Es sollten auch bei aufgestecktem Stecker noch die zuvor gemessene Spannung von etwa 12 V anliegen. Ist das nicht der Fall, kontrollieren Sie die Funktion des Relais (T08) im Sicherungsträger im Motorraum links (Relais und Sicherungsträger A).

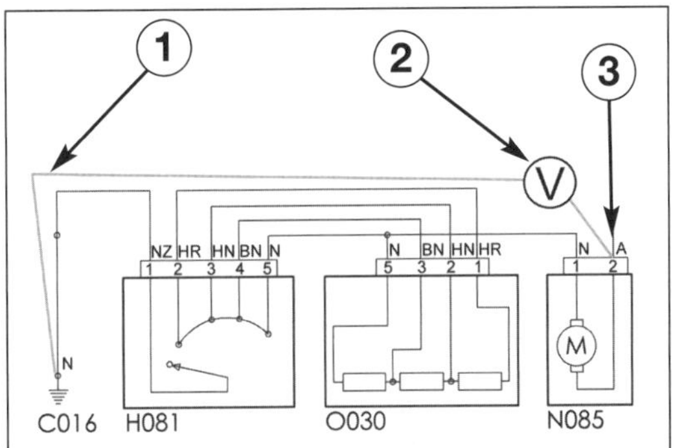

Bild 10

Bild 10
Spannungsmessung am Motor.
1 Masseanschluss an der Karosserie
2 Voltmeter (20V DC)
3 Plusanschluss am Motor
C016 Massepunkt Klimaanlage
H081 Gebläseschalter
N085 Gebläsemotor
0030 Vorwiderstände Gebläse

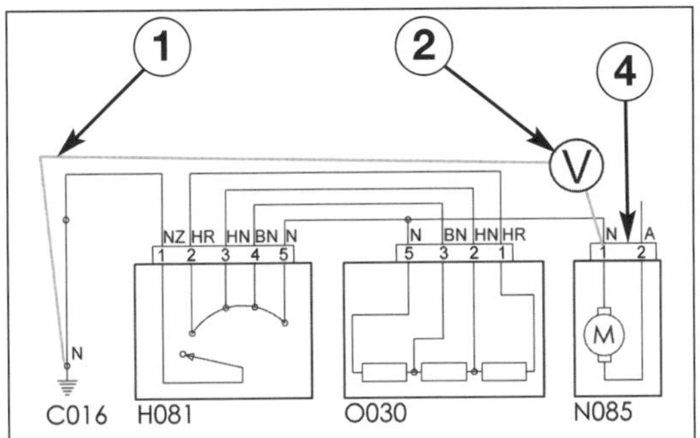

Bild 11

Bild 11
Spannungsverlustmessung in der Masseleitung.
1 Masseanschluss an der Karosserie
2 Voltmeter (20V DC)
4 Minusanschluss am Motor
C016 Massepunkt Klimaanlage
H081 Gebläseschalter
N085 Gebläsemotor
0030 Vorwiderstände Gebläse

Spannungsversorgung masseseitig:

Der Widerstand ist mit einer thermischen Sicherung versehen. Oftmals geht nur diese Sicherung kaputt. Sie ist aber nicht einzeln erhältlich. Überbrücken Sie die Sicherung in gar keinem Fall. Bei einer defekten Thermosicherung sollten Sie den gesamten Vorwiderstand ersetzen.

Die folgenden Messwerte sollten Sie als Anhaltspunkt sehen. Sie sind sehr stark von der Temperatur der Vorwiderstände, dem Hersteller und den Fertigungstoleranzen abhängig. Sie sollten aber in jedem Fall klar erkennbare Abstufungen in den Messwerten erreichen.

Für die folgenden Messungen werden die Messpunkte nicht verändert.

Spannungsverlust Massezuleitung:

Messen Sie das schwarze Kabel (4 im Bild 11) am Gebläsemotor gegen Masse (3). Es sollten bei aufgestecktem Stecker eine gemessene Spannung von etwa 0 V anliegen. Ist das nicht der Fall, kontrollieren Sie den Masseanschluss zum Gebläseschalter und die Verbindung des schwarzen Kabels zwischen Gebläseschalter und Vorwiderständen.

Spannungsverlust Masseleitung auf Stufe 3:

- Schalten Sie das Gebläse auf die zweithöchste Stufe (Stufe 3).

Messen Sie das schwarze Kabel am Gebläsemotor gegen Masse. Es sollte bei aufgestecktem Stecker eine kleine Spannung anliegen. Es können etwa 3 V anliegen. Das ist die Spannung, die nun über dem Widerstand abfällt und dem Motor nicht mehr zur Verfügung steht, somit läuft er dann langsamer.

Spannungsverlust Masseleitung auf Stufe 2:

- Schalten Sie das Gebläse auf die zweitniedrigste Stufe (Stufe 2).

Messen Sie das schwarze Kabel am Gebläsemotor gegen Masse. Es sollte bei aufgestecktem Stecker eine kleine Spannung anliegen. Es können etwa 6 V anliegen. Das ist die Spannung, die nun über dem Widerstand abfällt und dem Motor nicht mehr zur Verfügung steht, somit läuft er dann langsamer.

Spannungsverlust Masseleitung auf Stufe 1:

- Schalten Sie das Gebläse auf die Stufe 1.

Messen Sie das schwarze Kabel am Gebläsemotor gegen Masse. Es sollte bei aufgestecktem Stecker eine kleine Spannung anliegen. Es können etwa 9 V anliegen. Das ist die Spannung, die nun über dem Widerstand abfällt und dem Motor nicht mehr zur Verfügung steht. Somit läuft er dann langsamer.

- Wenn Sie die Messwerte auch nicht annähernd erreichen, prüfen Sie den Masseanschluss zum Gebläseschalter und die Verbindung des schwarzen Kabels zwischen Gebläseschalter und Vorwiderständen.

Schäden am Gebläseschalter

Der Gebläseschalter schaltet den Lüftermotor unter Last. Im Laufe der Zeit ver-

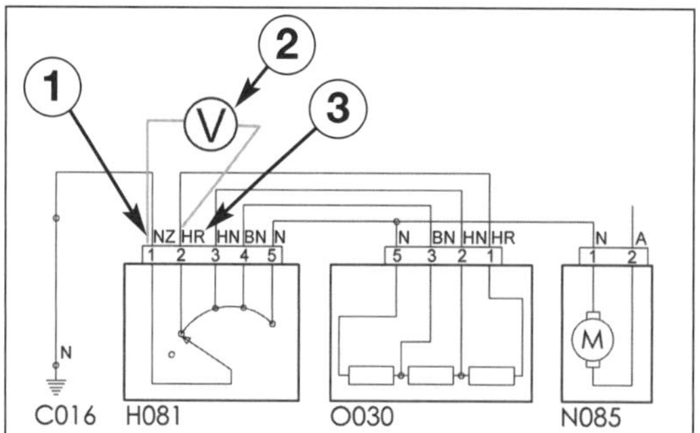

Bild 12

Bild 12
Spannungsverlustmessung am Schalter in Stufe 1.
1 Pin 1 Masseanschluss
2 Voltmeter (20V DC)
3 Pin 2 Ausgang Stufe1

Spannungsverlustmessung

Fehler durch Übergangswiderstände lassen sich nur unter Last feststellen. Die Übergangswiderstände fallen zumeist klein aus und werden durch die Erwärmung größer. Eine Messung des Widerstandes ist deshalb nicht sinnvoll.

Voraussetzungen für die Spannungsverlustmessung:

- Alle Geräte und Bauteile, die im zu untersuchenden Stromkreis verwendet werden, müssen angeschlossen sein.
- Die Zündung ist eingeschaltet.
- Die Spannungsversorgung ist in Ordnung.
- Die Messpunkte (Stecker an den Bauteilen) sind zugänglich.
- Die Anschlussstecker sind nicht korrodiert und sitzen fest.

schleißen die Kontakte oder der Andruck von Kontaktplatte zu Kontakt wird geringer. Abbrand und Schmutz bilden schnell einen Widerstand.
Auch hier fällt dann eine Spannung ab. Oftmals werden die Kontaktstellen dann sehr warm. Sogar der Kunststoff des Schalters kann verschmoren.

- Schalten Sie die Zündung ein.

Spannungsverlustmessung in Stufe 1 (Bild 12):

- Stellen Sie den Schalter auf die Stufe 1.

Messen Sie nun zwischen dem Anschlusspin 1 des aufgesteckten Steckers (Kabelfarbe schwarz/violett) zum Anschlusspin 2 des aufgesteckten Steckers.

- Der Messwert sollte annähernd 0 V betragen.

Spannungsverlustmessung in Stufe 2 (Bild 13):

- Stellen Sie den Schalter auf die Stufe 2.

Messen Sie nun zwischen dem Anschlusspin 1 des aufgesteckten Steckers (Kabelfarbe schwarz/violett) zum Anschlusspin 3 des aufgesteckten Steckers.

- Der Messwert sollte annähernd 0 V betragen.

Spannungsverlustmessung in Stufe 3 (Bild 14):

- Stellen Sie den Schalter auf die Stufe 3.

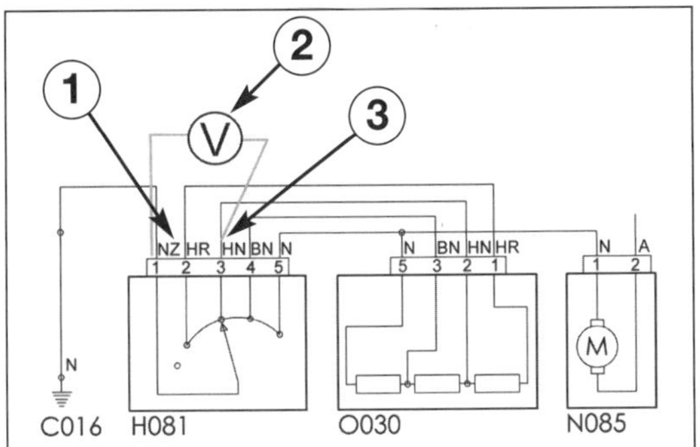

Bild 13

Bild 13
Spannungsverlustmessung am Schalter in Stufe 2.
1 Pin 1 Masseanschluss
2 Voltmeter (20V DC)
3 Pin 2 Ausgang Stufe 2

Messen Sie nun zwischen dem Anschlusspin 1 des aufgesteckten Steckers (Kabelfarbe schwarz/violett) zum Anschlusspin 3 des aufgesteckten Steckers.

■ Der Messwert sollte annähernd 0 V betragen.

Spannungsverlustmessung in Stufe 4 (Bild 15):

■ Stellen Sie den Schalter auf die Stufe 4.

Messen Sie nun zwischen dem Anschlusspin 1 des aufgesteckten Steckers (Kabelfarbe schwarz/violett) zum Anschlusspin 3 des aufgesteckten Steckers.

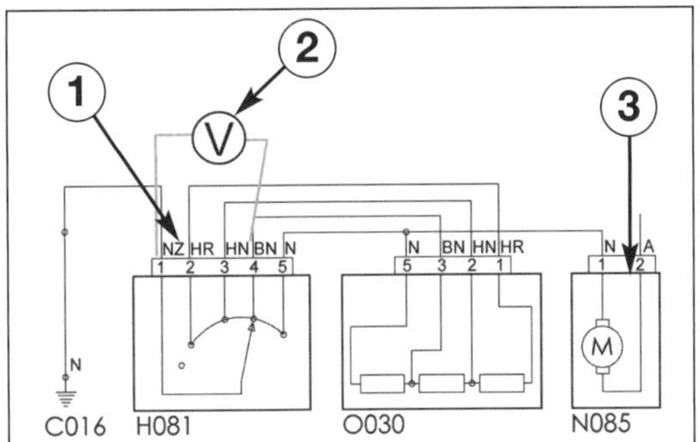

Bild 14

Bild 14
Spannungsverlustmessung am Schalter in Stufe 3.
1 Pin 1 Masseanschluss
2 Voltmeter (20V DC)
3 Pin 2 Ausgang Stufe 3

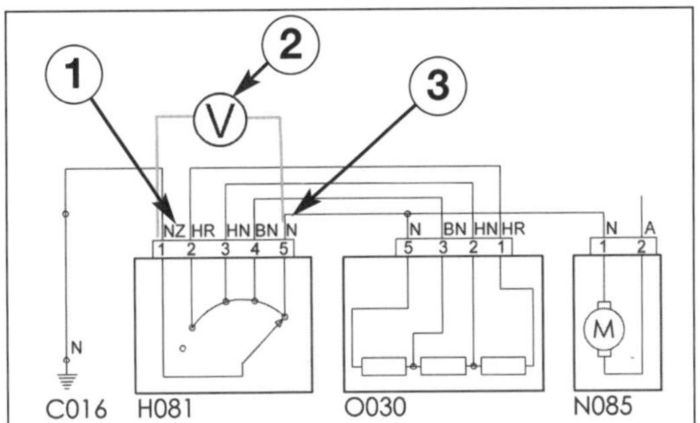

Bild 15

Bild 15
Spannungsverlustmessung am Schalter in Stufe 4.
1 Pin 1 Masseanschluss
2 Voltmeter (20V DC)
3 Pin 2 Ausgang Stufe 4

■ Der Messwert sollte annähernd 0 V betragen. Ein Messwert bis 0,3 V ist vertretbar.

Klemmenbezeichnungen nach Norm

Die Liste auf der nächsten Seite fasst die häufig benutzten Klemmenbezeichnungen zusammen, wie wir sie im Kapitel »Elektrische Anlage« auch im Zusammenhang mit der Funktion von Sicherungen angegeben haben.

Klemmenbezeichnungen nach Norm	
15	Geschaltetes Plus hinter Batterie (Ausgangskontakt vom Zündanlassschalter)
15a	Geschaltetes Plus vom Zündanlassschalter (hinter der Sicherung)
30	Ausgang direkt von Batterie-Plus
30a	Ausgang direkt von Batterie-Plus (hinter der Sicherung)
30al	Ausgeschaltetes Plus von Steuergerät für Bordnetz für Innenleuchte
31	Batterie-Minus oder Fahrzeugmasse
50	Ausgangskontakt vom Zündanlassschalter für Anlasser
54	Bremsleuchten
56	Ausgang von Lichtschalter für Abblendlicht und Fernlicht
56a	Fernlicht
56aL	Fernlicht links
56aR	Fernlicht rechts
56b	Abblendlicht
56bL	Abblendlicht links
56bR	Abblendlicht rechts
58	Stand- und Schlusslicht, Kennzeichenleuchte
58d	Beleuchtung von Schaltern und Schalttafeleinsatz (Beleuchtungsintensität einstellen)

Sichtprüfung Messen

58L	Standlicht, Schlusslicht und Parklicht links
58R	Standlicht, Schlusslicht und Parklicht rechts
49L	Blinker links
49R	Blinker rechts
49a	Blinkrelais Ausgang (nur konventionelle Blinkanlagen)
71	Eingang für Signalhorn
75	Ausgangskontakt vom Zündanlassschalter für Ausschalten von Verbrauchern zur Entlastung der Batterie beim Anlassen.
75a	Ausgeschaltetes Plus hinter dem Relais für Entlastung der Batterie beim Anlassen (hinter der Sicherung).
86s	Ausgeschaltetes Plus durch Zündanlassschalter beim vollständigen Herausziehen des Schlüssels aus dem Zündanlassschalter.
87	Ausgangskontakt vom Kraftstoffpumpenrelais oder vom Relais für Dieseldirekteinspritzanlage.
87a	Ausgangskontakt vom Kraftstoffpumpenrelais oder vom Relais für Dieseldirekteinspritzanlage hinter der Sicherung.
CAN - H. Antrieb CAN - L. Antrieb	Datenbus zwischen Steuergeräten von Antrieb (Motor, autom. Getriebe, ABS, Diagnose-Interface für Datenbus ...)
CAN - H. Komfort CAN - L. Komfort	Komfort Datenbus zwischen Steuergeräten von Komfortelektrik (Türsteuergeräte. Climatic, Steuergerät für Bordnetz. Diagnose-Interface für Datenbus ...)
CAN - H - KI CAN - L- KI	Datenbus zwischen Schalttafeleinsatz und Diagnose-Interface für Datenbus.
CAN - H. Infotainment CAN - L. Infotainment	Datenbus zwischen Diagnose-Interface für Datenbus und Radio, Verstärker ...
LIN - Bus	Datenbus zwischen Steuergerät für Bordnetz. Steuergerät für Wischermotor ...
K-Leitung	Reizleitung Diagnoseleitung Steuergeräte.

16 Technische Daten

Zur Übersicht haben wir Ihnen die wichtigsten Daten für den Ducato in die folgende Tabelle zusammengetragen. Grundsätzlich sollten Sie diese Daten aber gerade bei Bestellung von Neuteilen über den Zulieferer oder über Ihren Fiat-Händler nachfragen und prüfen. Im Laufe der Zeit können sich durchaus veränderte Abmessungen oder Füllmengen ergeben. Jedes Serienfahrzeug verändert sich eben auch in der laufenden Produktion in vielen Details.

Bezeichnung	***2,2-l-Diesel***	***2,3-l-Diesel***	***3,0-l-Diesel***
Kraftstoff (Einspritzsystem)	Diesel (Common Rail)	Diesel (Common Rail)	Diesel (Common Rail)
Hubraum	2198 cm³	2287 cm³	2999 cm³
Einspritzsystem	Denso HP3	Bosch 16CP1	Bosch CP4.1
Zylinderzahl	4	4	4
Ventile pro Zylinder	4	4	4
Bohrung Ø mm (Basis)	85,600 +0,018 mm	88,002 +0,020 mm	88,00 mm
Hub mm	94,6	94	95,8
Kolbendurchmesser (Grund)	85,000 mm	87,903 +0,034 mm	95,705 - 95,715 mm
Kolbenüberstand/Kopfdichtung (1 Loch)	nach Pleuelklasse	0,3 - 0,6 mm	0,3 - 0,6 mm
Laufspiel			0,087 - 0,187 mm
Kolbenringstärke 1. Ring (Stoßspiel)	3,5 mm	2,068 - 2,097 mm (0,200 - 0,350 mm)	2,200 -2,230 mm (0,200 - 0,350 mm)
Kolbenringstärke 2. Ring (Stoßspiel)	1,97 -2,00 mm	1,970 - 1,990 mm (0,600 - 0,800 mm)	2,050 - 2,070 mm (0,600 - 0,800)
Kolbenringstärke Ölabstreifring (Stoßspiel)	3,97 -3,00 mm	2,470 - 2,490 mm (0,250 - 0,500 mm)	2,540 - 2,560 mm (0,300 - 0,600)
Höhenspiel 1. Ring	0,2 mm - 0,35 mm	0,103 - 0,162 mm	0,103 - 0,162 mm
Höhenspiel 2. Ring	0,8 mm - 1,00 mm	0,060 - 0,100 mm	0,060 - 0,100 mm
Höhenspiel Ölabstreifring	0,25 mm - 0,50 mm	0,050 - 0,090 mm	0,050 - 0,090 mm
Aufladesystem	Abgasturbolader	Abgasturbolader	Abgasturbolader
Nockenwellenantrieb	Steuerkette	Zahnriemen	Steuerkette
Ventilspiel	Hydraulisch	Hydraulisch	Hydraulisch
Ölfilter	Filtereinsatz	Filterpatrone	Filterpatrone
Ölmenge mit Filter	5W-30 Synthetisch/C2 Fiat 9.55535-S1 (6,4 l)	5W-30 Synthetisch/C2 Fiat 9.55535-S1 (6,5 l)	5W-30 Synthetisch/C2 Fiat 9.55535-S1 (9,0 l)
Ölmenge Filter	0,5 l	0,5 l	0,5 l
Kühlmittelmenge	11,0 l	11,0 l	11,0 l
Getriebeöl 6-Gang-Schaltgetriebe	75W-85 synthetisch GL4 (2,4 l)	75W-85 synthetisch GL4 (2,4 - 2,9 l)	75W-85 synthetisch GL4 (2,9 l)
Winkelgetriebe vorne/hinten (Dangel)	-	80W90 API GL5 0,45 l / 0,5 l	-
Getriebeöl Hinterachsgetriebe (Dangel)	-	80W90 API GL5 1,20 l	-
Bremsflüssigkeit	DOT4 (0,62 l)	DOT4 (0,62 l)	DOT4 (0,62 l)
Servoflüssigkeit	Dextron III (1,5 l)	Dextron III (1,5 l)	Dextron III (1,5 l)
Klimaanlage Klimamittel	R134a 550±40 cm³	R134a 550±40 cm³	R134a 550±40 cm³
Klimaöl in cm³ (SP10) ISO46	200±20 cm³	200±20 cm³	200±20 cm³

17 Anzugsdrehmomente

In diesem Kapitel stellen wir Ihnen die Anzugsmomente für die wichtigsten Verschraubungen am Fahrzeug zur Verfügung. Diese sind zum einen alphabetisch und zum anderen nach den Motorkennbuchstaben sortiert. Natürlich konnten wir nur diese Motoren darstellen, deren Daten bis zum Redaktionsschluss bekannt waren. Alle Daten sollten Sie im Zweifel bei der Teilebestellung hinterfragen und, wenn erforderlich, korrigieren. Selbiges gilt auch für neue Motortypen. Übernehmen Sie niemals einfach Abmessungen oder Drehmomente eines anderen Motors, ohne diese zu überprüfen. Hier können leicht Schäden entstehen, die vermeidbar wären und oft recht teuer sind.

Motor

Motorvarianten	***2,2-l-Diesel***	***2,3-l-Diesel***	***3,0-l-Diesel***
Abgaskrümmer Stufe 1	40 Nm	25 Nm	25 Nm
AGR-Elektroventil am Wärmetauscher	20 Nm	-	-
AGR-Elektroventil Rohrleitung	10 Nm	-	-
AGR am Krümmer	20 Nm	25 Nm	25 Nm
AGR-Kühler am Zylinderkopf M8	20 Nm	20 Nm	20 Nm
AGR-Kühler zum Ansaugrohr	-	25 Nm	-
Anlasser am Getriebe M8	-	20 Nm	20 Nm
Anlasser am Getriebe M10	35 Nm	-	-
Ansaugkrümmer Stufe 1	14-17 Nm	25 Nm	30 Nm
Drucksensor Rohr Ansaug (Abgas)	-	10 Nm (30 Nm)	-
Einspritzdüse Haltebügel Stufe 1	6 Nm	28 Nm	28 Nm
Einspritzdüse Haltebügel Stufe 2	180°	-	-
Einspritzleitung Überwurfmutter	35 Nm	25 Nm	25 Nm
Glühkerzen	14 Nm	10 Nm	10 Nm
Hauptlagerdeckel Stufe 1 (innen)	45 Nm	30 Nm (50 Nm)	25 Nm (50 Nm)
Hauptlagerdeckel Stufe 2	80 Nm	- (60°)	- (60°)
Hauptlagerdeckel Stufe 3	-	- (60°)	- (60°)
Hochdruckpumpe	23 Nm	25 Nm	25 Nm
Hitzeschutz Lenkung	15 Nm	15 Nm	15 Nm
Klemmschraube Zahnriemenrolle Stufe 1	-	25 Nm	-
Klemmschraube Zahnriemenrolle Stufe 2	-	-	-
Kurbelwinkelsensor	10 Nm	10 Nm	10 Nm
Kupplungsdruckplatte	28 Nm	47 Nm	25 Nm
Kraftstoffverteilerrohr	25 Nm	28 Nm	28 Nm
Kühlmitteltemperatursensor	10 Nm	30 Nm	-
Kurbelgehäuseentlüftung M (M6)	-	-	25 Nm (10 Nm)
Lambdasonde	45 Nm	45 Nm	45 Nm
Nockenwellenlagergehäuse Stufe 1	15 Nm	-	-
Nockenwellenlagergehäuse Stufe 2	22 Nm	-	-
Nockenwellenrad Zentralschraube	33 Nm	90 Nm	110 Nm
Nockenwellengeber	10 Nm	10 Nm	10 Nm
Ölablassschraube	22 Nm	22 Nm	50 Nm
Ölfilter	10Nm	25 Nm	25 Nm
Öldruckschalter	15 Nm	40 Nm	25 Nm
Ölpumpe	10 Nm	10 Nm	25 Nm
Ölwannenschrauben Stufe 1	14 Nm	10 Nm	25 Nm
Pleuellager Stufe 1	22 Nm	40 Nm	50 Nm
Pleuellager Stufe 2	90° +10°	60°	70°
Riemenscheibe 8 mm Stufe 1	45 Nm	30 Nm	35 Nm
Riemenscheibe 8 mm Stufe 2	120°	-	-
Schwungrad Stufe 1	30-40 Nm	30 Nm	30 Nm
Schwungrad Stufe 2	75° +5°	90°	90°

Motorvarianten	2,2-l-Diesel	2,3-l-Diesel	3,0-l-Diesel
Schwungrad Deckel Wellendichtring	10 Nm	-	-
Steuerkettenspanner/Zahnriemenspanner	20 Nm /-	10 Nm/ 36 Nm	50 Nm
Thermostatgehäuse	20 Nm	25 Nm	25 Nm
Turbolader M8	25 Nm	25 Nm	25 Nm
Turbolader zum Abgasrohr	25 Nm	25 Nm	25 Nm
Turbolader Öldruckleitung M8 (M10)	20 Nm (35 Nm)	35 Nm	35 Nm
Turbolader Ölrücklaufleitung Anschluss	-	45 Nm	45 Nm
Turbolader Ölrücklaufleitung M6	10 Nm	10 Nm	10 Nm
Ventildeckel	10 Nm	25 Nm	25 Nm
Wasserpumpe 8 mm (6 mm)	25 Nm (10 Nm)	25 Nm (10 Nm)	25 Nm (10 Nm)
Zentral-Riemenscheibe Stufe 1		300 Nm	350 Nm
Zylinderkopf Stufe 1*	M10: 20Nm		
M8: 10 Nm	Mitte: 100 Nm		
Seite: 50 Nm	Siehe Beschreibung im Kapitel 4		
Zylinderkopf Stufe 2*	M10: 40 Nm		
M8: 20 Nm	Mitte: 90°		
Seite: 60°			
Zylinderkopf Stufe 3*	M10: 160°		
M8: 180°	Mitte: 90°		
Seite: 60°			
Zylinderkopf Oberteil	-	25 Nm	25 Nm

Kardan- und Antriebswellen

Verschraubung	Anzugsdrehmoment
Achswellen Zwischenlager rechts vorne	20 Nm
Achswellen Zwischenlager Welle	10 Nm
Antriebswelle radseitig Stufe 1	150 Nm
Antriebswelle radseitig Stufe 2	35°
Kardan hinten Dangel Stufe 1	15 Nm
Kardan hinten Dangel Stufe 2	90°
Kardan Sicherheitsbügel M10 (wenn vorhanden)	45 Nm
Kardan vorne Dangel Stufe 1	15 Nm
Kardan vorne Dangel Stufe 2	90°
Kardan Zwischenlager Dangel M12	75 Nm
Kardan Zwischenlager Verschraubungen	75 Nm

Federung und Dämpfung

Verschraubung	Anzugsdrehmoment
Anschlagpuffer	30 Nm
Blattfeder am Aufbau	185 Nm
Blattfeder an Lasche	145 Nm
Blattfederlasche am Aufbau	145 Nm
Bügelschelle Achsrohr hinten	140 Nm
Luftfeder Verschraubung (Sonderzubehör)	35 Nm
Panhard-Stab	300 Nm
Schraube Stoßdämpfer oben hinten	145 Nm
Schraube Stoßdämpfer Achsschenkel Stufe 1	120 Nm
Schraube Stoßdämpfer unten hinten	145 Nm
Stabilisator	50 Nm
Stabilisator Schubstrebe	50 Nm
Stoßdämpfer Domlager	90 Nm
Stoßdämpfer Domlager an der Karosserie	60 Nm

Sichtprüfung Messen

Lenkung

Verschraubung	*Anzugsdrehmoment*
Koppelstange Stabilisatorstrebe	50 Nm
Lenkgetriebe am Achsträger vorne M14	110 Nm
Lenkgetriebe Kreuzgelenk	25 Nm
Spurstange am Lenkgetriebe	40 Nm
Spurstangenkopf	80 Nm
Spurstangenkopf Kontermutter	70 Nm

Achsaufhängung und Radführung

Verschraubung	*Anzugsdrehmoment*
Aggregateträger am Rahmen	100 Nm
Getriebe am Motor Schaltgetriebe	65 Nm
Getriebe hinten an Aggregateträger	80 Nm
Getriebehalter an Getriebelagerung M12	100 Nm
Querlenker Achsgelenkbolzen unten/oben	150 Nm
Radlager hinten	450 Nm
Radschraube Stahlfelge 16“	180 Nm
Radschraube Stahlfelge 17“	160 Nm
Schraube Querlenker am Aggregateträger	320 Nm
Schraube Radlager Gehäuse	200 Nm
Stoßdämpfer Domlager	90 Nm
Stoßdämpfer Domlager an der Karosserie	60 Nm

Bremsanlage

Verschraubung	*Anzugsdrehmoment*
ABS-Radsensoren	8 Nm
Bremssattel hinten Schraube M10 Sattelträger	160 Nm
Bremssattel hinten Schraube M8	18 Nm
Bremssattel vorne Führungsbolzen	18 Nm
Bremssattel vorne M16	210 Nm
Bremsscheibe an Radnabe	12 Nm
Pedalhalterung Bremskraftverstärker M8	22 Nm
Unterdruckpumpe 2,2-l-Diesel M8x45	25 Nm
Unterdruckpumpe Anschluss 2,3-l M10	10 Nm
Unterdruckpumpe Anschluss 3,0-l M14	35 Nm
Handbremshebel Halterung	20 Nm

Motor, Getriebe und Aggregateaufhängung

Verschraubung	*Anzugsdrehmoment*
Motorlager Motorstütze an Zylinderkurbelgehäuse M12	90-100 Nm
Motorlager Getriebelagerung an Getriebe	90-100 Nm
Motorlager Getriebelagerung am Rahmen	90-100 Nm
Motorlager rechts an Rahmen	90-100 Nm
Motorlager an Motorstütze	90-100 Nm
Motorlager Pendelstütze unten am Getriebe	28 Nm
Motorlager Pendelstütze unten am Aggregateträger	28 Nm
Winkelgetriebe vorne (Allrad) Getriebeträger M10	45 Nm
Verschraubungen Viscokupplung Dangel	45 Nm
Masseband Getriebe	15 Nm

Karosserie

Verschraubung	*Anzugsdrehmoment*
Anhängekupplung am Rahmen	55 Nm (Hersteller beachten)
Anhängekupplung Kupplungsbock	55 Nm (Hersteller beachten)
Anhängekupplung Grundplatte (abnehmbare Kupplung)	70 Nm (Hersteller beachten)
Fensterheber Befestigungsschrauben	15 Nm
Hecktürscharnier	25 Nm
Hecktürenschloss	15 Nm
Hecktürenschloss Schließbügel	20 Nm
Kunststoffschrauben	5 Nm
Motorhaube Haubenscharnier	25 Nm
Motorhaube Haubenschloss	15 Nm
Spiegelbefestigungsschrauben	10 Nm
Türfangband	15 Nm
Türscharnier an der Karosserie	25 Nm
Türschloss Einbau in der Türe	10 Nm
Türschlossriegel (Bügel)	25 Nm
Wischerarme	15 Nm
Batteriekasten	15 Nm
Trennwand	20 Nm

Elektrische Anlage

Verschraubung	*Anzugsdrehmoment*
Anhängekupplung am Rahmen	55 Nm (Hersteller beachten)
Anhängekupplung Kupplungsbock	55 Nm (Hersteller beachten)
Anhängekupplung Grundplatte (abnehmbare Kupplung)	70 Nm (Hersteller beachten)
Fensterheber Befestigungsschrauben	15 Nm
Hecktürscharnier	25 Nm
Hecktürenschloss	15 Nm
Hecktürenschloss Schließbügel	20 Nm
Kunststoffschrauben	5 Nm
Motorhaube Haubenscharnier	25 Nm
Motorhaube Haubenschloss	15 Nm
Spiegelbefestigungsschrauben	10 Nm
Türfangband	15 Nm
Türscharnier an der Karosserie	25 Nm
Türschloss Einbau in der Türe	10 Nm
Türschlossriegel (Bügel)	25 Nm
Wischerarme	15 Nm
Batteriekasten	15 Nm
Trennwand	20 Nm

Sonstige Verschraubungen

Schraubengröße	*M4*	*M5*	*M6*	*M8*	*M10*	*M12*	*M14*	*M16*
Anzugsdrehmoment	0,5 Nm	3 Nm	10 Nm	20 Nm	45 Nm	60 Nm	100 Nm	200 Nm

Raum für Ihre Notizen